医学遗传学

朱宝生　曾凡一　主编

科 学 出 版 社

北　京

内 容 简 介

本书共17章，分别介绍了医学遗传学的发展简史、主要分支、常用分析方法和学习与研究的常用网络资源。对医学遗传学专业基础知识，从人类基因组、染色体和基因，到线粒体遗传、表观遗传、群体遗传、肿瘤遗传、免疫遗传、遗传咨询和遗传筛查、基因编辑技术分别作了介绍，新增了遗传筛查、医学遗传学研究及高通量基因测序分析常用运算方法等临床和科研常用技能的介绍。

本书适合医学遗传学专业型博士、硕士，医学遗传科专业住院医师规范化培训学员阅读，也可作为其他相关专业研究生和专业人士的入门参考用书。

图书在版编目（CIP）数据

医学遗传学/朱宝生，曾凡一主编. —北京：科学出版社，2020.11

ISBN 978-7-03-066361-0

Ⅰ. ①医…　Ⅱ. ①朱…　②曾…　Ⅲ. ①医学遗传学–医学院校–教材　Ⅳ. ①R394

中国版本图书馆CIP数据核字(2020)第197098号

责任编辑：李　悦　孙　青 / 责任校对：严　娜

责任印制：吴兆东 / 封面设计：刘新新

科学出版社出版

北京东黄城根北街16号

邮政编码：100717

http://www.sciencep.com

北京中石油彩色印刷有限责任公司印刷

科学出版社发行　各地新华书店经销

*

2020年11月第　一　版　　开本：787×1092　1/16

2025年　1　月第二次印刷　　印张：22 1/4

字数：521 000

定价：168.00元

(如有印装质量问题，我社负责调换)

《医学遗传学》编辑委员会

前　言

遗传病（inherited disorder,genetic disease）和体细胞遗传病（即恶性肿瘤）是影响人类健康，甚至引起严重生理机能缺陷、导致早期死亡和严重残疾的一大类疾病，并且大多数遗传病可累及多个器官系统，具有先天性、终生性和难以根治的特点。某些家族遗传的基因多样性常常是高血压、糖尿病等常见病的患病风险因素。因此，研究医学遗传学知识对深入理解人类疾病的发生发展机制有着不可替代的作用。随着我国医疗事业的发展，医学遗传学教育也越来越受到重视，现在不仅作为临床医学本科生的必修课，而且还成为临床医学专业型博士、硕士研究生教育及住院医师规范化培训中设立的二级学科。

我国是社会经济高速发展的人口大国，每年活产婴儿数量巨大，具有出生缺陷和遗传病的新生儿数量庞大，同时我国也正在以较快的速度进入老龄化社会。因此，防治重大出生缺陷，提高国民健康素质，预防和延缓老年病，防止疾病带来的继发性损害，是医务工作者和社会各界需要重视的重要工作。人类基因组计划（Human Genome Project，HGP）已完成 15 年，医学遗传学与基因组学、分子生物学等学科结合，高通量基因测序技术、基因芯片技术、串联质谱技术、多组学分析、人工合成染色体等新技术、新方法层出不穷，有力地推动了现代医学的发展。精准医学实现了对疾病精准防治，再生医学、合成生物学、人造器官工程又进一步推动了疾病治疗方法的革新，人类平均期望寿命有望进一步提升。

40 多年前，我国老一辈医学遗传学奠基人先后在北京、上海、长沙、广州等地开展了染色体病产前诊断、新生儿遗传代谢病筛查与治疗、地中海贫血基因诊断、异常血红蛋白病调查、葡萄糖-6-磷酸脱氧酶缺乏症调查等开拓性和规模宏大的临床与基础研究，奠定了我国医学遗传学研究生教育和本科生教学的基础。自 1996 年我国实施《中华人民共和国母婴保健法》以来，在出生缺陷防治工作的推动下，国内医学遗传学和临床遗传学得到了长足发展。所以编写一部既能够展示医学遗传学知识发展主线，又切实贴近临床实践进展的研究生教材成为我的心愿。

此次我们编写的《医学遗传学》一书邀请了昆明理工大学、上海交通大学、昆明医科大学、云南大学、中国科学院北京基因组研究所等单位的 18 位中青年专家组成编写组，历时 5 年多完成。在此对所有参与撰写工作的人员的辛勤付出表示衷心感谢，并特别感谢哈尔滨医科大学张学教授和中国医学科学院协和医学院黄尚志教授、刘雅萍教授审阅本书初稿。本书全体编者的共同愿望是尽可能详细地介绍医学遗传学新进展、新方法，使本书可以成为医学遗传学专业型博士、硕士和住院医师规范化培训学员，以及其他相关专业研究生和专业人士的教材和参考用书。

朱宝生

2020 年 9 月

目　录

第一章　绪　　论

第一节　遗传与健康

一、遗传是生命的基本特征

遗传是生命最重要的基本特征。它表现为生物体把自身的物种属性准确地传递给下一代。低等生物经过无性繁殖方式，高等生物经过有性生殖方式繁衍后代，使种群得以在地球上生存和扩张。人类独特的身体结构特征，是高等灵长类动物适应自然界而长期进化的结果，人类不同族群长期生存在不同自然环境中而进化出不同的肤色、体毛分布和骨骼特征，是人类决定肤色和体毛的有关基因变异所发育的表型适应当地的自然条件的选择结果。最近的研究表明，生活于高海拔地区的某些族群在氧代谢相关基因上已经进化出适应低氧含量大气的多态性。

二、健康和疾病的基本概念

健康是指生理和精神心理的完好状态。世界卫生组织（World Health Organization，WHO）早在 1948 年成立之初的《WHO 宪章》中就指出“健康不仅是没有病和不虚弱，而且是身体、心理、社会功能三方面的完满状态”。1990 年 WHO 更新了健康的定义是：在躯体健康、心理健康、社会适应良好和道德健康 4 个方面皆健全。道德健康的内容是指不以损坏他人利益来满足自己的需要，能按照社会认可的行为道德来约束自己，以及按照健康的十条标准（WHO）支配自己的思维和行动，具有辨别真伪、善恶、荣辱的是非观念和能力。

WHO 给出了健康的十条标准。

（1）充沛的精力，能从容不迫地担负日常生活和繁重工作而不感到过分紧张和疲劳。

（2）处世乐观，态度积极，乐于承担责任，事无大小，不挑剔。

（3）善于休息，睡眠好。

（4）应变能力强，能适应外界环境中的各种变化。

（5）能够抵御一般感冒和传染病。

（6）体重适当，身体匀称，站立时头、肩位置协调。

（7）眼睛明亮，反应敏捷，眼睑不发炎。

（8）牙齿清洁，无龋齿，不疼痛，牙龈颜色正常，无出血现象。

（9）头发有光泽，无头屑。

（10）肌肉丰满，皮肤有弹性。

如果达不到上述十条标准，人体就处于疾病状态和不适。疾病是人体在一定条件下，受病因作用后，其结构与功能发生异常状况，并产生症状或不良后果。

三、健康与疾病的遗传基础

（一）遗传是健康的重要基础

健康是在遗传物质的调节控制下，机体与周围环境保持平衡的状态。遗传物质和（或）周围环境的改变都能破坏这种平衡，造成疾病状态。研究表明严重危害人类健康的常见病均与遗传因素相关，因此研究遗传与疾病和健康的关系成为医学遗传学的一项长远目标。

人类 DNA 分子中的碱基序列蕴藏着与生命活动密切相关的各种蛋白质的遗传信息。遗传信息通过 DNA 半保留复制，将亲代细胞的遗传物质传递给子代细胞。基因经过转录、翻译来调节控制组织细胞中蛋白质的合成（包括各种酶），以完成生命活动中的各种生化反应。一旦基因的 DNA 分子结构发生改变，它的控制功能或者所生成的蛋白质氨基酸顺序也发生改变，最终使机体处于异常性状和疾病状态。例如，半乳糖血症、苯丙酮尿症和唐氏综合征等均是由遗传因素引起的疾病。

传统意义上，医学遗传学的研究重点在于找出致病的基因。相对而言，基因对健康作用的研究不多，但其实这是十分重要的部分，就是遗传因素在维护良好健康中发挥重要的作用。努力找到那些在维护健康方面十分重要的遗传变异，特别是抵抗特定外部环境危险因素时产生的变异，通过对健康人群进行流行病学分析，与患病人群进行比较，找到维持健康的等位基因。

1. 健全的智力发育需要有正常的基因

人类的创造力是人类智慧的集中体现，和身体的发育一样，个体的智力形成也需要一个发育的过程，这个过程受各种因素的影响，主要包括遗传因素和环境因素。遗传为智力发育提供了最基本的物质基础——大脑，但轻视环境与教育对智力发育的影响是错误的认识。脑细胞的正常生理活动至少与上百种基因表达相关，遗传物质决定脑细胞的发生与功能表达。

人类智能属于复杂性状，智能发育会受到多种基因多对等位基因的调控，但有时一个关键基因突变，就可导致智力发育迟缓，如苯丙酮尿症、脆性 X 综合征和早发性阿尔茨海默病。

2. 健康的体格发育需要有正常的基因

基因是影响身高的重要因素，2007 年英美科学家组成的国际科研小组研究发现造成身高差异的“身高基因”。通过对 3.5 万人进行 DNA 分析，发现人类基因 *HMGA2* 中 rs1042725 位点有一个单核苷酸多态性（single nucleotide polymorphism，SNP）与身高有关。如果该位点中有一个 C，则身高可以增加 0.4cm；若是两个 C，即 CC 基因型，则身高会增加 0.8cm。

3. 健康生育的物质基础

从受精卵发育成胚胎要历经复杂的演变过程，包括细胞的增殖、分化、凋亡、识别、迁移、功能表达、组织和器官的形成等。胚胎的健康发育具有精细的时间和空间程序性调控。来自同一个受精卵的细胞，虽然基因结构相同，但在胚胎发育过程中，不同胚层和极向的细胞会因其所在的位置而受到相邻细胞的影响进而发生选择性基因表达，使早期的胚胎多能干细胞分化发育成特定的组织分化细胞。这个过程中基因的程序性调控及微环境信号分子起着决定性作用。

受精卵来自于双亲的精卵结合，健康的胎儿发育需要从父母亲那里得到正常的遗传物质才能保证形成一个正常的受精卵，从而发育成一个在体格和智力等方面健康的婴儿。生殖健康是人类发展的重要环节，利用医学遗传学知识来防止严重出生缺陷从而提高出生人口素质是优生学的主要目标。一方面努力减少自发突变和避免暴露环境诱变因素，另一方面预防有严重遗传病和先天性疾病个体的出生才是健康生育的根本。

（二）绝大多数疾病的发生有遗传基础

随着生命科学的发展，人类对疾病的认识也在不断改变。由于抗生素和疫苗的临床应用，曾经严重危害人类生存和健康的大部分传染病与感染性疾病已经得到很好的控制。但同时也发现人对传染病的抵抗能力会随着不同基因型而异。例如，位于人类第 3 号染色体短臂上的 *CCR5* 基因编码区第 185 号氨基酸后面发生 32 个碱基缺失时（*CCR5*-32 突变），造成细胞膜表面产生缩短的、无功能的穿膜蛋白质，HIV 病毒不能进入该类细胞，因此这种突变型个体不会感染 HIV。遗传病和先天畸形等发病率日趋增加，成为影响人口质量的主要病种。分子遗传学技术的发展推动了疾病的诊断和治疗方法的改进，很多疾病，诸如肿瘤、糖尿病、动脉粥样硬化、冠心病、高血压病、精神分裂症、哮喘、神经与肌肉退行性病变和脑血管疾病等过去不明原因的常见疾病，无一不与遗传因素密切关联。

第二节　医学遗传学发展简史

一、人类对疾病遗传现象的早期认识

人类对遗传病的认识最早可以追溯到公元前 4～前 5 世纪，古希腊医师希波克拉底（Hippocrates，约公元前 460～前 375 年）时代之前，人们已经观察到性状、畸形和疾病可以在家族中代代相传，双亲的一些生理和智力特征可以传给子代。

大约 1500 年前，犹太教法典有一条规定：对“易出血者”家庭的男性后代免除割礼（包皮环切术）的规定，表明人们已经认识到了血友病的遗传规律。1745 年，莫泊丢斯（P. L. M. de Maupertuis，1698～1759 年）研究了多指（趾）及皮肤和毛发缺乏色素者（白化病）的家系，指出这两种疾病有各自不同的遗传方式。

19 世纪，欧洲汉诺威皇室家族几代人被称为“皇室病”的血友病困扰，维多利亚女王是血友病的源头，她的 9 个子女中一个儿子为血友病患者，两个女儿为携带者。一个女儿通过与德国普鲁士王室联姻，将致病基因携带至德国王室，普鲁士家族因此深受血友病之害。又通过后代血友病基因携带者的联姻，把致病基因传到俄国罗曼诺夫王室。

另一个女儿嫁到黑森家族，把血友病基因带进黑森家族的一个分支，并通过其后代把血友病基因带入了西班牙波旁王室。由于维多利亚家族的公主及其后代公主分别嫁入欧洲多个国家，因而血友病也随着这种联姻关系波及了欧洲多国王室。因为皇室均有完整而详细的家谱，血友病在欧洲很多皇室中流行的记录给后来的医学遗传学家留下了珍贵的研究资料。

二、遗传学基本规律的发现

奥地利神父孟德尔（G. J. Mendel，1822～1884 年）于 1866 年发表了具有划时代意义的文献——《植物杂交实验》，提出了分离定律和自由组合定律。通过豌豆杂交试验，孟德尔发现遗传性状是由成对的因子控制的，在产生配子时，成对遗传因子互不干扰，彼此分开，进入到两个配子中，这就是分离定律；不同对的遗传因子在形成配子时自由组合，这是自由组合定律。遗憾的是当时的学术界并未重视孟德尔的论文和所提出的理论，直到 1900 年另外三位植物学家，荷兰的德弗里斯（H. De Vries，1848～1935 年）、德国的科伦斯（C. Correns，1864～1933 年）、奥地利的丘歇马克（E. von. S. Tschermak，1872～1962 年）发表各自的研究报告时，才发现 30 多年前孟德尔就已经发表了同样的理论，使孟德尔定律成为现代遗传学的基础。

1903 年，萨顿（Sutton）和鲍维里（Boveri）通过对减数分裂的研究分别提出染色体是遗传物质载体的假说（即萨顿-鲍维里假说），这一理论将孟德尔定律与细胞学研究结合起来。1909 年，丹麦遗传学家约翰逊（W. L. Johansen）经过扩充后的《遗传学原理》一书出版，同年将“因子”、“性状”和“特性”等含糊的概念统一用“基因”替代。

1910 年，摩尔根（T.H. Morgan，1866～1945 年）和他的学生开始研究果蝇的遗传方式，他认为染色体是遗传的传递单位，位于一条染色体上的连锁基因可以随着染色体传给子代。但是在生殖细胞形成中，同源染色体之间可以发生部分的交换，使连锁基因发生重组。1926 年，摩尔根在《基因论》一书中，提出了基因连锁和交换定律，标志着细胞遗传学的开始。摩尔根的基因连锁和交换定律、孟德尔的分离定律和自由组合定律被合称为遗传学上的三大定律，构成现代遗传学的基本理论核心。

三、医学遗传学的兴起

1902 年，英国内科医师 Archibald Garrod 爵士在伦敦内科和外科学会上报道了 4 个家系 11 位尿黑酸尿症的患者，而且其中有 3 个患者是堂兄妹结婚的后代，但是每个病例的亲代表型均是正常的。尿黑酸尿症中存在一种涉及生化过程的遗传紊乱，此病是由于某一代谢环节出现了先天性缺陷引起，并提出了“先天性代谢缺陷”的概念。为此 Garrod 被称为“先天性代谢缺陷病之父”，成为医学遗传学的创始人。

1906 年，本特森（W. Bateson）首次提出“遗传学”的概念。1908 年，哈迪（Hardy）和温伯格（Weinberg）提出了遗传平衡定律。1917 年摩尔根提出基因是生物遗传基本单位的概念。1926 年，摩尔根的《基因论》一书出版，标志着经典遗传学理论体系的完成和建立。1949 年，鲍林（L. Pauling）发现镰状细胞贫血症患者的血红蛋白电泳出现慢速迁移率的条带（HbS），说明可遗传的蛋白质变异可以导致疾病，从而提出了分子病的概念。1952 年，徐道觉发明了低渗制片技术；莱文（Levan）和蒋有兴等捕获到了分裂中期细胞后，确定了人类共有 46 条染色体。1953 年，沃森（J. D. Watson）和克里克（F. Crick）发现了 DNA 双螺旋结构，并于 1962 年获得诺贝尔生理学或医学奖，标志着分子生物学和分子遗传学的诞生。1959 年相继发现唐氏综合征（Down syndrome，DS）患者的核型为 21 三体型；先天性睾丸发育不全又称克氏综合征（Klinefelter syndrome）患者的核型为 47，XXY；先天性卵巢发育不全综合征又称特纳综合征（Turner syndrome）患者的核型为 45，X 等染色体病的发生机制，这些发现深化了人类对染色体数目异常所致疾病的认识。20 世纪 70 年代初期细胞遗传学发展迅速，随后遗传病的普查、携带者的检出、产前诊断和早期诊治及基因水平的诊断都取得令人瞩目的进步，推动了医学遗传学的发展（表 1-1）。

表 1-1 医学遗传学大事记

年份	事件	学者
1866	发表《植物杂交试验》，提出了分离定律和自由组合定律	G. J. Mendel
1871	发现核酸（核素）	F. Miescher
1875	提出受精是雌雄原核的融合	O. Hertwig
1879	发现细胞中的染色体	W. Flemming
1883	论述人体测量、人口数量及统计方法，创建“优生学”	F. Galton
1887	确认生殖性细胞染色体减数分裂现象	T. H. Boveri
1894	出版《变异研究的材料》，引入等位基因、合子等概念	W. Bateson
1902	首次报道“尿黑酸尿症”并提出“代谢遗传疾病”的概念	A. Garrod
1906	首创“遗传学”概念	W. Bateson
1908	提出遗传平衡定律	G. H. Hardy，W. Weinberg
1909	基因代替孟德尔的遗传因子	W.L. Johansen
1910	提出基因连锁交换定律	T. H. Morgan
1911	色盲基因定位到人的 X 染色体上	E. B. Wilson
1926	摩尔根的《基因论》一书出版，标志着经典遗传学理论体系建立	T. H. Morgan
1927	进行 X 射线诱导突变发生的实验，创遗传学新纪元	H. J. Muller
1933	摩尔根凭借染色体遗传理论成为第一位获诺贝尔生理学或医学奖的遗传学家	T. H. Morgan
1941	分离出链孢霉的生化突变型，提出“一个基因一个酶”的假说	G. W. Beadle，E. L. Tatum
1949	证明人类的一种镰状细胞贫血症，系遗传因子突变的结果	J. V. Neel
1949	发现镰状细胞贫血症患者的血红蛋白差异为氨基酸差异所致	L. Pauling
1953	建立 DNA 双螺旋结构的分子模型，标志着分子遗传学诞生，于 1962 年获诺贝尔生理学或医学奖	J. D. Watson，F. Crick
1955	首次测定牛胰岛素的一级结构，即氨基酸序列，于 1958 年获诺贝尔化学奖	F. Sanger
1956	利用 DNA 聚合酶细胞外合成 DNA	A. Kornberg
1956	人类有 46 条染色体	蒋有兴，A. Levan

续表

年份	事件	学者
1959	发现唐氏综合征、克氏综合征等染色体异常导致的疾病	J. Lejeune
1961	证明遗传三联密码的推测	M. Nirenberg，C. Khorana，R. Holley
1962	首次证明存在 DNA 限制性内切酶	W. Arber
1966	阐明 DNA 遗传密码	M. Nirenberg，S. Ochoa，A. Khorana
1967	发现 DNA 连接酶	M. Gellert
	克里克设计并列出 20 种氨基酸的遗传密码表	F. Crick
	首次以天然 DNA 为模板合成基因（化学-酶法）	M. Goulian，A. Kornberg
1969	染色体 Q 显带，开辟了染色体显带的研究	T. Caspersson
1970	合成第一个基因——酵母丙氨酸 tRNA 基因	G. Khorana
1971	利用遗传工程治疗半乳糖血症，为人类治疗遗传病打下基础	C. R. Merril
1972～1973	DNA 克隆技术	H.W. Boyer，S. Cohen
1975	凝胶转移杂交以检测特异性	E. Southern
1975～1977	快速 DNA 测序方法建立	F. Sanger，A. R. Coulson，A. M. Maxam，W. Gilbert
1977	首例人类基因克隆	J. Shine
1978	首次运用 RFLP 实现了遗传病的产前 DNA 诊断	Y.W. Kan
1981	人类线粒体 DNA 测序完成	S. Anderson
1985	首例人类 DNA 指纹图谱建立	A. Jeffreys
	发明聚合酶链反应	K. B. Mullis，R. K. Saiki，H. A. Erlich
1986	提出肿瘤问题有待人类基因组测序	R. Dulbecco
1990	首例腺苷脱氨酶缺乏症临床基因治疗	W. F. Anderson
1991	人类基因组研究 15 年规划启动	J. Waston，F. Collins
1994	人类基因组连锁图	J. Murray，J. Weissenbach 等
1997	提出肿瘤基因组解剖计划	R. Dulbecco 等
1998	人类基因组物理图	D. Cohen，G. D. Schuler 等
2001	人类基因组 94%序列草图做出初步分析	美国、英国、日本、法国、德国、中国 6 国人类基因组测序联合体
2004	人类基因组完成测序，覆盖 99%的常染色体区域，错误率小于 1/10 万	美国、英国、日本、法国、德国、中国 6 国人类基因组测序联合体
2006	癌症基因组计划	国际癌症基因组联盟发起
2007	利用胚胎干细胞进行基因敲除	英国人马丁埃文斯、美国人马里奥卡佩基和奥利弗·史密斯
2008	癌症基因：发现导致肿瘤细胞失控的 DNA 突变基因	华盛顿大学基因组研究中心、约翰霍普金斯大学 Kimmel 肿瘤研究中心
2008	启动国际千人基因组计划	中国深圳华大基因研究院、英国桑格研究所和美国国立人类基因组研究所等共同发起
2009	基因治疗在多个致死性疾病中获得成功：LCA、X-ALD、SCID	美国宾夕法尼亚州医学院、费城儿童医院；法国公共医院、德国国立癌症研究所
2010	首例人工合成基因组细胞	C. Venter

续表

年份	事件	学者
2010	尼安德特人基因组测序完成	M. Hajdinjak 等
2010	全外显子组测序解析罕见疾病基因	B. Anne 等
2010	iPS 新型培养方法：RNA 重编程	哈佛医学院、波士顿儿童医院等
2011	人类的起源之谜：研究古代和现代人类遗传密码，揭示免疫系统	Michael Hammer Laurent Abi-Rached 等
2012	“DNA 元素百科全书”（ENCODE）计划	美国、英国、西班牙、日本和新加坡
2012	基因组精密工程	梅奥医学中心
2012	揭晓丹尼索瓦人基因	德国马克斯·普朗克进化人类学研究所
2012	完成国际千人基因组计划	中国深圳华大基因研究院、英国桑格研究所和美国国立人类基因组研究所等共同发起
2013	CRISPR 基因组编辑技术，并将其实用化	E. Charpentier、J. Doudna、张锋
2014	创造出新的 DNA 碱基 X 和 Y	斯克里普斯研究所
2015	精准医疗计划启动	以美国为首的多国启动
2016	人造卵母细胞	京都大学
2016	单分子 DNA 测序技术：纳米孔基因测序技术	K. Schmidt，M. Looose，S. Deschamps，H. Lu，E. Datema
2016	三亲婴儿治疗阻断线粒体病遗传	J. Zhang
2016	CRISPR 基因组编辑技术用于基因驱动实验	K. Esvelt
2017	基因治疗婴儿型脊髓性肌萎缩症	百健、Lonis 制药
2018	基因治疗重症 β 地中海贫血	A.A. Thompson，M. Cavazzana 等
2018	单细胞基因活性分析，追踪单细胞发育谱系	E. Pennisi，R. M. Harland，B. Pijuan-Sala，B. Raj 等
2018	基于 RNA 干扰技术的基因沉默药物获批上市	K. Servick
2018	法医系谱学使得金州杀人案罪犯落网	J. Kaiser
2019	CRISPR 基因编辑技术治疗成人艾滋病病毒患者	邓宏魁
2019	先导编辑技术	刘如谦等

第三节　遗传病及遗传多样性相关疾病

遗传病（genetic disease）是遗传物质（染色体或基因）改变所导致的疾病，通常具有在上代、下代之间垂直传递的特征，是出生缺陷的主要构成部分。人体发育过程涉及复杂的细胞生物学机制，遗传因素在许多出生缺陷的发生发展过程中起着关键作用。

一、遗传病的基本概念

（一）基因突变

基因突变（gene mutation）是指基因的结构改变，是细胞内 DNA 分子结构的改变。

点突变（point mutation）是指基因内一个或少数几个核苷酸对的增加、缺失或置换所造成的结构改变。是基因突变中最多见的形式。按突变的结果分为同义突变、错义突变、无义突变、终止密码突变、剪切突变等。

碱基的插入（insertion）和缺失（deletion）是指基因编码序列中插入或缺失一个或几个碱基（不是 3 的倍数），其结果是突变点下游碱基序列发生位移，所编码的氨基酸发生改变，导致移码突变（frameshift mutation）。

整码突变（in-frame mutation）是指3个或3的倍数的碱基缺失或插入导致的突变，使基因丢失或增加一个或几个氨基酸。

DNA大片段缺失或复制（large deletion or duplication）是指几百个至几万个甚至更多数量的碱基缺失或复制。

（二）DNA多态性

DNA多态性（DNA polymorphism）是指正常人群中，DNA分子或基因的某些位点可以发生中性改变，等位基因存在两种或两种以上的形式，对基因功能没有影响(Tanaka et al. 2020)。群体中变异等位基因的频率≥1%，DNA序列中平均每100～200bp就有一个多态性位点，DNA的多态性可以看作是在分子水平上的个体区别的遗传标志。

（三）基因座与等位基因

基因座（locus，loci）是指基因组中任何一个已确定的位置上的基因或基因的一部分或具有调控作用的DNA序列。基因座是基因在染色体上的位置。可以把一对同源染色体想象为两条平行线，染色体上一个给定的位置，好比两平行线上的一点或一段，就称为一个基因座。基因座是染色体上的固定部位，一个基因座可以是一个基因，或者是一个基因的一部分，或具有某种调控作用的DNA序列。位于一对同源染色体的相同位置上控制着相对性状的一对基因称为等位基因（allele）。

二、遗传病的分类

遗传病可以分为5类（表1-2），在分析遗传病时要明确其所属种类。

表1-2　人类遗传病分类

类型	分类	亚分类	举例
染色体病	染色体结构畸变	基因组平衡的二倍体：染色体平衡易位、倒位	罗伯逊易位、9号染色体臂间倒位
		基因组不平衡：染色体微缺失、微重复综合征	猫叫综合征、天使综合征、腭心面综合征、威廉姆斯综合征、Wolf-Hirschhorn综合征等
	染色体数目异常		唐氏综合征、克氏综合征、特纳综合征等
单基因病	常染色体显性遗传病		家族性高胆固醇血症、多指、并指、软骨发育不全等
	常染色体隐性遗传病		苯丙酮尿症、半乳糖血症、白化病、尿黑酸尿症、黑蒙性痴呆等
单基因病	伴性遗传	X连锁显性遗传病	抗维生素D佝偻病、高氨血症I型、色素失调症等
		X连锁隐性遗传病	红绿色盲、血友病A和B、鱼鳞病、G6PD缺乏症、慢性肉芽肿、眼白化病等
		Y连锁遗传病	外耳道多毛
多基因病			原发性高血压、冠心病、哮喘病和青少年型糖尿病等
线粒体病			Kearns-Sayre综合征、缺血性心脏病、与衰老有关的退行性疾病等
体细胞遗传病			视网膜母细胞瘤、着色性干皮病

（一）染色体病（chromosomal disorder）

染色体结构和数目异常引起的疾病。目前已发现的染色体病有 100 多种，这些染色体异常如涉及 1～22 对染色体则为常染色体病，如涉及性染色体 X、Y 则称为性染色体病。染色体异常占早期自发性流产胚胎的 50%以上，占死产婴的 0.8%，占新生儿死亡的 0.6%，占新生活婴的 0.5%～1%。

（二）单基因病（single-gene disorder）

是指受一对等位基因控制的遗传病，单个基因突变即可引起疾病，其遗传方式遵循孟德尔遗传规律，包括常染色体显性遗传病、常染色体隐性遗传病、X 连锁显性遗传病、X 连锁隐性遗传病、Y 连锁遗传病。通常在家系里呈特征性传递，虽然均为罕见病，但由于种类繁多，总的发生率并不低，约为 20/万。当前，在线孟德尔遗传数据库统计单基因病或性状有 2 万多种（表 1-3）。

表 1-3 人类孟德尔遗传数据库统计资料（2020 年 1 月 28 日更新）

类型	常染色体/例	X 连锁/例	Y 连锁/例	线粒体/例	总计/例
已知序列的基因数	15 435	738	51	37	16 261
已知序列和表型的基因数	36	0	0	0	36
已知分子基础并有表型描述的基因数	5 338	343	5	33	5 719
分子基础不明，但符合孟德尔表型或位点的基因数	1 429	118	4	0	1 551
其他，类似孟德尔表型的基因数	1 641	104	3	0	1 748
总计	23 879	1303	63	70	25 315

数据摘自 https：//omim.org/

（三）多基因病（polygenic disorder）

多基因病是由多个基因与环境因子共同作用引起的疾病，包括两种：一种是由一个主基因和其他基因加上环境因子共同作用所引起；另一种是由多个基因通过非常复杂的遗传方式控制的。其遗传机制较为复杂，不遵循孟德尔遗传规律，常见的多基因病如高血压、2 型糖尿病等。

（四）线粒体病（mitochondrial disorder）

线粒体病是由线粒体 DNA（mtDNA）的基因突变导致的遗传病，随细胞质中的线粒体传递，特点为母系遗传。

（五）体细胞遗传病（somatic cell genetic disorder）

体细胞遗传病是体细胞中遗传物质发生改变所致的疾病，如肿瘤和某些先天畸形。大部分癌肿具有家族性肿瘤易感性，癌肿病灶在体细胞中可以克隆，克隆的形成一定是以体细胞遗传物质突变为直接原因。有的先天性畸形是由于发育过程中某些细胞的遗传物质改变而引起的，所以这些先天性畸形也属于体细胞遗传病，如孕期感染风疹病毒导致的婴儿先天性心脏病。

三、遗传相关疾病

（一）药物反应的遗传异质性

药物遗传学（pharmacogenetics）是药理学与遗传学相结合的交叉学科，主要研究遗传因素对物种内不同个体的药物吸收、分布、代谢的影响，尤其是由遗传因素引起的异常药物反应。

药物作用个体差异发生的主要原因是由于个体基因组的构成差异。机体内药物代谢的整个过程都是受遗传控制的，体内药物代谢过程包括药物吸收、分布、转化、降解和排泄等步骤，酶、受体和其他蛋白质参与其中，这些蛋白质由基因调控来合成，如果这些基因发生突变，则药物代谢的过程就要发生改变，从而引起异常的药物反应。

通过对药物遗传学的研究，期望得到如下结果：①避免或者减轻药物副作用对人体的损伤；②针对个体的药物敏感性差异，开出“个人处方”，实现药物作用最大化；③对重大疾病开发新的药物靶点。

（二）肿瘤的遗传易感性

肿瘤的发生是受遗传因素和环境因素共同影响的一个多步骤的复杂过程。不同个体对环境致癌物的易感性存在着很大差异，尽管人们都会接触致癌物质，但不是每个人都会发生肿瘤。肿瘤是机体在各种致瘤因子作用下，细胞遗传物质发生改变、基因表达失常，细胞异常增殖而形成的非正常组织。一些遗传性肿瘤按照经典的孟德尔方式亲子传递，但更多情况下遗传的只是肿瘤的易感基因，与环境因子共同作用决定肿瘤的易患性。肿瘤易感性是由特定的基因—染色体组合决定的，当前，对于这些易感基因的作用方式和机制还不甚清楚。可能是通过生化、免疫或者细胞分裂的机制促进肿瘤的发生。

在常见疾病中，肿瘤一直是全球医学遗传学家们最热衷的研究方向。作为危害人类健康最常见的疾病，肿瘤也是一类多基因复杂性疾病。发现并深入研究癌基因、肿瘤抑制基因和肿瘤转移抑制基因可以对肿瘤的发生、恶性转化、转移等重大问题进行剖析。

（三）遗传性免疫缺陷病

遗传性免疫缺陷病是由遗传物质变异而导致的免疫缺陷综合征，可导致抗感染能力、免疫稳定功能、免疫监视能力的下降，引起各种病症。免疫反应涉及多种类型的细胞及其产物，各个环节均可能发生遗传性缺陷而导致免疫缺陷病。这是一类种类繁多、临床特征复杂的遗传相关性疾病，涉及固有免疫系统和获得性免疫系统各组分。

20 世纪 50 年代之前，致死性感染发生率很高，当时医疗界对免疫缺陷病了解甚少。1952 年，美国儿科医师 Bruton 首次报道了无丙球蛋白血症（agammaglobulinemia），并通过遗传学、临床特点和免疫学的研究证实这是一种遗传性免疫缺陷病，自此开启了遗传性免疫缺陷病研究的新纪元。80 年代在分子遗传学和分子免疫学的发展带动下，开始对免疫缺陷基因进行染色体定位分析、克隆鉴定和测序，加速了免疫缺陷基因的发现和鉴定，促进了免疫缺陷机制的研究。

到 2016 年已经发现可导致免疫缺陷病的基因已经多达 300 个，每年大概有 10 个免疫缺陷基因被发现，遗传性免疫缺陷病的疾病数量在不断增加。国际免疫学联盟将遗传性免疫缺陷病分为 8 类：联合免疫缺陷（combined T-cell and B-cell immunodeficiencies）、以抗体缺陷为主的免疫缺陷（predominantly antibody deficiencies）、其他明确定义的免疫缺陷（other well defined immunodeficiency syndromes）、免疫调节失衡性疾病（diseases of immune dysregulation）、吞噬细胞数量和（或）功能缺陷（congenital defects of phagocyte number，function，or both）、固有免疫缺陷（defects in innate immunity）、自身炎症性疾病（autoinflammatory disorders）和补体缺陷（complement deficiencies）。

第四节 医学遗传学发展展望

一、人类基因组计划对医学遗传学的促进

1990 年启动的国际人类基因组计划被誉为“生命科学的登月计划”，是人类科学史上最伟大的工程，2003 年 4 月人类基因组序列图谱完成标志着基因组计划的提前竣工。人类基因组计划不仅奠定了人类认识自我的基石，还推动了生命科学与医学的革命性进展，为全人类的健康带来了福音。

人类基因组测序结果显示，人类基因组只有 2 万～2.5 万个编码蛋白质的基因，占人类基因组全序列的 1.1%～1.4%，人类基因组含有 1.42×10^6 个单核苷酸多态性。人类基因组计划的完成实现了在基因和基因组水平上对疾病的分析、诊断和治疗，同时加快了寻找疾病基因的速度（表 1-4）。研究复杂性疾病和肿瘤时，单核苷酸多态性无疑是最佳的遗传学标记，但也要结合基因组的调控机制来进行分析。人类基因组计划的完成使医学遗传学进入一个崭新的历史阶段，医学遗传学的发展引导人类攻克诸多遗传病的诊断、预防、干预和治疗难题。

表 1-4 应用人类基因组序列草图定位克隆的疾病基因

基因位点	遗传病	主要学者
BRCA2	乳腺癌易感性	R. Wooster
AIRE	自身免疫性多腺体综合征 1 型	K. Nagamine
PEX1	过氧化物酶体生物发生病	B. E. Reuber
PDS	Pendred 综合征	L. A. Everett
XLP	X 连锁淋巴细胞增生病	A. J. Coffey
DFNA5	非综合征耳聋	L. Van Laer
ATP2A2	Darier 病	A. Sakuntabhai
SEDL	迟发型 X 连锁脊椎骺发育不良	A. K. Gedeon
WISP3	进行性假性风湿性发育不良	J. R. Hurvitz
CCM1	大脑空洞畸形	T. Sahoo
COL11A2/DFNA13	非综合性耳聋	W. T. Mcguirt

续表

基因位点	遗传病	主要学者
LGMD2G	肢带肌营养不良 2G 型	E. S. Moreira
EVC	Ellis-Van Creveld 综合征 Weyer 肢端骨发育障碍	V. L. Ruiz-Perez
ACTN4	家族性病灶节段性肾小球硬化症	B. S. Kaplan
SCN1A	全身性癫痫伴发热发作 2 型	A. Escayg
AASS	家族性高赖氨酸血症	K. A. Sacksteder
NDRG1	遗传性运动和感觉神经病	L. Kalaydjieva
CNGB3	全色盲	S. Kohl
MUL	Mulibrey 侏儒症	K. Avela
USH1C	Usher 综合征 1C 型	M. Bitner-Glindzicy
MYH9	May-Hegglin 异常 Fetchner 综合征	M. J. Kelly
DFNA17	非综合征遗传性耳聋	A. K. Lalwani
PRKAR1A	Carney 复合征	L. S. Kirschner
SCA10	脊髓小脑性共济失调 10 型	T. Matsuura
OPA1	视神经萎缩	C. Delettre
XLCSNB	X 连锁先天性静止型夜盲	C. M. Pusch
GAN	巨轴索神经病	P. Bomont
AAAS	三 A 综合征	A. Tullio-Pelet
HSPG2	Schwarts-Jampel 综合征	S. Nicole

二、后人类基因组计划可能产生的影响

人类基因组计划完成后，人们获得了大量人类基因的序列信息，但是解析这些信息的涵义以及与疾病之间的关系成为医学遗传学发展的重大课题。后基因组时代又被称为功能基因组学时代，包括功能基因组学、人类基因组多样性计划、疾病基因组学、蛋白质组学，目标是确定基因的功能并加以注释，蛋白质组学是其中的重要部分。编码所有蛋白质序列的人类外显子组序列占人类基因组的 1%，大约包括 18 万个左右的外显子，而人类 85%的致病突变均位于这些蛋白质编码序列，对这些外显子组进行序列分析，捕捉到致病突变的遗传信息是医学遗传学最重要的部分。

功能基因组学对基因组进行功能注释，了解基因功能，认识基因与疾病的关系，掌握基因的产物及其在生命活动中的作用。主要包括以下 4 个方面的工作：①识别基因转录调控信息；②注释基因产物的功能；③基因表达调控机制，绘制基因调控网络图；④比较基因组学研究，进行生物个体间比较，揭示生命的起源、进化和蛋白质功能。推动医学朝着精准循证的个体化医疗发展。

三、精确医学——以基因型为线索的精准医疗

医学遗传学与临床医学各分支学科的结合与相互促进，发展出精准医疗的医疗新模式。随着人类基因组计划的完成，生物和医学研究成为数据密集型科学，大数据时代到

来之时，基因测序技术也越来越简洁快速，并且在疾病诊断和治疗效果方面展现了优势，为此催生了精准医疗计划。精准医疗是联合遗传检测技术，对患者的基因组、微生物及其产物进行检测，深入、准确、全面地分析疾病本质，定位疾病的准确缺陷位点进行精准用药实现个体化治疗。2015 年 1 月 30 日，美国总统奥巴马宣布了“精准医疗计划”，致力于治疗癌症和糖尿病等疾病。2 月 8 日，白宫官网发布了“精准医疗计划”的细节。美国精准医疗的短期目标是针对癌症的治疗。作为危害人类健康最常见的疾病，癌症已经成为人类的头号杀手。DNA 测序技术、癌症基因组图谱和基因组信息的前期研究让我们对癌症发生的分子机制有了深层认识，并已经研制出某些种类癌症的针对性药物和治疗方法。通过进一步扩大癌症基因组学的研究，实现干预和治疗各类癌症。长期目标是健康管理，通过建立一个全面的基因信息库，扩大精准医疗的运用范围，提升对各种疾病风险评估能力，预测疾病的最佳治疗方案，为健康和卫生保健等领域带来最大利益。首先是鼓励精准医疗时代的科学家开发新方法，检测、测量和分析各种生物医学信息，包括分子、基因、细胞、行为、生理、环境、临床检查结果、核磁共振扫描等参数，建立关键科学和医疗问题的应答网络。

中国精准医疗计划与美国齐步并进，2015 年 3 月 11 日科技部召开“国家精准医疗战略专家会议”组建专家委员会，拟在 2030 年之前投入 600 亿元。随后国家（卫计委）公布“肿瘤高通量基因测序临床应用试点单位名单”。中国的生物大数据、再生医学、免疫治疗、移动医疗等产业业已成型，这为精准医疗的发展奠定了基础。在此之前，2013 年 3 月原国家卫生部办公厅复函同意开展个体化医学检测的规范化管理工作，并于 5 月成立了由 5 位院士和 9 位教授组成的个体化医学专家委员会，具体负责指导个体化医学检测的规范化管理工作，并组织了遗传病、肿瘤、病原微生物、生物芯片、测序、原位杂交等 8 个领域的个体化医学检测指南初稿编写。2015 年原国家卫计委医政医管局率先发布了《遗传病个体化医学检测技术指南》（试行）和《肿瘤个体化治疗检测技术指南》（试行）。随后几年，其他几个领域的指南也相继发布。上述指南从现行相关的法规和标准以及当前的认知水平出发，从诊断项目的科学性、医学实验室检测方法的准入、样本采集至检测报告发出的检测流程、实验室质量保证体系等多个方面进行了详细的阐述，对于推动精准医学的规范化发展起到了重要的导向作用。表 1-5 和表 1-6 分别列举了精准医学在肿瘤个体化治疗中的应用及精准医学在个体化用药中的应用。

表 1-5 精准医疗在肿瘤个体化治疗中的应用

检测项目	疾病	相关基因	作用
基因突变	非小细胞肺癌	*EGFR*（exon18, 19, 20, 21）	TKI（吉非替尼、厄洛替尼）疗效预测，对是否使用 EGFR-TKI 的肺癌切除患者预后分析
	膀胱、乳腺、直肠、肾、肝、肺、卵巢、胰腺、胃和造血系统等肿瘤	*Kras*（exon 2 的 codon12, 13, 61, 146）	西妥昔单抗、帕尼单抗疗效预测
	恶性黑色素瘤、结直肠癌、肺癌、甲状腺癌、肝癌及胰腺癌、多数胃肠道间质瘤（GIST）	*BRAF*（exon11：G463、G465、G468 点突变；exon15：V600E）	患者预后分析及用药指导，维罗非尼和 EGFR 单抗疗效预测
		C-KIT（exon9, 11, 13, 14, 17, 18）	辅助诊断，预后评价和格列卫（甲磺酸伊马替尼-Imatinib mesylate）、舒尼替尼等酪氨酸激酶抑制剂疗效预测

续表

检测项目	疾病	相关基因	作用
基因突变	GIST、胶质母细胞瘤、恶性外周神经鞘等肿瘤	*PDGFRA*	索拉菲尼、伊马替尼和舒尼替尼等酪氨酸激酶抑制剂的疗效预测
基因表达	乳腺癌、膀胱癌、结直肠癌、胃癌和非小细胞肺癌	*HER-2* 基因扩增或过表达	乳腺癌患者预后判断和治疗方案选择，曲妥珠单抗及拉帕替尼等酪氨酸激酶抑制剂
融合基因	人类变性淋巴瘤（ALK）、NSCLC	*EML4-ALK* 融合基因	克唑替尼疗效预测
基因甲基化	脑胶质瘤、结直肠癌、肺癌、乳腺癌	*MGMT* 基因	脑胶质瘤预后判断和 TMZ 等烷化剂疗效预测

表 1-6 精准医疗在个体化用药中的应用

检测项目	用药指导
*ALDH2*2* 多态性检测	携带 *ALDH2*2* 等位基因的心绞痛患者尽可能改用其他急救药物，避免硝酸甘油舌下含服无效
*CYP2C9*3* 多态性检测	将 *CYP2C9* 和 *VKORC1* 基因型代入华法林剂量计算公式计算初始用药剂量；减少携带 *CYP2C9*3* 的个体塞来昔布的用药剂量；适当增加携带 *CYP2C9*3* 等位基因的高血压患者洛沙坦的用药剂量
*CYP2C19*2* 和*3 多态性检测	增加 PM 基因型个体氯吡格雷的剂量，或选用其他不经 *CYP2C19* 代谢的抗血小板药物，如替格瑞洛等；PM 基因型个体阿米替林的起始剂量降低至常规剂量的 50%并严密监测血药浓度；PM 基因型患者应用伏立康唑时容易出现毒副反应，建议适当减少剂量
*CYP2D6*10* 多态性检测	携带 *CYP2D6*10* 等位基因的患者应用他莫昔芬疗效欠佳，阿米替林的起始剂量应降至常规用药剂量的 25%
*CYP3A5*3* 多态性检测	减少 *CYP3A5*3/*3* 基因型患者他克莫司的用药剂量，以避免发生不良反应，可将 *CYP3A5*3* 基因型代入公式计算他克莫司的起始剂量
*CYP4F2*3* 多态性检测	降低 *CYP4F2*3* 纯合子基因型患者华法林及香豆素类抗凝药（醋硝香豆素、苯丙香豆素）的用药剂量
*DPYD*2A* 等位基因检测	携带 *DPYD*2A* 等位基因的患者应慎用 5-FU、卡培他滨和替加氟，或降低用药剂量，以避免毒性反应
慢型 NAT1/NAT2 基因型检测	*NAT1* 和 *NAT2* 慢代谢型基因型患者反复给予异烟肼后易出现蓄积中毒，引起周围神经炎
SLCO1B1 521T>C 多态性检测	携带 521C 等位基因的患者慎用辛伐他汀和西立伐他汀，以降低发病的风险
TPMT 多态性检测	降低酶活性基因型患者 MP 的用药剂量，杂合子起始剂量为常规剂量的 30%～70%，携带两个突变等位基因的个体用药剂量为常规用药剂量的 1/10，或 1 周 3 次给予常规剂量的药物，或换用其他药物，以避免产生严重的造血系统毒性反应；携带 TPMT 活性极高基因型的患者 MP 治疗可能无效。携带 *TPMT* 突变等位基因的儿童患者建议用卡铂而不用顺铂，以避免引起耳毒性
UGT1A1 多态性检测	*UGT1A1*28*（6/7）和（7/7）基因型个体应用伊立替康时应选用剂量较低的化疗方案，以避免引起严重腹泻；携带 *UGT1A1*6* 等位基因的患者 4 级中性粒细胞减少症的发生风险增加，应谨慎使用
ACE I/D 多态性检测	*DD* 基因型的高血压患者建议选用福辛普利进行降压治疗；*DD* 基因型的高血压合并左心室肥大和舒张期充盈障碍的患者建议使用依那普利和赖诺普；*II* 基因型患者应用赖诺普利或卡托普利治疗时应注意监测肾功能
ADRB1 多态性检测	*Gly389* 基因型高血压患者建议不选用美托洛尔降压，或适当增加用药剂量
APOE 多态性检测	基因型为 *E2/E2* 的高血脂症患者建议选用普伐他汀治疗，以提高降脂疗效
ANKK1 rs1800497 多态性检测	携带 *rs1800497 A* 等位基因的患者若应用第二代抗精神病药时发生静坐不能不良反应的发生风险增加
错配修复蛋白缺失（*dMMR*）检测	建议 dMMR（即有 *MMR* 基因错失的患者）接受不含 5-FU 的化疗方案

续表

检测项目	用药指导
G6PD 基因多态性检测	携带突变等位基因的 G6PD 缺乏症患者禁用氯喹、氨苯砜和拉布立酶
HLA-B 位点等位基因检测	携带 *HLA-B*1502* 等位基因者慎用卡马西平和苯妥英，携带 *HLA-B*5801* 等位基因者慎用别嘌呤醇，以免引起 *SJS/TEN*；携带 *HLA-B*5701* 等位基因者慎用阿巴卡韦，以免引起药物性肝损害
IFNL3 多态性检测	*Rs12979860T* 等位基因携带者聚乙二醇干扰素 α-2a、聚乙二醇干扰素 α-2b 和利巴韦林治疗 HCV 感染的疗效差
微卫星不稳定性（MSI）检测	MSI-H 患者建议不用 5-FU 辅助治疗
PML-RARα 融合基因检测	*PML-RARα* 融合基因阳性的 APL 患者可用 As_2O_3 进行治疗
TOP2A 基因异常（基因扩增或基因缺失）检测	*TOP2A* 基因异常的乳腺癌患者建议采用含蒽环类药物的治疗方案
VKORC1-1639 G>A 多态性检测	携带*-1639A* 等位基因的个体应减少华法林的用药剂量，可根据华法林剂量计算公式确定华法林的起始用药剂量
ERCC1 mRNA 表达检测	建议 *ERCC1* mRNA 低表达的非小细胞肺癌患者选用以铂类为主的化疗方案
RRM1 mRNA 表达检测	建议 *RRM1* mRNA 低表达的晚期非小细胞肺癌患者选用吉西他滨为主的化疗方案

对于医学遗传学的发展来说，精准医学在罕见病诊治上的应用更具有代表性。罕见病（rare disease）又称为孤儿病（orphan disease），是人群中发病率极低的一大类疾病的总称。中华医学会医学遗传学分会将罕见病定义为患病率低于 1/500 000 或新生儿发病率低于 1/10 000 的疾病。目前已报道的罕见病中 80%以上是遗传病，且大多数是单基因病，但是由于疾病发病率低，很大一部分的罕见病致病基因并不明确，临床上也很难进行精确、快速地诊断和治疗。

近十年来，随着高通量全基因组分析技术的成熟和完善，以二代测序为技术基础的疾病基因靶向捕获测序、全外显子组测序和全基因组测序在罕见病的诊断中发挥着日益重要的作用，罕见病的检出率有了明显的提高。目前罕见病常用的治疗方法包括调节饮食、酶替代疗法及基因修饰等。随着基因编辑技术的快速发展，近年来该技术与自体干细胞移植相结合，对患者来源干细胞中的致病位点进行精确的原位修复并回输给患者，已经成为今后罕见病最有希望的治疗手段。由此可见，精准医学在罕见病的诊治中将大有可为。

精准医学在促进人类对自身的理解，为人类健康造福的同时也面临挑战。首先，针对个体化的疾病治疗，诊疗费用可能大幅提高；其次，如果对患者基因组数据的隐私缺乏保护，必将引发基因组信息被滥用相关的伦理争论。精准医学已经掀起了一场医疗行业的革命，为了实现在正确的时间给正确的人以正确的治疗精准医学目标，政府和行业协会、学术组织、服务机构还必须正确监管这场革命，完善法律建设，规范临床实践，保证患者权益，让这场革命带给全人类更高的健康福利。

（镡　颖　朱宝生）

参考文献

陈竺. 2010. 医学遗传学. 北京: 人民卫生出版社.
丁显平. 2011. 人类遗传与优生. 北京: 人民军医出版社.
丰慧根. 2009. 医学遗传学. 北京: 人民军医出版社.
高江原, 贲亚琍. 2012. 医学遗传与优生(第二版). 北京: 人民军医出版社.
呼文亮, 陈立军. 2011. 医学分子生物学. 北京: 人民军医出版社.
梅森 F. 1977. 自然科学史. 上海: 上海人民出版社: 268.
田廷科. 2010. 遗传与优生学基础. 北京: 人民军医出版社.
亨斯・斯多倍. 1981. 遗传学史. 赵寿元译. 上海: 上海科技出版社.
杨保胜, 郭化山. 2011. 医学遗传与优生. 北京: 人民军医出版社.
杨保胜. 2013. 医学遗传学. 北京: 人民军医出版社.
曾溢滔. 1999. 遗传病的基因诊断与基因治疗. 上海: 上海科技出版社.
曾溢滔. 2017. 遗传病分子基础与基因诊断. 上海: 上海科技出版社.
中国卫生和计划生育委员会. 2015a. 药物代谢酶和药物作用靶点基因检测技术指南(试行).
中国卫生和计划生育委员会. 2015b. 肿瘤个体化治疗检测技术指南(试行).
Garrod AE. 1902. About Alkaptonuria. Medico-Chirurgical Transactions, 85: 69-78.
Goulian M, Kornberg A. 1967. Enzymatic synthesis of DNA. 23. Synthesis of circular replicative form of phage phi-X174 DNA. Proceedings of the National Academy of Sciences of the United States of America, 58(4): 1723-1730.
Meyts I, Bosch B, Bolze A, et al. 2016. Exome and genome sequencing for inborn errors of immunity. J Allergy Clin Immunol, 138(4): 957-969.
Weedon MN, Lettre G, Freathy RM, et al. 2007. A common variant of HMGA2 is associated with adult and childhood height in the general population. Nat Genet, 39(10): 1245-1250.

第二章　人类基因与基因组学

基因是有遗传效应的 DNA 片段。基因通过转录生成 RNA，其中部分的 RNA 再翻译生成蛋白质，在生物体内行使功能。人类基因组（human genome）是人类所有 DNA 序列的总和，它包括位于细胞核内的 23 对染色体 DNA（22 对常染色体与 1 对性染色体）以及位于线粒体内的环状 DNA。为了充分解析人类的基因组序列，预算达 30 亿美元的人类基因组计划（Human Genome Project，HGP）于 1990 年正式启动，由美国、英国、法国、德国、日本和中国科学家共同参与完成。HGP 帮助我们充分了解自身，它在推动诸如 DNA 测序等分子生物学技术发展的同时，也衍生诸如功能基因组学与精准医学等新的发展目标与方向。基因组学（genomics）是研究基因组的结构、功能及表达产物的学科。基因组的产物不仅是蛋白质，还有许多复杂功能的 RNA。基因组包括三个不同的亚领域，即结构基因组学、功能基因组学和比较基因组学。其中功能基因组学正是在得到基因组静态的碱基序列之后转入对基因组动态的生物学功能学的研究，它发展并应用新的实验手段，在基因组水平上全面分析基因的功能。基因组学研究的发展过程中发现不同个体之间由于遗传背景的差异，对同一疾病的易感性是不同的，对同一药物或治疗方案的反应也是不同的，精准医疗的概念也由此而产生，逐步得到重视。

第一节　基因的结构与功能

一、基因的本质

孟德尔于 1865 年提出遗传因子的概念后，三大遗传规律逐渐被确立，但其后数十年的时间里，科学界一直不清楚遗传物质究竟是什么。

（一）DNA 是主要的遗传物质

1928 年英国的格里菲斯（Griffith）通过肺炎双球菌（1974 年被重新命名为肺炎链球菌）的转化实验发现细菌的转化现象；1944 年美国的埃弗雷（Avery）等通过肺炎双球菌的转化实验进行了更为深入的研究（体外转化实验），证明（肺炎链球菌的）DNA 是遗传物质，蛋白质不是遗传物质；1952 年赫尔希（Hershey）和切斯（Chase）等用噬菌体侵染大肠杆菌实验，确证了 DNA 是遗传物质。赫尔希因为这一伟大的发现于 1969 年被授予诺贝尔生理学或医学奖。

（二）RNA 也是遗传物质

绝大多数生物，包括许多病毒，其遗传物质都是 DNA，人类亦然；然而，部分病毒的遗传物质却是RNA。

病毒是由RNA或DNA及蛋白质等组成的、专营细胞内感染和复制的一大类结构简单的微生物。病毒的基因组可以由DNA或RNA构成，可以是单链或双链，但任何特定类型的病毒颗粒中只发现含有一种核酸类型。

类病毒（viroid），又称感染性RNA、病原RNA、壳病毒，是仅由240～350个核苷酸构成的极小植物病毒。无蛋白质外壳，为裸露的感染颗粒。仅为裸露的环状闭合的单链RNA分子，棒状结构，无衣壳蛋白，具有信使核糖核酸的活性。为了和病毒加以区分，命名为类病毒。类病毒能耐受紫外线和作用于蛋白质的各种理化因素，如对蛋白酶、胰蛋白酶、尿素等均不敏感，不被DNA酶破坏，但对RNA酶极为敏感。

（三）核酸以外的遗传物质

1730年首次报道羊瘙痒病（scrapie），患病的动物奇痒难熬，常在粗糙的树干和石头表面不停摩擦以致身上的毛都被磨脱，多在病后2～5个月死亡，病死率100%。后来又相继发现了传染性水貂脑软化病，马鹿和鹿的慢性消瘦病，猫的海绵状脑病，疯牛病，等等。20世纪60年代，英国生物学家阿普（T. Alper）用放射线照射处理破坏DNA和RNA后，其组织仍具感染性，因而认为“羊瘙痒病”的致病因子并非核酸，而可能是蛋白质。由于这种推断不符合当时的一般认知，也缺乏有力的实验支持，因而没有得到认同，甚至被视为异端邪说。

1982年美国生物化学家普鲁辛纳（Prusiner）用大约25万只小鼠和仓鼠分离出这种“不含遗传物质的病原体”，证明羊瘙痒病这类疾病的致病因子是蛋白质，并命名为朊病毒（prion）；他因此在1997年被授予诺贝尔生理学或医学奖。“朊病毒”曾有许多不同的名称，如非寻常病毒、慢病毒、传染性大脑样变等。研究表明，它是一组至今无法查到任何核酸、分子量在2.7万～3万道尔顿（Da）的蛋白质，对各种理化作用具有很强的抵抗力，传染性极强，能在人和动物中引起可传染性脑病的病原体。朊病毒是存在于细胞（主要为神经元）质膜外表面的基因（*PrP*）表达的正常蛋白质（无感染性）构象发生畸形折叠后形成的一种具有感染性的致病蛋白质。

朊病毒超出了经典病毒学的生物学概念，研究表明，蛋白质在特定条件下发生构型上的变化，由良性变为恶性，变为具有传染性的蛋白质颗粒，这一观点向传统观点提出了强有力的挑战。

（四）DNA的化学组成、结构和特性

1. DNA的化学组成

DNA是由许多核苷酸聚合成的生物大分子，它是生命的基本物质之一。脱氧核苷酸是DNA的结构单元，单个脱氧核苷酸由含氮有机碱［又称碱基（base）］、脱氧核糖与磷酸三部分构成。碱基分为嘌呤（purine）和嘧啶（pyrimidine）两类：前者指腺嘌呤（adenine，A）和鸟嘌呤（guanine，G）；后者指胞嘧啶（cytosine，C）和胸腺嘧啶（thymine，T）。

连接相邻的两个脱氧核苷酸之间的共价键为3',5'-磷酸二酯键。

2. DNA 的结构

DNA 的结构一般可划分为一级结构、二级结构、高级结构。DNA 的高级结构包括：①（原核生物）DNA 的正超螺旋和负超螺旋；②真核生物的核小体、螺线管、超螺线管、染色单体。

1）一级结构

一级结构是指将脱氧核苷酸按照一定的顺序排列起来而形成的脱氧核苷酸链。

2）二级结构

DNA 二级结构即双螺旋结构（double helix structure）。20 世纪 50 年代初，查伽夫（Chargaff）等分析多种生物 DNA 的碱基组成时发现了某些规律，总结为 Chargaff 规则。规则的内容为：①腺嘌呤与胸腺嘧啶的摩尔数总是相等，鸟嘌呤与胞嘧啶的摩尔数总是相等；②不同生物种属的 DNA 碱基组成不同；③同一个体不同器官、不同组织的 DNA 具有相同的碱基组成。这个规则对此后确定 DNA 的双螺旋结构与碱基配对原则提供了十分重要的依据。

沃森（Watson）与克里克（Crick）于 1953 年提出著名的 DNA 双螺旋结构模型，他们构造出一个右手性的双螺旋结构。当碱基排列呈现这种结构时，分子能量处于最低状态。他们在英国剑桥大学研究期间，有机会向威尔金斯（Wilkins）与富兰克林（Franklin）等 X 射线衍射专家学习，还能与一些蛋白质结构等方面的专家进行交流。在此过程中，富兰克林的贡献是毋庸置疑的：她分辨出了 DNA 的两种构型，并成功地拍摄了能验证 DNA 双螺旋结构的 X 射线衍射照片。沃森和克里克正是看过她拍摄的 X 射线衍射照片，并由此获得了重要启发。双螺旋结构完善地解释了生命体要繁衍后代，物种要保持稳定，在细胞分裂时细胞内的 DNA 分子的遗传属性与复制能力的机制。这是生物学的一座里程碑，也是分子生物学时代的开端。沃森、克里克与威尔金斯因此分享了 1962 年的诺贝尔生理学或医学奖，而此时富兰克林已经因长期接触放射性物质而罹患卵巢癌英年早逝（冯永康，2003）。

DNA 双螺旋结构特点如下：①两条 DNA 互补链反向平行；②由脱氧核糖和磷酸间隔相连而成的亲水骨架在螺旋的外侧，而疏水的碱基对则在螺旋内部，碱基平面与螺旋轴垂直，螺旋一周恰好为 10 个碱基对，螺距为 3.4nm，这样相邻碱基平面间隔为 0.34nm 并有一个 36°的夹角；③DNA 双螺旋的表面存在一个大沟和一个小沟，蛋白质分子通过这两个沟与碱基相识别；④两条 DNA 链依靠碱基之间形成的氢键而结合在一起。根据碱基结构特征，只能形成嘌呤与嘧啶配对，即 A 与 T 相配对并形成 2 个氢键，而 G 与 C 相配对并形成 3 个氢键；⑤DNA 双螺旋结构比较稳定，维持这种稳定性主要靠碱基对之间的氢键以及碱基堆积力。

生理条件下，DNA 大多以上述 B 型 DNA 的形式存在，右手双螺旋 DNA 除 B 型外还有 A 型、C 型、D 型、E 型；此外还发现左手双螺旋 Z 型 DNA。Z 型 DNA 是 1979 年里奇（Rich）等在研究人工合成的 CGCGCG 的晶体结构时发现的。Z 型 DNA 的特点是两条反向平行的多核苷酸互补链组成的螺旋呈锯齿形，其表面只有一条深沟，每旋转一周是 12 个碱基对。研究表明在生物体内的 DNA 分子中确实存在 Z-DNA 区域，其功能可能与基因表达的调控有关。

DNA 二级结构还存在三股螺旋 DNA，三股螺旋中的第三股可以来自分子间，也可以来自分子内。三股螺旋 DNA 存在于基因调控区和其他重要区域，因此具有重要的生理意义。

3）高级结构

DNA 的高级结构包括 DNA 的环状超螺旋结构和 DNA 与蛋白质结合成的高度有序结构。

①DNA 的环状超螺旋结构。有些 DNA 以环状 DNA 形式存在，如有些病毒 DNA，某些噬菌体 DNA，细菌染色体与细菌中质粒 DNA，真核细胞中的线粒体 DNA、叶绿体 DNA 都是环状的。环状 DNA 分子可以是共价闭合环，即环上没有缺口；也可以是缺口环，环上有一个或多个缺口。在 DNA 双螺旋结构基础上，共价闭合环 DNA 可以进一步扭曲形成超螺旋形。根据螺旋的方向可分为正超螺旋和负超螺旋，正超螺旋使双螺旋结构更紧密，双螺旋圈数增加，而负超螺旋可以减少双螺旋的圈数。几乎所有天然 DNA 中都存在负超螺旋结构。

②DNA 与蛋白质结合成的高度有序结构。真核生物核基因组 DNA 要比原核生物大得多，如原核生物大肠杆菌的DNA约为 4.7×10^3 kb，而人的核基因组DNA约为 3×10^6 kb。真核生物核基因组 DNA 通常与蛋白质结合，在细胞分裂间期以染色质的形式存在；在分裂期经过复制和多层次反复折叠，双螺旋 DNA 线性长度压缩约 10 000 倍形成染色体。DNA 线性折叠的第一层次是形成核小体（nucleosome），犹如一串念珠，核小体由组蛋白核心与盘绕在核心上的 DNA 构成。核心由组蛋白 H2A、H2B、H3 和 H4 各两分子组成八聚体，146bp 长的 DNA 以左手螺旋盘绕组蛋白核心 1.75 圈，形成核小体的核心颗粒，两个核心颗粒之间有一个连接区，由 60bp DNA 和一分子组蛋白 H1 构成，每个核小体重复单位约 200bp。DNA 组装成核小体后其长度约缩短 7 倍。在此基础上核小体又进一步盘绕折叠，最后形成染色单体，姐妹染色体单体由着丝粒相连成为染色体。

3. DNA 的特性

DNA 分子有以下几个特性。①稳定性。DNA 分子的双螺旋结构是相对稳定的。这是由于在 DNA 分子双螺旋结构的内侧，通过氢键形成的碱基对，使两条脱氧核苷酸长链稳固地并联起来。另外，碱基对之间纵向的相互作用力也进一步加固了 DNA 分子的稳定性。各个碱基对之间的这种纵向的相互作用力称为碱基堆积力，它是芳香族碱基 π 电子间的相互作用引起的。目前普遍认为碱基堆积力是稳定 DNA 结构的最重要的因素。②多样性。由于碱基对的数量不同，DNA 分子碱基对的排列顺序千差万别，因而构成了 DNA 分子的多样性。③特异性。每一个 DNA 分子的碱基对都有其特定的排列顺序，这种特定的排列顺序包含着特定的遗传信息，从而使 DNA 分子具有特异性。

（五）DNA 的损伤与修复

1. DNA 损伤类型

DNA 分子的损伤类型有多种。UV 照射后 DNA 分子上的两个相邻的胸腺嘧啶（T）

或胞嘧啶（C）之间可以共价键连接形成环丁酰环，这种环式结构称为二聚体。胸腺嘧啶二聚体的形成是 UV 对 DNA 分子的主要损伤方式。

X 射线、γ 射线照射细胞后，由细胞内的水所产生的自由基既可使 DNA 分子双链间氢键断裂，也可使它的单链或双链断裂。化学物中的博来霉素、甲基磺酸甲烷等烷化剂也能造成链的断裂。

丝裂霉素 C 可造成 DNA 分子单链间的交联，这种情况常发生在两个单链的对角的鸟嘌呤之间。链的交联也往往带来 DNA 分子的断裂。

DNA 分子还可以发生个别碱基或核苷酸的变化。例如，碱基结构类似物 5-溴尿嘧啶等可以取代个别碱基，亚硝酸能引起碱基的氧化脱氨反应，原黄素等吖啶类染料和甲基氨基偶氮苯等芳香胺致癌物可以造成个别核苷酸对的增加或减少而引起移码突变。

一种 DNA 损伤剂往往可以同时引起几种不同类型的损伤，其损伤效应的大小和类型与剂量及细胞所处的周期状态相关。

2. DNA 损伤的后果

上述损伤最终会导致 DNA 分子结构的变化，这种 DNA 分子水平上的突变是遗传变异的基础。DNA 突变通常有以下几种类型。①点突变，DNA 上单一碱基的变异。嘌呤替代嘌呤、嘧啶替代嘧啶称为转换；嘌呤变成嘧啶或嘧啶变为嘌呤则称为颠换。②缺失，DNA 链上一个或一段核苷酸的丢失。③插入，一个或一段核苷酸插入到 DNA 链中。在编码序列中如缺失或插入的核苷酸不是 3 的倍数，则会导致可读框移动，使其后所编码序列全部改变，称为移码突变。④倒位或转位，DNA 链重组使其中一段核苷酸方向倒置或者发生迁移。

突变可能会产生 4 种类型的后果：①表型无变化；②某些功能丧失；③致死；④经过自然选择得以保留，这也是生物进化的重要分子基础。

3. DNA 修复

1）光修复

光修复又称光逆转，是在可见光照射下由光复活酶识别并作用于二聚体，利用光所提供的能量使环丁酰环打开而完成的修复过程。光复活酶已在细菌、酵母菌、原生动物、藻类、蛙、鸟类、哺乳动物中的有袋类和高等哺乳类，以及人类的淋巴细胞和皮肤成纤维细胞中发现。这种修复功能虽然普遍存在，但主要是低等生物的一种修复方式，随着生物的进化，它所起的作用也随之削弱。

2）切除修复

切除修复又称切补修复。最初在大肠杆菌中发现，包括一系列复杂的酶促 DNA 修补复制过程，主要有以下几个阶段：核酸内切酶识别 DNA 损伤部位，并在 5'端造成一个切口，再在外切酶的作用下从 5'端到 3'端方向切除损伤；然后在 DNA 多聚酶的作用下以损伤处相对应的互补链为模板合成新的 DNA 单链片段以填补切除后留下的空隙；最后再在连接酶的作用下将新合成的单链片段与原有的单链以磷酸二酯键相连接从而完成修复过程。

3）重组修复

重组修复从 DNA 分子的半保留复制开始，在嘧啶二聚体相对应的位置上因复制不能正常进行而出现空缺，在大肠杆菌中已经证实这一 DNA 损伤诱导产生了重组蛋白，在重组蛋白的作用下母链和子链发生重组，重组后原来母链中的缺口可以通过 DNA 多聚酶的作用，以对侧子链为模板合成单链 DNA 片段来填补，最后也同样地在连接酶的作用下以磷酸二酯键连接新旧链而完成修复过程。重组修复也是啮齿动物主要的修复方式。重组修复与切除修复的最大区别在于前者不须立即从亲代的 DNA 分子中去除受损伤的部分，却能保证 DNA 复制继续进行。原母链中遗留的损伤部分，可以在下一个细胞周期中再以切除修复方式去完成修复。重组修复的主要步骤为——复制、重组、再合成。

4）SOS 修复系统

SOS（“SOS”是国际上通用的紧急呼救信号）修复系统是 SOS 反应的一种功能。SOS 反应是 DNA 受到损伤或脱氧核糖核酸的复制受阻时的一种诱导反应。在大肠杆菌中，这种反应由 recA-lexA 系统调控。正常情况下处于不活动状态。当有诱导信号如 DNA 损伤或复制受阻形成暴露的单链时，recA 蛋白的蛋白酶活力就会被激活，分解阻遏物 lexA 蛋白，使 SOS 反应有关的基因去阻遏而先后开放，产生一系列细胞效应。引起 SOS 反应的信号消除后，recA 蛋白的蛋白酶活力丧失，lexA 蛋白又重新发挥阻遏作用。

二、基因的类别

根据功能与性质，基因可以大致分为两类。

（一）结构基因与调节基因

结构基因可以转录 mRNA，翻译成多肽链，从而构成各种结构蛋白与酶；调节基因可转录 mRNA，翻译成阻遏蛋白或者激活蛋白，从而调控其他基因的活性。

（二）核糖体 RNA 基因（rDNA）与转运 RNA 基因（tDNA）

这类基因只转录相应的 RNA，并不翻译成蛋白质。rDNA 转录形成核糖体 RNA（rRNA），rRNA 与相应的蛋白质结合形成核糖体，为 mRNA 翻译形成肽链提供场所；tDNA 转录形成转运 RNA（tRNA），tRNA 的作用是激活氨基酸，然后根据 mRNA 的信息与将其转运到核糖体上，其他氨基酸连接形成多肽链。

三、基因的功能

（一）一个基因一个酶

“一个基因一个酶”，是比德尔（Beadle）与塔特姆（Tatum）在 1941 年提出的一种学说，认为一个基因仅仅参与一个酶的生成，决定该酶的特异性并影响表型。

“一个基因一个酶”的学说更确切的表达应当为“一个基因一个蛋白质”。因为所有蛋白质都是由基因表达的产物，绝大多数酶是蛋白质，但蛋白质并不都是酶，因而说“一个基因一个蛋白质”更为确切。

（二）一个基因一条多肽链

由于许多蛋白质是由两条或多条肽链组成，特别是那些多条不同肽链组成的蛋白质，如成人血红蛋白 A 由 4 条多肽链组成，两条相同的 α 链与两条相同的 β 链（$\alpha_2\beta_2$）。而每个基因只有一种遗传信息，编码一种多肽链，显然 α 与 β 多肽链是由不同基因所控制的。所以又提出“一个基因一条多肽链”的学说。

（三）一个基因多条多肽链

20 世纪 80 年代以来，随着 RNA 剪接方面研究的不断深入，人们认识到在高等真核生物中，大多数的 mRNA 前体含有多个内含子。当 RNA 序列中出现不同的剪接信号时，同一个 mRNA 前体也可以不同的剪接方式产生多种 mRNA，翻译出多种不同的多肽链，这种剪接方式称为可变剪接（alternative splicing）。据估计，高等真核生物中有 35%～60%的基因能以这种方式剪接，形成的多种蛋白质产物既具有相同的同源结构或功能域，又有特异性质的差别。由此可见，可变剪接是一种重要的调节手段，在生物体的不同发育阶段、不同组织或细胞分化，以及不同生理状态下对基因表达进行调控，使得一个基因所携带的遗传信息在转录后有所拓展。

四、真核生物的基因结构

（一）外显子与内含子

外显子（exon）是真核基因中与成熟 mRNA、rRNA 或 tRNA 分子相对应的 DNA 序列，外显子为编码序列，相邻两个外显子之间的非编码序列称为内含子（intron）。外显子在剪接后仍会被保存下来，并可在蛋白质生物合成过程中被表达为蛋白质。内含子是基因中非编码 DNA 片段，它分开相邻的外显子。真核生物基因含有外显子和内含子，是其区别原核生物的特征之一。内含子在选择性剪接中扮演重要角色，一个基因可以因此而产生多种不同的多肽链或蛋白质。

（二）启动子与终止子

启动子（promoter）是决定 RNA 聚合酶转录起始位点的 DNA 序列。启动子是基因的一个组成部分，控制基因表达（转录）的起始时间与表达的程度，是通过与被称为转录因子的蛋白质相结合而控制基因的表达，转录因子就像一面“旗帜”，指挥着 RNA 聚合酶的活动。

终止子（terminator）是转录过程中为 RNA 聚合酶提供终止信号，促进转录终止的一段 DNA 序列。终止子可分为两类：一类不依赖于蛋白质辅因子就能实现终止作用；另一类则依赖蛋白质辅因子才能实现终止作用，这种蛋白质辅因子称为释放因子，通常又称 ρ 因子。两类终止子有共同的序列特征——在转录终止点前有一段回文序列。

（三）增强子

增强子（enhancer）指增加同它连锁的基因转录频率的DNA序列。增强子是通过启动子来增加转录的。有效的增强子可以位于基因的5'端，也可位于基因的3'端，有的还可位于基因的内含子中。增强子的效应很明显，一般能使基因转录频率增加10～200倍，有的甚至可以高达上千倍。例如，人类珠蛋白基因的表达水平在巨细胞病毒增强子作用下可提高600～1000倍。增强子的作用同增强子的方向、位置无关，甚至远离靶基因超过1Mb仍有增强作用。

（四）沉默子

沉默子（silencer）是帮助降低或关闭邻近基因表达活性的一段DNA顺式元件序列。沉默子是参与基因表达负调控的一种元件。这些负调控元件不受距离和方向的限制。

（五）绝缘子

绝缘子（insulator）是一段长约数百的碱基对，能够妨碍真核基因调节蛋白对远距离的基因施加影响的DNA序列。绝缘子可以缓冲异染色质的阻遏作用，当其位于基因及其调控区旁侧时，该基因不论其在基因组中位置如何都能正常表达；当其位于靶基因的增强子与启动子之间时，可以阻断增强子的作用。绝缘子在调控真核基因时空特异表达的过程中起着至关重要的作用，它的主要功能是阻断增强子的作用。

真核生物的基因结构示意图（图2-1）如下所示。

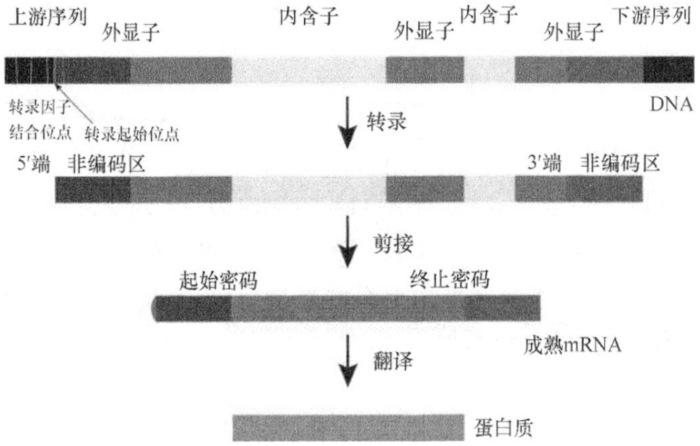

图2-1 真核生物的基因结构（Jocelyn et al.，2013）

第二节 基因的复制、表达与调控

一、中心法则

中心法则（central dogma）是克里克（F. Crick）于1958年提出的阐明遗传信息传递方向的法则，指遗传信息从DNA传递至RNA，再传递至多肽。DNA同RNA之间遗传信息的传递是双向的，而遗传信息只是单向地从核酸流向蛋白质。遗传信息从 DNA 传递给 RNA，再从 RNA 传递给蛋白质，即完成遗传信息的转录和翻译的过程；也可以从 DNA 传递给 DNA，即完成 DNA 的复制过程。这是所有具有细胞结构的生物所遵循的法则（图 2-2）。某些病毒 RNA 可自我复制（如烟草花叶病毒等），某些病毒能以 RNA 为模板反转录成 DNA，后者曾称为中心法则的补充。朊病毒是中心法则现时已知的唯一例外。

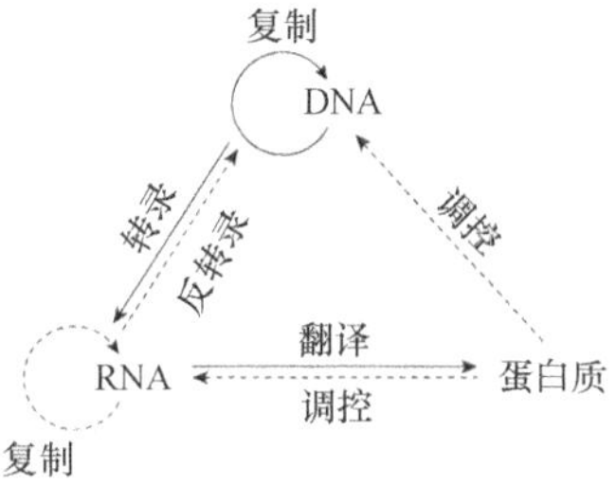

图 2-2　中心法则示意图（郭晓强，2008）

图中实线表示普遍存在于所有生物细胞中的遗传信息传递方向，虚线表示特殊情况下发生的遗传信息传递方向。

二、DNA 的复制

DNA 的复制是指 DNA 双链在细胞分裂以前的分裂间期进行的复制过程，复制的结果是一条双链变成两条一样的双链，每条双链都与原来的双链一样。这个过程通过边解旋边复制与半保留复制机制得以顺利完成。

（一）DNA 复制的起点和复制子

DNA 复制从 DNA 分子上的特定位置开始，这个特定位置称为复制起点。复制起点有其结构上的特殊性，大肠杆菌 DNA 复制起点的核苷酸序列研究得比较清楚，但真核生物 DNA 复制起点的特点目前还不是很清楚。

DNA 的复制起始后，双向同时进行延伸，直到终点为止，每个这样的 DNA 单位称为一个复制子（replicon）或复制单元。一条 DNA 分子上可以有一个或多个复制子，真核生物的每个染色体 DNA 分子有多个复制子，每个复制子长 50～200kb，而原核生物 DNA 分子上通常只有一个复制子。

（二）DNA 复制的特点

1. 半保留复制

DNA 双链在复制时，以亲代 DNA 的每一条单链作模板，合成完全相同的两条双链子代 DNA，每个子代 DNA 双链中都含有一条亲代 DNA 链，这种现象称为 DNA 的半保留复制。DNA 以半保留方式进行复制，是在 1958 年由梅塞尔森（Meselson）和斯塔尔（Stahl）所完成的实验所证明的。

2. 有一定的复制起始点

DNA 在复制时，需在特定的位点起始，这是一些具有特定核苷酸排列顺序的片段，即复制起始点（复制子）。在原核生物中，复制起始点通常为一个，而在真核生物中则为多个。

3. 需要引物

DNA 聚合酶必须以一段具有 3'端自由羟基（3'-OH）的 RNA 作为引物，才能开始聚合子代 DNA 链。RNA 引物的大小，在原核生物中通常为 50～100 个核苷酸，而在真核生物中约为 10 个核苷酸。

4. 双向复制

DNA 复制时，以复制起始点为中心，向两个方向进行复制。但在低等生物中，也可进行单向复制。

5. 半不连续复制

由于 DNA 聚合酶只能以 5'→3'方向聚合子代 DNA 链，因此两条亲代 DNA 链作为模板聚合子代 DNA 链时的方式是不同的。以 3'→5'方向的亲代 DNA 链作模板的子代链在聚合时是连续进行的，这一条链被称为前导链；而以 5'→3'方向的亲代 DNA 链为模板的子代链在聚合时则是不连续的，这条链被称为滞后链。在滞后链上形成的子代 DNA 短链称为冈崎片段（Okazaki fragment）。冈崎片段的大小，在原核生物中为 1000～2000 个核苷酸，而在真核生物中约为 100 个核苷酸。

（三）DNA 复制的过程

DNA 复制包括起始、延伸、终止三个阶段。

1. 起始

复制的起始阶段包括 DNA 复制起点双链被 DNA 解旋酶解开，通过转录激活步骤合成 RNA 分子，RNA 引物的合成，DNA 聚合酶将第一个脱氧核苷酸加到引物 RNA 的 3'-OH 端。为什么需要有 RNA 引物来引发 DNA 复制呢？这或许与尽量减少 DNA 复制起始处的突变有关。DNA 复制开始处的几个核苷酸最容易出现差错，因此用 RNA 引物即使出现差错最后也要被 DNA 聚合酶 I 切除，提高了 DNA 复制的准确性。

2. 延伸

因为 DNA 的两条链是反向平行的，所以在复制叉附近解开的 DNA 链，一条为 5'→3'方向，另一条为 3'→5'方向（图 2-3）。所有已知 DNA 聚合酶合成方向均为 5'→3'方向，并无 3'→5'方向，所以无法解释 DNA 的两条链同时进行复制的问题。为了解释 DNA 两条链各自为模板合成子链等速复制的现象，日本的学者冈崎（Okazaki）等提出了 DNA 的半不连续复制模型。在 1968 年，冈崎用 ^{3}H 脱氧胸苷短时间标记大肠杆菌，提取 DNA，变性之后用超离心方法得到了许多 ^{3}H 标记的，被后人称作冈崎片段的 DNA。延长标记时间之后，冈崎片段可转变为成熟的 DNA 链，所以这些片段必然是复制过程中的中间产物。原核生物的冈崎片段一般比真核生物长。深入研究还可证明，前导链的连续复制与滞后链的不连续复制在生物界具有普遍性，故称为 DNA 的半不连续复制。冈崎片段是分子生物学领域的重大发现。

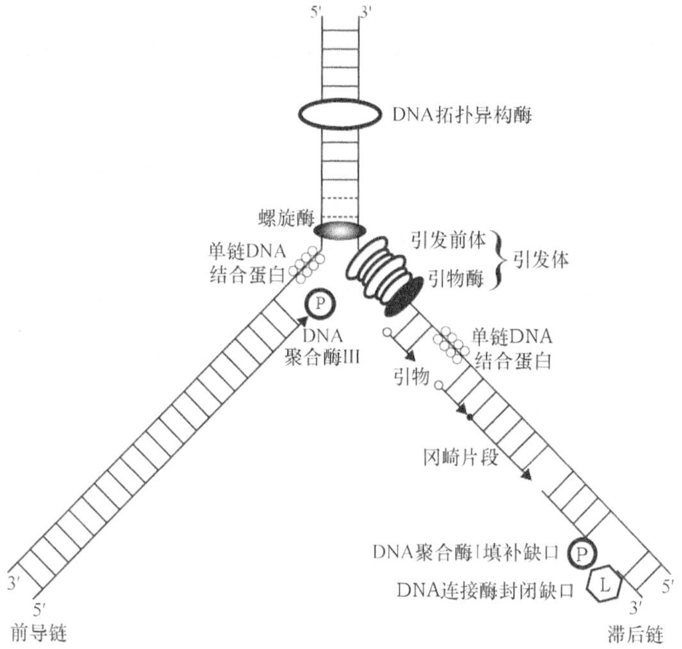

图 2-3　复制叉的结构示意图（向义和，2010）

3. 终止

过去认为，DNA 一旦复制开始，就会将该 DNA 分子全部复制完毕才会终止。但相关的实验表明，在 DNA 上也存在着复制终止位点，DNA 复制将在复制终止位点处终止，并不一定等全部 DNA 合成完毕。但对复制终止位点的结构和功能了解甚少。在 DNA 复制终止阶段令人困惑的一个问题是，线性 DNA 分子两端是如何完成其复制的？已知 DNA 复制都要有 RNA 引物参与。当 RNA 引物被切除后，中间所遗留的间隙将由 DNA 聚合酶 I 填充。但是，在线性分子的两端以 5'→3'为模板的滞后链的合成，其末端的 RNA 引物被切除后就无法被 DNA 聚合酶填充。

在正常体细胞里普遍存在着染色体复制一次端粒就短一次的现象，有人推测可能一旦端粒缩短至某一阈值时，就会发出一个警报，指令细胞衰老；或许当细胞判断出它们的染色体已变得太短了，分裂也就停止了，造成正常体细胞寿命有一定的界限。可是在癌细胞中染色体端粒却一直维持在一定长度上，这是为什么？这是因为 DNA 复制之后，将染色体末端短缺部分补上需要一种特殊的酶——端粒酶，这是一种含有 RNA 的酶，其同时解决了模板与引物的问题。在生殖细胞与 85%癌细胞中都测出了端粒酶具有活性，可是在正常体细胞中却无活性。20 世纪 90 年代中期，布莱克本（Blackburn）首次在原生动物中克隆出端粒酶基因。凭借“发现端粒和端粒酶是如何保护染色体的”这一成果，三位美国科学家——加利福尼亚旧金山大学的布莱克本、巴尔的摩约翰·霍普金斯医学院的格雷德（Greider），以及哈佛医学院的绍斯塔克（Szostak）共同获得 2009 年的诺贝尔生理学或医学奖。

三、基因的表达

基因表达（gene expression）是指把储存在DNA序列中的遗传信息经过转录和翻译，转变成具有生物活性的蛋白质分子的过程。

（一）真核细胞的转录和转录后加工

在RNA聚合酶的催化下，以DNA为模板合成mRNA的过程称为转录（transcription）。在双链DNA中，作为转录模板的链称为模板链或反义链；而不作为转录模板的链称为编码链或正义链，编码链与模板链互补，它与转录产物的差异仅在于DNA中的胸腺嘧啶（T）变为RNA中的尿嘧啶（U）。在含有许多基因的DNA双链中，每个基因的模板链并不总是在同一条链上，即一条链可作为某些基因的模板链，同时也可以是另外一些基因的编码链。转录后的RNA要进行加工，转录后的加工包括如下几步。

1. 剪接

一个基因的外显子和内含子都转录在一条原始转录物RNA分子中，称为mRNA前体，又称为核内异质RNA。因此mRNA前体既有外显子序列又有内含子序列，另外还包括编码区前面及后面的非翻译序列。这些内含子序列必须除去而把外显子序列连接起来，才能产生成熟的有功能的mRNA分子，这个过程称为RNA剪接（splicing）。剪接发生在外显子3'端的GT与内含子3'端与下一个外显子交界的AG处。

2. 加帽

几乎全部的真核 mRNA 端都具“帽子”结构。虽然真核生物的mRNA的转录以嘌呤核苷酸三磷酸（pppAG或pppG）领头，但在5'端的一个核苷酸总是7-甲基鸟核苷三磷酸。mRNA 5'端的这种结构称为帽子，形成该结构的过程称为加帽，不同真核生物的mRNA具有不同的帽子。mRNA帽子的结构功能：①能被核糖体小亚基识别，促使mRNA和核糖体结合；②m7Gppp结构能够有效地封闭RNA 5'端，以保护mRNA免受5'端核酸外切酶的降解，增强mRNA的稳定性。

3. 加尾

大多数真核生物的mRNA 3'端都有由100～200个A组成的poly（A）尾。poly（A）尾不是由DNA编码的，而是转录后的mRNA前体以ATP为前体，由RNA端腺苷酸转移酶，即poly（A）聚合酶催化聚合到3'端。加尾并非加在转录终止的3'端，而是在转录产物的3'端，由一个特异性酶识别切点上游方向13～20碱基的加尾识别信号AAUAAA及切点下游的保守顺序GUGUGUG，把切点下游的一段切除，然后再由poly（A）聚合酶催化，加上poly（A）尾巴，如果这一识别信号发生突变，则切除作用和多聚腺苷酸化作用均显著降低。mRNA 3'端 poly（A）尾的功能是：①可能有助mRNA从核到细胞质转运；②避免在细胞中受到核酶降解，增强mRNA的稳定性。

4. RNA 编辑

RNA 编辑是指在 mRNA 水平上改变遗传信息的过程。具体说来，指基因转录产生的 mRNA 分子中，由于核苷酸的缺失，插入或置换，基因转录物的序列不与基因编码序列互补，使翻译生成的蛋白质的氨基酸组成，不同于基因序列中的编码信息现象。RNA 编辑同基因的选择剪接或可变剪接一样，使得一个基因序列有可能产生几种不同的蛋白质，这可能是生物在长期进化过程中形成的、更经济有效地扩展原有遗传信息的机制。

（二）真核细胞的翻译和翻译后加工

1. 翻译

以 mRNA 作为模板，tRNA 作为运载工具，在有关酶、辅助因子和能量的作用下将活化的氨基酸在核糖体上装配为蛋白质多肽链的过程，称为翻译（translation），这一过程可分为三个阶段——起始、延伸与终止（图 2-4）。

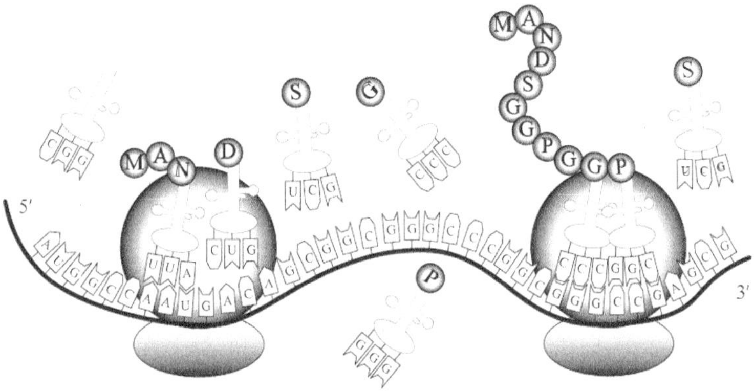

图 2-4　翻译过程的示意图（Jocelyn et al.，2013）

1）起始

在许多起始因子的作用下，首先是核糖体的小亚基和 mRNA 上的起始密码子结合，然后甲酰甲硫氨酰 tRNA（tRNA fMet）结合上去，构成起始复合物。通过 tRNA 的反密码子 UAC，识别 mRNA 上的起始密码子 AUG，并相互配对，随后核糖体大亚基结合到小亚基上去，形成稳定的复合体，从而完成了起始的作用。

2）延伸

核糖体上有两个结合点——P 位和 A 位，可以同时结合两个氨酰 tRNA。当核糖体沿着 mRNA 从 5'→3'移动时，便依次读出密码子。首先是 tRNA fMet 结合在 P 位，随后第二个氨酰 tRNA 进入 A 位。此时，在肽基转移酶的催化下，P 位和 A 位上的 2 个氨基酸之间形成肽键。第一个 tRNA 失去了所携带的氨基酸而从 P 位脱落，P 位空载。A 位上的氨酰 tRNA 在移位酶和 GTP 的作用下，移到 P 位，A 位则空载。核糖体沿 mRNA 5'端向 3'端移动一个密码子的距离。第三个氨酰 tRNA 进入 A 位，与 P 位上氨基酸再形成肽键，并接受 P 位上的肽链，P 位上 tRNA 释放，A 位上肽链又移到 P 位，如此反复进行，肽链不断延长，直到 mRNA 的终止密码出现时，没有一个氨酰 tRNA 可与它结合，于是肽链延长终止。

3）终止

终止信号是 mRNA 上的终止密码子（UAA、UAG 或 UGA）。当核糖体沿着 mRNA 移动时，多肽链不断延长，到 A 位上出现终止信号后，就不再有任何氨酰 tRNA 接上去，多肽链的合成就进入终止阶段。在释放因子的作用下，肽酰 tRNA 的酯键分开，于是完整的多肽链和核糖体的大亚基便释放出来，然后小亚基也脱离 mRNA。

2. 翻译后加工

从核糖体上释放出来的多肽需要进一步加工修饰才能形成具有生物活性的蛋白质。翻译后的肽链加工包括肽链切断，某些氨基酸的羟基化、磷酸化、乙酰化、糖基化等。真核生物在肽链翻译后将甲硫氨酸裂解掉。例如，人胰岛素（insulin）先合成 86 个氨基酸的初级翻译产物，称为胰岛素原（proinsulin），胰岛素原包括 A、B、C 三段，经过加工，切去其中无活性的 C 肽段，并在 A 肽和 B 肽之间形成二硫键，这样才得到由 51 个氨基酸组成的有活性的胰岛素。

四、基因表达的调控

对基因表达的调节即为基因表达调控。原核生物和真核生物之间存在着相当大差异：原核生物中，营养状况、环境因素对基因表达起着十分重要的作用；而真核生物尤其是高等真核生物中，激素水平、发育阶段等是基因表达调控的主要手段，营养和环境因素的影响则为次要因素。

（一）原核生物的基因表达调控

原核生物的基因表达调控虽然比真核生物的简单，然而也存在着复杂的调控系统，如在转录调控中就存在着许多问题：如何在复杂的基因组内确定正确的转录起始点？如何将DNA的核苷酸按着遗传密码的程序转录到新生的RNA链中？如何保证合成一条完整的 RNA 链？如何确定转录的终止？

上述问题取决于 DNA 的结构、RNA 聚合酶的功能、蛋白质因子及其他小分子配基的互相作用，在转录调控中，已研究清楚了细菌的几个操纵子模型，现以乳糖操纵子和色氨酸操纵子为例予以说明。

1. 乳糖操纵子

法国巴斯德研究所著名的科学家莫诺（Monod）和雅可布（Jacob）在实验的基础上于 1961 年建立了乳糖操纵子学说。4 年后，这两位科学家凭借这一伟大发现荣获 1965 年的诺贝尔生理学或医学奖。

大肠杆菌乳糖操纵子包括 4 类基因。

（1）结构基因，能够通过转录、翻译使细胞产生一定的酶系统和结构蛋白，这是与生物性状的发育和表型直接相关的基因。乳糖操纵子包含三个结构基因：*lacZ*、*lacY*、 *lacA*。*lacZ* 合成 β-半乳糖苷酶，*lacY* 合成透过酶，*lacA* 合成乙酰基转移酶。

（2）操纵基因 *O*，控制结构基因的转录速度，位于结构基因的附近，本身不能转录成 mRNA。

（3）启动基因 *P*，位于操纵基因的附近，它的作用是发出信号，mRNA 合成开始，该基因也不能转录成 mRNA。

（4）调节基因 *i*，可调节操纵基因的活动，调节基因能转录出 mRNA，并合成一种蛋白质，称阻遏蛋白。操纵基因、启动基因和结构基因共同组成一个单位——操纵子。

调节乳糖催化酶产生的操纵子就称为乳糖操纵子，其调控机制简述如下。

1）抑制作用

调节基因转录出 mRNA，合成阻遏蛋白，因缺少乳糖，阻遏蛋白因其构象能够识别操纵基因并结合到操纵基因上，因此 RNA 聚合酶就不能与启动基因结合，结构基因也因此受到抑制，结果结构基因不能转录出 mRNA，因而无法翻译酶蛋白。

2）诱导作用

在乳糖存在的情况下，乳糖代谢产生别乳糖，别乳糖能和调节基因产生的阻遏蛋白结合，使阻遏蛋白改变构象，不能再和操纵基因结合，失去阻遏作用，结果 RNA 聚合酶便与启动基因结合，并使结构基因活化，转录出 mRNA，翻译出酶蛋白。

3）负反馈

细胞质中有了 β-半乳糖苷酶后，便催化分解乳糖为半乳糖和葡萄糖。乳糖被分解后，又造成了阻遏蛋白与操纵基因结合，使结构基因表达受到抑制。

2. 色氨酸操纵子

色氨酸操纵子负责调控色氨酸的生物合成，它的激活与否完全根据培养基中有无色氨酸而定。当培养基中有足够的色氨酸时，该操纵子自动关闭；缺乏色氨酸时，操纵子被打开。色氨酸在这里不是起诱导作用而是起阻遏作用，因而被称作辅阻遏分子，意指能帮助阻遏蛋白发生作用。色氨酸操纵子恰好与乳糖操纵子相反。

（二）真核生物基因表达调控

真核生物基因表达调控与原核生物有很大的差异。原核生物同一群体的每个细胞都和外界环境直接接触，它们主要通过转录调控，以开启或关闭某些基因的表达来适应环境条件（主要是营养水平的变化），故环境因子往往是调控的诱导物。而大多数真核生物，基因表达调控最明显的特征是能在特定时间和特定的细胞中激活特定的基因，从而实现“预定”的、有序的、不可逆的分化与发育过程，并使生物的组织和器官在一定的环境条件范围内保持正常的生理功能。真核生物基因表达调控据其性质可分为两大类：第一类是瞬时调控或称可逆调控，相当于原核生物对环境条件变化所做出的反应，瞬时调控包括某种代谢底物浓度或激素水平升降时及细胞周期在不同阶段中酶活性和浓度调节；第二类是发育调节或称不可逆调控，这是真核生物基因表达调控的精髓，因为它决定了真核生物细胞分化、生长和发育的全过程。根据基因调控在同一过程中发生的先后次序，又可将其分为转录水平调控、转录后水平调控、翻译水平调控及蛋白质加工水平的调控等。

1. 转录水平调控

布里顿（Britten）和戴维逊（Davidson）于1969年提出真核生物单拷贝基因转录调控的模型——Britten-Davidson模型。该模型认为在整合基因的5'端连接着一段具有高度专一性的DNA序列，称之为感受位点。感受位点负责接受生物体对基因表达的调控信号，如在氨基酸饥饿、激素水平等条件影响下能诱导整合基因合成激活物，激活物的合成同时又受到感受位点的控制。这些激活物能识别位于结构基因前面的受体序列并作用于受体序列，从而使结构基因转录翻译。

若许多结构基因的邻近位置上同时具有相同的整合基因，那么这些基因就会受某种激活物的控制而表达，这些基因即属于同一个组。如果有几个不同的整合基因与一个结构基因相邻，它们能被不同的激活物所激活，那么该结构基因就会在不同的情况下表达。若一个感受位点可以控制几个整合基因，那么一种信号分子即可通过一个相应的感受位点激活不同的几组基因。故可把一个感受位点所控制的全部基因归属为一套。如果一种整合基因重复出现在不同的套中，那么同一组基因也可以属于不同套。

2. 染色质结构对转录调控的影响

真核细胞中染色质分为两部分，一部分为固缩状态，如间期细胞着丝粒区、端粒、次缢痕，染色体臂的某些节段部分的重复序列和巴氏小体均不能表达，通常把这部分称为异染色质；与异染色质相反的是活化的常染色质。真核基因的活跃转录是在常染色质进行的。转录发生之前，常染色质往往在特定区域被解旋或松弛，形成自由DNA，这种变化可能包括核小体结构的消除或改变，DNA本身局部结构的变化，如双螺旋的局部去超螺旋或松弛、DNA从右旋变为左旋，这些变化可导致结构基因暴露，RNA聚合酶能够发生作用，促进了这些转录因子与启动区DNA的结合，导致基因转录。实验证明，这些活跃的DNA首先释放出两种非组蛋白（这两种非组蛋白与染色质的结合较为松弛），非组蛋白是造成活跃表达基因对核酸酶高度敏感的因素之一。

更多的科学家已经认识到，转录水平调控是大多数功能蛋白编码基因表达调控的主要步骤。关于这一调控机制，现有两种假说：一种假说认为，真核基因与原核基因相同，均拥有直接作用在RNA聚合酶上或与聚合酶竞争DNA结合区的转录因子；第二种假说认为，转录调控是通过各种转录因子及反式作用蛋白对特定DNA位点的结合与脱离引起染色质构象的变化来实现的。真核生物DNA严密的染色质结构及其在核小体上的超螺旋结构，决定了真核基因表达与DNA高级结构变化之间的必然联系，DNA链的松弛与解旋是真核基因起始mRNA合成的先决条件。

表观遗传修饰是DNA序列没有发生变化的情况下，通过改变包括DNA的修饰（如甲基化修饰）与组蛋白的各种修饰等途径影响染色质结构，从而影响基因的转录。

1）组蛋白修饰

在哺乳动物基因组中，组蛋白可以有很多修饰形式。一个核小体由两个H2A、两个

H2B、两个 H3，以及两个 H4 组成的八聚体和 146bp 缠绕在外面的 DNA 组成。组成核小体的组蛋白的核心部分状态大致是均一的，游离在外的 N 端则可以受到各种各样的修饰，包括组蛋白末端的乙酰化、甲基化、磷酸化、泛素化，以及 ADP 核糖基化等，这些修饰都会影响基因的转录活性。

2）DNA 甲基化修饰

DNA 甲基化是最早发现的 DNA 修饰途径之一，大量研究表明，DNA 甲基化能引起染色质结构、DNA 构象、DNA 稳定性及 DNA 与蛋白质相互作用方式的改变，从而控制基因表达。

哺乳动物一生中 DNA 甲基化水平经历两次显著变化，第一次发生在受精卵最初几次卵裂中，去甲基化酶清除了 DNA 分子上几乎所有从亲代遗传来的甲基化标志；第二次发生在胚胎植入子宫时，一种新的甲基化遍布整个基因组，甲基化酶使 DNA 重新建立一个新的甲基化模式。细胞内新的甲基化模式一旦建成，即可通过甲基化以"甲基化维持"的形式将新的 DNA 甲基化传递给所有子细胞 DNA 分子。

3. 转录后水平调控

真核生物基因的转录在细胞核内进行，而翻译则在细胞质中进行。在转录过程中真核基因有插入序列（即内含子），结构基因被分割成不同的片段，因此转录后的基因调控是真核生物基因表达调控的一个重要方面，首要的是 RNA 的加工与成熟。各种基因的转录产物 RNA，无论是 rRNA、tRNA 还是 mRNA，必须经过转录后的加工才能成为有活性的分子。

4. 翻译水平调控

蛋白质合成翻译阶段的基因调控主要有三个方面：①蛋白质合成起始速率的调控；②mRNA 的识别；③激素等外界因素的影响。蛋白质合成起始反应中涉及核糖体、mRNA、蛋白质合成起始因子、可溶性蛋白及 tRNA，这些结构和谐统一才能完成蛋白质的生物合成，mRNA 则起着重要的调控功能。

第三节　人类基因组

人类基因组是人类体细胞所含的所有遗传物质的总和，包括核基因组与线粒体基因组。核基因组位于细胞核的染色体上，而线粒体基因组位于线粒体中。

一、人类基因组计划

人类基因组计划（HGP）是由美国科学家于 1985 年率先提出，于 1990 年正式启动。美国、英国、法国、德国、日本和我国科学家共同参与了这一预算达 30 亿美元的人类基因组计划。这个计划要在 2005 年把人类约 2.5 万个基因全部解码，同时绘制人类基因的图谱。人类基因组计划与"曼哈顿原子弹计划""阿波罗登月计划"并称为自然科学史上"最伟大的三个计划"，也被誉为生命科学的"登月计划"（冯永康，

2003）。

（一）历史背景

对人类基因组的研究在 20 世纪 70 年代已具有一定的雏形，而 80 年代在许多国家也已形成一定的规模，并在以下一系列事件的影响下形成了投资额最多、最具规模的人类基因组计划：①1984 年 12 月美国能源部在犹他州的阿尔塔（Alta）召开会议，怀特（White）和孟德尔逊（Mendelsonhn）受美国能源部的委托主持召开了一个小型专业会议，讨论测定人类整个基因组的 DNA 序列的意义和前景；②1985 年 5 月在加利福尼亚州的圣克鲁兹（Santa Cruz），由美国能源部的辛斯海姆（Sinsheimer）主持的会议上提出了测定人类基因组全序列的动议，由此形成了美国能源部的“人类基因组计划”草案；③1986 年 3 月，在新墨西哥州的圣达菲（Santa Fe）讨论了这一计划的可行性，随后美国能源部宣布实施这一草案；④同月，诺贝尔奖获得者杜尔贝科（Dulbecco）在国际知名期刊《科学》（*Science*）发表了一篇有关开展人类基因组计划的短文；⑤同年，著名遗传学家麦库西克（McKusick）提出从整个基因组的层次研究遗传的科学称“基因组学”；⑥1987 年初，美国能源部与国家健康研究院为“人类基因组计划”下拨了启动经费约 550 万美元，并开始筹建人类基因组计划实验室；⑦1988 年 2 月，国家科学研究委员会的专家撰写了“人类基因组的作图与测序”的报告，全面地介绍了有关这项史无前例、看起来甚至“胆大妄为”的计划的内容；⑧1988 年，美国成立了“国家人类基因组研究中心”，因提出 DNA 分子双螺旋模型而荣获诺贝尔奖的沃森出任第一任主任。

历经 5 年左右的讨论后，1990 年 10 月，国际“人类基因组计划”正式启动，由美、日、德、法、英等国的科学家共同参与。该计划规模宏大，总体计划是在 15 年内投入至少 30 亿美元进行人类全基因组的分析，这一预算数额是基于当时测定一个碱基对序列需要花费一美元而提出的。我国于 1999 年 9 月积极参加到这项研究计划中，承担了基因组计划 1%的任务，即人类 3 号染色体短臂上约 3000 万个碱基对的测序任务。

（二）HGP 的主要任务

HGP 的主要任务是人类基因组的 DNA 测序，包括以下 4 张图谱，此外还有测序技术，人类基因组序列变异，功能基因组技术，比较基因组学，社会、法律、伦理研究，生物信息学和计算生物学，教育培训等目的。

1. 遗传图谱

遗传图谱（genetic map）又称连锁图谱（linkage map），它是通过计算连锁的遗传标志（genetic marker）之间的重组率来确定它们的相对距离，一般用厘摩（centimorgan，cM）来表示，1%的重组率称为 1cM。

2. 物理图谱

物理图谱（physical map）是确定各遗传标志之间的物理距离的图谱，以碱基对的个数来表示。

3. 序列图谱

随着遗传图谱与物理图谱的完成，测序就成为重中之重的工作。通过测序得到基因组的序列图谱（sequence map）。

进行全基因组测序的策略主要有两种——基于细菌人工染色体（BAC）连续克隆系与全基因组鸟枪法的测序方法。全基因组鸟枪法最早由文特（Venter）提出，该方法在测序时直接将基因组 DNA 分解为约 2kb 的小片段进行随机测序，同时对一些 10kb 大小的克隆与 BAC 克隆的末端进行测序，然后利用超级计算机分析以发现重叠区域，并组装成连续而完整的序列。基于 BAC 连续克隆系的测序方法则是在已获得详细物理图谱的基础上，将待测序的 BAC 克隆切成若干 1.5～2.0kb 的小片段，装入载体进行测序，其覆盖度要求 8～10 倍；然后通过计算机将读出的序列组装出整个克隆的序列，再根据图谱提供的信息将克隆序列组装成基因组序列，对于其中的空位（gap），则通过引物延伸等方法进行填补，从而获得全基因组的序列。

4. 转录图谱

转录图谱（transcriptional map）是在识别基因组所包含的蛋白质编码序列的基础上绘制的结合有关基因序列、位置及表达模式等信息的图谱。在人类基因组中鉴别出占据 2%～5%长度的全部基因的位置、结构与功能，最主要的方法正是通过基因的表达产物 mRNA 反追到基因在染色体上的位置。

（三）HGP 的主要贡献

1. 对人类疾病认识的贡献

人类疾病相关的基因是人类基因组至关重要的信息。对于单基因病，采用“定位克隆”和“定位候选克隆”的全新思路，使亨廷顿病、遗传性结肠癌，以及乳腺癌等一大批单基因病的致病基因得以发现，为这些疾病的诊断和治疗奠定了基础。心血管疾病、肿瘤、糖尿病、神经与精神类疾病、自身免疫性疾病等多基因病，将是接下来致病基因研究的重点。健康相关研究是 HGP 的重要组成部分，1997 年相继提出“肿瘤基因组解剖计划”与“环境基因组学计划”，这些相关的研究都将为人类健康与疾病预防、治疗提供更多、更可靠的依据。

2. 对医学进步的贡献

人类基因组计划获得了人类的全部基因序列，这对基因诊断、基因治疗及基因组信息为基础的治疗具有重要意义，“精准医疗”与“转化医学”正是以此为前提逐渐发展起来的。个体化医疗是以个体的遗传信息为基础的治疗，从基因组成或表达变化的差异来把握治疗效果、毒副作用等应答反应，为每位患者选择最适宜的药物与治疗方案。这是医学发展的新方向，也是基因组学发展的必然。

3. 对生物技术产业发展的贡献

1）基因工程药物

基因工程药物是先确定对某种疾病具有预防或治疗作用的蛋白质，然后将控制该蛋白质的基因取出来，经过一系列基因操作，最后将该基因放入可以大量生产的受体细胞或机体中去，包括细菌、酵母菌、动物或动物细胞、植物或植物细胞，在这个不断繁殖的过程中，大规模生产具有预防或治疗这些疾病的蛋白质，即疫苗或药物。这些技术在医学与兽医学中的应用正在逐步被推广。

2）分子诊断试剂产业

分子诊断试剂主要指与疾病相关的结构蛋白质、酶、抗原、抗体与各类免疫活性分子，也包括针对编码这些分子的基因的检测。分子诊断试剂目前在临床上已经使用的主要有 PCR 诊断产品与基因芯片产品，还有一些基于大规模测序的相关技术与产品，这些技术与产品也会推动人类健康领域研究的发展。

4. 对细胞工程发展的贡献

细胞工程（cell engineering）是应用细胞生物学和分子生物学的方法，通过类似于工程学的步骤在细胞整体水平或细胞器水平上，遵循细胞的遗传和生理活动规律，有目的地制造细胞产品的一门生物技术。当前细胞工程所涉及的主要技术领域有细胞培养、细胞融合、胚胎工程、染色体工程及细胞遗传工程等方面。通过细胞工程可以生产有用的生物产品或培养有价值的植株，并可以产生新的物种或品系。克隆羊多利（Dolly）就是其中的一个成功范例。

随着 21 世纪合成生物学的发展，采用计算机辅助设计、DNA 或基因合成技术，人工设计细胞的信号转导与基因表达调控网络，乃至整个基因组与细胞的人工设计与合成，从而刷新了基因工程与细胞工程技术，并将带来生物计算机、细胞制药厂、生物炼制石油等技术与产业革命。美国“科学狂人”Venter 和他的研究团队于 2010 年通过人工合成的方法制造了一个细菌的基因组，并将其植入一个细胞内。他们虽然并没有真正合成一个完整的生命体，但这项成果仍然具有里程碑式的意义，这将为合成生物学铺平道路。在未来，生命体可能不完全是通过进化而改变，而是通过人工合成的方式被制造出来。

5. 对制药业发展的贡献

尽管人类的基因序列大约 99.6%都是相同的，但在药物作用机制、药物代谢转化、药物毒副作用等方面都存在一定的个体差异。为了提高药物的疗效与安全性，研究影响药物的作用——吸收、转运、代谢、清除等过程中的基因差异，通过对疾病相关基因、药物作用靶点、药物代谢酶谱、药物转运蛋白基因多态性等方面研究，寻找新的药物先导物和新的给药方式，并指导临床用药。药物基因组学正是在此基础上逐渐发展起来的。

6. 对社会经济的影响

在人类基因组计划的影响下，生物产业与信息产业逐渐发展成为经济的两大支柱，转基因食品与转基因药物对经济的影响力也随着自身的发展壮大而逐渐增强。发现新功能基因并将其应用到产业中将会对社会和经济具有重要意义。

7. 对生物进化研究的影响

生物的进化史，大都刻写在各种生物基因组的“天书”上，随着基因组学的发展，我们逐渐了解了这些关于进化的谜题：①草履虫是人的亲戚，距今大约 13 亿年前歧化；②人是由 300 万～400 万年前的古猿进化而来；③直立人（*Homo erectus*）第一次“走出非洲”距今约 200 万年，比现代智人（*Homo sapiens*）“走出非洲”要早得多；④现代人类的“夏娃”来自非洲，在距今约 20 万年第二次“走出非洲”。

（四）延伸计划

人类基因组计划在实施的过程中，还进一步衍生出以下一些重要的计划。

（1）模式生物（包括小鼠、果蝇、线虫、斑马鱼、酵母等）的基因组计划。

（2）人类宏基因组计划，对人体内所有共生菌群的基因组进行序列测定，并研究与人体发育和健康相关基因的功能。

（3）国际人类基因组单体型图计划（简称 HapMap 计划），其目标是构建人类 DNA 序列中多态位点的常见模式。由于每个个体（除了孪生子和克隆动物）的基因组都有独特之处，因此有必要对个体之间的差异在基因组上进行定位。该计划为研究人员确定对人类健康和疾病及对药物和环境反应有影响的相关基因提供关键信息。

（4）人类基因组多样性研究计划：对不同人种、民族、人群的基因组进行研究与比较。这一计划将为疾病监测、人类的进化研究和人类学研究提供重要信息。

第四节　基因组研究方法

1986 年美国科学家罗德里克（Roderick）提出的基因组学，指对所有基因进行基因组作图（包括遗传图谱、物理图谱与转录图谱）、核苷酸序列分析、基因定位与基因功能分析的一门科学。因此，基因组研究应当包括两个方面的内容——以全基因组测序为目标的结构基因组学和以基因功能鉴定为目标的功能基因组学（后者又被称为后基因组研究），现分别介绍结构基因组学和功能基因组学的研究方法。

一、结构基因组学研究方法

结构基因组学（structural genomics）是以全基因组测序为目标，确定基因组的组织结构、基因组成和基因定位，以及蛋白质组成与结构的学科。它代表基因组分析的早期阶段，以建立具有高分辨率的生物体基因组的遗传图谱、物理图谱、序列图谱及转录图谱为主要内容，并研究蛋白质组成和结构。

（一）DNA 测序方法

1. 双脱氧链终止法

双脱氧链终止法（dideoxy chain termination method）即第一代 DNA 测序技术，是英国生物化学家桑格（F.Sanger）等于 1977 年发明的 DNA 测序法。该方法的原理是：

核酸模板在核酸聚合酶、引物、4 种单脱氧核苷酸存在的条件下复制或转录时，如果在 4 管反应系统中分别按比例引入 4 种双脱氧核苷酸，只要双脱氧核苷酸掺入延伸链的 3'端，该链就停止延长，链端掺入单脱氧核苷酸的片段可继续延长。如此，每管反应体系中便合成以共同引物为 5'端，以双脱氧核苷酸为 3'端的一系列长度不等的核酸片段。反应终止后，分 4 个泳道进行电泳。以分离长短不一的核酸片段（长度相邻者仅差一个核苷酸），根据片段 3'端的双脱氧核苷酸，便可依次阅读合成片段的核苷酸排列顺序。

2. 高通量测序

高通量测序技术又称“下一代”测序技术，以能一次并行对几十万到几百万条DNA分子进行序列测定和读长较短为标志。根据发展历史、影响力、测序原理和技术不同等，此方法主要有以下几种：大规模平行标签测序（massively parallel signature sequencing，MPSS）、聚合酶克隆（polony sequencing）、454 焦磷酸测序（454 pyrosequencing）、Illumina（Solexa）sequencing、ABI SOLiD sequencing、离子半导体测序（ion semiconductor sequencing）、DNA 纳米球测序（DNA nanoball sequencing）等（刘英华，2013）。由于读长较短，二代测序的结果在组装时会比较复杂，详见第 16 章第四节。

3. 第三代测序技术

第三代测序技术是指单分子测序技术。DNA 测序时，不需要经过 PCR 扩增，实现对每一条 DNA 分子的单独测序。第三代测序技术原理主要分为两大技术阵营。

（1）第一大阵营是单分子荧光测序，代表性的技术为美国“螺旋生物”的 SMS 技术和美国“太平洋生物”的 SMRT 技术。脱氧核苷酸用荧光标记，显微镜可以实时记录不同颜色荧光的强度变化。当荧光标记的脱氧核苷酸被掺入 DNA 链的时候，它的荧光就同时能在 DNA 链上探测到。当它与 DNA 链形成化学键的时候，它的荧光基团就被 DNA 聚合酶切除，荧光消失。这种荧光标记的脱氧核苷酸不会影响 DNA 聚合酶的活性，并且在荧光被切除之后，合成的 DNA 链和天然的 DNA 链完全一样。

（2）第二大阵营为纳米孔测序，代表性的公司为英国牛津纳米孔公司。新型纳米孔测序法是采用电泳技术，借助电泳驱动单个分子逐一通过纳米孔来实现测序的。由于纳米孔的直径非常细小，仅允许单个核酸聚合物通过，而 ATCG 单个碱基的带电性质不一样，通过电信号的差异就能检测出通过的碱基类别，从而实现测序。

由于第三代测序技术不仅读长较长，还实现了 RNA 与甲基化 DNA 的直接测序，所以已经应用于基因组测序、甲基化研究，以及突变鉴定（SNP 检测）等领域（吴秉铨，2011）。

（二）蛋白质的组成与结构研究技术

近 90%的蛋白质结构是用 X 射线晶体学的方法测定的。X 射线晶体学可以通过测定蛋白质分子在晶体中电子密度的空间分布，在一定分辨率下解析蛋白质中所有原子的三维坐标。大约 9%的已知蛋白质结构是通过核磁共振技术来测定的，该技术还可用于测定蛋白质的二级结构。除了核磁共振以外，还有一些生物化学技术被用于测定二级结构，其中包括圆二色谱。冷冻电子显微技术是近年兴起的一种获得低分辨率（低于 0.5nm）蛋白质结构的方法，该方法最大的优点是适用于大型蛋白质复合物（如病毒外壳、核糖体和类淀粉蛋白纤维）的结构测定；且在一些情况下也可获得较高分辨率的结构，如具有高对称性的病毒外壳和膜蛋白二维晶体。

测定蛋白质序列比测定蛋白质结构容易得多，而蛋白质结构可以给出比序列多得多的关于其功能机制的信息。因此，许多方法被用于从序列预测结构。蛋白质结构预测主要有两大类方法。

1. 理论分析方法或从头算方法

通过理论计算（如分子力学、分子动力学计算）进行结构预测。此类方法假设折叠后的蛋白质取能量最低的构象。从原则上来说，可以根据物理、化学原理，通过计算来进行结构预测。但是在实际中，这种方法往往不合适，主要有几个原因，如自然的蛋白质结构和未折叠的蛋白质结构，两者之间的能量差极小（1kcal/mol 数量级），或蛋白质可能的构象空间庞大，针对蛋白质折叠的计算量非常大，且计算模型中力场参数的不准确性也是一个问题。

2. 统计方法

该类方法对已知结构的蛋白质进行统计分析，建立序列到结构的映射模型，进而根据映射模型对未知结构的蛋白质直接从氨基酸序列预测结构。映射模型可以是定性的，也可以是定量的，这是进行蛋白质结构预测较为成功的一类方法。这一类方法包括经验性方法、结构规律提取方法、同源模型化方法等。

二、功能基因组学的研究方法

功能基因组学（functional genomics）又称为后基因组学（post-genomics），它是利用结构基因组学研究所得的各种信息在基因组水平上研究编码序列及非编码序列生物学功能的学科。这是在基因组静态的碱基序列弄清楚之后转入对基因组动态的生物学功能学研究，研究内容包括基因功能发现、基因表达分析，以及突变检测。基因的功能包括：①生物学功能，如作为蛋白质激酶对特异蛋白质进行磷酸化修饰；②细胞学功能，如参与细胞间和细胞内信号传递途径；③发育方面的功能，如参与形态建成等。采用的手段包括经典的减法杂交、差示筛选、cDNA 代表差异分析，以及 mRNA 差异显示等，但这些技术不能对基因进行全面系统的分析，新的技术应运而生，包括基因表达的系统分析（serial analysis of gene expression，SAGE）、cDNA 微阵列（cDNA microarray）、DNA 芯片（DNA chip）和序列标志片段显示技术、微流控芯片实验室等（朱慧芳，2015）。

（一）基因的生物信息学分析

生物信息学（bioinformatics）是以信息科学的原理和方法对生物信息进行存储、检索和分析的学科。其研究重点主要体现在基因组学和蛋白质组学两个方面，即从核酸和蛋白质序列出发，分析序列中表达结构功能的生物信息。人类基因组的序列（包括多种模式生物的基因组序列）可以从美国的基因库（GenBank）、基因组序列数据库（GSDB）、欧洲的分子生物学实验室（EMBL）、日本的 DNA 数据库（DDBJ）中获得。通过序列分析比较工具，可以对基因序列资料中各类信息进行识别和比较，寻找序列之间的同源性，得到序列之间的进化关系，建立基因序列结构和功能的关系。

（二）基因的时空表达谱分析

基因的表达在个体发育的不同阶段以及在个体的不同组织和细胞类型中均不相同，即基因表达的时空性。因此，在研究一个基因的功能前，要对基因的时空表达谱进行分析，包括 mRNA 和蛋白质两个水平上的基因表达谱分析。

（三）蛋白质水平的表达分析

蛋白质水平表达分析的常用技术是 Western blot 和免疫组化等。Western blot 不仅可以进行定量分析，而且还能够检测蛋白质的分子质量大小及其聚体形式。免疫组化是研究细胞内蛋白质定位、定量的重要方法，特异性强、敏感性高、能够准确确定蛋白质是在特定组织中的哪些细胞及在特定细胞的哪个亚结构定量和发挥功能。

（四）基因功能的实验学验证

在对基因的功能进行合理的预测后，需要通过实验来进行研究和验证。通常的研究策略是将基因导入到一个细胞或个体中，通过该基因在体内的表达情况，观察细胞生物学行为或个体表型遗传性状的变化，从而鉴定基因的功能。主要的方法有基因修饰技术、人工染色体技术等。此外，一些新的技术，如反义技术、microRNA 技术、基因诱捕技术和微阵列分析等也得到了广泛的应用。

1. 基因修饰技术

DNA 同源重组是基因敲除和基因敲入的理论基础。1987 年，汤普森（Thompson）首次建立了完整的 ES 细胞基因敲除的小鼠模型。此后的几年中，基因敲除技术得到了进一步的发展和完善，目前已成为一种较理想的改造生物遗传物质的实验方法。与基因敲除相反，基因敲入是通过同源重组将基因的编码序列用另一基因的编码序列进行替换的技术。通过基因敲入，可以让外源基因在体内表达、研究其功能；也可以与之前的基因进行比较，看其是否具有相同的功能。近年兴起的 TALENs（transcription activator-like effector nucleases）与 CRISPR-Cas9（clustered regularly interspersed short palindromic repeats-Cas9）技术比锌指核酸酶更方便、快捷，目前已广泛用于基因敲除、敲入、替代等基因修饰领域的应用中，是非常具有前景的基因修饰技术。

2. 人工染色体技术

质粒载体不但承载能力有限，而且表达水平低、缺乏组织特异性等。因此，克隆大片段 DNA 常用酵母人工染色体（yeast artificial chromosome，YAC）、细菌人工染色体（bacterial artificial chromosome，BAC）等。它们不仅包含完整的基因序列，可产生较高的表达水平和组织特异性，还可精确地调节重组。在 20 世纪末，又出现了一种全新的载体系统——人类人工染色体（human artificial chromosome，HAC）。与其他基因载体相比，HAC 能携带包含完整基因或多个基因以及基因的所有外显子和附近染色体区域的调控区的大片段 DNA，为目的基因提供了一个与其在正常染色体上一致的环境，保证了转基因在正常细胞中时空性的表达；同时，HAC 不整合到基因组中，从而不产生宿主基因组本身的插入突变和转基因沉默等现象，能够使基因表达的时限增长。设乐（Shitara）等就将这种非插入型的 HAC 载体成功应用于人端粒反转录酶（human telomerase reverse transcriptase，hTERT）的研究。

3. 反义技术

反义技术包括三类：反义寡核苷酸、核酶和小干扰 RNA。反义寡核苷酸包括反义 DNA 和反义 RNA。1978 年，Zameenik 利用人工合成的与劳氏肉瘤病毒（Rous sarcoma virus，RSV）的 mRNA 互补的 DNA 来抑制 RSV 增殖，阻止了 RSV 使鸡红细胞癌变，使其成为研究反义 DNA 的第一人。目前反义 DNA 用于基因功能研究效果较好，也可用自动 DNA/RNA 合成仪很方便地合成，但因合成后的未修饰寡核苷酸对核酸酶的抵抗力较弱，不易透过细胞膜，与靶序列的亲和力也较低，故经常需要修饰。反义 RNA 则是通过与靶 mRNA 形成较稳定的二聚体来抑制靶基因的表达，其作用机制可能是在 DNA 复制、转录及翻译水平上抑制靶基因的表达。核酶是一类具有催化活性的特殊的 RNA 分子，具有高度专一内切核酸酶活性。单个核酶分子可以结合多个 mRNA 分子并使之在特定部位断裂，而核酶本身具有不易受 RNase 攻击的较稳定的空间结构，使得催化效率比反义 RNA 高。核酶已经成功地应用于培养细胞中基因表达的阻断，主要靶基因包括 *V*、*C2fo S*、*bcr2abl* 和 *H2ras* 等。小干扰 RNA 可通过双链 RNA（dsRNA）介导特异性的降解靶 mRNA，导致转录水平或转录后水平的基因沉默。1995 年，GuO 和 Kempheus 在研究秀丽新小杆线虫（*C. elegans*）的 *parl* 基因功能时最先发现这种现象，但直到 1998 年，Fire 等才解释了这种现象，他们发现将 dsRNA 注入线虫后可以有效地引起序列特异性的基因抑制，并将这种转录后水平的基因沉默机制称为 RNAi。RNAi 广泛存在于自然界中，其高度的序列专一性和高效的干扰能力，可以使特定的基因表达降低或沉默，是研究基因功能的强有力的工具（王波，2004）。

4. 微小核糖核酸

成熟的微小核糖核酸（microRNA）长 19～25 核苷酸（nucleotide，nt），是一类重要的内源性单链的非编码小分子 RNA，可调节与其序列互补 mRNA 的表达。1993 年，由 Lee 等在线虫中首次发现。microRNA 在不同物种间具有高度的保守性，表达具有细胞或组织特异性，与细胞的生长、增殖、分化和凋亡等相关。它可以在转录和翻译水平来抑制基因的表达。根据最近的研究推测，目前已经有多达 200 个基因可以通过 microRNA 进行调节。Stewart 等在研究猪胎儿血红蛋白中短发夹 RNA（shRNA）的干扰效应时，结合 microRNA 技术和 RT-PCR 检测技术，来进一步验证和研究 shRNA 的干扰效应。可以说，microRNA 技术和 RT-PCR 检测技术的结合，使得基因功能的研究技术得到了新的发展。

5. 基因诱捕技术和基因诱捕数

基因诱捕技术是近几年发展起来的，是基因打靶技术的进一步发展，已成为研究基因功能及分析其生物学现象的重要工具。其基本原理是：通过物理、化学、生物等方法，将带有外源基因的 DNA 载体导入 ES 细胞中，使内源基因突变，并在被诱捕序列启动子的转录控制下表达插入的报告基因（常为新霉素或半乳糖苷酶基因）以鉴定突变。无启动子、增强子的报告基因在 ES 细胞中通过同源重组得到重组子后，分析不同发育阶段、不同组织器官中报告基因的表达情况，可以研究重组部分内源基因的表达特性。基因诱捕载体在整合位点可利用内源基因调控元件模仿内源基因表达，使其表达终止，从而可以阐明内源基因的功能，因此广泛应用于基因功能的研究（生秀杰等，2001）。

6. 微阵列分析

微阵列（microarray）是近些年发展起来并可用于大规模快速检测基因差异表达、基因组表达谱、DNA 序列多态性、疾病相关基因的一项研究基因功能的新技术。它于 1984 年由 Geysen 等首次开发出，包括 cDNA 微阵列和 DNA 芯片，其原理为：将成千上万条 DNA 片段（cDNA、表达序列标签等）按横行纵列方式在固相支持物上有序点样。检测时，先用来自不同生理状态和发育阶段的 mRNA 作为模板，以放射性同位素或荧光标记的 dNTP 为底物反转录合成 cDNA，再用所得 cDNA 与微阵列或 DNA 芯片进行杂交，然后通过计算机对结果进行判读和处理，从而判断待测样品中基因是否存在或者存在多少。微阵列分析打破了以往“一种疾病一个基因”的研究模式，通过对个体在不同生长发育阶段或不同生理状态下大量基因表达的平行分析，研究相应基因在生物体内的功能，阐明不同层次多基因协同作用的机制。

在基因分离克隆的领域，人类已经迈出了坚实的步伐，但要彻底破译生命的天书，基因克隆的研究仍任重而道远，基因克隆的进展依赖于基因分离克隆技术的发展与创新，展望未来，基因分离克隆技术的发展将可能有以下趋势：①高通量、高效率、经济快速的基因克隆技术将会领导潮流；②全基因组测序将成为一种趋势；③探讨众多功能基因之间的调控网络将成为今后的研究重点；④计算机技术、电子技术将在基因克隆中扮演更加重要的角色；⑤不同的基因克隆技术之间的相互交叉融合。

基因功能的鉴定不仅仅是我们今天面临的严峻问题，也将是整个 21 世纪全世界生物医学研究面临的一个重要课题。人类对于自身发育、成长、疾病、衰老死亡过程的许多分子机制尚属未知，即使对于许多已克隆的致病基因，其功能的神秘面纱也还未彻底揭开，在疾病与基因和功能之间尚需架设起数万座桥梁。

（向　坤　郑冰蓉）

参考文献

冯永康. 2003. 生命科学史上的划时代突破——纪念 DNA 双螺旋结构发现 50 周年. 科学, (2): 41-44.
郭晓强. 2008. 中心法则的提出者——克里克. 生物学通报, (3): 64-66.
刘英华. 2013. 高通量测序技术的最新研究进展. 中国妇幼保健, 28(12): 135-137.
生秀杰, 王太一. 2001. 基因打靶的策略及其发展. 国际遗传学杂志, 24(1): 8-10.
王波, 陈梅红. 2004. 反义技术研究进展. 中国生物工程杂志, (12): 43-47.
王文渊. 2015. 柏林病人: 治愈艾滋病的希望之光. 大科技(百科新说), (1): 38-40.
吴柏春. 1989. 朊病毒与朊病毒病. 自然杂志, (2): 44-48.
吴秉铨. 2011. 第三代测序技术: 单分子即时测序. 中华病理学杂志, 40(10): 718-720.
向义和. 2010. DNA 半保留复制和半不连续复制的提出与确立. 自然杂志, (4): 229-235.
尹文, 张久聪, 宋涛. 2005. 朊病毒蛋白的研究进展. 细胞与分子免疫学杂志, 21(S1): 122-124.
朱慧芳. 2015. 功能基因组学研究中高通量实验技术的应用和探索. 中国科学院大学, 2015: 1-57.
Jocelyn EK, Elliott SG, Stephen TK. 2013. Lewin's Genes XI. New York: Jones and Bartlett Publishers, Inc.

第三章 人类遗传病与出生缺陷

第一节 出生缺陷概论

出生缺陷（birth defect）是由于胚胎发育紊乱而造成的形态、结构、功能、代谢、精神、行为等方面的异常。这些异常可以在出生时表现，也可能在出生一段时间后表现。出生缺陷也称为先天异常（congenital anomaly）或先天畸形（congenital malformation）。据《中国出生缺陷防治报告 2012》估计，我国出生缺陷发生率在 5.6%左右，以全国年出生数 1600 万计算，每年新增出生缺陷数约 90 万例，其中出生时临床明显可见的出生缺陷约有 25 万例，出生缺陷已成为严重的公共卫生和社会问题。根据世界卫生组织估计，全球低收入国家的出生缺陷发生率为 6.42%，中等收入国家为 5.57%，高收入国家为 4.72%。我国出生缺陷发生率与世界中等收入国家的平均水平接近。

据全国出生缺陷监测数据，我国围产期出生缺陷总发生率呈上升趋势，由 2000 年的 109.8/万上升到 2011 年的 153.2/万。该数据还表明，2000～2011 年，先天性心脏病、多指(趾)、唇裂伴或不伴腭裂、神经管缺陷、先天性脑积水等 10 类疾病是我国围产儿前 10 位高发畸形。2000～2011 年围产期先天性心脏病发生率呈明显上升趋势，2011 年全国先天性心脏病发生率为 2000 年的 3.56 倍（城市为 4.41 倍，农村为 2.97 倍），已经连续 7 年位居出生缺陷的首位，其发生率已达到 4.01/10 万。因孕前及孕期补充叶酸等预防措施的实施，曾长期位居第一的神经管畸形下降到第 8 位。可见，实施有效的预防措施是预防出生缺陷的关键。此外，先天听力障碍也呈明显上升趋势：2008～2010 年全国先天听力障碍发生率分别为 19.9/万、21.5/万和 21.9/万。而地中海贫血在广西、海南、云南、广东、贵州等南方省份高发，其人群基因携带率在广西、海南、云南已达 20%以上（贺静等，2017）。我国地区间出生缺陷发生率差异较大，出生缺陷发生率表现出农村高于城市、西部地区高于东部地区的特点。

2006 年一份“全球出生缺陷报告：儿童死亡与残疾的潜在警钟”为题的报告指出，全球估计每年有 790 万的生殖性或局部遗传性的出生缺陷儿童，占总出生人数的 6%，全球 193 个国家的出生缺陷发病率为 39.7‰～82.0‰，其中发病率最高的大多数是世界上较贫穷的国家，而发病率最低的大多数是世界上较富裕的国家。根据该报告的数据，苏丹的出生缺陷发病率最高，为 82‰。法国的出生缺陷发病率最低，为 39.7‰。此外，埃及的出生缺陷发病率为 65.3‰、希腊为 55‰、中国为 51.2‰、日本为 51.7‰、美国为 47.8‰、加拿大为 45.5‰、德国和英国均为 43.8‰。

在我国，大约 20%的围产儿和婴儿的死亡原因与出生缺陷相关，仅次于围生期疾病，它包含两个方面：①婴儿出生前，在母体体内发育紊乱引起的形态、功能、代谢、结构、精神、行为等方面的异常。形态异常可表现为外表及内脏器官部分或全部缺损、增生、结构异常及位置异常等，如唇裂、腭裂、神经管缺陷等；生理功能异常，如聋哑、致盲等；②出生后肉眼不可见的器质性和（或）功能性异常，需要应用辅助技术来明确诊断，如血友病、先天性心脏病、脏器肿瘤等，但不包括分娩时损伤造成的异常。

大多数出生缺陷与遗传因素密切相关，但出生缺陷不完全等同于遗传病（genetic diseases）。一些遗传病在出生时即可见到明显畸形，因此大多数出生缺陷实际上是遗传病。另一些出生时尚未表现，出生后若干年才表现出来的遗传病，也可归纳于出生缺陷范畴，如脊髓小脑性共济失调，症状主要为行走不稳、肢体无力，可伴有双手震颤、多汗、言语含糊不清等症状，通常在成年以后才发病。而一部分出生缺陷是由于药物、辐射或胎儿在子宫内由于感染等原因引起的，如弓形体（*Toxoplasma gondii*，Tox）感染引起小头畸形，则与遗传因素无直接关系（Fenta et al.，2019）。此外，也有不少遗传病成年之后才会表现出临床表型，因此遗传病也不能完全等同于出生缺陷。

一、出生缺陷的分类

通常根据其临床表现，把出生缺陷分为简单畸形和多发性畸形。

（一）简单畸形

简单畸形（simple abnormalities）可以是以遗传为基础的，也可以是非遗传性的。简单畸形根据病理过程可分为畸形、变形、畸化和发育不良。

1. 畸形

畸形（malformation）是指生物个体的某一器官或器官的某一部分原发性缺失，其基本原因是由于发育过程中的遗传缺陷，导致生物体某部分发育不正常，造成与正常形体不同的形状。常见的有多指（趾）、并指（趾）、缺指（趾）、先天性足内翻、先天性心脏病、唇腭裂、无脑儿等。

畸形根据成因、部位，可以分为以下几种：胚胎局部发育畸形；整胚发育畸形；器官和器官局部畸形；发育过度性畸形；组织分化不良性畸形；吸收不全性畸形；超数和异位发生性畸形；发育滞留性畸形；重复畸形。

2. 变形

变形（deformation）是指在不正常的机械力扭曲牵拉作用下，胎儿正常的形态结构被改变所引起的继发表现。例如，由于子宫畸形使宫内拥挤而导致的骨骼弯曲或扭曲，这类异常并未合并其他的危害。变形常发生于妊娠的后期，一旦外界异常因素被去除，还有进行治疗的可能。

3. 畸化

畸化（disruption）是指环境因子干扰或损伤了正常的发育过程，导致某一器官或组织的结构异常。环境因子包括出血、裸露组织粘连、缺血、感染、外伤等，也可由外界机械力引起。

4. 发育不良

发育不良（dysplasia）是指细胞组成或功能异常，从而不正常地形成组织。这一异常可出现于机体所有特定的组织中，如视网膜母细胞瘤是由于基因突变所致，患者眼部恶性细胞增生形成肿瘤；不同类型组织异常混合形成的血管瘤（Chen et al.，2019）。

（二）多发性畸形

1. 序列征

序列征（sequence）是由单一病因引起的后续级联反应而导致以后继发一系列缺陷所造成的多发畸形。如，双胎反向动脉灌注序列征（twin reversed arterial perfusion sequence，TRAPs），又称为无心畸胎序列征（acardiac twins sequence），是一种单卵双胎的独特并发症。双胎之中的正常胎儿为“泵”血胎儿，为自己和无心胎儿提供血液循环，无心胎儿为受血儿，受血儿为无心畸形或仅有心脏痕迹或为无功能的心脏（Seo et al.，2019）。

2. 综合征

综合征（syndrome）是由一种或几种致病原因所引起的一组典型的症候或症状，往往不是独立的疾病。如，多囊卵巢综合征是一种糖代谢异常与生长功能障碍的内分泌综合征，主要临床表现为不孕、多毛、月经周期不规律和痤疮（Khan et al.，2019）。

3. 关联征

关联征（association）一般是指某些畸形并非随机的一起发生，但又无法用序列征、综合征等疾病的机制来解释。这些畸形之间有一定的联系，其病名为这些缺陷的英文字头的缩写。如 CHARGE 关联征是缺损（coloboma）、心脏病（heart disease）、后鼻孔闭锁（atresia of the choanae）、生长发育迟缓（retardation of growth and development）、男性生殖器官发育不全（genital and urinary abnormalities）、耳畸形或耳聋（ear abnormalities and hearing loss）（Sanchez et al.，2019）。

二、常见的出生缺陷

（一）神经管缺陷

神经管缺陷（neural tube defect，NTD）是一种最常见的严重中枢神经系统先天性畸形，由多种因素相互作用所引起，其死亡率和患病率均较高（Dixon et al.，2019）。神经管缺陷是在胚胎生长的前 4 周内神经管不能闭合导致神经系统的各种畸形，包括：无脑畸形、脊柱裂、脑积水、脑（脊）膜膨出等。

1. 无脑畸形

无脑畸形（anencephaly）神经管缺陷最严重的一种缺陷，由神经孔不闭合引起。无脑畸形胎儿其颅盖骨和大脑组织发生不同程度的缺失，额、枕、顶骨呈部分性缺损，小脑、脑干、脊髓很小，头部眶上嵴如刀削平状，眼眶浅而眼球突出，颈部缺如，下颌与胸相连，呈昂首仰脸状，可合并脊柱裂或羊水过多。胎儿无脑畸形一经确诊，基本上都会流产或者出生后数天内死亡，对妊娠期妇女均建议引产。

2. 脊柱裂

脊柱裂（spinal bifida）是最常见的一类神经管缺陷，是由于神经胚形成和脊神经管闭合障碍而导致的先天畸形，对胎儿的影响可为致死性，也可为非致死性，取决于病变的大小和部位，以及类型是开放性还是闭合性。其临床特征是脊髓因异常病理改变而形成病理状态，通常有截瘫、脑积水、大小便失禁、智力低下等。

3. 脑积水

脑积水（hydrocephalus）是指各种原因导致脑积液在脑室系统内过多地积聚，常有脑室系统扩张、颅内压力升高、头围增大。临床表现为进行性头围增大、颅缝裂开、颅骨变薄、眼球下半部降低至眼睑下方。患者出现呕吐、抽搐、惊厥、腱反射亢进等症状。多种因素，如炎症、畸形、肿块、出血等导致脑脊液分泌过多、脑脊液循环障碍，脑脊液蓄积在侧脑室、第三脑室、第四脑室及小脑延髓池等形成脑积水。

4. 脑（脊）膜膨出

脑（脊）膜膨出（meningocele）是由神经管闭合不全引发的脊膜从椎管缺损处突出。患处常形成一个大小不等的皮肤囊袋，囊内有脊膜和脑脊液。婴儿期沿面、头、颅或背部中线多为圆形或椭圆形的囊性膨出包块，包块一般较软而有弹性，可薄而透明，触压时可有波动感及颅压增高，当患儿哭闹时包块增大而张力增高。

（二）先天性心脏病

先天性心脏病（congenital heart disease，CHD）简称先心病，是胚胎期心脏及大血管发育异常而造成的一组出生缺陷，它是最常见的新生儿出生缺陷疾病之一。国内活产婴儿中的发病率为0.7%～1%。美国有50万人患有先心病，每100名新生儿就有1人患有先心病。多数学者认为是由环境因素和遗传因素相互作用引起，宫内感染、高海拔、孕期用药及接触理化因素、环境污染、高龄、家族遗传病史、肥胖、不良生活习惯等为先心病的危险因素。

先心病根据病因可以分为：①多基因遗传所致的先心病；②染色体畸变所致的先心病；③单基因遗传所致的先心病；④生物或理化因子影响胚胎发育导致的先心病。根据缺陷发生部位，先心病可分为：室间隔缺损（ventricular septal defect，VSD）、房间隔缺损（atrial septal defect，ASD）、法洛四联症（tetralogy of Fallot）。

1. 室间隔缺损

室间隔缺损是胚胎时期室间隔发育不全，在心室水平产生左向右的血流分流。室间隔缺损是最常见的先天性心脏病，大约占所有先天性心脏病的40%。缺损常在0.1～3cm，位于膜部者则较大，肌部者则较小，后者又称Roger病。膜部和肌部限制性VSD多在1

岁内自然闭合，小型室缺（<0.5cm）可随访观察，中大型室缺多在6个月至2岁进行手术。VSD缺损小则分流量较小，多无临床症状，一般活动不受限制。缺损大者，有生长迟缓、呼吸困难、喂养困难、气促、体重不增、乏力、消瘦、多汗、反复肺部感染等情况，严重时可发生心力衰竭。有明显肺动脉高压时可出现发绀。本病易罹患感染性心内膜炎。

2. 房间隔缺损

房间隔缺损为临床上常见的先天性心脏病，占先心病总数的5%～10%。ASD是在胚胎发育过程中原始房间隔出现异常，使得左心房、右心房之间遗留孔隙，心房水平存在分流，从而引起相应的血流动力学异常。房间隔缺损可单独发生，也可与其他类型的心血管畸形并存，女性多见，男女之比约为1∶3。部分缺损在生后可自然闭合，但在1岁之后闭合可能性较小，直径小于5mm可随访观察。

缺损小者可无症状，仅在胸骨左缘2～3肋间可听到Ⅱ～Ⅲ级吹风样收缩期杂音。缺损大者易患呼吸道感染、活动后气促、面色苍白、乏力多汗，青春期后症状加重，常感心悸，阵发性心动过速，晚期由于肺小动脉肌层及内膜增厚，可出现肺动脉高压和心力衰竭，临床出现发绀。胸骨左缘第2、第3肋间闻及Ⅱ～Ⅲ级收缩期吹风样杂音，伴有第二心音亢进和固定分裂。

3. 法洛四联症

法洛四联症是临床上最常见的儿童发绀型先心病，占全部先心病的9%～14%。其基本病理为室间隔缺损、肺动脉狭窄、主动脉骑跨和右心室肥厚。右心室肥厚为肺动脉狭窄的继发性改变。法洛四联症患儿的预后主要取决于肺动脉狭窄程度及侧支循环情况，重症者在1岁内死亡。临床表现主要是由于慢性缺氧引起的发绀、呼吸困难、缺氧性发作、蹲踞（为法洛四联症病儿临床上一种特征性姿态），甚至昏迷、抽搐。患儿生长发育迟缓，有杵状指、趾。胸骨左缘第2肋间常可闻单一亢进的主动脉瓣第二音，胸骨左缘第2～4肋间常可听到由于右室流出道狭窄而形成的喷射样收缩期杂音，部分患者可伴收缩期震颤。

（三）唇腭裂

唇腭裂（cheilopalatognathus）是一种较为常见的先天性发育畸形，属于多基因病，散发性多见。畸形累及唇、鼻、齿槽硬腭及软腭，损害患者的呼吸、吮吸、吞咽、咀嚼和发音功能及牙齿的萌出和排列，部分唇腭裂合并染色体异常，是致死性畸形。由于颌面发育畸形，对患者身心健康造成不良影响。

唇腭裂分为单独出现的唇裂（cleft lip）、唇裂伴腭裂（cleft palate）。根据裂隙程度可以把单侧唇裂分为Ⅰ度、Ⅱ度、Ⅲ度：Ⅰ度唇裂，裂隙限于红唇部；Ⅱ度唇裂，裂隙达上唇皮肤；Ⅲ度唇裂，上唇到鼻底完全裂开。乙醇、烟草、农药、外源性糖皮质激素、视黄酸、苯妥英类、丙戊酸和镇静剂类药物、叶酸缺乏与唇腭裂的发病都有一定的相关性（Niktabar et al.，2019）。

（四）多指（趾）、并指（趾）、缺指（趾）

多指（趾）是手指或足趾较正常多出一指（趾）的现象，最常见的是六指（趾）。

并指（趾）表现为一个或多个指（趾）全部或部分地重复发生软组织或骨骼的融合。缺指（趾）是指手指或足趾较正常缺失一指（趾）或多指（趾）的现象。这几类疾病的致病因素可能与遗传、环境、胎儿营养等因素有关。如 *KIAA0825* 基因突变可引起一类隐性遗传的多指畸形（Hayat et al.，2020）。

三、出生缺陷的发生原因

出生缺陷的影响因素包括三个方面：①遗传因素占 20%～30%；②环境因素占 10%；③其余 60%～70%原因不明，被认为是遗传因素和环境因素共同作用的结果。

（一）遗传因素

遗传物质改变是引起出生缺陷的主要原因，包括染色体畸变、基因突变等。染色体畸变包括染色体缺失、重复、易位等，染色体畸变的个体常发生智力低下和不育，常见的染色体病有唐氏综合征（DS）和 18 三体综合征等。约 5%的出生缺陷是由基因突变引起的，具体是由于 DNA 分子发生碱基对插入、缺失或改变，而引起的基因结构和功能发生改变。近亲结婚可增加隐性致病基因的表现机会，导致出生缺陷的发生率增加。

（二）环境因素

出生缺陷敏感期是指胎儿易受环境因素影响的发育阶段。胚胎发育是一个连续过程，处于不同发育阶段的胚胎对环境因素的敏感度各不相同。①受精后的 0～14 天（胚前期）一般不易造成畸形，一般出现两种情况：一是整个胚胎被杀死而流产；二是少量胚胎细胞致死，部分细胞仍正常分裂增生，维持整个胚胎继续发育。②受精后第 3～8 周为器官发育期，此阶段细胞分化，器官原基发生，易受致畸因子的干扰而发生器官形态结构畸形，故也称为敏感期。③受精 9 周后至分娩这一阶段为器官系统生长期，各器官已分化完成，对致畸因子的敏感性迅速下降。但由于小脑、大脑皮质及泌尿生殖系统仍继续分化，仍然对致畸因子有一定的敏感性，还可能出现中枢神经组织损伤。

多种环境因素均对胎儿生长发育有影响，包括生物性致畸因子、物理性致畸因子、化学物质、药物等。

1. 生物性致畸因子

各种致病微生物感染都可造成出生缺陷，如弓形体、风疹病毒、巨细胞病毒、单纯疱疹病毒、乙肝病毒、梅毒螺旋体等。母体感染经过胎盘引起继发性感染（发热、缺氧、脱水、酸中毒等），干扰胎盘功能，影响胚胎发育，造成胎儿损害。

（1）弓形体宫内感染可致胎儿广泛性病变，引起流产、死胎及无脑儿、小头、小眼、先天性痴呆、先天性耳聋、脊椎裂、小眼球、脑钙化、白内障等多种缺陷。

（2）风疹病毒宫内感染患儿主要出现先天性风疹综合征，包括先天性心脏病、感觉神经性耳聋、白内障。还可导致宫内发育受限、骨骼异常、染色体异常、血小板减少性紫癜等。

（3）巨细胞病毒宫内感染多致中枢神经系统和眼-耳器官的损害、肝脾肿大、智力低下、血小板减少性紫癜、视网膜脉络膜炎和传导性耳聋等（Dobbins et al.，2019）。

（4）单纯疱疹病毒宫内感染可引起皮肤缺陷、脑部畸形、小头畸形、肝脾肿大（Aldo et al.，2016）。

（5）水痘带状疱疹病毒（varicella-herpes zoster virus，VZV）可发生胎盘感染，造成小头畸形、白内障、脑皮质萎缩、肾积水和畸形足等。

2. 物理性致畸因子

常见的物理性致畸因子包括电离辐射、高温、噪声及震动等。电离辐射是一切能引起物质电离的辐射总称，包括 α 粒子、β 粒子、质子、X 射线及 γ 射线等，可直接损伤 DNA，引起基因突变，造成严重的出生缺陷，如小头症、泌尿生殖系畸形、精神发育迟缓、胚胎死亡等。妊娠期高热可导致神经管缺陷（胚胎巢蛋白表达量下降），胎儿生长受限，甚至胚胎死亡。孕妇长期处在高强度噪声环境中，可引起精神焦虑、紧张及内分泌失调，子宫胚胎环境恶化，导致胎儿畸形甚至流产。物理震动、机械压迫可导致胚胎畸形、流产、死胎。

3. 化学物质

环境中多种化学物质均可导致出生缺陷，包括重金属和类金属物质、石油化工毒物、农药、环境激素类物质、烟草与乙醇。

（1）重金属和类金属物质。铅具有生殖毒性、胚胎毒性和致畸作用，母体受到铅污染，可导致自然流产、早产、死产、新生儿死亡、先天畸形和儿童肿瘤。汞可致胎儿先天性脑病，甲基汞可导致先天性水俣病，出现不同程度的瘫痪、智力障碍、神经发育迟缓、协调障碍、癫痫。

（2）有吸烟、酗酒等不良生活习惯的孕妇，其婴儿出生缺陷发生的风险高于正常孕妇。烟雾中尼古丁等多种有害物质可通过胎盘危害胎儿，可致先心病、生长受限、多肋、腭裂等。乙醇可诱发胎儿酒精中毒综合征（宫内生长受限、眼裂减小、小头畸形、智力迟钝）、自发流产。多环芳香碳氢化合物、亚硝基化合物、烷基和苯类化合物、农药（如‘敌枯双’等）均可导致畸形。

4. 药物

妊娠期间，母体若接触化学性药物，有可能引起胚胎发生不可逆的有害改变，出现死胎、胎儿生长迟缓或结构与功能的缺陷等。环磷酰胺能引起面部及肢体畸形、胎儿宫内生长受限。抗肿瘤药物，如氨基蝶呤可引起中枢神经系统及四肢畸形、颜面部及肢体缺陷、流产。抗生素，如氨基糖苷类抗生素可致胎儿先天性耳聋；四环素类可引起牙齿变色、肢体发育不全、腹股沟疝。口服避孕药可导致心脏及神经系统畸形、眼耳畸形、两性畸形。‘溴隐亭’可引起中枢神经系统及泌尿系统畸形、畸形足、血管瘤。性激素可导致心脏出生缺陷率增加。类固醇性激素还可引起神经管畸形、大血管易位及泌尿生殖器官畸形。抗凝血药，如苄丙酮香豆素、肝素可导致早产、死胎、华法林综合征。20 世纪 60 年代在西欧曾广泛使用过的孕早期镇静剂‘反应停’，产生了大量的与孕早期‘反应停’用药史相关的“海豹儿”肢体畸形。

（三）影响致畸因子作用的因素

在致畸因子作用下，是否发生畸形，结果如何，还取决于下列一些因素。①孕妇对致畸因子的易感性，由遗传因素与环境因素共同作用并决定个体是否患病，在个体之间存在着差异。②胎儿发育的不同阶段，对致畸因子的敏感性不同，如处于胚胎发育 8 周内则极为敏感。不同的致畸因子有不同的作用阶段，致畸部位也不同；③胎儿对致畸因子的易感性也有个体差异。④致畸因子的损伤与剂量、毒性有关，剂量对胎儿的部分作用取决于母亲对有害物质的代谢能力，毒性大的致畸因子则更易引起畸形。

第二节　出生缺陷的诊断及预防

出生缺陷诊断和预防是提高出生人口素质的源头性和战略性途径。人口素质是人类持续发展的基础，是提高人口健康水平的必要条件，国家已将预防出生缺陷、提高人口素质列为国民经济和社会发展的重要内容。

一、出生缺陷的类型和出生缺陷监测

出生缺陷在国际疾病分类 ICD-10 中是根据其发生部位进行分类的，这也是世界各国对出生缺陷进行调查统计时采用的分类方法。目前国际上常规交换监测资料的出生缺陷有 12 种；我国在此基础上增加了 9 种常见畸形，并将尿道上、下裂及上、下肢畸形各合为一类，共计 19 种（表 3-1）。

表 3-1　我国常规监测的出生缺陷及其 ICD-10 编码

出生缺陷	ICD-10 编码	出生缺陷	ICD-10 编码
无脑儿※	Q00.0	先天性髋关节脱位※	Q65.0，Q65.5
脑积水※	Q03.2	畸形足	Q66.2
脊柱裂※	Q05.2	多指（趾）与并指（趾）	Q69.2，Q70.2
先天性心血管病※	Q20.2～Q28.2	短肢畸形（上肢、下肢）※	Q71.2，Q72.2
腭裂※	Q35.2	膈疝	Q79.0
完全性唇裂※	Q36.2	胎痣	Q82.5
食管闭锁及狭窄※	Q39.0～Q39.3	血管瘤	Q82.8
幽门肥大	Q40.0	内脏外翻	Q89.3
直肠及肛门闭锁※	Q42.0～Q42.3	唐氏综合征※	Q90.2
尿道上、下裂※	Q64.0，Q54.2		

※为国际常规监测的出生缺陷。

出生缺陷监测是指连续地、系统地对人群中所发生的出生缺陷有关资料进行收集、整理、分析和利用的过程。我国分别于 1986 年、1989 年和 1991 年建立了全国孕产妇死亡监测、儿童死亡监测和出生缺陷监测系统。1996 年原卫生部把上述三项监测系统进行整合，设立全国妇幼卫生监测办公室，统一管理监测工作，形成新的监测体系。2006 年 10 月，中国妇幼卫生监测数据网络直报系统（简称直报系统）开发成功并在全国范围内使用，实现了数据的网络采集、编辑、检索、统计和审核上报功能，极大地提高了

监测数据的及时性和准确性。

经过多年的不断努力，我国制定并实施了一系列技术标准和规范，如《产前筛查与诊断管理办法》《新生儿筛查管理办法》《0～6 岁儿童残疾筛查管理办法》等。建立了群体预防工作机制，以乡、村初级卫生保健机构为基础，以妇幼健康服务机构为主体，以综合医院、妇女儿童专科医院为支撑，形成了省、市、县、乡、村分工负责，各有侧重、密切合作的服务模式，提高了服务可及性。同时，实施了系列出生缺陷防治重大公共卫生服务项目，开展了全国农村育龄妇女免费增补小剂量叶酸预防神经管缺陷项目、国家免费孕前优生健康检查项目、贫困地区新生儿筛查项目和地中海贫血防控试点项目。这些项目的实施，消除了区域间社会经济发展不平衡的影响，让更多的贫困地区、农村地区的家庭受益，使我国出生缺陷适宜干预措施得到了广泛推广。从 2010 年开始，我国政府还将先天性心脏病、血友病、苯丙酮尿症、尿道下裂、唇腭裂等疾病的治疗费用纳入新型农村合作医疗报销范畴，报销比例也越来越高。

二、我国的出生缺陷现状及特点

近年来，我国出生缺陷防控体系正在逐步完善，出生缺陷防治工作成效初显。目前我国一些严重的出生缺陷发生率出现了明显下降趋势，并呈现出与既往不同的一些特点。据中国妇幼卫生监测网 2020 年全国妇幼卫生监测及年报通讯显示（表 3-2），先天性心脏病、多指（趾）、并指（趾）、马蹄内翻和尿道下裂为 2018 年围产儿前 5 位高发出生缺陷。地中海贫血作为长江以南省份的高发遗传性疾病之一，随着二代测序技术的应用近年来的发病情况也有了新的发现，其人群基因携带率在广西、海南、云南达 20% 以上（He et al.，2017），这为地中海贫血的区域防控提出了更多的思考和任务。

表 3-2　2000～2018 年全国主要出生缺陷发生率（1/10 000）顺位

顺位	2000 年	2005 年	2010 年	2015 年	2016 年	2017 年	2018 年
第一位	总唇裂（14.07）	先天性心脏病（23.96）	先天性心脏病（32.74）	先天性心脏病（66.51）	先天性心脏病（62.10）	先天性心脏病（71.53）	先天性心脏病（91.18）
第二位	多指（趾）（12.45）	多指（趾）（14.66）	多指（趾）（16.39）	多指（趾）（18.07）	多指（趾）（18.53）	多指（趾）（18.74）	多指（趾）（21.40）
第三位	神经管缺陷（11.96）	总唇裂（13.73）	总唇裂（12.78）	总唇裂（7.41）	总唇裂（6.97）	马蹄内翻（6.64）	并指（趾）（7.62）
第四位	先天性心脏病（11.40）	神经管缺陷（8.84）	脑积水（6.02）	马蹄内翻（6.20）	并指（趾）（6.07）	并指（趾）（6.21）	马蹄内翻（6.77）
第五位	脑积水（7.10）	脑积水（7.52）	神经管缺陷（5.74）	脑积水（5.30）	马蹄内翻（6.00）	总唇裂（6.01）	尿道下裂（5.78）

注：数据来源于中国妇幼卫生监测网 2020 年全国妇幼卫生监测及年报通讯。

我国出生缺陷的防控现状及特点如下。

1. 主要出生缺陷的特征

2018 年的最新统计结果显示，围产儿神经管缺陷、脑积水、总唇裂、腹裂等缺陷的发生率农村高于城市；而先天性心脏病、腭裂、小耳、直肠肛门闭锁或狭窄、尿道下裂、多指（趾）、并指（趾）等缺陷的发生率则是城市高于农村。腭裂、无脑的发生率女性高于男性；脑积水、总唇裂、小耳、直肠肛门闭锁或狭窄、尿道下裂、多指（趾）、并指（趾）、肢体短缩的发生率男性高于女性。

2. 主要出生缺陷发生率顺位

2018 年的最新统计结果显示，围产儿前 5 位高发出生缺陷依次为先天性心脏病、多指（趾）、并指（趾）、马蹄内翻和尿道下裂。先天性心脏病自 2005 年起一直是我国围产儿首位高发出生缺陷，其总发生率的上升与轻度先天性心脏病的检出率增加有关。2018 年，总唇裂发生率持续下降；并指（趾）、马蹄内翻和尿道下裂的发生率较 2017 年有所增加。

3. 主要出生缺陷发生率的变化趋势

2000～2018 年，总体上先天性心脏病、多指（趾）、马蹄内翻的发生率呈上升趋势；总唇裂、神经管缺陷、先天性脑积水及唐氏综合征的发生率呈下降趋势。尿道下裂发生率在近年来有所上升。

4. 围产期出生缺陷的产前诊断情况

2000～2018 年，全国围产儿出生缺陷的产前诊断比例由 2000 年的 21.41%上升至 2007 年的 31.46%，随后呈波动态势并逐渐下降至 2018 年的 22.38%，近 7 年来呈下降趋势。农村围产儿出生缺陷的产前诊断比例在 2018 年前均高于城市，2018 年则首次出现低于城市的情况。

5. 出生缺陷综合干预成效明显

2000～2018 年，神经管缺陷、总唇裂、先天性脑积水和唐氏综合征的发生率持续下降。2000～2010 年神经管缺陷位列前 5 位高发畸形，2018 年其发生率降至历史最低（1.45/10 000），跌出前 10 位高发畸形。总唇裂发生率由 2000 年的 14.07/10 000（第一顺位），下降至 2018 年的 5.63/10 000；先天性脑积水也由 2000 年的发生率（7.10/10 000）第五顺位，下降至 2018 年的 3.86/10 000，均不再位列出生缺陷的前五位。唐氏综合征从 2003 年（2.86/10 000）始呈下降趋势，2018 年降至 1.37/10 000。部分严重先天性心脏病（如完全性大血管错位）发生率呈下降趋势。

6. 围产儿严重出生缺陷发生率持续下降

近年来，围产儿神经管缺陷、先天性脑积水等致死或严重致残出生缺陷发生率的持续下降，与一级、二级干预措施的有效落实有关；而出生后先天性心脏病、遗传代谢病、听力障碍的检出率增加和新生儿疾病筛查工作的广泛开展相关。这些变化表明我国现阶段的出生缺陷防治效果明显。

三、出生缺陷的预防

三级预防是为预防出生缺陷而采取的三种梯次性预防措施。一级预防是针对病因，在孕前和孕期所采取的预防措施，起到健康促进和健康保护作用，减少出生缺陷的发生；二级预防是在孕期做好产前筛查和产前诊断工作，来发现和确诊致死或严重出生缺陷的胎儿，减少其出生；三级预防是针对已患病者所采取的措施，防止或延缓疾病的发展和恶化，改善症状，防止并发症的发生，使患者尽量恢复生活和劳动能力。

（一）一级预防（孕前干预）

一级预防又称初级预防或病因预防。目前，我国实行的一级预防措施主要包括婚前检查、遗传咨询、孕前检查。在此基础上，育龄夫妇有计划、有准备的，在科学指导下选择最佳的年龄、身心状态、优良的环境妊娠。

1. 婚前检查

婚前检查的目的主要是识别准备结婚的男女是否适合结婚，是否适合婚后生育，并提出合理的医学建议。有严重的遗传性疾病者，根据遗传规律，推算下一代发病的风险，提出可以结婚，但可能需要产前诊断、限制生育或禁止生育；有指定的传染病者，在传染期内应暂缓结婚；患有精神病且在发病期内，暂缓结婚；患有攻击性精神病者禁止结婚。

2. 遗传咨询

遗传咨询是由咨询医师和咨询者（遗传病患者本人或其家属）就某种出生缺陷在家庭中的发生情况、再发风险、诊断和防治上所面临的问题，进行一系列的交谈与讨论，使患者或其家属对该病有全面的了解，选择最恰当的决策的全过程。在遗传咨询中必须遵循的伦理、道德原则包括：自愿的原则、平等的原则、教育咨询者原则、公开信息的原则、非指令性的咨询原则。关注咨询中的心理、社会和情感影响尺度、信任和保护隐私的原则，以及遗传诊断的伦理、道德问题。

针对出生缺陷发生的易感性及其发生的特点，遗传咨询的适宜对象包括：

（1）高龄孕妇，35 岁及以上的孕妇；

（2）有死胎、畸胎分娩史者；

（3）接触或使用过致畸原者，包括那些被公认为具有或怀疑有致畸胎作用的化学物质、药物或微生物等；

（4）有多次自发流产史的夫妇和不孕不育夫妇；

（5）染色体病患者的双亲、确诊为染色体平衡易位的携带者；

（6）近亲结婚者；

（7）身份鉴定或亲子鉴定者；

（8）易感人群的症状前检查；

（9）性发育异常的患者。

3. 孕前检查

孕前检查包括：检查、评估能否近期妊娠；提供孕前的指导；提供妊娠相关的知识。良好的身体状况和精神状态是保证新生儿健康的前提。因此，加强孕前健康检查，及时发现影响生育的不良因素并进行干预，可从源头上消除不利影响，保证新生儿健康。孕前检查一般在孕前 3～6 个月进行，对于检查中发现的不利于受孕的因素，应及时治疗，待治愈后再择机受孕。

目前临床可实施的主要项目有：①生殖系统检查，包括是否存在畸形和病原微生物感染；②TORCH 筛查，对缺乏免疫力的育龄夫妇在孕前接种风疹疫苗；③地中海贫血筛查，特别是地中海贫血高发地区的育龄夫妇应常规进行地中海贫血筛查；④红细胞叶酸水平检测，孕前提供叶酸增补建议；⑤孕 28 周前进行乙肝病毒血清学检查，妊娠后期注射乙肝高效免疫球蛋白；⑥检测夫妻双方血型，预防新生儿 ABO 或 Rh 血型不合引起的新生儿溶血；⑦孕 24～28 周进行糖耐量筛查，检出妊娠糖尿病孕妇；⑧碘缺乏地区食用强化碘盐，预防碘缺乏病，同时孕前、孕期避免接触有毒、有害的化学及物理环境；⑨育龄妇女尽量远离宠物，避免生食肉类；⑩有遗传病家族史或生育史的夫妇，孕前进行染色体、基因分析，评估复发风险。

对于有神经管缺陷 NTD 妊娠风险的妇女，在备孕前 3 个月补充叶酸可预防 NTD 的发生（Molloy et al.，2018）。孕前 3 个月至妊娠后 3 个月补充 0.4～0.8mg/d 叶酸这一方案适合我国的基本国情，在预防 NTD 的发生方面发挥了重要作用。

（二）二级预防（产前干预）

二级预防主要是通过产前筛查、遗传咨询、产前诊断和选择性终止妊娠及药物治疗来达到减少出生缺陷发生率的目的。可实施的项目包括：孕期的胎儿超声检查、母血生化检查（产前筛查）、母血胎儿游离 DNA 检测、侵入性产前诊断（绒毛穿刺、羊膜穿刺和脐带血穿刺）等，发现 NTD、唐氏综合征、18 三体综合征、13 三体综合征等遗传病受累胎儿及其他畸形，选择性终止妊娠。

1. 二级预防常用的三种产前筛查手段

1）产前超声检查

近年来超声医学的发展日新月异，彩色多普勒、三维超声、四维超声等新技术被广泛应用。尽管受各种因素的影响，超声筛查尚存在一定的漏诊和误诊，但在妇产科领域，产前超声诊断的需求仍增长迅猛。由于兼有无创、便捷、价廉、动态等优点，超声检查已成为目前临床上筛查大多数胎儿先天性发育畸形，进行出生缺陷二级预防的最常用的影像学手段（Edwards et al.，2018）。目前，多数妇产科超声学者认为在整个妊娠过程中应在早孕晚期、中孕期、晚孕期分别进行 3 次筛查，每次突出重点加常规检查可以进一步降低漏诊率。

2）母体血清标记物筛查

通过早孕期、中孕期的母体血清标记物筛查，结合孕妇年龄、疾病史（特别是糖尿病和 21 三体胎儿生育史）、种族、吸烟史与否、超声核实胎龄、胎儿数（≤2）等，将数据输入风险评估软件进行生物统计学处理。计算时，通常以风险率 1/270 作为风险截断值（不同的筛查实验室可能有所不同），≥1/270 者定为筛查阳性。对无侵入性产前诊断手术禁忌者，必须对筛查阳性者行胎儿染色体核型分析作诊断。在筛查过程中，必须由经过遗传咨询培训的妇产科医师或遗传咨询师提供咨询。目前国内常用的母体血清标记物筛查方案见表 3-3。

表 3-3　早孕期、中孕期产前母体血清标记物筛查方案

适宜不同孕龄的方案	检测指标
早孕期（孕 8～13 周$^{+6}$）血清学筛查	PAPP-A＋free β-hCG
中孕期（孕 15～20 周$^{+6}$）血清学筛查	
二联筛查	AFP＋free β-hCG
三联筛查	AFP＋free β-hCG＋uE_3
四联筛查	AFP＋free β-hCG＋uE_3＋inhibin A
早孕期、中孕期联合序贯筛查（早孕期、中孕期各 1 次筛查）	

注：PAPP-A：妊娠相关血浆蛋白 A；free β-hCG：人绒毛膜促性腺激素游离 β 亚基；AFP：甲胎蛋白；uE_3：游离雌三醇；inhibin A：抑制素 A。

3）孕妇外周血胎儿游离 DNA 无创产前筛查

2010 年，随着二代测序技术的出现和成熟，通过检测母体外周血胎儿游离 DNA 预测胎儿是否为常见的染色体病在技术上成为可能，并迅速发展为国际新的产前筛查前沿技术（Song et al.，2013）。2011 年北京协和医院和中南大学医学遗传学国家重点实验室等产前诊断优势团队在国内率先对这一新技术的临床应用进行了关注，在全国层面与原卫生部相关部门合作，通过发布专家共识意见的形式在国际上率先提出该项技术的临床定位应为胎儿常见染色体异常的产前筛查技术。随后通过一系列的前瞻性临床研究，推动该项技术迅速进入临床应用。前期研究的结果显示，胎儿游离 DNA 产前筛查相较血清学筛查是一种更加精准的筛查方法，对于胎儿 21 三体综合征和 18 三体综合征来说，检出率大于 98%，假阳性率在 5‰以下；同样的假阳性率对于 13 三体综合征而言检出率也达 90%以上（Taylor-Phillips et al.，2016）。虽然该方法对于胎儿常见染色体异常的风险提示非常准确，但仍然存在假阳性和假阴性的可能，所以临床应用定位应为产前筛查而非产前诊断。

在该项技术进入临床应用的前期，由于过度的商业推广和缺乏相关技术规范的指导和监管，一度造成该项技术在临床上的滥用现象。原国家卫计委相关部门于 2014 年 2 月进行了紧急叫停，随后开始了机构试点的工作，于 2015 年 10 月开始在总结前期试点经验的基础上，组织全国专家组编写了《孕妇外周血胎儿游离 DNA 产前筛查与诊断技术规范》，并于 2016 年 11 月由原国家卫生和计划生育委员会办公厅发布，从而正式结束试点工作，将该项技术的产前筛查临床工作纳入常态化管理。该规范的发布实施，标志着高通量测序技术作为产前筛查技术正式进入临床应用阶段。

2. 二级预防筛查方案的选择

选择筛查方案应考虑到廉价、易于操作和解释，应具有较高的效价比（cost-effectiveness），表 3-4 列举了目前世界范围内使用的筛查方案及其检出效率。

3. 产前诊断

我国产前诊断工作真正受到卫生行政管理部门的重视，并纳入到全国妇幼保健工作管理层面的标志是 1994 年《中华人民共和国母婴保健法》颁布实施以及 2001 年《中华人民共和国母婴保健法实施办法》的颁布。作为我国最重要的母婴保健法律法规，其中明确规定了产前诊断技术服务是孕前和孕期医疗保健工作的一部分，明确了从事产前诊

表 3-4 早孕期、早孕结合中孕期 DS 筛查方案及其检出率

筛查方案	检出率/%	假阳性率/%
孕妇年龄（≥35 岁）	49	13.1
中孕期方案：孕妇年龄＋如下各种不同的组合		
AFP+free β-HCG	73	9.6
AFP+free β-HCG+uE$_3$	78	7.8
AFP+free β-HCG+uE$_3$+inhibin A	82	6.9
早孕期方案：孕妇年龄+如下各种不同的组合		
NT	74	5.1
free β-HCG+PAPP-A	75	8.6
NT+free β-HCG+PAPP-A	86	4.2
NT+NB	85	5.2
NT+NB+free β-HCG+PAPP-A+AFP+ uE$_3$	＞95	6.1
早孕期、中孕期：孕妇年龄+如下各种不同的组合		
PAPP-A+MsAFP+free β-HCG+uE$_3$+inhibin A	87	4.9
NT+PAPP-A+MsAFP+free β-HCG+uE$_3$+inhibin A	93	2.6

资料来源：陆国辉和徐湘民（2007）。
NT，颈项透明层；NB，鼻骨。

断工作的医务人员需要具备相应的资质，并明确提出了产前诊断的医学指征包括：①羊水过多或过少；②胎儿发育异常或胎儿可能有畸形；③孕早期接触过可能导致胎儿先天缺陷的物质；④曾经分娩过先天性严重缺陷的婴儿；⑤年龄超过 35 周岁；⑥省级以上卫生行政部门规定的其他情形。2003 年原卫生部组织编写并颁布实施的《产前诊断技术管理办法》及其配套文件，更是从产前筛查和诊断机构管理、人员管理、技术管理、业务流程等多方面进行了细致描述和明确规范，使得我国的产前诊断工作成为一项有法可依、管理明确、流程清晰的医疗工作，大大促进了产前诊断在国内的发展。2004 年起全国有序的网络化产前诊断工作局面开始形成（边旭明等，2018）。

（三）三级预防（出生后干预）

对于新生的出生缺陷儿，可通过进行早期防治，改善预后，提高生存质量。如早期发现新生儿黄疸、颅内出血等疾病，防止对大脑的进一步损伤；及早对完全性唇腭裂、先天性尿道下裂等出生缺陷儿进行康复治疗；对苯丙酮尿症患儿的饮食治疗；对先天性甲状腺功能减退症患儿的激素替代治疗等，防止体格和智力发育的不可逆损伤发生。

此外，三级预防的重要工作内容是早期发现、诊断和治疗遗传代谢病患儿。先天性代谢缺陷（inborn error of metabolism，IEM）又称遗传性代谢缺陷，是指由于基因突变引起酶缺陷，从而导致机体生化代谢紊乱，造成中间或旁路代谢产物蓄积或终末代谢产物缺乏而引起一系列临床症状的一组疾病。临床上以功能障碍为主要表现，涉及氨基酸、有机酸、脂肪酸、尿素循环、碳水化合物、类固醇、维生素等多种物质的代谢异常，可导致多个系统受损。IEM 病种繁多，迄今发现的疾病已超过 500 种。大部分属常染色体隐性遗传，即使没有家族史，也有得病的风险。单病种发病率低，但总体发病率可达活

产婴儿的 1/3000。IEM 早期多无特异性症候，也无确切的神经系统定位体征，极易漏诊或误诊。大多数 IEM 若在出生后 3 个月内不能及时发现、干预和治疗，会造成 20%以上的患儿多脏器损伤，若在出生后 6 个月才开始进行治疗，会造成 40%以上的患儿智力发育障碍。

第三节 遗传病分类及研究方法

一、遗传病分类与简介

遗传病是遗传物质（染色体或基因）改变所导致的疾病，通常具有在上代、下代之间垂直传递的特征，是出生缺陷的主要构成部分。人体发育过程涉及复杂的细胞生物学机制，遗传因素在许多出生缺陷的发生、发展过程中起着关键作用。遗传病可分为单基因病、多基因病、染色体病、线粒体病和体细胞遗传病。

（一）染色体病

由染色体数目或结构异常引起的疾病称为染色体病，已知的染色体病有 120 余种。如果染色体的数目增加或减少称为染色体数目异常。染色体发生结构的改变称为染色体结构异常，其常见类型有缺失、易位、重复、环状染色体、双着丝粒染色体和插入等。染色体异常占早期自发性流产胚胎的 50%以上，占死产婴的 0.8%，占新生儿死亡的 0.6%，占新生活婴的 0.5%～1%。

（二）单基因病

单基因病是指受一对等位基因控制的遗传病，单个基因突变即可引起疾病，其遗传方式遵循孟德尔遗传规律。根据致病基因所在染色体的不同，单基因病进一步分为常染色体病和性染色体病两类。两者又进一步分为显性遗传和隐性遗传两种方式。致病基因可以是生殖细胞发生突变而新产生，也可以是由双亲任何一方遗传而来。

1）常染色体显性遗传病

常染色体显性遗传病的致病基因位于 1～22 号常染色体上，两个等位基因中如有一个基因发生突变即可致病。

2）常染色体隐性遗传病

常染色体隐性遗传病的致病基因位于 1～22 号常染色体上，两个等位基因中均发生了突变才可致病，患者为突变基因的纯合子或者复合杂合子。

3）X 连锁显性遗传病

致病基因在 X 染色体上，性状是显性的。

4）X 连锁隐性遗传病

致病基因在 X 染色体上，性状是隐性的。

5）Y 连锁遗传病

Y 连锁遗传病的特点是父亲传递给儿子，女性后代不发病。

（三）多基因病

多基因病是由多个基因及环境因素导致，其遗传机制较为复杂，不遵循孟德尔遗传规律，常见的多基因病如高血压、2 型糖尿病等。

（四）线粒体病

线粒体病是因线粒体氧化磷酸化功能缺陷导致 ATP 合成障碍、能量来源不足而导致的一组疾病。其遗传方式复杂，大多呈母系遗传，但也有少数涉及细胞核基因调控的线粒体病呈现出常染色体显性、常染色体隐性和 X 连锁遗传。

（五）体细胞遗传病

体细胞遗传病多见于各种癌症，是由于体细胞突变导致疾病的发生。突变基因通常是癌基因和抑癌基因。体细胞遗传病一般不会向下一代遗传。

二、影响单基因病分析的因素

（一）遗传早现与动态突变

遗传早现（anticipation）是一些遗传病（多为常染色体显性遗传）在连续世代传递中，发病年龄逐代提前、症状一代比一代严重的现象。其原因是发生了动态突变。动态突变是基因序列中重复序列拷贝数（3～133bp，主要为三核苷酸）随世代传递不断扩增，拷贝数达到一定数量后即可引起发病，且疾病严重性也随拷贝数逐代升高和加重，如 GGC 三核苷酸重复序列拷贝数的增加将导致亨廷顿病患者疾病症状的加重（Sun et al.，2019）。

（二）表观遗传和 DNA 甲基化

表观遗传（epigenetic）是指核苷酸序列未发生变化，但基因表达却发生了时空变化的修饰改变，如碱基修饰的改变，且这种改变在细胞增殖过程中能稳定传递，并最终导致了表型的变化，Kabuki 综合征的发病即与表观遗传有关（Aref-Eshghi et al.，2019）。

DNA 甲基化（DNA methylation）能引起染色质结构、DNA 构象、DNA 稳定性及 DNA 与蛋白质相互作用方式的改变，调控某些基因的活性，如 CpG 位点甲基化的情况可以影响结直肠癌患者的生存预后（Wang et al.，2020）。

（三）基因组印记与单亲二体

基因组印记（genetic imprinting）指基因的表达与否取决于是在父源染色体上还是在母源染色体上，出现表达差异（Hanin et al.，2020）。例如，Prader-Willi/Angelman 综合征就是由于 15q11.2-q13 区内母源或父源等位基因印记异常而导致的神经系统疾病（Liu et al.，2019）。

单亲二体（uniparental disomy，UPD）是指一对同源染色体或一对同源染色体的某个区段全部来源于双亲的一方（或父方或母方）的现象，如伴有生长迟缓的囊性纤维变病

（cystic fibrosis，CF）的病人，其两个突变基因都来自杂合子母亲（Vásquez et al.，2019）。

（四）半合子与 X 染色体失活

半合子（hemizygote）是指男性 X 染色体上的基因型。由于正常男性只有一条 X 染色体，只存在一个等位基因，称为半合子。区别于杂合子（一个个体的两个等位基因不同）和纯合子（一个个体两个等位基因相同）（Wang et al.，2019）。

X 染色体失活（X chromosome inactivation）是指女性有两条 X 染色体，但女性染色体的基因产物并不比男性多一倍，这是由于其中一条染色体在胚胎早期就发生失活。失活的 X 染色体是随机生成的，失活的 X 染色体会被包装成异染色质，其上的大多数基因功能受抑制而沉默化，但仍有一些基因会逃逸失活。该假说由英国遗传学家 Mary Lyon 首先提出，故又称 Lyon 假说。

（五）外显率、完全显性与不完全显性

外显率（penetrance）是指在一定环境条件下，群体中某一基因型（通常在杂合子状态下）个体表现出相应表型的百分率。外显率等于 100%时，即杂合子的显性基因在个体中完全表现出来，这种显性表现称为完全显性（complete penetrance），低于 100%时则为不完全显性（incomplete penetrance）或外显不全。显性致病基因有时受内外环境的影响，杂合子个体携带显性致病基因并不表达，即不完全外显，例如，遗传性共济失调就是一种常见的具有外显不全特征的遗传病。携带同一基因突变的患者其发病年龄及症状会有较大区别（Cornejo-Olivas et al.，2020）。

（六）共显性

如果双亲的性状同时在子代个体上表现出来，没有显性和隐性的区别，即一对等位基因的两个性状在杂合体中都表达的遗传现象称为共显性（codominance）。例如 ABO 血型的基因位于第 9 号染色体上的 9q34.2 位点，由 *A*、*B* 和 *O* 三种基因组成复等位基因，从而决定人的 ABO 血型。基因 *A* 对基因 *O* 为显性，基因 *B* 对基因 *O* 也是显性，基因 *A* 和基因 *B* 为共显性。基因型 *AA* 和 *AO* 的个体为 A 型血，基因型 *BB* 和 *BO* 的个体为 B 型血，基因型 *OO* 的个体为 O 型血。

（七）延迟显性

延迟显性（delayed dominance）是指某些带有显性致病基因的杂合体，在生命的早期，因为致病基因表达不充分或者不表达，并不表现出相应性状，只有当生长到一定年龄时，致病基因的作用才表现出来。例如，亨廷顿病（Huntington’s disease）患者一般在中年发病，出现运动、认知和精神方面的症状，病情持续发展 10～20 年，最终导致患者死亡（Wyant et al.，2017）。

（八）表现度差异和基因多效性

表现度差异（expressivity）是指在不同的环境因素和遗传背景下，具有同一基因型

的个体表现出来的程度上的差异。同一基因型可以表现出从完全缺失到近似正常型之间各种不同程度的变化，如中间型地中海贫血变异程度较大，可出现轻度至重度贫血的症状（Amin et al.，2020）。

基因多效性（gene pleiotropy）是指一个或一对基因能够影响多种明显不相关特征的现象，如苯丙酮尿症患儿由于苯丙氨酸代谢障碍，可以出现激动行为、多动、发色变浅、肌肉紧张过度、反射功能亢进等多种不同的临床表现。

（九）从性遗传与限性遗传

从性遗传（sex-influenced inheritance）是指位于常染色体上的基因在不同性别中有不同表达程度的遗传现象。例如，遗传性早秃为常染色体显性遗传病，多见于男性，是因为该基因表达受男性体内高水平雄性激素的影响，男性杂合子就表现为早秃，而女性只有纯合子才出现早秃。

限性遗传（sex-limited inheritance）是指常染色体或性染色体上的基因只在一种性别中表达，而在另一种性别完全不表达。例如，外耳道多毛的基因在 Y 染色体上，所以只有男性才会有此症状，女性并不发病。

三、遗传病分析的相关概念

（一）基因突变

基因突变（gene mutation）是指基因的结构改变，是细胞内 DNA 分子结构的改变。

点突变（point mutation）是指基因内一个或少数几个核苷酸对的增加、缺失或置换所造成的结构改变，是基因突变中最多见的形式。在编码序列中按突变的结果分为同义突变、错义突变、无义突变、终止密码突变、剪切突变等。

碱基的插入（insertion）和缺失（deletion）是指基因编码序列中插入或缺失一个或几个碱基，其结果是突变点下游碱基序列发生位移，所编码的氨基酸发生改变，导致移码突变（frameshift mutation）。整码突变（in-frame mutation）是指 3 个或 3 的倍数的碱基缺失或插入导致的突变，使基因丢失或增加 1 个或几个氨基酸。

DNA 大片段缺失或重复（large deletion or duplication）是指几百个至几万个甚至更多数量的碱基缺失或重复。

（二）DNA 多态性

DNA 多态性（DNA polymorphism）是指正常人群中，DNA 分子或基因的某些位点可以发生中性改变，等位基因存在两种或两种以上的形式，对基因功能没有影响（Tanaka et al.，2020）。群体中变异等位基因的频率≥1%，DNA 序列中平均每 100～200bp 就有一个多态性位点，DNA 的多态性可以看作是在分子水平上的个体区别的遗传标志。

（三）基因座与等位基因

基因座（locus）是指基因组中任何一个已确定的位置上的基因或基因的一部分或具有调控作用的 DNA 序列。基因座是基因在染色体上的位置。可以把一对同源染色体想象为两条平行线，染色体上一个给定的位置，好比两平行线上的一点或一段，就称为一个基因座。基因座是染色体上的固定部位，一个基因座可以是一个基因，或者是一个基因的一部分，或具有某种调控作用的 DNA 序列。位于一对同源染色体的相同位置上控制着相对性状的一对基因称为等位基因（allele）。

四、遗传学检测方法

（一）直接诊断

1. 细胞遗传学与分子细胞遗传学诊断

细胞遗传学（cytogenetics）与分子细胞遗传学（molecular cytogenetics）诊断主要应用于染色体病及大片段基因缺失的实验室诊断。

1）核型分析

核型分析（karyotyping）是根据分裂中期染色体的形态特征，借助显带技术对染色体进行配对、比较、排序、编号和分组，根据染色体数目和结构的变异情况来进行分析的过程。

2）荧光原位杂交

荧光原位杂交（fluorescence in situ hybridization，FISH）技术，是基于原位杂交技术发展起来的一项分子细胞遗传技术，通过荧光标记的特异核酸探针与细胞内相应的靶 DNA 分子或 RNA 分子杂交，能对分裂期和间期细胞中的特定染色体畸变进行显微识别及定位。检测过程不必获得中期细胞，具有安全可靠、方便快捷、灵敏度高等多项优点。然而每次检测的探针数量有限，不能对微小片段染色体畸变进行有效识别。

3）光谱核型分析

光谱核型分析（spectral karyotyping，SKY）技术是 FISH 与分光镜、电荷偶联技术相结合的技术，利用 5 种光谱学不同的荧光素组合标记探针，与染色体杂交后通过光谱干涉成像原理来捕获图像，只需一次杂交即可检测 24 种染色体的核型图谱，可以较方便、全面地分析鉴定染色体的异常，可发现精细的染色体结构异常，鉴别染色体易位、插入及许多复杂染色体的结构重排。

4）微阵列-比较基因组杂交

微阵列-比较基因组杂交（array-comparative genome hybridization，aCGH）技术是在 FISH 基础上建立的检测方法，将不同荧光染料标记的来自待检组织和正常组织的全基因组 DNA 混合，在芯片上进行竞争性杂交，通过比较两种荧光强度的比率，检测出染色体基因拷贝数变化。能通过一次杂交实验，准确、高分辨率和高通量地在整条染色体或染色体区带水平对不同基因组间 DNA 序列拷贝数的差异进行检测，并能确定拷贝数变化的断裂点。但 aCGH 对染色体倒位、易位及其他结构异常仍然不能检测，且检测成本较高。

2. 分子生物学直接诊断

1）基于分子杂交的技术

核酸分子杂交技术的基本原理是：具有一定同源性的两条核苷酸单链在一定的条件

下，可按碱基互补的原则形成双链，此杂交过程是高度特异的。由于核酸分子的高度特异性及检测方法的灵敏性，结合凝胶电泳和核酸内切限制酶分析的结果，可以判定待测基因的缺失、插入、重排现象，检测特异 DNA 序列的拷贝数，是目前除测序之外最准确可靠的突变检测手段之一。

（1）Southern 印迹杂交。凝胶电泳分离经限制性内切酶消化的 DNA 片段，将凝胶上的 DNA 变性并在原位将单链 DNA 片段转移至硝酸纤维素膜或其他固相支持物上，经干烤或者紫外线照射固定，再与相对应结构的标记探针进行杂交，用放射自显影或酶反应显色，从而检测特定 DNA 分子的数量及片段大小。

（2）寡核苷酸探针杂交。根据已知致病基因点突变的确切位置及周围序列，设计合成包含突变位点在内的一对正常和突变的寡核苷酸探针，使之共价结合于特殊的固相支持物表面，用标记的样本扩增产物进行杂交，根据突变位点的不同可以检测出正常、杂合突变、多重突变等各种类型。适用于已知致病基因点突变的检测。但有工作量较大、成本较高、速度较慢等不足之处。

（3）DNA 芯片，又称基因芯片、生物芯片。该技术是指将大量探针分子采用特殊方法固定在厘米见方的硅芯片上，获得高密度的 SNP 微阵列，然后与样品杂交，通过激光扫描、软件分析进而获取样品分子的数量和序列信息。可以在一张 DNA 芯片上，同时对患者基因组中成千上万个位点的基因突变进行检测，快速准确地提高了基因突变位点的检测。

（4）多重连接探针扩增（multiplex ligation-dependent probe amplification，MLPA）。在原有 PCR 技术上发展而来，MLPA 融合了 PCR 技术与 DNA 探针杂交方法，其基本原理是靶序列 DNA 高热变性后与探针进行杂交，之后通过连接、PCR 扩增，产物通过毛细管电泳分离及数据收集，利用软件对所获得的数据进行分析，了解靶序列 DNA 拷贝数量的变化，是一种针对待检 DNA 序列进行定性和定量分析的新技术。该技术高效、特异，可在同一反应管内检测多达 50 个核苷酸序列的拷贝数变化，临床上多应用于遗传疾病大片段缺失的检测、肿瘤诊断、甲基化定量检测。

（5）变性高效液相色谱层析（denaturing high performance liquid chromatography，DHPLC），是一项在单链构象多态性（single-strand conformation polymorphism，SSCP）和变性梯度凝胶电泳（denaturing gradient gel electrophoresis，DGGE）基础上建立起来的新的杂合双链突变检测技术，可自动检测单碱基替代及小片段核苷酸的插入或缺失。其原理是工作温度（柱温）升高使 DNA 片段开始变性，在 DNA 部分变性的条件下，突变型和野生型 DNA 可形成同源双链和异源双链。由于异源双链（错配的）DNA 与同源双链 DNA 的解链特征不同，根据其在层析柱上保留的时间可以分辨出突变型 DNA。该方法具有极高的敏感性和特异性，分析速度快，容易实现自动化操作，消耗品低价性，性价比高。

（6）实时 PCR（Real-time PCR），又称实时定量聚合酶链反应（quantitative real time polymerase chain reaction，Q-PCR），是一种在 DNA 扩增反应中，以外参或内参为标准，以荧光染剂检测每次聚合酶链反应循环后产物总量，通过制作标准曲线来确定待测样本的初始模板拷贝数或浓度的技术方法，常用于拷贝数异常的遗传病的检测。

（7）多重 PCR（multiplex PCR），是在同一 PCR 反应管中加上两对以上的引物，同时扩增出多个核酸片段的 PCR 反应，然后进行电泳分析，检测致病基因上多个部位的突变或缺失。一些遗传病基因突变型较多，多重 PCR 可提高其检出率，增加效率并且降低费用。缺点在于多重 PCR 中引物较多，极易产生错配，扩增产物效果不理想。

（8）PCR-单链构象多态性（PCR single strand conformation polymorphism，PCR-SSCP）。单链构象多态性分析是利用 DNA 或 RNA 单链构象具有多态性而产生构象差异，在非变性聚丙烯酰胺凝胶电泳中可表现出电泳迁移率的差异，结合 PCR 技术进行基因检测的一种分析技术。PCR-SSCP 技术在癌基因和抗癌基因变异的检测、遗传病的致病基因分析，以及基因诊断、新种类鉴定、分子流行病学调查中均具有重要作用。

2）基于 DNA 测序的检测技术

DNA 测序（DNA sequencing）是指分析特定 DNA 片段的碱基序列，是目前最准确、最根本的一种检测基因突变的方法。

（1）Sanger 测序，也称为一代测序，是基因诊断的金标准。该方法利用双脱氧链终止法的原理对待测基因序列进行检测。

（2）二代测序技术（next-generation sequencing），也称大规模平行测序（massively parallel signature sequencing，MPSS），包括目前用于临床的全外显子测序、靶向基因组测序、全基因组拷贝数变异测序、孕妇外周血中胎儿游离 DNA 产前检测、全基因组测序（WGS）等。

（3）三代测序技术（third generation sequencing techniques），也称单分子测序技术。进行三代测试检测时，不需要经过 PCR 扩展，能够实现对每一条 DNA 分子的单独测序。

（二）间接诊断

连锁（linkage）是指同一条染色体上位置相邻的基因，常被一起遗传给后代而没有发生重组。连锁分析（linkage analysis）是利用连锁原理研究致病基因与参考位点的关系。常用的参考位点（遗传标记）有：短串联重复序列（short tandem repeats，STR）、单核苷酸多态性（SNP）、限制性酶切片段长度多态性（restriction fragment length polymerphism，RFLP）等。连锁分析是间接诊断，由于遗传标记信息有限、家系不完整、基因重组、突变等原因，存在无法提供诊断结果、准确性不如直接诊断高的缺点。但在某些特殊情况下，连锁分析是唯一能够提供相对准确的诊断信息的检测。

第四节　出生缺陷与遗传病防治展望

出生缺陷的预防不仅仅是发展中国家面对的课题，同时也是发达国家面临的课题，如何在全球一体化的背景下降低发展中国家的出生缺陷发生率，提高发展中国家的人口素质；如何将更多的诊断技术应用于临床实践，提高出生缺陷的检出率；如何提高遗传性罕见病的临床早期发现、早期诊断和早期治疗效率，降低患病儿童因病致残致愚的发生等，都是今后工作中需要思考和解决的问题。

一、孕前保健措施的发展

我国预防出生缺陷的工作起步于 20 世纪 80 年代初期，相对于发达国家起步较晚，但在发展中国家又处于领先的地位。1976 年北京协和医院孙念怙等开展了遗传病产前诊断，1980 年曾溢滔等开展了中国百万人群血红蛋白病调查，1986 年成立了中华医学会医学遗传学分会，同年肖坤则等开展全国出生缺陷调查，1988 年成立了“中国优生科学协会”，1994 年颁布了《中华人民共和国母婴保健法》，1996 年正式实施。2009 年我国提出的“优生促进工程”，即孕前保健与出生缺陷一级预防策略，旨在提高出生人口素质，强化预防出生缺陷，以此规范孕前保健工作，具体实施方案的内容包括优生咨询、孕前健康检查、营养指导等多个方面。但是，孕前保健服务在国内尚未系统开展，在内容、方法和流程上也未形成规范的模式。

实施孕前保健存在的主要困难为：①最需要孕前保健的人群，常为最难于获得相应服务的人群（社会弱势群体）；②服务机构提供的服务往往不规范；③对于很多高风险行为尚缺乏有效干预措施；④孕前检查和咨询经费尚不足；⑤健康促进效果不明显，夫妇双方对此投入不够；⑥孕前干预的有效性尚缺乏循证依据；⑦大部分工作人员缺乏孕前保健方面的培训。我国目前的孕前保健服务普及率低，尚处于起步阶段，未形成科学、规范的服务体系和流程，迫切需要政府支持和群众努力。

深化医改以来，国家先后实施了免费孕前优生健康检查、增补叶酸预防神经管缺陷、地中海贫血防控、贫困地区新生儿疾病筛查等项目，把儿童先天性心脏病等结构畸形纳入大病保障范畴。2018 年国家卫健委发布了《全国出生缺陷综合防治方案》，明确了近 5 年出生缺陷防治的工作目标、主要任务和保障措施，进一步加大经费投入、加强服务网络、人才队伍和科研信息支撑，以落实国家“十三五”规划纲要和《“健康中国 2030”规划纲要》。2017～2018 年，启动实施了全国出生缺陷防治人才培训项目，首批为 12 个省份培训 2400 名出生缺陷防治人才，着力解决人才短板的问题。国家对出生缺陷防治的高度重视和持续投入为防治工作的顺利开展奠定了基础。

二、降低出生缺陷，遗传咨询服务是关键

我国遗传咨询面临的问题主要有以下几个方面：遗传咨询政策缺失，专业机构缺乏；没有专业的遗传咨询师，技术人员不足；遗传咨询开展水平不一，地域分布不均；群众认知不足，科普教育薄弱等诸多问题，需要国家采取有效措施来解决。

我国目前尚未制定任何正式的遗传咨询相关政策及指导性文件，长期以来，没有独立的遗传咨询学科或科室，工作主要是在具有产前诊断资质的医院开展，而且是由普通临床医生兼任。通过调查，超过 1/3 的医院没有开展遗传咨询工作。而且，目前我国也没有专门的机构进行遗传咨询师的认证、考核及遗传咨询资料整理工作，导致遗传咨询人才培养机制不健全，在遗传及相关领域，如癌症风险预测等，均没有专业的遗传咨询师。对于传统医学教学而言，医学遗传学一直作为专业基础课讲授，没有相应的科室可以实习，造成医学毕业生忽视遗传咨询的重要性，内外妇儿等传统专业仍然是医学生心目中的就业标准。尽管基因科技日新月异，但难以被普通人理解，因此需要专业遗传咨询人员解读。

同时，我国遗传咨询工作开展得也极为不平衡。总体来说，经济发展好的地方优于经济滞后的地方；南方优于北方；东南沿海优于西部地区；大城市优于小城镇。咨询者得不到高质量甚至得不到咨询服务，致使遗传病患者出生率增加。遗传教育在我国的科

普教育中仍然非常薄弱，许多人对基因、遗传、传染、近亲等概念非常模糊，甚至混淆；有遗传病家族史或者遗传病亲属的人总是抱有侥幸心理，不能及时去医院就诊；许多老百姓对于遗传咨询一无所知，遗传病相应的知识匮乏。自愿婚检的男女比例不足30%，给遗传病的发生提供了可乘之机。

基于目前我国遗传咨询医师队伍建设中的问题，不少专家建议如下几点。①应加强对遗传咨询的专业性教育，规范遗传咨询服务，成立专门的遗传咨询中心，加强科普教育，提高公众对遗传咨询的认识。②应由专业的遗传咨询组织建立专业的遗传咨询师培训机构，设立遗传咨询师资格标准，规范考核流程，提高他们的职业水平，培养专业的遗传咨询师。遗传咨询师不仅要关注遗传知识和检测技术问题，还要对遗传咨询涉及的伦理问题有足够的认识，尤其是对于遗传咨询的心理支持和帮助作用。遗传咨询师在向患者解释发病机制或者实施产前诊断的告知时，要努力用通俗易懂的语言，把与疾病有关的所有信息全部告知咨询者或其家庭，使患者在知情的基础上自主选择和决策，减少遗传病带给患者及其家庭的痛苦。③强化行业自律，规范遗传咨询服务流程，建立合理的收费标准，对遗传咨询服务进行正确的定位，设立行业标准。提高遗传咨询行业的专业性、服务的规范性、提高受众的满意度，以此促进我国分子诊断技术的快速发展，加速新的遗传病检测技术的转化，降低我国出生缺陷率，促进公共卫生事业的发展。④在全国各个医疗机构成立专门的遗传咨询中心，满足各地区人民对遗传咨询的需求。遗传咨询室的设置应尽量与一般诊室分开，在有条件的医院里设立独立的遗传科和咨询室。在进行家系调查时要切记遵循保密原则，咨询时除必要的医护工作人员外，避免无关人员进入或旁听，切实做到尊重患者人格和保护个人隐私。⑤对人员进行合理调整并安排分工合作，更有效地提高咨询效率和质量。通过网络、报纸、电视等媒体，全方位普及遗传病的科普知识，使大众对遗传病家族史有清晰的了解，开展遗传咨询教育，开展能让公众参与的有影响力的活动，让老百姓真正了解遗传咨询，自愿接受婚前、孕前、产前，以及遗传病相关的咨询服务。

三、基因组学技术在出生缺陷中的应用

随着新一代高通量测序技术的发展和应用成本的降低，使其越来越普及化，也使得从基因检测的层面早期发现和预防出生缺陷成为可能。

1. 基因组学技术在出生缺陷一级预防中的应用

隐性遗传病的基因性状是隐性的，即只有纯合子时才显示症状。此种遗传病父母双方均为致病基因携带者，故多见于近亲婚配者的子女。子代有1/4的概率患病，子女患病概率均等。由于父母双方可以均为无症状携带者，因此其发病具有一定的隐蔽性。新一代的高通量测序技术可以实现几百万甚至上亿的基因片段进行同步的并行测序，具有极高的测序效率。特别是随着今年来测序成本的持续下降，使得通过大规模的基因筛查来预防危害严重的遗传性单基因病成为可能。这种高效率的基因检测技术成为现阶段一级预防体系的有力补充，极大降低了遗传性单基因病的发病率。

2. 基因组学技术在出生缺陷二级预防中的应用

1997 年，卢煜明教授等首次报道母血浆中存在胎儿游离 DNA（Lo et al.，1997）。目前无创基因检测胎儿染色体非整倍体技术已在美国、亚洲、中东和欧洲等国家和地区为传统唐氏综合征筛查高风险妊娠妇女提供检测（Dan et al.，2012）。中国通过大规模的临床应用，印证了基于母血中胎儿游离 DNA 的大规模并行测序技术的可靠性。由于无创基因检测胎儿染色体非整倍体极高的敏感度和极低的假阳性率，使其成为当前出生缺陷二级预防的重要手段。

由于近一半的原发性流产为遗传因素所引起，染色体非整倍体为最常见的原因，其次还有多倍体及染色体结构异常导致的流产。因此，通过基于新一代高通量测序技术的基因检测分析也可以实现对导致流产的遗传因素进行分析，其优势在于样本限制性小、不需要无菌样本等，同时能够分析一些微缺失和微重复导致的流产等。这种基因检测技术一方面实现对流产原因的分析，同时在夫妻双方间存在平衡易位的情况下实现对生育的指导。

3. 基因组学技术在出生缺陷三级预防中的应用

听力障碍是一类常见的遗传性出生缺陷，新生儿听力损失中约有 65%是由遗传因素所致。4 岁及以下的听力障碍患儿中遗传因素所致的比例达到 71%。目前已被发现和定位的耳聋基因有 200 多种，其中绝大多数是非综合征性耳聋。非综合征性耳聋又以隐性遗传为主，因此听力障碍患儿的出生具有一定的隐蔽性。特别是有相当一部分迟发型耳聋，如药物耳聋性基因和大前庭导水管综合征基因等会通过新生儿期的物理听力筛查。我们通过基因检测可以明确患者听力异常的原因，及早发现听力障碍或有听力障碍倾向的人群，及时采取措施进行干预，可以最大限度地避免对婴幼儿语言能力形成的影响或延迟听力障碍的发生。此外，通过对家族性耳聋基因进行明确诊断，可以评估今后的生育风险，避免听力障碍出生缺陷的再发生，从而达到一级预防的目的。

除了耳聋基因外，新生儿常见的遗传性出生缺陷，如新生儿遗传代谢性疾病、单基因病等，也可以通过基因分析达到早期发现、早期治疗和早期干预的目的。人类拥有 2 万多个基因，而目前已经明确的单基因病有 7000 多种，虽然单个的单基因病发病率并不高，如苯丙酮尿症人群发病率约为万分之一，但由于单基因病种类众多，因此单基因病的累计发病率高达 1%（WHO 的资料）。单基因病累计占婴儿死亡率的约 20%，占儿科住院率的 10%。对于致病原因明确的单基因病，通过基因检测可以确定病因，进而指导治疗和再生育时的产前预防。

各种由于染色体的微缺失和微重复导致的出生缺陷，也可以通过基因检测技术进行分析和明确病因，如新一代高通量测序技术、微阵列比较基因组杂交技术（array-CGH）等都具备了精确分析染色体缺陷的能力。

四、转化医学和精准医疗在出生缺陷防控中的应用

医学遗传学是应用遗传学的理论和方法，研究遗传因素在人类疾病的发生、流行、诊断、治疗和预防中的作用机制及其规律的学科。医学遗传学在形成发展过程中形成了

很多分支学科，它们利用不同的技术方法从不同侧面、不同层次对人类遗传病及其相关问题进行研究，为临床诊断和治疗奠定基础。医学遗传学是现代医学的重要组成部分，遗传病与出生缺陷防治是医学遗传学发展的首要任务，然而，将医学遗传学仅仅局限于遗传病与出生缺陷防治显然割裂了其同现代医学的联系，同时，也会阻碍这个学科的快速发展，削弱其在现代医学中的地位。

现代医学用各种新技术从分子水平阐明遗传病起因和发展规律，从而为遗传病的预防和治疗提供最佳方案，为彻底解决遗传病展示了光明前景。近年来，随着各种高通量技术（基因组学、蛋白质组学、表观遗传学等）的飞跃发展，转化医学（translational medicine）应运而生。转化医学旨在加强基础研究与临床医学之间更加紧密的联系，运用各种高技术对疾病发病机制展开研究，将基础研究的成果尽快转化为防止疾病发生和治疗的有效手段，而临床医学也可反过来进一步促进基础研究的发展。

转化医学研究为全面揭示基因与疾病的关系奠定了良好的基础，使未来的医疗更具个性化，形成了精准医疗（precision medicine）的概念。广义的“精准医疗”是指以基因组、蛋白质组、表型组和其他前沿技术为基础，对大样本人群与特定疾病进行生物标志物的分析、验证与应用，从而精确鉴定疾病原因和治疗靶点，同时对疾病不同状态和过程进行精确亚分类，最终实现对特定患者的个体化精准治疗。狭义的“精准医疗”是指根据个体的基因特征，结合个体的生活方式和环境因素的评估，从药物基因组学的角度对个体实施精准的药物治疗或干预，以提高安全性、有效性和经济性，最终实现为全社会提供“从实验室到病床”“从实验室到家庭和个人”的卫生与健康保障。2015 年 1 月 20 日，美国总统奥巴马在国情咨文中提出“精准医疗计划”，预算 2.15 亿美元，希望以此“引领一个医学时代”。精准医疗的实施无疑将会使医学遗传学同现代医学更加紧密地结合，加快在基因组层面对疾病的认识，并将最新最好的技术、知识和治疗方法提供给临床医生，使医生能够准确了解病因，针对性地用药，避免不必要的浪费，减少或避免药物治疗过程中的毒副作用，最终达到避免医疗费用的无效支出。

“人类基因组的完成正在动摇和改变整个医疗界，一场新的医疗革命正在到来。”中国科学院院士、上海交通大学贺林教授说，“要从根本上改变人类健康，需要遗传咨询作为桥梁，把影响治病的遗传因素挖掘出来，解释清楚，指导疾病的精确治疗。”2020 年开始实施的《中华人民共和国卫生健康促进法》，为进一步加强对保障全体公民健康权益的相关服务提供了法律保障，我们有理由憧憬遗传病与出生缺陷防治的发展，必将借助诊断技术水平的提高和个体化诊疗理念的付诸实施而达到前所未有的高度！

（章印红　张　杰）

参考文献

边旭明, 蒋宇林. 2018. 任重而道远: 我国产前筛查和产前诊断的发展历程. 中华围产医学杂志, 21(4): 224-227.

陆国辉, 徐湘民. 2007. 临床遗传咨询. 北京: 北京大学医学出版社.

Aldo P, You Y, Szigeti K, et al. 2016. HSV-2 enhances ZIKV infection of the placenta and induces apoptosis in first-trimester trophoblast cells. Am J Reprod Immunol, 76(5): 348-357.

Amin SS, Jalal SD, Ali KM, et al. 2020. Beta-thalassemia intermedia: A single thalassemia center experience from Northeastern Iraq. Biomed Res Int, 2020. 2807120.

Aref-Eshghi E, Bourque DK, Kerkhof J, et al. 2019. Genome-wide DNA methylation and RNA analyses enable reclassification of two variants of uncertain significance in a patient with clinical Kabuki syndrome. Hum Mutat, 40(10): 1684-1689.

Chen R, Ye H, Liu S, et al. 2019. Head and eye trauma before retinoblastoma diagnosis. Cancer Manag Res, 11: 10269-10274.

Cornejo-Olivas M, Inca-Martinez M, Castilhos RM, et al. 2020. Genetic analysis of hereditary ataxias in Peru identifies SCA10 families with incomplete penetrance. Cerebellum, 19(2): 208-215.

Dan S, Wang W, Ren J, et al. 2012. Clinical application of massively parallel sequencing-based prenatal noninvasive fetal trisomy test for trisomies 21 and 18 in 11, 105 pregnancies with mixed risk factors. PrenatDiagn, 32(13): 1225-1232.

Dixon M, Kancherla V, Magana T, et al. 2019. High potential for reducing folic acid-preventable spina bifida and anencephaly, and related stillbirth and child mortality, in Ethiopia. Birth Defects Res, 111(19): 1513-1519.

Dobbins GC, Patki A, Chen D, et al. 2019. Association of CMV genomic mutations with symptomatic infection and hearing loss in congenital CMV infection. BMC Infect Dis, 19(1): 1046.

Edwards L, Hui L. 2018. First and second trimester screening for fetal structural anomalies. Semin Fetal Neonatal Med, 23(2): 102-111.

Fenta DA. 2019. Seroprevalence of Toxoplasma gondii among pregnant women attending antenatal clinics at Hawassa University comprehensive specialized and Yirgalem General Hospitals, in Southern Ethiopia. BMC Infect Dis, 19(1): 1056.

Hanin G, Ferguson-Smith AC. 2020. The evolution of genomic imprinting: Epigenetic control of mammary gland development and postnatal resource control. Wiley Interdiscip Rev Syst Biol Med, 12(3): e1476.

Hayat A, Umair M, Abbas S, et al. 2020. Identification of a novel biallelic missense variant in the KIAA0825 underlies postaxial polydactyly type A. Genomics, 112(4): 2729-2733.

He J, Song W, Yang J, et al. 2017. Next-generation sequencing improves thalassemia carrier screening among premarital adults in a high prevalence population: The Dai nationality, China. Genet Med, 19(9): 1022-1031.

Khan MJ, Ullah A, Basit S. 2019. Genetic basis of polycystic ovary syndrome (PCOS): Current perspectives. Appl Clin Genet, 12: 249-260.

Liu C, Zhang X, Wang J, et al. 2019. Genetic testing for Prader-Willi syndrome and Angelman syndrome in the clinical practice of Guangdong Province, China. Mol Cytogenet, 12: 7.

Lo YM, Corbetta N, Chamberlain PF, et al. 1997. Presence of fetal DNA inmaternal plasma and serum. Lancet, 350(9076): 485-487.

Molloy AM, Mills JL. 2018. Fortifying food with folic acid to prevent neural tube defects: Are we now where we ought to be? Am J Clin Nutr, 107(6): 857-858.

Niktabar SM, Aarafi H, Dastgheib SA, et al. 2019. Association of MTHFR 1298A>C polymorphism with susceptibility to non-syndromic cleft lip with or without palate: A case-control study and Meta-analysis. Fetal Pediatr Pathol, 1-17. DOI: 10.1080/15513815.2019.1683918.

Sánchez N, Hernández M, Cruz JP, et al. 2019. Phenotypic spectrum of neonatal CHARGE syndrome. Rev Chil Pediatr, 90(5): 533-538.

Seo K, Lchizake K, Okai T, et al. 2019. Treatment of twin-reversed arterial perfusing sequence using high-intensity focased altrasound. Ultrasound Okstet Gynecol, 54(1): 128-134.

Song Y, Liu C, Qi H, et al. 2013. Noninvasive prenatal testing of fetal aneuploidies by massively parallel sequencing in a prospective Chinese population. Prenat Diagn, 33(9): 700-706.

Tanaka T, Kobunai T, Yamamoto Y, et al. 2020. Assessment of the changes in mitochondrial gene polymorphism in ulcerative colitis and the etiology of ulcerative colitis-associated colorectal cancer. Anticancer Res, 40(1): 101-107.

Taylor-Phillips S, Freeman K, Geppert J, et al. 2016. Accuracy of non-invasive prenatal testing using cell-free DNA for detection of Down, Edwards and Patau syndromes: a systematic review and meta-analysis. BMJ Open, 6(1): e010002.

Vásquez Sotomayor F, Abarca-Barriga HH. 2019. Homozygous deletion of the CFTR gene caused by interstitial maternal isodisomy in a peruvian child with cystic fibrosis. J Pediatr Genet, 8(3): 147-152.

Wang X, Gao L, Shen N, et al. 2019. Mutation of factor IX Cys178 is intolerant and may cause severe hemophilia B. Thromb Res, 183: 108-110.

Wang X, Wang D, Liu J, et al. 2020. A novel CpG-methylation-based nomogram predicts survival in colorectal cancer. Epigenetics, 1-15. DOI: 10.1080/15592294.2020.1762368.

Wyant KJ, Ridder AJ, Dayalu P. 2017. Huntington's disease-update on treatments. Curr Neurol Neurosci Rep, 17(4): 33.

第四章 人类染色体总论

染色体（chromosome）是真核细胞中遗传物质的载体，由于容易被碱性染料染色而得名。真核细胞生物的遗传物质在细胞分裂间期以染色质的形式存在于细胞核，在细胞分裂期则以染色体的形式存在。染色体和染色质均由 DNA 和组蛋白等构成，是人类基因组经过螺旋组装以后高度浓缩的产物，是遗传物质在细胞周期不同阶段表现出的不同形态。

1956 年，蒋有兴（Tjio）和 Leven 用美籍华人科学家徐道觉发明的低渗处理染色体制备技术（Tjio and Levan，2010），证明了人类染色体的数目为 46 条。1959 年 Lejeune 揭示了唐氏综合征患者比正常人多了一条第 21 号染色体，为 21 三体综合征。1960 年，Nowell 发现了慢性粒细胞白血病中最常见的染色体异常，命名为费城染色体（Nowell，2002）。20 世纪六七十年代染色体显带技术的发展使人类染色体结构畸变的检测变为可能。80 年代后，分子遗传学快速发展起来，并与细胞遗传学相互融合，相互促进，形成分子细胞遗传学，对染色体的认识，也由亚显微水平逐渐深入到分子水平，分子细胞遗传学已经成为临床遗传学的重要内容。我国的医学遗传学专业从业者，自 20 世纪六七十年代开始，就不断参与技术创新，在国内引进和推广医学遗传学新技术，为我国的染色体病的诊断和防控与国际接轨贡献了自己的力量（杜传书等，1983）。

第一节 人类染色体

一、染色体核型

正常的人类细胞中含有 46 条共 23 对染色体，一半来自父亲，一半来自母亲。其中第 1～22 号染色体为常染色体（autosome）；第 23 对为性染色体（sex chromosome），女性为 XX（图 4-1A），男性为 XY（图 4-1B）。

染色体在分裂期可以被观察到，形态结构比较稳定，一般所描述的染色体的形态结构都是分裂中期的染色体。核型（karyotype）是一个细胞在分裂中期的染色体组成的按一定规律排列的模式图，包括染色体的数目、大小和形态特征等信息。如果将成对的染色体按形状、大小依顺序排列起来称为核型图（karyogram），而染色体组型（idiogram）通常是指核型的模式图，代表一个物种染色体的模式特征。核型分析对于探讨人类遗传病的机制、物种亲缘关系与进化、远源杂种的鉴定等具有重要意义。从图 4-2 的染色体核型图中可见染色体的常见结构。

（1）着丝粒（centromere）。着丝粒又称为主缢痕（primary constriction），是一条染色体上着色较浅、较细的部位，是细胞分裂时纺锤丝的结合部位。根据着丝粒的位置不同，把人类染色体分为三种类型：①中着丝粒染色体（metacentric chromosome），着丝

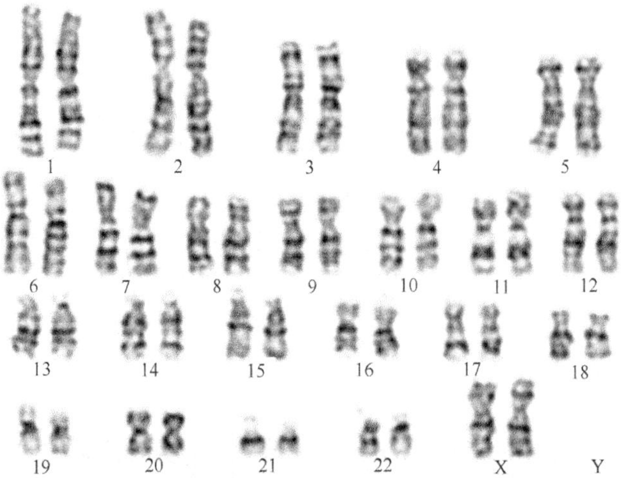

A 正常女性染色体核型：46,XX

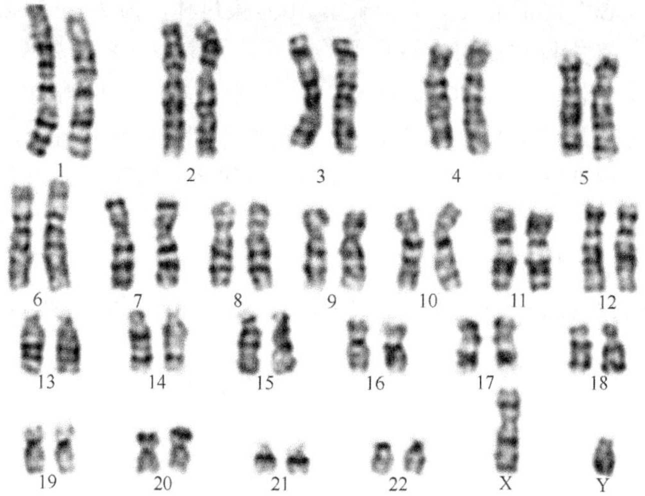

B 正常男性染色体核型：46,XY

图 4-1 人类染色体核型

粒位于染色体的中央附近；②亚中着丝粒染色体（submetacentric chromosome），着丝粒位置偏离染色体中央但未到端部；③近端着丝粒染色体（acrocentric chromosome），着丝粒接近染色体的末端。

（2）短臂。着丝粒到端部较短的一侧，为染色体的短臂，用 p 表示。

（3）长臂。着丝粒到端部较长的一侧，为染色体的长臂，用 q 表示。

（4）随体。D 组和 G 组染色体短臂末端存在的球形结构。

（5）次缢痕（secondary constriction）。人类的第 1、第 3、第 9、第 16、第 19 号和 Y 等染色体存在的除着丝粒以外的缢缩结构。

二、染色体是浓缩的人类基因组

人类基因组是人类全部基因组成的总和。包括核基因组和线粒体基因组两个部分，

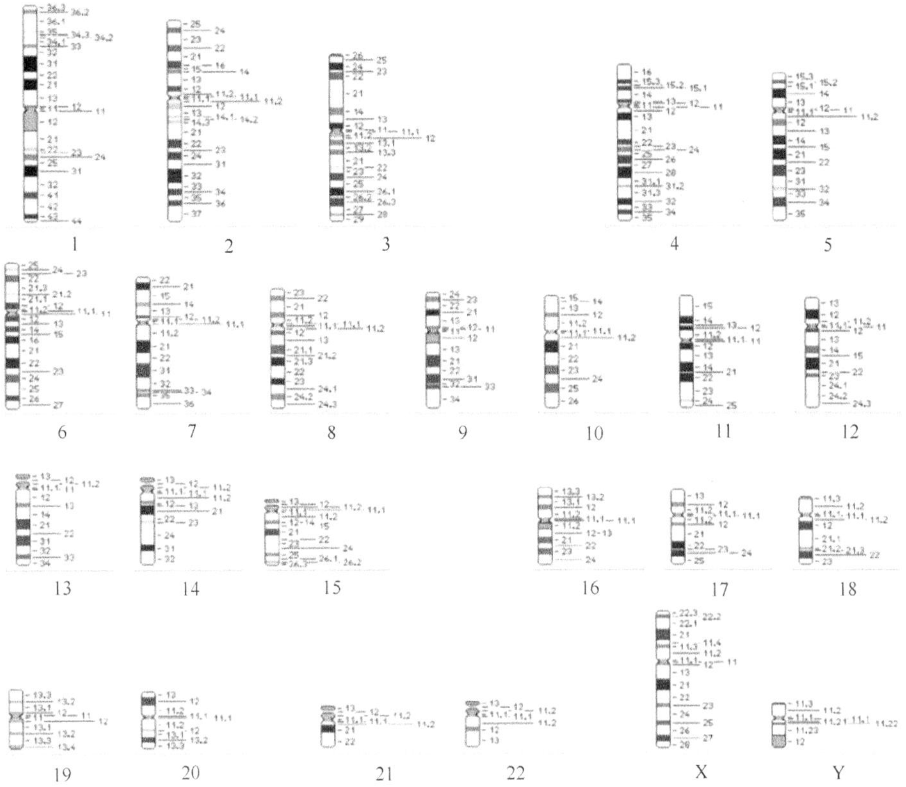

图 4-2　人类染色体 G 带模式图

通常所说的人类基因组，指的是核基因组。人类基因组由 3.28×10^{9} 个碱基对，约 25 000 个基因构成，一共分成 24 种不同的线性大分子，每一个线性分子高度浓缩后即形成一条人类染色体。

人类作为自然界的一个物种，和其他物种一样，其基因组上的遗传信息对人类的所有生命活动进行“总指挥”，人由一个受精卵细胞分裂分化、生长发育、生老病死的全过程都受到这些遗传信息的控制。人类是多细胞生物，人体的所有细胞均来源于一个受精卵，是受精卵不断分裂分化的结果，正常情况下，人体的每个有核细胞都有一套完整的遗传物质。

在第二章中已经知道组成 DNA 分子的基本单位是脱氧核苷酸，每个脱氧核苷酸由磷酸、脱氧核糖和含氮碱基组成。脱氧核苷酸上的碱基可以分为 4 种：腺嘌呤（A）、鸟嘌呤（G）、胞嘧啶（C）和胸腺嘧啶（T），因为碱基的不同，可以构成 4 种不同的脱氧核苷酸，即脱氧腺嘌呤核苷酸、脱氧鸟嘌呤核苷酸、脱氧胞嘧啶核苷酸和脱氧胸腺嘧啶核苷酸，4 种不同的脱氧核苷酸构成了 DNA 链，人类基因组的全部遗传信息存储于 4 种脱氧核苷酸的排列顺序中，这就是人类基因的一级结构。通过 2003 年完成的人类基因组计划（Dulbecco，1986），我们对人类基因组的一级结构有了较为完整的认识。

从人类基因组的视角来看人类染色体，就容易理解一条染色体是共存排列在 DNA 大分子上若干基因的一个连锁群，染色体畸变导致基因组的改变，最终产生对应的染色体病表型。

三、染色体的正常变异

根据在分裂期和间期的染色特性不同，把染色质分为常染色质和异染色质。常染色质在间期核中分布较稀疏，染色浅，其中包含大量功能基因，是基因组中转录活跃的部分，一般位于核中央；在分裂期，位于染色体臂。异染色质是呈凝集状态的 DNA 与组蛋白的复合物，由于螺旋化程度高，又称为浓缩染色质，一般位于核内膜的边缘，形成一薄圈，即称周围染色质；主要位于染色体的着丝粒、次缢痕、端粒等位置，间期和分裂期都深染，基本无功能基因。

染色体上的异染色质区域，经常出现变异。变异是指正常人群中染色体片段的大小或染色体带纹的差异。以下是三种较为常见的染色体正常变异。

（一）长度的变异

长度的正常变异通过异染色质片段（heterochromatin segment，h）、随体柄（stalks，stk）或随体（satellite，s）对应的符号 h、stk、s 之后加上“+”或“–”号来描述，也以此和由于其他结构异常导致的染色体臂的长度变化加以区分。

16qh+　16 号染色体长臂的异染色质区长度的增加。

Yqh–　Y 染色体长臂异染色质区长度的减少。

21ps+　21 号染色体短臂的随体长度增加。

22pstk+　22 号染色体短臂的随体柄长度增加。

13cenh+pat　13 号染色体的着丝粒异染色质区长度增加，父系遗传。

1qh–，13cenh+，22ps+　1 号染色体长臂异染色质区长度减少，13 号染色体着丝粒的异染色质区长度增加，以及 22 号染色体短臂随体长度增加。

15cenh+mat 15ps+pat　15 号染色体着丝粒异染色质区长度增加，母系遗传，以及 15 号染色体随体长度增加，父系遗传。

14cenh+pstk+ps+　同一条 14 号染色体着丝粒异染色质区、短臂的随体柄和随体长度都增加。

（二）数目和位置的变异

上述命名符号亦可用于描述异染色质区、随体柄和随体的位置变异。

17ps　17 号染色体短臂出现随体。

Yqs　Y 染色体长臂出现随体。

9phqh　9 号染色体长臂和短臂出现异染色质。

9ph　9 号染色体短臂出现异染色质。

1q41h　1 号染色体长臂 4 区 1 带出现异染色质。

重复的染色体结构可通过重复写相应结构的符号来描述。

21pss　21 号染色体短臂出现双随体。

14pstkstk　14 号染色体短臂出现双随体柄。

相对而言，普通人群的倒位多态由其常染色体的断裂位点来描述。

inv(9)(p12q13)　9 号染色体的臂间倒位。

inv(2)(p11.2q13)　2 号染色体的臂间倒位。

（三）脆性位点

除了 fra(X)(q27.3)脆性位点可以明确导致脆性 X 综合征，多数染色体脆性位点并没有明确的临床表现和致病作用。脆性位点和染色体上特定的带相关，可以以正常变异的形式存在而不出现表型的变异。脆性部位以共显性孟德尔方式遗传并且可产生如缺失、多辐射型和无着丝粒片段等染色体畸变。尽管在含有不同成分的培养基中培养细胞可产生不同类型的脆性位点，这些位点都可以用同一命名法来描述。

fra(10)(q25.2)　脆性位点位于 10 号染色体 q25.2。

fra(10)(q22.1),fra(10)(q25.2)　两个脆性位点位于同一个 10 号染色体上。

fra(10)(q22.1),fra(10)(q25.2)　两个脆性位点分别位于 10 号染色体的两个同源染色体上。

fra(10)(q25.2),fra(16)(q22.1)　两个脆性位点位于不同染色体上。

四、人类染色体的研究方法

（一）染色体标本的制作原理

对正在分裂的细胞使用秋水仙碱（又称秋水仙素），可破坏纺锤丝的形成而将细胞阻留在有丝分裂中期，此时通过低渗、固定、滴片、显带和镜检等步骤，完成人类染色体的数量和结构异常的分析。

（二）染色体研究的基本步骤

研究材料的获取：要根据染色体研究目的来选择不同的细胞材料，研究的细胞类型可以不同，但只有分裂旺盛的活细胞才能用来进行染色体研究。常用的染色体研究材料为外周血，但外周血中的淋巴细胞，需要在植物血凝集素（PHA）等分裂素的刺激下，才能获得分裂能力。胎儿细胞遗传学产前诊断可采集胎儿羊水、绒毛或脐带血样本。肿瘤细胞遗传学检测则需要采集肿瘤组织本身，肿瘤组织细胞一般具有足够的分裂能力，可以直接培养后进行染色体制备，如白血病患者一般采用骨髓组织来分析染色体。

染色体的制备：在培养物中加入 0.05μg/ml 的秋水仙碱，继续培养 2h 后收获细胞。用 0.57%KCl 溶液低渗细胞使细胞吸水膨胀，然后采用新鲜配制的卡诺氏固定液（甲醇∶冰乙酸体积比 3∶1）固定细胞，制成细胞悬液并滴在玻片上使染色体分散开来，用于显带和核型分析。

第二节　人类细胞遗传学国际命名体制

为了规范化地描述染色体畸变，国际人类染色体命名委员会发表了人类细胞遗传学国际命名体制，是全世界细胞遗传学者工作的通用标准。1977 年，国际人类细胞遗传学命名委员会制定了“人类细胞遗传学国际命名体制”（An International System for Human Cytogenetics Nomenclature，ISCN）的第一版（Schreck，1978），形成了第一个人类细胞遗传学命名的完整体系。随着技术的发展，在这个体系的基础上，不断添加内容，更新为新的版本：ISCN（1981）主要增加了高分辨染色体的内容（Listed，1981）；ISCN（1985）又做了一些修订（ISCN，1985）；ISCN（1995）增加了原位杂交技术和肿瘤细胞遗传学的内容；ISCN（2005）修订原位杂交技术等内容，增加了比较基因组杂交的记录方法等。ISCN（2009）再次修订，增加多重连接探针扩增技术（multiplex ligation-dependent probe amplification，MLPA）结果的命名法（Willatt et al.，2009）。最新版 ISCN 于 2016 年出版。

一、非显带技术的染色体

在核型图的组成中，常染色体依照长度递减的顺序用数字 1～22 编号（唯一的例外是 21 号染色体比 22 号染色体短），性染色体用 X 和 Y 表示。

当用非显带技术染色时，依照染色体大小递减的顺序和着丝粒的位置，可将其分为 7 个容易区别的染色体组（A～G）。

A 组（1～3）：大的中着丝粒染色体，根据大小和着丝粒的位置彼此易于区别。

B 组（4～5）：大的亚中着丝粒染色体。

C 组（6～12,X）：中等大小的亚中着丝粒染色体，X 染色体代表了这组染色体中较长的染色体。

D 组（13～15）：中等大小的带有随体的近端着丝粒染色体。

E 组（16～18）：短的中着丝粒和亚中着丝粒染色体。

F 组（19～20）：短的中着丝粒染色体。

G 组（21～22,Y）：短的带随体的近端着丝粒染色体，Y 染色体无随体。

二、显带技术的染色体

显带技术是对染色体通过物理化学因素处理后染色，使其呈现特定的深浅不同的带纹（band）的方法。显带技术一般分为两大类：产生整条染色体带的方法，如 G、Q、R 显带方法，还有显示特殊染色体结构的 C 显带和 T 显带等方法。染色体分析和命名则按照《人类细胞遗传学国际命名体制》来进行。

（1）Q 显带：1968 年瑞典细胞化学家 Caspersson 等首次应用荧光染料氮芥喹吖因（quinacrine mustard，QM）处理染色体（Caspersson et al.，1970），在荧光显微镜下沿其长轴可显示出宽窄和亮度不同的横纹带，称为 Q 显带。

（2）G 显带：染色体标本经过盐溶液、碱、热、胰酶或蛋白酶等处理后，再用吉姆萨（Giemsa）染料染色，显示出的带纹称为 G 显带（Patil et al.，1971）。G 显带是临床上最常使用的显带技术。

（3）R 显带：所显示的明暗（或深浅）带纹恰与 Q 显带（或 G 显带）相反，故也称为反带，即 R 带。用这种方法染色后可使染色体末端着色特深，对测定染色体长度、末端区域结构改变、研究缺失或其他染色体重排的识别上非常有利（Dutrillaux and Lejeune，1971）。

（4）C 显带：显示染色体的着丝粒以及第 1、第 9、第 16 号与 Y 染色体长臂的结构异染色质区的带型。

（5）T 显带：显示染色体端粒、核仁组织者区（NORs）。

显带技术名词缩写的规则：首字母表示带型，第二个字母表示染色技术，第三个字母表示染色剂，常见的显带技术见表 4-1。

表 4-1 常用显带技术名词缩写

名词缩写	显带技术
Q	Q-带
QF	荧光（fluorescence）Q-带
QFQ	喹吖因（quinacrine）荧光 Q-带
QFH	烟酸己可碱（hoechst）33258 Q-带
G	G-带
GT	胰酶（trypsin） G-带
GTG	胰酶（trypsin）-吉姆萨（Giemsa）G-带
GTW	胰酶（trypsin）-Wright G-带
GAG	乙酸盐（acetic saline）-吉姆萨（Giemsa）G-带
C	C-带
CB	氢氧化钡 C-带
CBG	氢氧化钡-吉姆萨 C-带
R	R-带
RF	荧光 R-带
RFA	吖啶橙（acridine orange）荧光 R-带
RH	加热 R-带
RHG	加热-吉姆萨 R-带
RB	BrdU R-带
RBG	BrdU-吉姆萨 R-带
RBA	BrdU-吖啶橙 R-带
DA-DAPI	distamycin A 和 4'-6-diamidino-2-phenylindole DA-DAPI 带

三、显带的分子基础

染色体显带反映了调节 DNA 复制、修复、转录和遗传重组的基因组功能结构。这些带容量很大，每带含 5～10Mb 的 DNA，包含数百个基因。显带方法的分子基础涉及核苷酸碱基组成、相关蛋白质和基因组功能结构。一般而言，吉姆萨阳性显带（G 深带、R 浅带）富含 AT，复制较迟，基因较少；吉姆萨阴性显带（G 浅带、R 深带）富含 CG，复制较早，基因较多。

着丝粒 DNA 和近中着丝粒异染色质包含α重复 DNA 和α重复卫星 DNA 的各家族，可通过 C 显带明显地显示出来。端粒由串联的 6 个核苷酸微卫星重复单位 TTAGGG 组成，长达 5～20kb，可被 T 显带深染。5.8S rRNA、18S rRNA 和 28S rRNA 基因聚集在一起，包含每个基因的 40 个拷贝，位于近端着丝粒染色体短臂上的核仁组织区，可被银染色显示。

四、染色体的区、带、亚带命名

一般沿着染色体的臂从着丝粒开始向远端连续地标记区和带。p 和 q 分别用于表示染色体的短臂和长臂，着丝粒区定义为 10，向着短臂的部分称为 p10，面向长臂的部分称为 q10。每条臂上与着丝粒相连的部分定义为 1，稍远的区定义为 2，依次类推。作为界标的带一般认为属于该界标远端的区，并且该带常被标定为该区的 1 号带。

在定义一个特定的带时，需要 4 个条件：①染色体号；②臂的符号；③区号；④该带在所属区的带号。这些条件需要连续列出，中间不要有空格和间断，如 1p31 表示 1 号染色体短臂 3 区 1 带。

亚带的命名，举例说明，如图 4-3 所示，1p31 再分为 3 条相等或者不相等的亚带，亚带被命名为 1p31.1、1p32.2 和 1p31.3，1p31.1 靠近着丝粒，1p31.3 远离着丝粒，如果亚带再予以分割，则只附加数字，中间不插入标记，如 1p31.1 可进一步分割为 1p31.11、1p31.12 等，尽管在理论上，一条带任何时候可分割任意数目的新带，但通常一条带只分割为三条亚带。

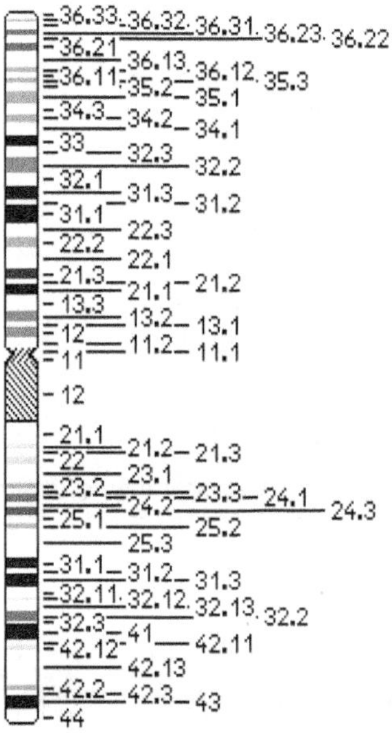

图 4-3　染色体区、带示意图

五、染色体核型描述常用的符号和简写术语

染色体核型的命名，主要通过 ISCN 的标准，采用一系列的数字、符号和术语进行描述。常用的命名符号和术语见表 4-2。

表 4-2　常用的染色体和染色体畸变命名符号和术语

符号和简写	意义
add	额外增加的未知来源的遗传物质
arr	微阵列基因芯片技术
[　]方括号	分析的细胞数目
cen	着丝粒
cgh	比较基因组杂交技术
chi	异源嵌合体
chr	染色体
,（逗号）	区分染色体数目、性染色体和染色体畸变
del	染色体片段的缺失
der	衍生染色体
dn（de novo）	非遗传来的，新发生的（突变）
dup	染色体片段的重复
fra	脆性位点
h	结构异染色质
i	等臂染色体
ins	插入染色体的片段
inv	倒位
ish	原位杂交技术
mar	标记染色体（不明来源的染色体）
mat	母系来源
－（减号）	丢失
mlpa	多重连接依赖探针扩增
mos	同源嵌合体
×（乘号）	染色体（或区域）的拷贝数
p	染色体短臂
（ ）（括号）	括号内为结构重排染色体或断裂位点
mat	父系来源
Ph	费城染色体
+（加号）	获得
ps	染色体短臂上的随体
q	染色体长臂
qs	染色体长臂上的随体
?（问号）	对某一染色体或染色体结构的疑问
r	环状染色体
rob	罗伯逊易位
s	随体
;（分号）	涉及一条以上的染色体结构重排中，用来分开各有关染色体和断裂点
/（斜线）	用于分开同一个体中不同细胞的核型
//（双斜线）	用于分开受体（前）与供体（后）的核型
t	易位
tel	端粒
ter	末端（染色体末端）或端粒
wcp	全染色体涂染

核型的描述有简式和繁式。一般使用的为简式的核型描述。举例如下，

简式描述：46,XX,der(1)t(1;11)(p32;q13)t(1;3)(q25;q21)

繁式描述：46,XX,der(1)(11qter→11q13::1p32→1q25::3q21→3qter)

解释：女性核型，携带由两次易位产生的 1 号衍生染色体。一处易位的断裂位点在 1p32 和 11q13，另一处断裂位点在 1q25 和 3q21。繁式体系所描述的 1 号衍生染色体按照 1 号染色体的短臂向长臂方向描述。

在描述核型时，首先记录全部染色体数目，接着使用,（逗号），随后是性染色体，如正常女性描述为：46,XX，正常男性描述为：46,XY。如果描述的染色体异常，最先写出性染色体的异常，常染色体异常则依照染色体编号顺序描述，编号小的染色体先描述，不同的异常用逗号（,）分开，不同的异常使用专用的符号和简写来表示（表 4-2）。注意使用符号“+”或“–”在正常染色体或者异常染色体名称之前用于表示增加或缺失该染色体，如+21,–7,+der(2)，以及置于染色体长臂（q）或短臂（p）后的符号“+”或“–”用于表示染色体臂的增加或减少（如 4p+、5q–），但是核型的描述中不能使用，只能在文字描述时使用。

以下为常用的染色体命名举例：

46,XX　正常女性核型。

46,XY　正常男性核型。

45,X　只有一条 X 染色体的核型（特纳综合征）。

47,XXY　有两条 X 染色体和一条 Y 染色体的核型（克氏综合征）。

47,XXX　含有三条 X 染色体的核型（超雌综合征）。

47,XYY　含一条 X 染色体和两条 Y 染色体的核型（超雄综合征）。

mos47,XXY[10]/46,XY[20]　一种同源嵌合核型，其中一种细胞系含有两个 X 染色体和一个 Y 染色体，发现 10 个细胞；另一细胞系为正常的男性核型，含有一条 X 染色体和一条 Y 染色体，发现 20 个细胞。

性染色体本身的异常不用“+”或“–”予以表示。获得的性染色体畸变（如肿瘤细胞中）可用“+”或“–”号表示如下：

肿瘤核型：47,XX,+X　女性肿瘤核型，有一条附加的 X 染色体。

在一个本身具有性染色体畸变的个体中，如果又有获得性畸变，则可通过在自身畸变的描述之后写上字母 c 予以区别，在第十一章第三节中将有更详细的解释。

47,XX,+21　女性 21 三体综合征核型。

46,XX,inv(3)(q21q26.2)　女性核型，有一条 3 号染色体长臂臂内倒位。

46,Y,t(X;8)(p22.3;q24.1)　男性核型，X 和 8 号染色体发生平衡易位。注意，正常的性染色体要列在前面（在本例中为 Y）。

46,XY,der(1)t(1;3)(p22;q13.1)　男性核型，1 号衍生染色体代替了一条正常的 1 号染色体，但是没有必要表示 1 号染色体丢失，从核型的描述中可知该核型包括一条正常的 1 号染色体和 2 条正常的 3 号染色体。

46,XX,ins(1;?)(p22;?) 女性核型，未知来源的物质插入 1 号染色体的 1p22，同源的 1 号染色体正常。

45,XY,–10,der(10),t(10;17)(q22;p12) 10 号衍生染色体代替了一条正常的 10 号染色体，同源的 10 号染色体丢失，这种情况下，丢失的 10 号染色体应标出。

46,XX,add(19)(p13.3)或者 46,XX,add(19)(?::p13.3→qter) 女性核型，额外的染色体片段附着于 19p13.3，但是附加片段的来源和重排类型都未知。

46,XX,der(5)add(5)(p15.3)add(5)(q23)或者 46,XX,der(5)(?::p15.3→q23::?) 女性核型，未知来源的片段分别附着于 5p15.3 和 5q23，并取代了短臂的 5p15.3→5pter 片段和长臂的 5q23→qter 片段。

46,XX,del(5)(q13)或者 46,XX,del(5)(pter→q13:) 女性核型，5q13 处断裂的末端缺失。剩下的染色体由完整的 5 号染色体短臂和着丝粒→5q13 的部分长臂组成。

46,Y,del(X)(p21p21) 男性核型，Xp21 中的小片段缺失。

衍生染色体（der）是一种由包括两条或两条以上染色体的重排或者是由一条染色体内的多种畸变而产生的结构重排的染色体，该术语常用于表示具有完整着丝粒的染色体。

46,XX,der(1)t(1;3)(p22;q13.1)或者 46,XX,der(1)(3qter→3q13.1::1p22→1qter) 由 3 号染色体 3q13.1 远端的片段和 1 号染色体 1p22 处相连组成的 1 号衍生染色体，1 号衍生染色体代替了正常的 1 号染色体，但没有必要把丢失的染色体表示出来（见第九章第一节），该核型有两条正常的 3 号染色体，由于 1p22-pter 片段的丢失以及 3q13.1-qter 的获得，所以该核型是非平衡的。

46,XX,ider(22)(q10)t(9;22)(q34;q11.2)或者 46,XX,ider(22)(9qter→9q34::22q11.2→22q10::22q10→22q11.2::9q34→9qter) 女性核型，22 号衍生染色体的长臂是由 t(9;22)而产生的等臂染色体，即 t(9;22)产生的费城染色体长臂的等臂染色体。

46,XX,dup(1)(q22q25)或者 46,XX,dup(1)(pter→q25::q22→qter) 女性核型，携带 1q22 和 1q25 带中的片段的正向重复。

46,Y,fra(X)(q27.3) 男性核型，X 染色体 q27.3 有一脆性部位。

46,XX,ins(2)(p13q21q31) 或者 46,XX,ins(2)(pter→p13::q31→q21::p13→q21::q31→qter) 女性核型，2q21 和 2q31 之间的长臂片段插入到短臂的 2p13。插入片段的原始方向在新位点上予以保留，即 2q21 比 2q31 离着丝粒更近。

46,XY,ins(2)(p13q31q21)或者 46,XY,ins(2)(pter→p13::q21→q31::p13→q21::q31→qter) 反向插入，如 inv ins(2)(p13q31q21)。插入片段和位置与上例相同，但是插入片段的原始方向在新位点上发生了倒位（相对着丝粒的位置而言），即 2q21 比 2q31 离着丝粒更远。

46,XX,ins(5;2)(p14;q22q32)或者 46,XX,ins(5;2)(5pter→5p14::2q32→2q22::5p14→5qter;2pter→2q22::2q32→2qter) 正向插入，即 dir ins(5;2)(p14;q22q32)，长臂的 2q22 和 2q32 之间的片段插入 5 号染色体的短臂上 5p14，插入片段在其新位置上保持原来的方向性，即 2q22 比 2q32 近于着丝粒。注意先标注受体染色体。

46,XX,inv(3)(q21q26.2)或者 46,XX,inv(3)(pter→q21::q26.2→q21::q26.2→qter) 臂内倒位，断裂和重接发生于 3q21 和 3q26.2。

46,XY,inv(3)(p13q21)或者 46,XY,inv(pter→p13::q21→p13::q21→qter) 臂间倒位，断裂和重接发生于 3p13 和 3q21。

46,XX,i(17)(q10)或者 46,XX,i(17)(qter→q10::q10→qter) 等臂染色体的断裂点位于 17q10，只有一条正常的 17 号染色体，简式描写 i(17q)可用于文中描述等臂染色体。

46,X,i(X)(q10)或者 46,X,i(X)(qter→q10::q10→qter) 一条正常的 X 染色体和一条长臂具有等臂染色体的 X 染色体。

47,XX,+mar 女性核型，携带一条附加的标记染色体，不明来源。

46,XX,r(7)(p22q36)或者 46,XX,r(7)(::p22→q36::) 女性核型，环状染色体，断裂和重接发生于 7p22 和 7q36，这些断裂点的远端已缺失了。

50,XX,+1,+3,+8,+r

51,XY,+1,+3,+8,+r,+mar 在符号 r 之后可写上阿拉伯数字来表示不同的环状染色体，如 r1、r2 等；在相应的环状染色体前写上相应的数字来表示未鉴定的环状染色体的数目，如 5r。

46,XY,t(2;5)(q21;q31)或者 46,XY,t(2;5)(2pter→2q21::5q31→5qter;5pter→5q31::2q21→2qter) 男性核型，第 2 号染色体与第 5 号染色体的平衡易位。断裂和重接发生于 2q21 和 5p31，这些断裂的远端片段已发生了互换。

46,X,t(X;22;1)(q24;q11.2;p33)或者 46,X,t(X;22;1)(Xpter→Xq24::1p33→1pter;22pter→22q11.2::Xq24→Xqter;22qer→22q11.2::1p33→1qter) 女性核型，携带有 X、1 号和 22 号三条染色体的易位。一条 X 染色体 Xq24 的远端片段易位于 22 号染色体的 22q11.2、22q11.2 的远端片段易位于 1 号染色体的 1p33、1p33 的远端片段易位于 X 染色体的 Xq24。

46,XY,t(1;3)(p10;q10)或者 46,XY,t(1;3)(1pter→1p10::3q10→3qter;3pter→3p10::1q10→1qter) 男性核型，由 1 号染色体的短臂和 3 号染色体的长臂，以及 1 号染色体的长臂和 3 号染色体的短臂分别在着丝粒区相融合而产生的相互的整臂易位。

45,XX,der(13;21)(q10;q10)或者 45,XX,rob(13;21)(q10;q10) 女性核型，断裂和重接发生于 13 号和 21 号染色体着丝粒的 13q10 和 21q10。因为该衍生染色体已代替了正常的 13 号和 21 号染色体，所以没有必要予以标明。该核型包括一条正常的 13 号染色体，一条正常的 21 号染色体，以及一条 der(13;21)，导致的不平衡是 13 号染色体短臂和 21 号染色体短臂的丢失。

46,XX,der(13;21)(q10;q10),+21 或者 46,XX,rob(13;21)(q10;q10),+21 女性易位型唐氏综合征核型，由 13 号染色体和 21 号染色体的长臂组成的衍生染色体代替了一条正常的 13 号和 21 号染色体。但是，却有两条正常的 21 号染色体，即由于 der(13;21)

产生的 21 号染色体丢失，还有一条附加的 21 号染色体。因此，该获得性染色体可用+21 表示，该核型包括一条正常的 13 号染色体，两条正常的 21 号染色体，导致的不平衡是 13 号染色体短臂的单体以及 21 号染色体长臂的三体。

肿瘤细胞核型：49,XX,t(2 ;13)(q37;q14),+18c,+18,+mar[3]/47,XX,+18c[17]　女性肿瘤细胞核型，一个克隆（计数了 3 个细胞）仅含有组成性 18 号三体畸变，另一克隆（计数了 17 个细胞）含有获得性畸变并有一条附加的 18 号染色体。具有 49 条染色体的克隆含有 4 条 18 号染色体。仅有 18 号三体畸变的克隆被列于最后。

第三节　人类染色体的遗传

真核生物的遗传物质通过染色体这种载体形式，在细胞分裂过程中由亲代细胞均衡地传递到子代细胞。人类染色体异常情况的发生与细胞分裂密切相关。细胞分裂分为有丝分裂和减数分裂两种类型，体细胞的增殖通过有丝分裂进行，而减数分裂则形成生殖细胞。亲代细胞在有丝分裂之前先进行 DNA 复制，然后再将遗传物质平均地分裂到两个子细胞，所以人类染色体在细胞分裂后形成的子代细胞中保持二倍体不变。

减数分裂是有丝分裂的一种特殊类型，在减数分裂中，DNA 复制一次，细胞分裂两次，亲代细胞中染色体数目由 $2n$ 减半，形成单倍体（n）的生殖细胞：精子和卵子，即正常女性染色体核型为 46,XX，产生的所有卵子的染色体核型均为 23,X，而染色体核型为 46,XY 的正常男性，则产生 23,X 和 23,Y 两种核型的精子。在减数分裂中，会出现同源染色体的配对和交换，这种同源染色体的配对称为联会（synapsis），是在减数分裂的偶线期两条同源染色体侧面紧密靠近并进行配对的现象。联会染色体间的配对是专一性的，可以同时发生在分散的几个点上。对于染色体正常的个体，同源染色体之间两两靠拢进行准确的配对，形成双阶染色体，此时一对染色体含有 4 条染色单体，但仅有两个着丝粒，连接这两个着丝粒的纺锤丝可以将两条同源染色体分离到子代细胞中。

一、染色体平衡易位的遗传学效应

对携带染色体平衡易位的个体，只要发生平衡易位的断裂重接点没有产生基因功能的破坏，而平衡易位本身并也一般不会导致染色体片段和基因的增减，这类患者绝大部分在生长发育上都正常，但在生殖细胞形成时却会出现异常。如 46,XX,t(2;5)(q21;q31)的个体在形成生殖细胞的减数分裂中，染色体联合配对时，两条交换了染色体片段的 2 号和 5 号染色体，会迫使正常的 2 号和 5 号染色体与其同源染色体片段进行一一配对，形成复杂的四价体，如图 4-4 所示。根据不同的分裂方式，导致产生 18 种不同类型的染色体的生殖细胞，其中仅有一种完全正常，一种也携带 t(2;5)(q21;q31)染色体易位，其余均为不平衡的配子。

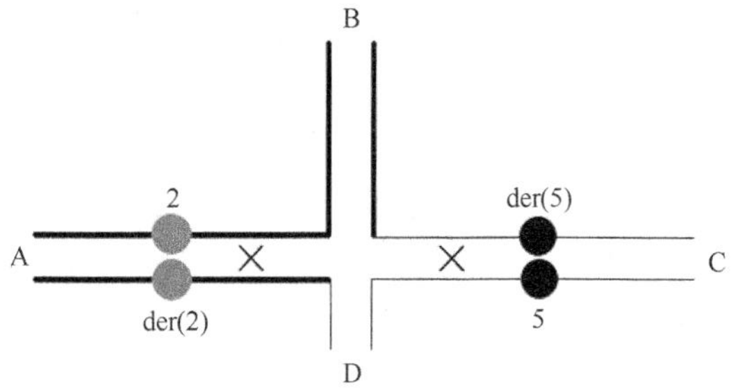

图 4-4　t(2;5)(q21;q31)相互易位杂合子的粗线期示意图

携带 t(2;5)(q21;q31)的个体在减数分裂中形成的四价体示意图。用于阐明各种分离可能及表 4-3 所列衍生染色体的组成。字母 A、B、C 和 D 代表染色体末端（端粒）。为简便起见，4 条染色单体中只有两条发生交换。交叉线表示交换的位置。

染色体平衡易位携带者通过减数分裂产生的配子与正常的配子结合后，形成的不同染色体异常的合子中，没有染色体片段增加或减少，即染色体平衡的情况仅仅占少部分，大部分的配子由于不是精确完整的二倍体，会出现胚胎发育问题，包括流产、死胎、胎儿畸形，或者胎儿出生后存在身体和智力发育异常，表 4-3 示母体起源的平衡相互易位分离可能衍生出的不平衡配子。

表 4-3　母体起源的平衡相互易位分离可能衍生出的不平衡配子

分离类型	分离图解	配子染色体组成	可能的女性合子的核型
邻近-1	AB CB	2,der(5)	46,XX,der(5)t(2;5)(q21;q31)mat
	AD CD	der(2),5	46,XX,der(2)t(2;5)(q21;q31)mat
邻近-2*	ABAD	2,der(2)	46,XX,+der(2)t(2;5)(q21;q31)mat,–5
	CDCB	5,der(5)	46,XX,–2,+der(5)t(2;5)(q21;q31)mat
	AB AB	2,2	46,XX,+2,–5
	AD AD	der(2),der(2)	46,XX,der(2)t(2;5)(q21;q31)mat,+ der(2)t(2;5),–5
	CB CB	der(5),der(5)	46,XX,–2,der(5)t(2;5)(q21;q31)mat,+ der(5)t(2;5)
	CD CD	5,5	46,XX,–2,+5
3：1**	AB CD CB	2,5,der(5)	47,XX,+der(5)t(2;5)(q21;q31)mat
	AD	der(2)	45,XX,der(2)t(2;5)(q21;q31)mat,–5
	AD CD CB	der(2),5,der(5)	47,XX,t(2;5)(q21;q31)mat,+5
	AB	2	45,XX,–5
	AB AD CD	2,der(2),5	47,XX,+ der(2)t(2;5)(q21;q31)mat
	CB	der(5)	45,XX,–2,der(5)t(2;5)(q21;q31)mat
	AB AD CB	2,der(2),der(5)	47,XX,+2,t(2;5)(q21;q31)mat
	CD	5	45,XX,–2

注：①邻近-2 分离起码将有两种不平衡配子类型出现（AB AD、CB CD）。而要产生其余 4 种配子，必须要着丝粒与交换点之间的片段发生交换。②如果在着丝粒和交换点之间的片段发生交换，则可产生 8 种分离类型。总共有 12 种含有 3 条染色体的配子，3 条染色体均来源于易位四价体。

二、染色体倒位的遗传学效应

染色体倒位，包括臂内倒位和臂间倒位，只要断裂重接位点没有破坏该位置上基因的功能，也和平衡易位一样，由于染色体保持完整的二倍体状态，大部分患者表型正常，但在减数分裂中会遇到问题。染色体倒位在减数分裂同源染色体联会时形成倒位环的配对结构，在交换和分裂后会形成大量染色体不平衡的配子，影响子代细胞的表型。

如染色体核型为 46,XX,inv(2)(p21q31)的女性，其 2 号染色体发生臂间倒位，减数分裂配对后形成的倒位环结构见图 4-5 的模式图。在这种情况下，交叉互换将会产生一条 2p 重复的重组染色体和一条 2q 重复的重组染色体，相应的核型可记录为：46,XX,rec(2)dup(2p)inv(2)(p21q31)和 46,XX,rec(2)dup(2q)inv(2)(p21q31)。第一个例子表示 2pter 至 2p21 片段的重复以及 2q31 到 2qter 的丢失，第二个例子表示 2q31 到 2qter 片段的重复及 2pter 到 2p21 片段的丢失。

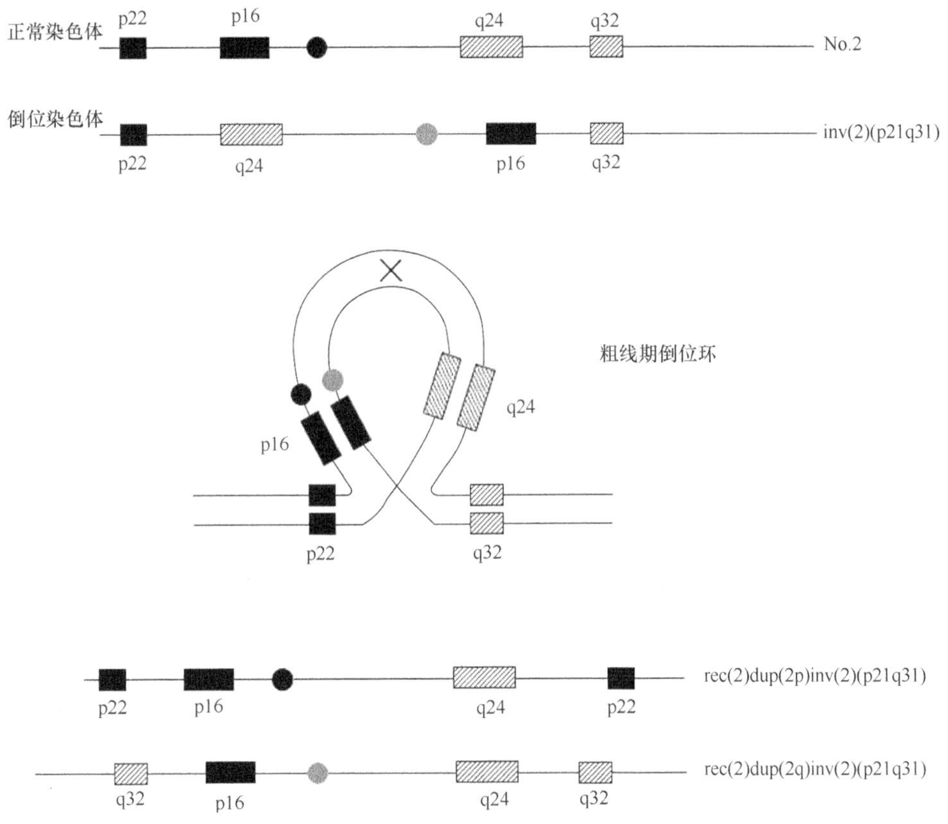

图 4-5 inv(2)(p21q31)臂间倒位杂合子示意图

黑方框表示短臂上定界断裂点的区带，斜线框表示长臂上定界断裂点的区带。在减数分裂粗线期形成倒位环，×表示倒位环中的交叉。为简便起见，只画出两个发生交换并产生重组的 2 个染色单体。

对染色体平衡易位、倒位的携带者，在遗传咨询时需要强调，通过自然受孕仍然有机会生育正常的胎儿。而且现在这类夫妇还可以选择辅助生殖技术，通过对体外受精的胚胎在植入前进行遗传筛查，对鉴定为遗传物质平衡的胚胎再进行移植，达到生育染色体正常的胎儿的目的。

（唐新华 朱宝生）

参考文献

杜传书, 刘祖洞. 1983. 医学遗传学. 北京: 人民卫生出版社.

Caspersson T, Zech L, Johansson C, et al. 1970. Identification of human chromosomes by DNA-binding fluorescent agents. Chromosoma, 30(2): 215-227.

Dulbecco R. 1986. A turning point in cancer research: Sequencing the human genome. Science, 231(4742): 1055-1056.

Dutrillaux B, Lejeune J. 1971. A new technic of analysis of the human karyotype. C R Acad Sci Hebd Seances Acad Sci D, 272(20): 2638-2640.

Lejeune J, Turpin R, Gautier M. 1959. Mongolism: A chromosomal disease (trisomy). Bull Acad Natl Med, 143(11-12): 256-265.

Listed N. 1981. An international system for human cytogenetic nomenclature-high-resolution banding (1981). ISCN (1981). Report of the Standing Committee on Human Cytogenetic Nomenclature, 31(1): 5-23.

Nowell P C. 2002. Progress with chronic myelogenous leukemia: A personal perspective over four decades. Annu Rev Med, 53(1): 1-13.

Patil SR, Merrick S, Lubs HA. 1971. Identification of each human chromosome with a modified Giemsa stain. Science, 173(3999): 821-822.

Schreck RR, Distèche C. 1978. An international system for human cytogenetic nomenclature (1978), ISCN (1978). Report of the Standing Committee on Human Cytogenetic Nomenclature, 21(6): 309.

ISCN. 1985. An international system for human cytogenetic nomenclature. Blood, 21(12): 3952.

Tjio JH, Levan A. 2010. Chromosome Number of Man. Hereditas, 42(1-2): 1-6.

Willatt L, Sian M, Morgan SM, et al. 2009: ISCN 2009 an international system for human cytogenetic nomenclature, 126(4): 603-604.

第五章　染色体畸变与染色体病

人体细胞染色体发生异常改变称为染色体畸变（chromosomal aberration）或者染色体异常（chromosomal anomaly），可分为数目异常和结构畸变两大类。染色体畸变导致染色体病，但人类在生长发育的不同阶段产生的染色体畸变，其影响是不同的。染色体畸变出现的时间越早，其影响越大。不同畸变类型引起的表型有很大的变化，有些十分严重，有些则很轻微。精子、卵子或者受精卵发生的染色体畸变，不论这些染色体畸变是新生突变产生的，还是遗传自胎儿父母，都可能导致胎儿畸形、发育迟缓甚至死亡，当然有些畸变不是致死性的，其影响会在个体发育的过程中逐渐表现出来，有些甚至可能到成年以后才会表现。胚胎早期发生的染色体畸变，发生染色体畸变的细胞与染色体正常的体细胞同时存在于同一个体中，形成嵌合体核型。胎儿出生后，在生活过程中不断受到环境中物理、化学、生物等因素的影响，这些因素可能引起人体部分细胞的染色体畸变，可能导致该部位肿瘤的发生。

染色体数目异常，指一条或多条染色体的数目发生增加和减少的情况。涉及所有染色体的整倍性的染色体改变在第一节中描述；常染色体数目异常中最为常见的 21 三体、18 三体和 13 三体导致的染色体病主要在第三节介绍，第四节则对性染色体数目异常导致的染色体病进行介绍。

染色体结构畸变，主要有易位、倒位、缺失和重复。其中染色体平衡易位和倒位的携带者由于没有染色体片段的增加或减少，大部分的表型均正常，一般仅对携带者的生育产生影响，其产生不同配子的情况在第四章中已详述。但染色体的缺失和重复则会导致轻重表型不一的染色体病，涉及的染色体片段较小时也可导致染色体微缺失综合征和微重复综合征，在本章第五节将介绍几种较为常见的染色体微缺失综合征。

第一节　染色体数目异常

人类是二倍体生物，如果体细胞的染色体数目超出或少于 46，称为染色体数目畸变或者染色体数目异常，它包括整倍性改变和非整倍性改变两种形式，都会导致严重的临床后果。正常的人体细胞含有 23 对同源染色体，来源于父母双亲各一半，用 n 表示，所以人类的二倍体可写为 $2n=46$。

一、整倍体

一个正常配子即正常精子或卵子所含的全套染色体，称为一个染色体组（n）。正常二倍体（$2n$）染色体整组数量上的增减，导致染色体整倍体畸变，形成 n、$3n$、甚至 $4n$ 及以上的受精卵，均是致死性的严重事件。只有一个染色体组的细胞或个体称为单倍体

（haploid），含有 n=23 条染色体。有三组染色体的称为三倍体（triploidy），染色体数目为 $3n$=69 条。有 4 组染色体的称为四倍体（tetraploidy），染色体数目为 $4n$=92 条。超过二倍体的整倍体统称为多倍体（polyploidy）。

单倍体和多倍体的人类个体均不可存活。可能由未经受精的卵子发育而来。在自然流产的胎儿中，多倍体约占 22%，但在肿瘤等组织中，则常见多倍体细胞。三倍体个体是致死性的，存活者都是三倍体的嵌合体，因为嵌合了正常的细胞，削弱了三倍体细胞的不良影响才导致携带者可以存活下来。已报道的三倍体病例的核型有 69,XXX;69,XXY;69,XYY 及三倍体/二倍体嵌合体，其主要症状为智力与身体发育障碍、畸形。在男性合并有尿道下裂、分叉阴囊等性别模糊的外生殖器。图 5-1 染色体核型为在羊水细胞产前诊断中检出的三倍体胎儿。和三倍体相似，四倍体的嵌合体才有存活的可能，但会出现小头、小腿、前额窄、囟门早闭、眼距宽、鼻梁低平、耳低位、指趾畸形、马蹄内翻足、生长发育迟缓，以及智力低下等异常。

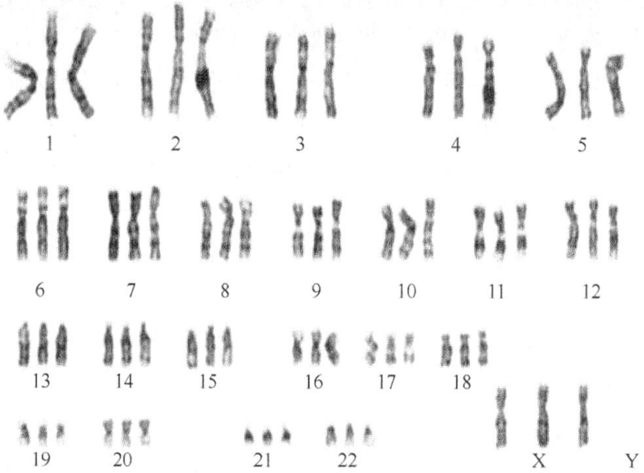

图 5-1 羊水样本中检出的三倍体胎儿核型

多倍体形成的原因，一般认为有以下 4 种。①双精子受精（diandry），即同时有两个精子入卵受精。②双雌核受精（digyny），即在减数分裂时，卵细胞因某种原因未能形成极体，或第二极体与卵核重新结合，因而卵子中保留有两组染色体，受精后则形成三倍体合子。双雄受精和双雌受精是形成三倍体的可能原因。③核内复制（endoreduplication）是指细胞在一次分裂过程中，DNA 复制两次或两次以上，而细胞只分裂了一次，导致核内多倍化现象。核内复制在体细胞与生殖细胞内均可发生。发生在受精卵的第一次卵裂，可形成四倍体；发生在生殖细胞形成时，可形成二倍体的生殖细胞，当与正常的单倍体生殖细胞受精后，可产生三倍体的受精卵。④核内有丝分裂（endomitosis），指细胞分裂过程中，DNA 复制了一次，但在分裂中期时核膜未破裂，无纺锤体形成，细胞未能形成细胞质的分裂，导致细胞内形成四倍体。

双精子受精和双雌核受精是导致三倍体的主要原因，而合子的核内复制和核内有丝分裂主要导致四倍体。

二、非整倍体

非整倍体（aneuploidy）是指在二倍体中，某同源染色体的数目增加或减少一条或几条，其他同源染色体仍然为二体，这样的细胞或者个体称为非整倍体。非整倍体是临床上最常见的染色体数目畸变形式。非整倍体分为两种：细胞内染色体数目少一条或多条，称为亚二倍体（hypodiploidy），可写作 $2n-m$（m 为少的染色体数，$m<n$）；多一条或数条，则称为超二倍体（hyperdiploidy），可写作 $2n+m$（m 为多的染色体数，$m<n$）。

（一）缺体

缺体（nullosomy）指体细胞中同源染色体减少了一对，染色体总数仅为 $2n-2=44$ 的核型。这种个体不能存活。

（二）单体

单体（monosomy）指体细胞中染色体减少一条，染色体总数为 $2n-1=45$ 的核型，简称“单体”。最常见的是性染色体单体类型：即 45,X，本核型的胎儿 98%以上在早孕期流产。除了性染色体外，常染色体的单体是十分严重的染色体畸形，除非存在正常细胞的嵌合体，绝大部分的单体个体都只能在胚胎期检出，能够顺利发育至分娩的单体十分少见，仅有第 21 和第 22 号等比较小的染色体单体有极少数存活到分娩的报道。

（三）三体

三体（trisomy）指增加一条染色体，染色体总数为 $2n+1=47$ 条的核型，简称“三体”。在人体中，增加一条染色体对个体发育的影响（临床效应）比减少一条染色体相对要小一些，所以在临床上，不论常染色体病还是性染色体病，均以三体最为常见。在新生儿中，常染色体的三体以 21 三体最为常见，其次为 18 三体和 13 三体。其他染色体的三体绝大部分无法正常发育到胎儿期，于孕早期自然流产。发生率最高的三体是 16 三体。性染色体三体最常见的有 47,XXX、47,XXY 和 47,XYY 三种。

（四）多体

多体（polysomy）是指染色体增加了两条或两条以上，主要见于性染色体异常，如四体：48,XXXX；48,XXXY；48,XXYY 和五体：49,XXXXX；49,XXXYY 等。

（五）嵌合体和假二倍体

嵌合体指的是体内同时存在两种或两种以上核型的细胞系的个体。一般依据细胞系的来源差异分为同源嵌合体（mosaic）和异源嵌合体（chimera）。同源嵌合体是指嵌合的细胞系来源于同一受精卵。异源嵌合体是指嵌合的细胞系来源于不同的受精卵。为了区分同源嵌合体和异源嵌合体，可在核型的描述前分别标上 mos 或 chi。例如：mos 45,X/46,XX 表示 45,X 和 46,XX 同源嵌合体，两个细胞系来源于同一个受精卵；chi 46,XX/46,XY 表示由 46,XX 和 46,XY 两个受精卵共同发育成一个异源嵌合体，两个细胞系来源于不同的受精卵。嵌合体患者通常不会表现出异常核型的典型症状，其临床症状与体内正常核型所占的比例有关，正常核型的细胞所占比例越大，症状越轻，反之则重。此外，其临床症状与异常核型细胞所在的组织或器官也相关，嵌合体的症状存在个体之间的巨大差异。在产前诊断中检出胎儿为嵌合体核型时，往往难于做出准确的表型预测，从而造成遗传咨询时两难选择的困境。

如果一个个体体内有染色体数目增加的体细胞，也有染色体数目减少的体细胞，且增加和减少的染色体数目相等，此时虽然染色体的总平均数仍然是 $2n$=46 条，但并非正常的二倍体核型个体，称为假二倍体（pseudodiploid）。这类个体仍然可能产生不良表型。

（六）非整倍体的产生机制

非整倍体的产生，主要由于减数分裂期的染色体不分离（nondisjunction），和受精卵发育过程中发生的染色体不分离或染色体丢失（chromosome loss）。生殖细胞在减数分裂过程中发生的染色体不分离，可产生异常配子，然后和正常配子受精后形成非整倍体的合子。如果染色体不分离发生在第一次减数分裂时期，同源染色体不分离，其中一个子细胞会得到两个同源染色体，形成（n+1）配子，另一个子细胞则缺失该同源染色体，形成（n–1）的配子，这两种配子与正常配子（n）受精后，将会分别形成三体型（$2n$+1）和单体型（$2n$–1）的合子。如果染色体不分离发生在第二次减数分裂时，两个姐妹染色单体不分离，则这次减数分裂产生 2 个正常配子（n）、1 个（n+1）配子和 1 个（n–1）配子，这些配子与正常配子（n）受精后，将会分别形成正常二倍体（$2n$）、三体型（$2n$+1）和单体型（$2n$–1）的合子（Lejeune et al.，1959）。

有丝分裂过程中的染色体丢失也是导致体细胞中染色体数目异常的原因。在细胞有丝分裂的中期、后期，某一条染色体由于偶然的行动迟缓而未能进入任何一个子细胞核，使子细胞核内的染色体少了一条，也称为染色体后期滞后（anaphase lag）。未能进入细胞核内的染色体遗留在细胞质中，逐渐消失，结果该子细胞即因丢失一条染色体而成为亚二倍体。例如，46,XY 的受精卵发育中偶然一次有丝分裂出现 Y 染色体丢失，便最终发育成 45,X/46,XY 核型的个体。

有丝分裂时染色体不分离是同源嵌合体产生的主要原因。人类个体发育的过程是通过细胞的有丝分裂完成的，早期胚胎卵裂早期的姐妹染色单体不分离，可产生 2 种或者 3 种细胞组成的嵌合体。嵌合体的类型和比例与染色体不分离发生的时间有关。染色体不分离发生在第一次卵裂，则形成两种细胞系数目相等的嵌合体（45/47）；如发生在卵裂后期，则形成三种细胞系的嵌合体（45/47/46），正常细胞所占比例大些的个体染色体不分离发生的时间越晚，正常细胞越多。

第二节　染色体结构畸变

染色体结构畸变（structural aberration），包括染色体重排（chromosome rearrangement），是染色体或染色单体断裂和重接而形成各种类型重组的结果。物理、化学、生物和遗传等因素，都可能诱导一条染色体内部或与其他染色体发生断裂重接，导致染色体结构畸变。由于染色体发生断裂的部位及重接方式的不同，可以形成易位、倒位、缺失、重复、环状染色体、等臂染色体等染色体畸变类型，其中前四种最为常见。

一、易位

易位（translocation）是指一条染色体发生断裂后形成的片段连接到另一条非同源染色体上的染色体畸变（图 5-2）。易位可以涉及两条、三条或多条染色体。D 组和 G 组为近端着丝粒染色体，这些染色体的长臂近着丝粒区与长臂近着丝粒区发生断裂重接后形成的染色体易位特称为罗伯逊易位。绝大多数携带染色体易位的患者，因其染色体易位的断裂点处没有功能基因或者不破坏基因的功能，患者的基因组尚处于完整的二倍体状态，通常没有明显异常的表型。患者往往到了生育年龄，才因不孕不育或不良生育史来医院就诊。但极少数染色体易位的断裂重接的位点刚好处于功能基因上，则会破坏功能基因，并导致异常表型发生。

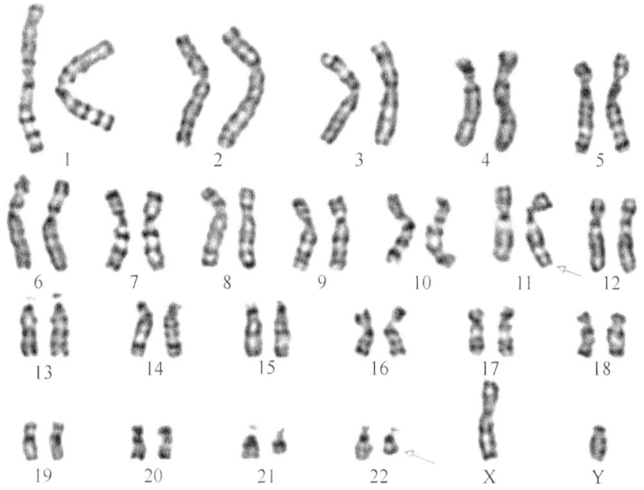

图 5-2　常见的染色体易位核型：46,XY,t(11;22)

二、倒位

倒位（inversion）是指一条染色体内部的两个位点处断裂，中间片段作 180°倒转后再与两断端相接，使其基因序列的排列顺序被颠倒的染色体畸变。如果两个断裂发生在同一个臂上，称为臂内倒位；若断裂点跨越着丝粒而分别位于染色体的两个臂上，则称臂间倒位。和染色体易位一样，少数的情况下倒位的断裂位点可能破坏功能基因导致疾病。但多数携带者并没有异常表型，也多因不良生育史就诊。

染色体易位或倒位的患者，产生的大部分配子均存在染色体不平衡情况，这些配子受精后形成的胚胎可能是致死性的，导致死胎、胎儿畸形等严重的表型，在孕期便可以检查出来。但有些染色体数目或者结构异常导致的表型在胎儿期比较轻微，现有技术难于筛查出线索，而分娩之后才发现患儿存在染色体病导致的严重出生缺陷，这是染色体病防控的一个难点。染色体易位和倒位常导致部分三体和部分单体的染色体病患儿出生（图 5-3）。

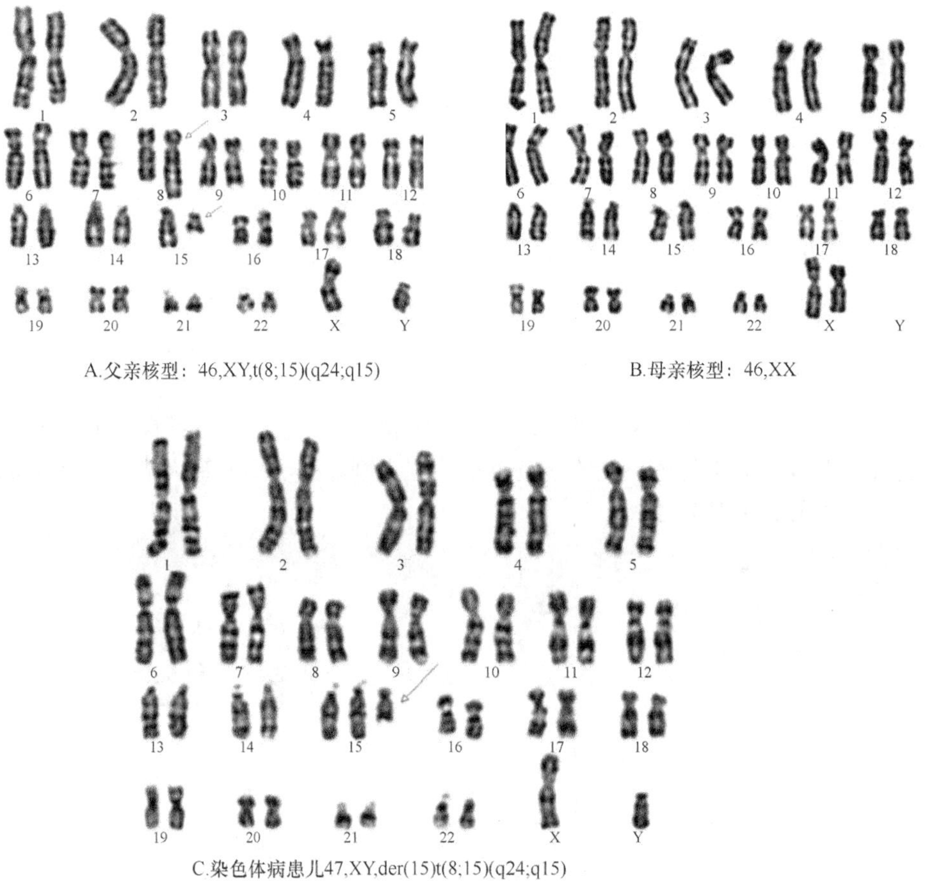

A.父亲核型：46,XY,t(8;15)(q24;q15)　　B.母亲核型：46,XX

C.染色体病患儿47,XY,der(15)t(8;15)(q24;q15)

图 5-3　染色体平衡易位的父亲生育染色体病患儿

三、缺失

缺失（deletion）是指染色体的部分片段丢失的染色体畸变。相对于染色体重复，染色体缺失的临床表现往往更严重。

四、重复

重复（duplication）是指染色体的部分片段额外增加的染色体畸变。染色体重复导致染色体三体或染色体微重复综合征，但表型的严重程度与增加的片段所包含的基因的性质和数量相关。

第三节　常见染色体病

一、唐氏综合征

唐氏综合征（DS）是 21 三体导致的染色体病，过去也称为先天愚型。唐氏综合征在新生儿中的发生率为 1/600～1/1200，是最常见的严重致残的染色体病。大约只有 25%的唐氏综合征胚胎能够发育到足月分娩，其余大部分唐氏综合征胎儿均在妊娠期自然流产。唐氏综合征患者出生以后，平均寿命为 16.2 岁，因为常常伴有严重心脏病等，50%在 5 岁以前死亡，8%可超过 40 岁，2.6%超过 50 岁，部分长寿的患者年龄可到 70 岁以上。

（一）临床表现

唐氏综合征的临床表现：智力发育迟缓，智商通常为 25～50，患儿性格活泼，好模仿、爱音乐，但行为动作倾向于呆板，抽象思维能力受损最大。患者具特殊面容：鼻梁低平，眼距过宽，眼裂小，外眼角上倾，内眦赘皮，虹膜发育不全，常有斜视，耳小，常为低位，有的有耳廓畸形，小下颌，口常半开，舌大外伸，流涎（图 5-4）。约 50%的患者伴有先天性心脏病，其中室间隔缺损约占一半。患者常有皮纹学改变，常见通贯手，ATD（三股掌纹的交汇点）角增大。所有患者均表现为不同程度的生长迟缓。

（二）细胞遗传学改变

唐氏综合征可通过染色体检查确诊。根据患者核型组成的不同可分为以下三种类型。

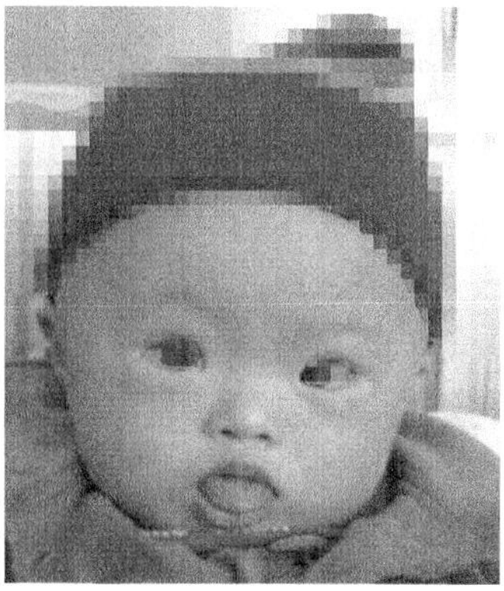

图 5-4　唐氏综合征患儿面容

1. 三体型唐氏综合征

该型患者主要为散发。根据 2015 年针对中国人群的 7133 例唐氏综合征的染色体检查结果，93.52%（6671/7133）的唐氏综合征患者核型为三体型，即 47,XY,+21 或 47,XX,+21（图 5-5），男性比女性发生率高。形成的主要原因是配子形成过程中发生了第 21 号染色体不分离。约 80%是发生在母亲生殖细胞减数分裂中，特别是在第一次减数分裂时，约 20%是在父亲生殖细胞减数分裂时发生不分离。

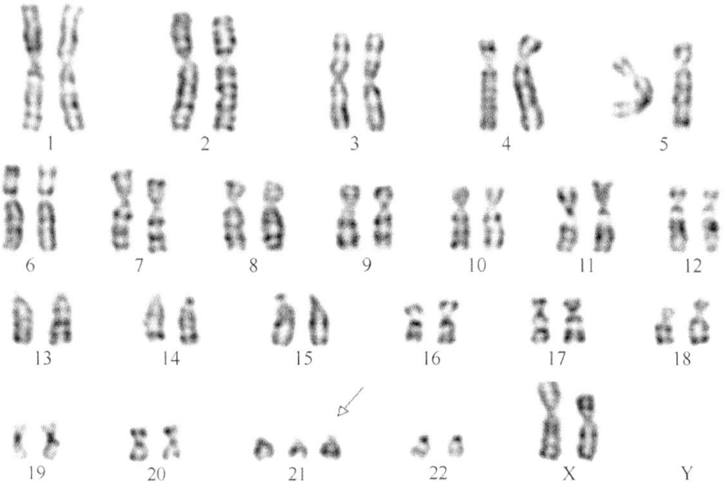

图 5-5　三体型唐氏综合征患者的核型：47,XX,+21

唐氏综合征的发生率随母亲妊娠年龄增高而增加。在 25 岁孕妇生育的活产婴儿中唐氏综合征发生率为 1/1050，在 35 岁孕妇中增加到 1/350，40 岁孕妇中为 1/70，在 45 岁孕妇中更高达 1/25。虽然唐氏综合征患者在高龄妊娠孕妇群体中的发生率高，但因为生育的主力群体还是在 20～35 岁，所以大多数的唐氏综合征患者并非高龄妊娠的孕妇所生，而是由大量的低妊娠年龄的孕妇生育。

2. 易位型唐氏综合征

该型患者主要为父母携带涉及第 21 号染色体的罗伯逊易位遗传导致。第 21 号染色体罗伯逊易位的携带者，在生殖细胞减数分裂时，可以产生 6 种类型的配子，与正常的配子结合后，1/6 的合子染色体完全正常，1/6 的合子染色体与亲代一样携带罗伯逊易位，1/6 合子为易位型唐氏综合征，另外 3/6 的合子胚胎不能正常发育导致流产或死胎等。易位型唐氏综合征约占全部唐氏综合征患儿的 4.43%（316/7133），其中发生率最高的为 der(21;21)(q10;q10)，占比为 2.07%（148/7133），其染色体核型如图 5-6 所示，其次为 rob(14;21)(q10;q10)，占比为 1.67%（133/7133），其染色体核型如图 5-7 所示，第 13、第 15、第 22 号染色体与第 21 号染色体罗伯逊易位导致的唐氏综合征占少数。

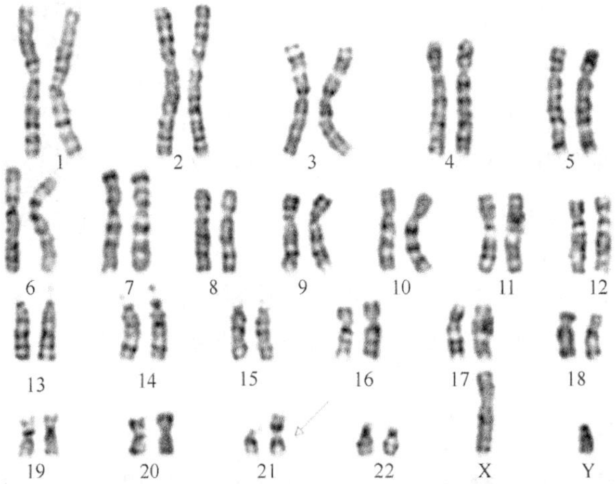

图 5-6　罗伯逊易位导致的唐氏综合征患者，核型为 46,XY,der(21;21)(q10;q10),+21

3. 嵌合体唐氏综合征

嵌合体唐氏综合征是指 21 三体染色体畸变嵌合有不同比例的正常二倍体细胞的情况，约占所有唐氏综合征患者的 1.47%（105/7133）。由于含有正常细胞系，此类型患者的临床症状多数不如经典的唐氏综合征严重和典型。

在临床上，发现疑似唐氏综合征患者后，不应仅仅根据临床表现等进行诊断，应检查患者的染色体核型才能确诊。根据患儿及其父母的染色体核型，才能准确评估家庭再生育时的 DS 的发病风险。

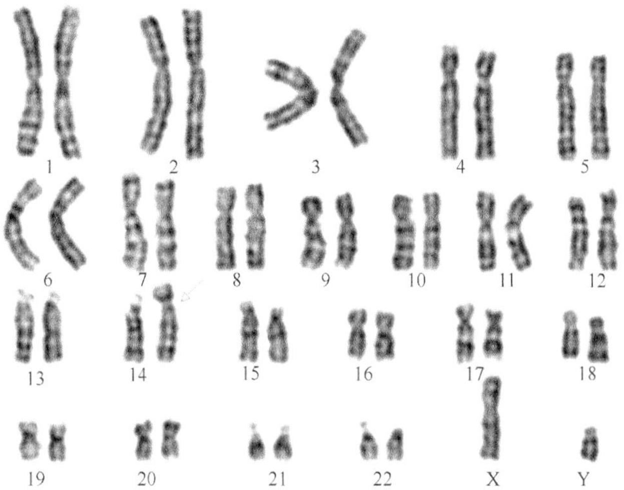

图 5-7　罗伯逊易位导致的唐氏综合征患者，核型为 46,XY,der(14;21)(q10;q10),+21

二、18 三体综合征

（一）临床表现

18 三体综合征（18-trisomy）又名爱德华综合征（Edward syndrome）。在活产婴儿中发生率为 1/3500～1/8000，女性多于男性（王培林，2000）。首先由 Edward（1960 年）及 Patau 等（1961 年）描述本病。Yunis 等于 1964 年证明致病原因为 18 三体。

患儿绝大部分在胎儿期流产，出生的新生儿平均寿命只有 70 天，极少数患儿可活数年。主要临床特征是生长发育障碍，肌张力亢进，呈特殊的握拳式；骨关节外展受限，手指屈曲；胸骨短，先天性心脏病，多为室间隔缺损及动脉导管未闭；短而弯曲的大趾，摇椅底样足底；隐睾，枕骨突出，耳廓畸形，低位耳，小下颌等（图 5-8）。与唐氏综合征一样，母亲妊娠年龄增高与疾病发生相关。

（二）细胞遗传学

大部分患者染色体核型为三体型，即 47,XN,+18。少数患者为嵌合体型，嵌合体型患者症状较轻。在胎儿羊水染色体产前诊断的病例中，常可检出 18 三体核型的胎儿。

三、13 三体综合征

（一）临床表现

13 三体综合征（13-trisomy）又名 Patau 综合征（Patau syndrome）。1960 年 Patau 首先描述并证实为 13 三体致病（Patau et al.，1960）。活产婴儿中发生率为 1/5000～1/6000（Aypar et al.，2011）。女性多于男性。主要特征有生长发育迟缓、智力发育差；中度小头畸形、前额倾斜、无嗅脑、常有唇裂和（或）腭裂、小下颌、多指，80%患者伴先天性心脏病（房室间隔缺损和动脉导管未闭）；男性多有隐睾，女性半数有双角子宫及卵巢发育不良。部分表型见图 5-9。99%以上的 13 三体胎儿在妊娠期流产，出生的患儿 45%

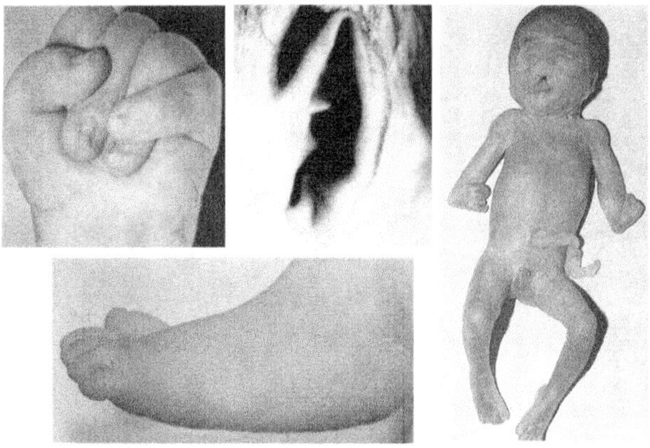

图 5-8 18 三体综合征患者的表型（刘权章，2006）

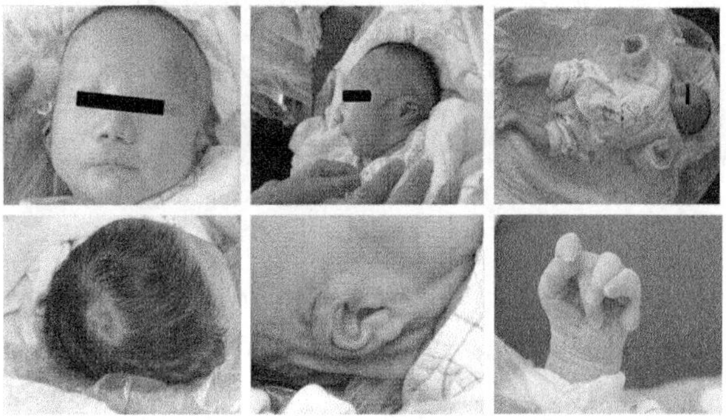

图 5-9 1 月龄的 13 三体综合征患儿表型

在 1 个月内死亡，90%在 6 个月内死亡（Tunca et al.，2001），能存活到成年的个体是异常细胞数目较少的嵌合体。母亲妊娠年龄增高也与该疾病发生相关。

（二）细胞遗传学

患者大部分核型为 47,XN,+13（图 5-10），其余为易位型和嵌合型。

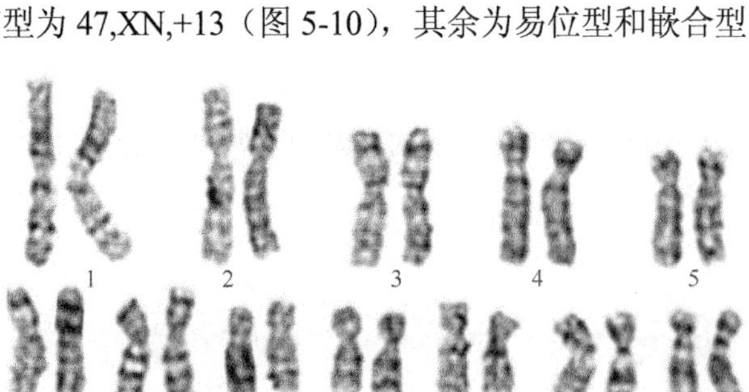

图 5-10 13 三体综合征患者的核型：47,XX,+13

四、猫叫综合征

1963 年 Lejeune 等首先报道了三例猫叫综合征（cri du chat syndrome），染色体异常是第 5 号染色体短臂部分缺失。发病率为新生儿的 1/50 000，在常染色体结构异常病儿中居首位，女孩多于男孩。

本病最主要的临床特征是患儿有猫叫样啼哭声，故又称猫叫综合征。患者智力落后，生长发育迟缓，肌张力低下；具特殊面容：小头、满月形脸、眼距宽、外眼角下斜、耳低位、小颌、腭裂等（图 5-11）。约 50%的病例有先天性心脏病、并指、髋关节脱臼。核型为 46,XX(或 XY),del(5)(p15)。这表明患者的 5 号染色体短臂有部分缺失，缺失的断裂点在 p15，即自短臂 1 区 5 带远端部分缺失亦可致整条短臂缺失（图 5-12）。

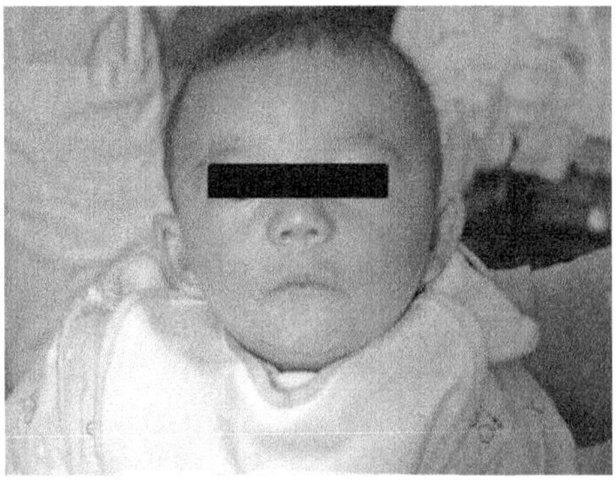

图 5-11　猫叫综合征患儿

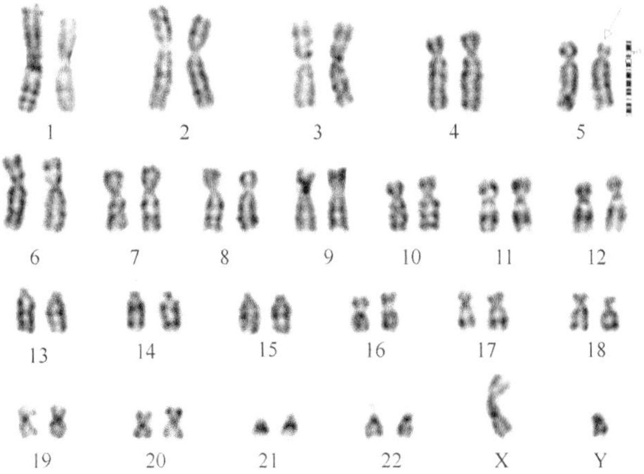

图 5-12　猫叫综合征患儿染色体核型：46,XY,del(5)(p15)

第四节　性发育疾病

性染色体异常，包括性染色体数目异常和结构畸变，大多数致病和有明显的临床表现，但也有极少数无明显的临床表现。由于性染色体上的基因存在着剂量效应，因此性染色体数目的畸变，临床后果往往不会致死，胎儿发育至分娩的机会比较大，在临床上也较为常见。换言之，人类对于性染色体上基因的剂量改变不如对常染色体上基因剂量的改变敏感，所以在人群中易于检出性染色体数目异常的携带者。

人类性别的发育主要由性染色体，即 X 和 Y 染色体决定。染色体核型为 46,XX 的受精卵发育为女性，核型为 46,XY 的受精卵发育为男性。

本节介绍性发育相关问题和几种常见的性染色体病。

一、性别决定和 X 染色失活问题

（一）哺乳动物（包括人类）

女性和男性的间期细胞存在 Barr 小体有和无的差别。1949 年 Barr 等在观察雌猫的神经元细胞核时发现一种浓缩小体，在雄猫中则见不到这一结构，后将这一结构称为 Barr 小体或性染色质。后来的研究证实了人类也同样有这种显示性别差异的结构，而且性染色质在其他间期细胞中也可见到。

（二）莱昂（Lyon）假说

1961 年，Mary Lyon 提出了关于哺乳动物剂量补偿效应的 X 染色体失活的假说（Lyon，1962），即 Lyon 假说，对这些问题进行了解释，其要点如下。①间期细胞核中，女性的两条 X 染色体中，只有一条有转录活性，而另一条则失去活性，并形成异固缩状态的 Barr 小体（即 X 染色质）。这样，在含 XX 的细胞和 XY 的细胞中，其 X 连锁的基因产物数量就基本相等，这种效应称为 X 染色体的剂量补偿（dosage compensation）。不论细胞内有几条 X 染色体，只有一条 X 染色体是具有转录活性的，其余的 X 染色体均失活、固缩形成 X 染色质；因此，一个细胞中所含的 X 染色质数目等于 X 染色体数目减 1。正常男性只有一条 X 染色体，所以 X 染色质数目为零。②X 染色体失活发生在妊娠第 16 天，在此以前所有细胞中的 X 染色体都是具有活性的。③X 染色体的失活是随机的，异固缩的 X 染色体可以来自父亲也可以来自母亲。如果一个细胞中失活的 X 染色体是父源的，那么由它分裂而来的细胞中都是父源的 X 染色体失活。失活是随机的，但是恒定的。需要指出的是，失活的 X 染色体上仍有部分基因保持一定活性。因此 X 染色体数目异常的个体在表型上不同于正常个体，出现多种临床症状。例如，47,XXY 的个体不同于 46,XY 的个体；47,XXX 的个体不同于 46,XX 的个体，而且 X 染色体越多时，表型的异常更严重。

（三）Y 染色体的强显性

男性和女性在胚胎早期是完全一致的，对于具有 Y 染色体的个体，位于 Y 染色体上的性别决定基因（SRY）能够改变性别发育的方向朝男性发展，没有 Y 染色体的个体则发育为女性。所以，在染色体核型中，具有 Y 染色体，特别是 SRY 基因检测为阳性的患者，一般都具有男性的性征。

二、先天性睾丸发育不全综合征

（一）临床表现

先天性睾丸发育不全综合征是发病率最高的染色体病之一，在男性新生儿中的发病率为 1/700～1/1000（Morris et al.，2008）。1942 年 Klinefelter 及其同事首先描述了这一综合征，故称为 Klinefelter 综合征，简称克氏综合征。1959 年 Jabobs 和 Strong 证实患者的核型是 47,XXY。

主要临床特征有：表型为男性，身材高，四肢长，具男性外生殖器，但阴茎短小，睾丸很小或为隐睾，仅能产生极少量精子，大部分患者因不育、无精症来就诊。约 25%的患者有青春期乳房发育。腋毛、阴毛稀少或无，胡须稀疏，喉结不明显，皮下脂肪发达，皮肤细腻如女性，声音尖细，其性情、体态趋向于女性化（图 5-13）。大多数智力正常，少部分智力低下。检查性激素可见促性腺激素增高，雌激素水平偏高，睾酮降低等。在该病确诊后，在青春期用睾酮治疗，可促使第二性征发育并改善患者的心理感受。

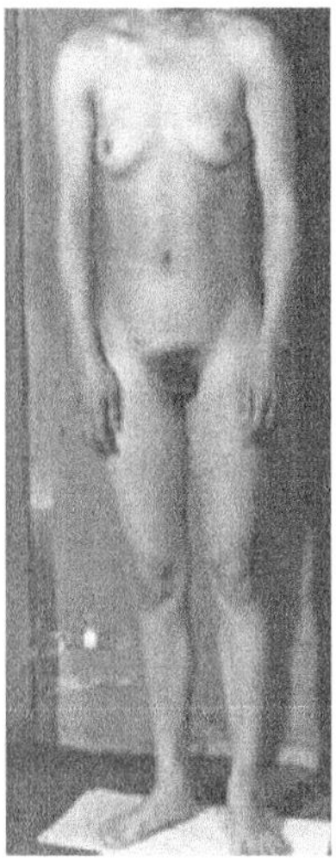

图 5-13　克氏综合征患者表型（刘权章，2006）

（二）细胞遗传学

大部分患者的核型为 47,XXY（图 5-14），约 15%为染色体嵌合体核型，常见的核型为 46,XY/47,XXY，极少数为 46,XX/47,XXY，嵌合型患者中若 46,XY 正常细胞比例大，患者的临床表现较 47,XXY 核型者轻，甚至有生育能力。此外还有 48,XXXY，以及 49,XXXXY 等核型的患者。增加的 X 染色体越多，女性化程度越严重，对智力的影响越大，临床症状越严重。

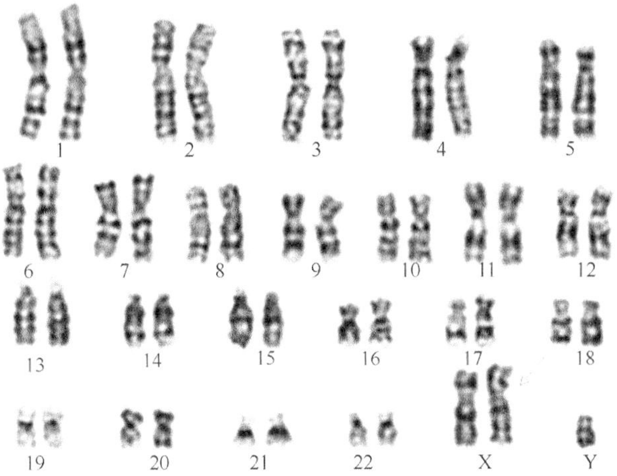

图 5-14　先天性睾丸发育不全综合征患者染色体核型：47,XXY

三、先天性卵巢发育不全综合征

（一）临床表现

先天性卵巢发育不全综合征，又称特纳综合征，1938 年由 Turner 首次报道。Turner 综合征在新生女婴中发病率为 1/2500～1/5000（Verdonck et al.，1999）。在自发流产胚胎中，发生率可高达 7.5%。整条染色体的缺失对胚胎的正常发育影响巨大，非嵌合体的常染色体单体综合征胎儿几乎没有成功发育至分娩的可能，虽然人类的个体发育对性染色体非整倍性的“容忍度”要高一些，但大部分的 45,X 胚胎在孕早期出现胎儿水肿、颈部水囊瘤等严重畸形，98%以上的胎儿在孕期自然流产，只有约 2% 能发育至分娩。

主要临床特征有：先天性卵巢发育不全综合征患者外观女性，身材矮小（Anke and Saenger，2001），身高多在 140cm 以下，后发际低，部分患者有颈蹼，面容呆板，肘外翻，盾状胸，乳间距宽（图 5-15）。少部分患者存在智力障碍。患者青春期第二性征不发育，乳腺不发育，乳头发育不良，条索状性腺，外生殖器幼稚型，原发性闭经，不能生育。患者的表型与其染色体异常的类型有关联。患者如果在青春期前确诊可以采用激素替代治疗，帮助患者改善身高和促进第二性征发育，提升患者生活质量。

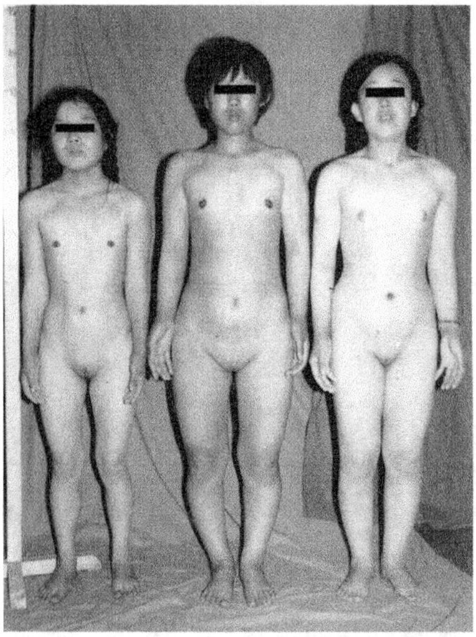

图 5-15　Turner 综合征患者表型（刘权章，2006）

（二）细胞遗传学

Turner 综合征患者的染色体核型：50%的 Turner 综合征患者为 45,X 核型（图 5-16），15%为 46,X,i(X)(q10)核型，15%为 45,X/46,XX 的嵌合体核型，约 5%为 45,X 与 46,X,I(X)(q10)的嵌合体，约 5%为 45,X 与 X 染色体其他异常的嵌合体，其余 5%为 45,X 与其他细胞系的嵌合体，嵌合正常细胞比例越大，表型越接近正常。

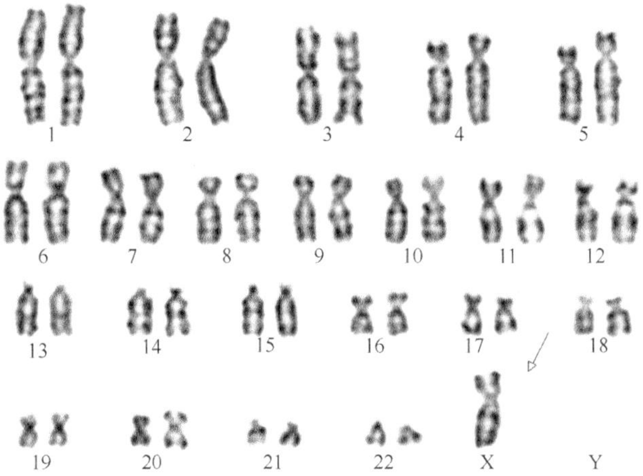

图 5-16　Turner 综合征患者染色体核型：45,X

四、超雌综合征

（一）临床表现

超雌（super-female）综合征，又称 X 三体综合征和多 X 综合征，核型为 47,XXX，见图 5-17。Jacobs 等（1960）首先描述。增加一条 X 染色体对个体发育的影响有限，所以该病的发病率较高，在新生女婴中约 1/1000（Shanske et al.，1998）。大多数超雌综合征女性无明显异常表型。少数患者有月经减少，原发或继发闭经或过早绝经等现象，乳腺发育不良，卵巢功能异常。少部分超雌综合征患者具有 4 条以上 X 染色体，X 染色体越多，智力损害和发育畸形可能越严重。近年来，许多患超雌综合征的孕妇在接受母血中胎儿游离 DNA 检测（NIPT）技术完成胎儿的产前筛查时，被“意外地”发现。观察这些孕妇，其表型和正常女性几无差别，可见表型之轻微。

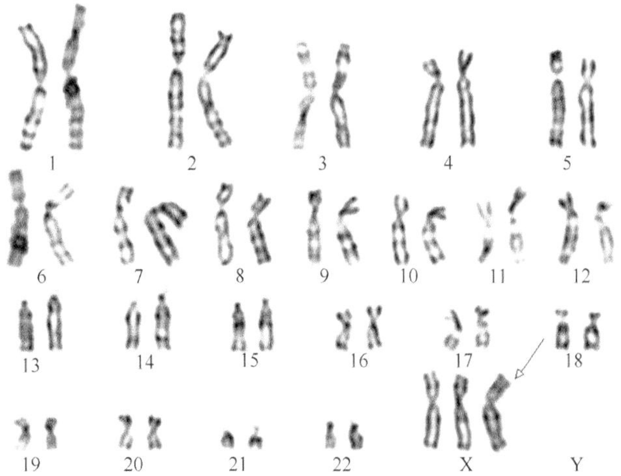

图 5-17　超雌综合征患者染色体核型：47,XXX

（二）细胞遗传学

理论上 47,XXX 女性的后代中，有一半可能具有 47,XXX 或 47,XXY 核型，但事实上 47,XXX 妇女的子女绝大部分核型正常，可能因为在女性第一次减数分裂时，那些具有 XX 的核几乎总是进入极体而被淘汰。有资料表明本病患者的母亲生育年龄高于对照组，且额外的 X 染色体几乎都源自母亲第一次减数分裂的染色体不分离。

五、超雄综合征

（一）临床表现

超雄（super-male）综合征即 XYY 综合征，1961 年由 Sandberg 等首次报道。在男性活产儿中的发生率为 1/750～/1000。早期研究发现在监狱中和精神病院中的男性检出率较高，约占 3%。本病患者的主要临床表现多数是表型正常的男性，身材高大，常超过 180cm，有随身高增加发病频率亦随之增高的趋势，但该病患者与 46,XY 的正常男性相比并没有可以明显区别的外表和行为异常。

大多数有生育能力，偶尔可见尿道下裂、隐睾、睾丸发育不全并有生精过程障碍和生育力下降，患者智力正常。早期研究资料认为可能会表现注意力不集中、性格暴躁、易冲动、攻击性犯罪等行为，大约一半的患儿存在语言、书写困难，需要特殊教育干预，其智商（IQ）比同龄儿童平均水平低 10～15，但并未得到后续研究的证实。

（二）细胞遗传学

除 47,XYY 核型外，还有 48,XYYY、49,XYYYY 核型患者，但较少见。这类患者性格更为暴躁，智力发育轻微落后并畸形等。

47,XYY 核型产生的原因，主要是由于父亲精子形成过程中第二次减数分裂时发生了染色体不分离，形成了携带 2 条 Y 染色体的精子。

六、两性畸形

两性畸形是指一些患者的性腺或内生殖器官、外生殖器官、副性征具有不同程度的两性特征。

（一）真两性畸形

真两性畸形患者体内兼有两性性腺，大约 40%的患者一侧为卵巢，另一侧为睾丸；40%的患者一侧为卵巢或睾丸，另一侧为卵睾；约 20%的患者两侧均为卵睾。患者外生殖器及第二性征不同程度地介于两性之间，其外表可为男性或女性。真两性畸形的核型可为 46,XX，也可为 46,XY 或为 46,XX/46,XY 嵌合体核型。

（二）假两性畸形

患者体内只有一种性腺，但外生殖器具有两性特征。如果性腺是睾丸，则为男性假两性畸形；如果性腺是卵巢，则为女性假两性畸形。其产生原因或者是性发育过程中因性激素水平异常，或者是胚胎发育过程中受到母体异常激素的影响（如大量使用黄体酮保胎）。男性假两性畸形称男性女性化，核型为46,XY。X染色质阴性，Y染色质阳性。它可分为两类：雄激素不敏感综合征（睾丸女性化综合征）和不完全男性假两性畸形。前者外生殖器及第二性征女性化明显；后者病情较轻，表现为男性，阴茎短小，睾丸小或隐睾，乳房发育如女性。女性假两性畸形核型为46,XX。X染色质阳性，Y染色质阴性。常见有先天性肾上腺皮质增生症（AR）。其中又以21-羟化酶缺陷（I型）为多见，其次为11-羟化酶缺陷（Ⅱ型）。部分病人还伴有水盐代谢紊乱。

七、脆性X综合征

脆性X综合征（fragile X syndrome）1968年由Lubs首次报道。脆性X染色体是指X染色体在Xq27.3处呈细丝样断裂，导致其相连的末端呈随体样结构。在人类染色体中，许多染色体存在这样容易发生细丝样断裂的部位，称为脆性位点（fragile site），但证明只有Xq27.3位置的脆性位点与智力低下相关。脆性X综合征发病率仅次于Down综合征，是导致智力低下的重要病因。

脆性X综合征为曾被认为是X染色体结构异常的染色体病，发病率为1/1250。由于男性为半合子，只要X染色体存在脆性位点即可表现此病。女性携带者的表型多数正常，少数表现轻度智力低下。男性患者最为典型的临床表现是：中度至重度智力低下，智商（IQ）为0～50。大睾丸、语言障碍、特殊面容、招风耳和大耳朵、头围比一般正常人大、突出的下颌、面中部发育不良（图5-18）。

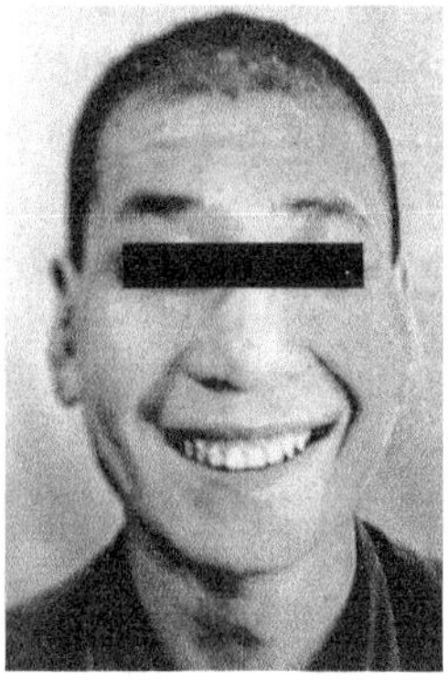

图5-18　脆性X综合征患者的面部表型（刘权章，2006）

脆性X综合征可以通过染色体技术检出（图5-19）。但已证实遗传基础并不是染色体断裂，而是DNA的扩增，即X染色体的*FMR-1*基因CGG序列（脆性位点）的大量扩增所引起。正常人此脆性位点的CGG重复次数为30～40，而脆性X综合征病人的CGG重复超过200次，甚至上千次。通过分子生物学技术对该序列的重复数量进行检测，目前很多产前诊断机构已可以完成患者的基因诊断，还可进行胎儿的产前诊断。

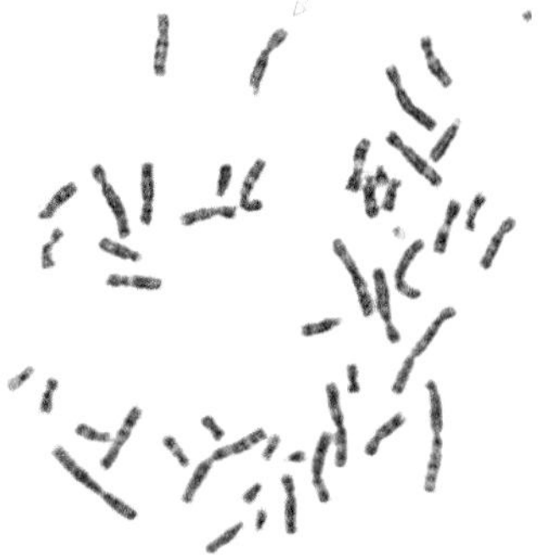

图5-19　脆性X综合征患者的G带分裂相与*FMR-1*基因46,XY,fra(X)(q27.3)

箭头示脆性X染色体

第五节　染色体微缺失/微重复综合征

传统的染色体检测方法主要是通过普通光学显微镜，将细胞分裂相放大约 1000 倍后做肉眼观察。该技术的染色体条带分辨率大约为>10Mb。对涉及片段大于该长度的染色体重复和缺失，该技术可以明确诊断。但如果涉及片段较小，该技术则无法诊断，需结合 FISH、MLPA、细菌人工染色体标记微球阵列（BACs-on-Beads，BoBs）、array-CGH、高通量测序等现代分子细胞生物学技术联合检测方可确诊。

染色体微缺失/微重复综合征的临床表现因为涉及的基因相对较少，所以表型与 13 三体、18 三体、21 三体的表型相比要轻微。但微缺失/微重复综合征患者的表型差异较大：从无明显异常，到出现重度智力障碍、严重先心病和身体畸形等异常表型，均可出现，如前述的猫叫综合征，所以更需要引起足够重视。

目前基于高通量测序平台，在孕中期通过对母血中胎儿游离 DNA 检测，对常见的染色体异常可以筛查出来，再通过采集胎儿绒毛、羊水或脐带血等样本进行产前诊断，可以防止表型严重的染色体病患儿出生。而且，随着该技术的快速进步，筛查胎儿染色体微缺失/微重复患儿也已达到很高的准确性，相信未来在新技术普及应用后，覆盖染色体微缺失/微重复综合征在内的染色体病全防控，将不再是梦想。

下面再以一种染色体微缺失综合征——Wolf-Hirschhorn 综合征（WHS）为例对这类疾病进行简单介绍。

Wolf-Hirschhorn 综合征即 4 号染色体短臂缺失综合征。由 4p16.3 区域部分缺失引起。发病率为 1/50 000，1965 年首次报道。目前尚无特殊治疗方法，可对症处理。2/3 的病人在 2 岁内死亡，偶有活至中年者。

临床表现有智力低下、癫痫、先心病、骨骼畸形。具特殊面容：延伸至前额的宽鼻梁，印堂突出，称为“希腊武士头盔”外貌（Battaglia et al.，2008）。小头畸形，眼距宽，大而突出的眼睛，人中短，小下颌，嘴角下垂，耳前标记窝，唇裂、腭裂，牙齿发育不全。并有生长发育迟缓：宫内发育落后，出生体重轻，生后体重增加缓慢，喂养困难，体重增长缓慢。肌肉发育差，肌张力减退，坐、站、走延迟。大多数儿童、成人身材矮小。

确诊方法：染色体检查 60%～70%的 WHS 患者为新发生的 4p16 微缺失，约 12%的患者表现为涉及 4 号染色体的结构异常，如环状染色体等。只有较大片段的 4p16 缺失可以通过染色体核型分析检出，如果缺失的片段较小，核型分析无法检出，只有通过 FISH 检查、array-CGH、基因芯片、高通量测序检查等可以帮助确诊。图 5-20 为 2 例 Wolf-Hirschhorn 综合征的遗传学检测结果。图 5-20A 来源于一例 12 岁 Wolf-Hirschhorn 综合征女性患儿，患儿有身材矮小，抵抗力低，轻度智力障碍等表型，图 5-20A 为 4 号染色体 G 带结果，显示 4p16 缺失；图 5-20B 和图 5-20C 来源于一例胎儿的产前诊断结果，简要病史：孕妇接受母血中胎儿游离[DNA 检测（non-invasive prenatal test，NIPT），结果提示“4p16 微缺失高风险”，遂行羊水穿刺手术抽取胎儿羊水细胞]，同时做胎儿染色体和高通量测序检测。胎儿染色体结果为正常（图 5-20B），拷贝数变异测序（copy number variation sequencing）CNV-seq 检测结果显示 4p16 区域 2.72Mb 的染色体微缺失

（图 5-20C），通过 CNV-seq 的检测结果将胎儿产前诊断为 Wolf-Hirschhorn 综合征，后经遗传咨询后，孕妇选择了终止妊娠。

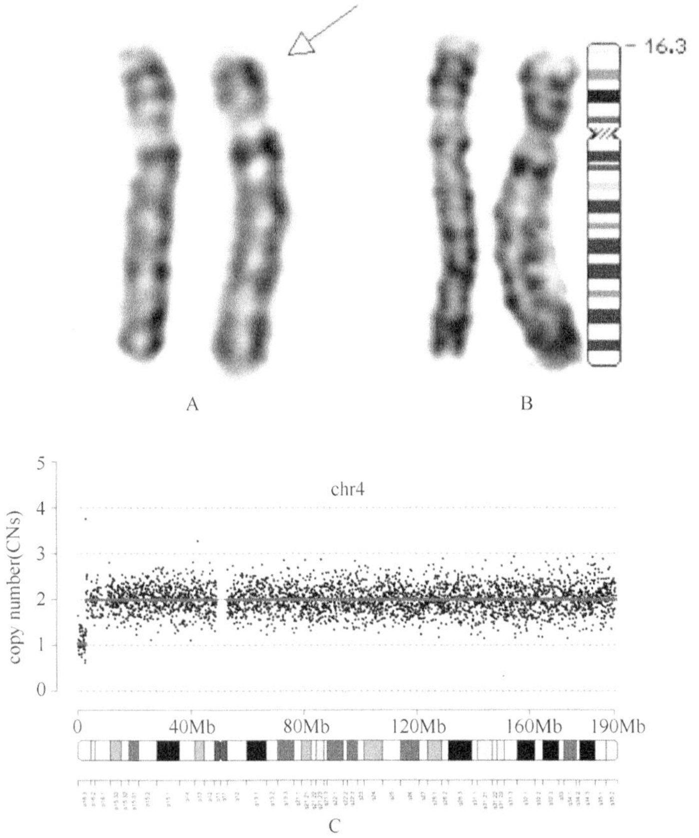

图 5-20　2 例 Wolf-Hirschhorn 综合征的遗传诊断结果

A. 核型为 46,XY,del(4)(p16)的 Wolf-Hirschhorn 综合征患儿的 4 号染色体，箭头指向为缺失部位；B. 产前诊断的胎儿 4 号染色体（未检出缺失）；C. 产前诊断胎儿的高通量测序 CNV-seq：4p16 区域的拷贝数为 1，其余区域拷贝数为正常的 2，证实 4p16 区域 2.72Mb 的染色体微缺失，胎儿诊断为 Wolf-Hirschhorn 综合征。

（唐新华　颜景斌　朱宝生）

参 考 文 献

边旭明, 蒋宇林, 戚庆炜. 2012. 产前诊断, 走中国自己的道路. 中华妇产科杂志, 47(11): 801-803.

刘权章. 2006. 临床遗传学彩色图谱. 第二版. 北京: 人民卫生出版社.

王培林. 2000. 遗传病学. 北京: 人民卫生出版社: 771-772.

Anke MB, Saenger P. 2001. Turner syndrome. Lancet, 358 (9278) : 309-314.

Aypar E, Yildirim MS, Sert A, et al. 2011. A girl with metopic synostosis and trisomy 13 mosaicism: Case report and view of the literature. Am J Med Genet A, 155: 638-641.

Battaglia A, Filippi T, Carey JC. 2008. Update on the clinical features and natural history of Wolf-Hirschhorn(4p-)syndrome: Experience with 87 patients and recommendations for routine health supervision. Am J Med Genet C Semin Med Genet, 148C(4): 246-251.

Jacobs PA, Baikie AG, Brown WMC, et al. 1960. Evidence for the existence of the human "super female". Lancet, 15(3): 440-441.

Jacobs PA, Strong JA. 1959. A case of human intersexuality having a possible XXY sex determining mechanism. Nature, 183(4657): 302-303.

Lejeune J, Turpin R, Gautier M. 1959. Mongolism: A chromosomal disease (trisomy). Bulletin De LacadémieNationale De Médecine, 143(11-12): 256-265.

Mary F, Lyon. 1962. Sex chromatin and gene action in the mammalian X-chromosome. Am J Med Genet, 14(2): 135-148.

Morris JK, Alberman E, Scott C, et al. 2008. Is the prevalence of Klinefelter syndrome increasing? Eur J Hum Genet, 16(2): 163-170.

PatauK, Smith DW, Therman E, et al. 1960. Multiple congenital anomaly caused by an extra autosome. Lancet, 1: 790.

Sandberg AA, Koepf GF, Ishihara T, et al. 1961. An XYY human male. Lancet, 278 (7200) : 488-489.

Shanske A, Sachmechi I, Patel DK, et al. 1998. An adult with 49, XYYYY karyotype: Case report and endocrine studies. Am J Med Genet, 80(2): 103-106.

Tunca Y, Kadandate JS, Pivnick EK. 2001. Long term survial in Patau syndrome. Clin Dysmorphol, 10 (2) : 149-150.

Verdonck A, Van Erum R. 1999. Syndromes 12. Turner syndrome. Ned Tijdschr Tandeelkd, 106 (7) : 264-266.

Zhang H, Gao Y, Jiang F, et al. 2015. Non-invasive prenatal testing for trisomies 21, 18 and 13: Clinical experience from 146 958 pregnancies. Ultrasound Obstet Gynecol, 45(5): 530-538.

第六章　单 基 因 病

单基因病是指单个基因或一对等位基因发生突变所引起的遗传病，其遗传规律符合孟德尔定律，所以又称孟德尔式遗传病。根据致病基因所在染色体不同（常染色体或性染色体）及该基因性质不同（显性或隐性），将单基因病分为以下几种遗传方式：常染色体显性遗传、常染色体隐性遗传、X 显性遗传、X 隐性遗传、Y 遗传。

等位基因（allele），是指位于一对同源染色体相同位置上控制着相对性状的一对基因。若群体中同一基因座上具有两个以上突变状态的基因，则称为复等位基因（multiple alleles）。若二倍体中一对等位基因中两个等位基因完全相同，则该个体为纯合子（homozygote），若两个等位基因各不相同，则该个体是杂合子（heterozygote）。基因型（genotype）是体的等位基因组成。表型（phenotype）是基因决定的性状在环境作用下的具体表现，表型是基因型个体发育的结果。显性基因（dominant gene）是在杂合状态下表现出相关性状的等位基因，常用大写英文字母表示。隐性基因（recessive gene）是在杂合状态下不表现，只在纯合状态下表现出相关性状的等位基因，常用小写英文字母表示。显性性状（dominant character）是指杂合子中表现出来的性状。隐性性状（recessive character）是指杂合子中不能显示出来的性状。

在对人类性状的遗传规律进行研究时常采用系谱分析法（pedigree analysis）。家族中第一个被医生或研究人员发现的罹患某种遗传病的患者或具有某种性状的成员称为先证者（proband）。系谱分析则是从先证者入手，追溯调查先证者家系中所有人员（直系亲属和旁系亲属）婚配、生育及遗传病发病情况，将调查资料用特定符号绘制的图解。绘制系谱图常用的系谱符号见图 6-1。系谱中不仅要包括具有某种性状或患有某种疾病的个体，也应该包括该家族中的正常成员。根据调查资料所绘制成的系谱图，可以对家系进行回顾性的分析，以确定所发现的某一性状或疾病在此家族中是否有遗传因素的作用以及可能的遗传方式，为其他具有相同遗传病患者或家系的诊治提供依据。同时在利用系谱来分析某一种遗传性状或遗传病时，一个家族的系谱资料不能够反映出该疾病的遗传方式及特点，通常要对多个具有相同遗传性状或遗传病的家族系谱做综合统计分析，才能比较准确地做出判断。

第一节　常染色体显性遗传

控制某种性状或疾病的基因位于常染色体（1～22 号染色体）上，并且该基因是显性的（杂合子发病或表现该基因的性状），此病或性状的遗传方式称为常染色体显性遗传（autosomal dominant inheritance，AD），此病称为常染色体显性遗传病（AD 病）。

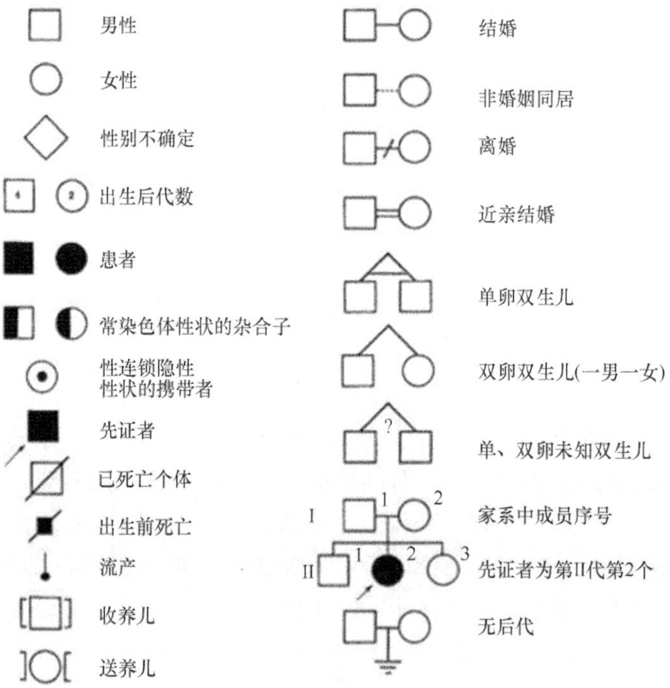

图 6-1　常用的系谱绘制符号

一、常染色体显性遗传病举例

人类疾病中有很多疾病呈现常染色体显性遗传，如软骨发育不全、结肠息肉症、脊髓小脑性共济失调 I 型、多指（趾）（轴后 AI 型）、急性间歇性卟啉症、Marfan 综合征等（表 6-1）（OMIM；NCBI）。

表 6-1　一些常染色体显性遗传病举例

疾病中文名	疾病英文名	OMIM 编号	致病基因定位
软骨发育不全	achondroplasia，ACH	100800	4p16.3
结肠息肉症	adenomatous polyposis of the colon，APC	175100	5q21-q22
脊髓小脑性共济失调 I 型	spinocerebellar ataxia 1，SCA1	164400	6p23
多指（趾）（轴后 AI 型）	postaxial polydactyly type A 1	174200	7p13
急性间歇性卟啉症	acute intermittent porphyria，AIP	176000	11q23.3
视网膜母细胞瘤	retinoblastoma，RB1	180200	13q14.1-q14.2
Marfan 综合征	Marfan syndrome，MFS	154700	15q21.1
多囊肾	polycystic kidneys	173900	16p13.3-p13.12
多囊肾 II 型	polycystic kidney disease 2，PKD2	173910	4q21-q23
肌强直性营养不良	dystrophia myotonica 1	160900	19q13.2-q13.3
多发性神经纤维瘤 II 型	neurofibromatosis type II，NF2	101000	22q12.2

Huntington 病（Huntington disease，OMIM 143100）又称遗传性舞蹈病（hereditary chorea），首先于 1872 年由 Huntington 报道，后以其名字命名，是一种典型的常染色体

显性遗传病（图 6-2）。该病通常于 30～45 岁时缓慢起病，主要累及大脑基底神经节和大脑皮质，引起广泛的脑萎缩，主要有尾状核、豆状核（主要是壳核）和额叶等部位的病变。临床表现为特征性的舞蹈动作、精神障碍及进行性痴呆。患者舞蹈样运动的动作快，累及全身肌肉，以面部和上肢最明显。每一阵舞蹈运动间有较长时间的间歇期，且不自主运动在睡眠时消失。随着病情的加重，会出现语言不清，甚至发音困难；不自主运动发生 1～2 年或数年后出现精神症状；智能障碍进行性加重，最终出现痴呆。患者大都有阳性家族史，当父亲为患者时，所生子女的发病年龄提前，临床症状加重，即遗传早现。

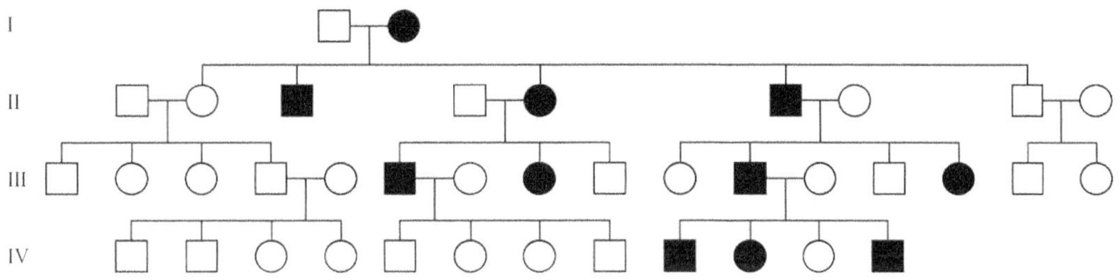

图 6-2　一个 Huntington 舞蹈病系谱

1983 年，该病基因被定位于 4p16.3，基因全长 180kb，有 67 个外显子，在正常情况下，基因编码 huntingtin 蛋白，而在疾病状态下，由于 *huntingtin* 基因的 5'端（CAG）$_n$ 发生动态突变，而（CAG）$_n$ 重复次数的多少与发病的早晚、疾病的严重程度成正比。正常人的（CAG）重复次数为 9～34 次，而 Huntington 舞蹈病患者大于 36 次，最多超过 120 次。

二、婚配类型与子代发病风险

在常染色体显性遗传病中，假定用 *A* 表示显性致病等位基因，*a* 表示相对应的隐性正常等位基因，在完全外显的情况下，患者的基因型有两种，显性纯合子（*AA*）和杂合子（*Aa*）的表型完全相同，即在杂合子 *Aa* 中，显性基因 *A* 的作用完全表现出来，而隐性基因 *a* 的作用被完全掩盖。但临床上所见到的患者大多数为杂合子。基因型 *aa* 为正常个体。

短指（趾）症 A1 型（brachydactyly，type A1；BDA1）（OMIM 112500）是常染色体完全显性遗传的典型例子。它的主要症状是患者指骨（或趾骨）短小或缺失，致使手指（或足趾）变短；致病基因定位于 2q33-q35。

假设决定短指的基因为显性基因 *A*，正常指为隐性基因 *a*，则短指症患者的基因型应为 *AA* 或 *Aa*。显性基因 *A* 在杂合子状态下是完全显性，因而在临床上基因型为 *AA* 或 *Aa* 的患者表型上完全不能区分。根据分离规律，基因型 *AA* 中的两个 *A*，必然一个来自父亲，一个来自母亲，这样只有当父母都是短指症患者时才可能生出 *AA* 型子女，而这种婚配的机会在实际生活中毕竟是很少的，从而实际上绝大多数短指症的基因型为 *Aa*。

如果患者 *Aa* 与正常人 *aa* 婚配，其所生子女中大约有 1/2 是患者（图 6-3），也就是说这对夫妇每生一个孩子就有 1/2 生短指症患儿的概率。

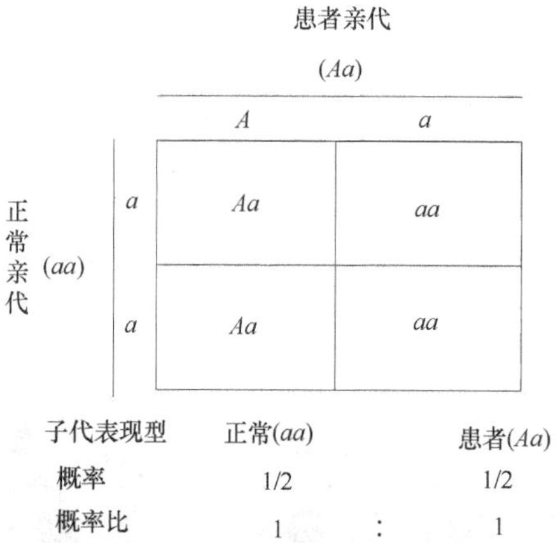

图 6-3　常染色体显性遗传病杂合子患者与正常人婚配图解

杂合子患者（*Aa*）相互婚配时，每胎孩子的患病率是 0.75，同一婚配类型的家庭子女中将有 3/4 得病（图 6-4）。

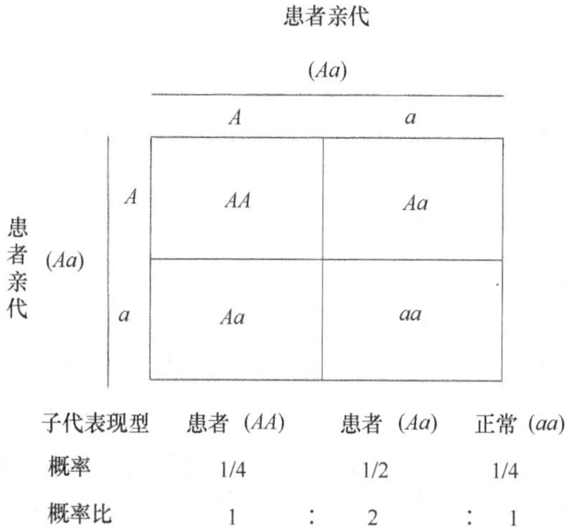

图 6-4　常染色体显性遗传病杂合子患者相互婚配图解

三、常染色体完全显性遗传的特征

由以上典型病例可见，常染色体完全显性遗传的典型遗传方式有下面几个特点。

（1）由于致病基因位于常染色体上，因而致病基因的遗传与性别无关，即男女患病的机会均等；

（2）患者的双亲中必有一个为患者，但绝大多数为杂合子，患者的同胞中约有 1/2 的可能性也为患者；

（3）系谱中可见本病的连续传递，即通常连续几代都可以看到患者；

（4）双亲无病时，子女一般不会患病（除非发生新的基因突变）。

根据这些特点，可对常染色体完全显性的遗传病在临床上进行发病风险的估计。例如，夫妇双方有一人正常，一人患病（杂合子），那么子女患病的风险可能为1/2；若夫妇双方均为患者（均为杂合子）婚配，则子女患病的可能性为3/4。图6-5是1903年Farabee报道的一个短指症家系，它也是人类中常染色体完全显性的第一个例证。

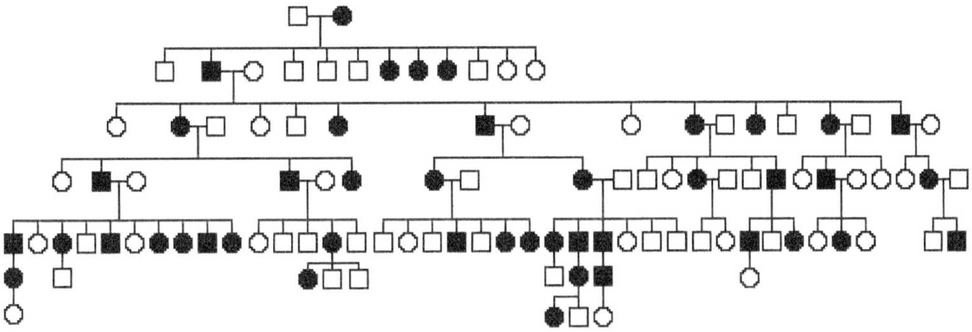

图 6-5　1903 年 Farabee 报道的短指症家系的系谱

第二节　常染色体隐性遗传

一种遗传病的致病基因位于1～22号常染色体上，其遗传方式是隐性的，只有隐性致病基因的纯合子才会发病，称为常染色体隐性（autosomal recessive，AR）遗传病（梁素华，2014；祁鸣，2008）。带有隐性致病基因的杂合子本身不发病，但可将隐性致病基因遗传给后代，称为携带者（carrier）。

一、常染色体隐性遗传病举例

白化病Ⅰ型（albinism，type Ⅰ）是一种常见的常染色体隐性遗传病，以皮肤、毛发、眼睛缺乏黑色素为特征。在正常人皮肤、毛发、眼睛等组织的黑色素细胞内有酪氨酸酶，能将L-酪氨酸羟化为多巴醌（3，4-二羟苯丙氨酸），多巴醌再氧化成多巴，后者聚合并与蛋白质结合形成黑色素蛋白，使组织具有相应的颜色。而在白化症Ⅰ型患者体内编码酪氨酸酶的基因发生突变，使患者体内酪氨酸酶缺乏而导致黑色素的合成发生障碍，从而引起白化症状。患者虹膜、皮肤、毛发缺乏黑色素，羞明。编码酪氨酸酶（tyrosinase，TYR）的基因位于11q14-q21，由5个外显子组成。其他常见且主要的常染色体隐性遗传病见表6-2（OMIM；NCBI）。

表 6-2　几种常见的常染色体隐性遗传病

疾病中文名	疾病英文名	OMIM 编号	致病基因定位
尿黑酸尿症	alkaptonuria	203500	3q21-q23
血色素沉积症	hemochromatosis，HFE	235200	6p21.3
半乳糖血症	galactosemia	230400	9p13

续表

疾病中文名	疾病英文名	OMIM 编号	致病基因定位
镰状细胞贫血	sickle cell anemia	603903	11p15.5
眼皮肤白化病Ⅰ型	oculocutaneous albinism type Ⅰ，OCA1	203100	11q14-q21
毛细血管扩张性共济失调	ataxia-telangiectasia，AT	208900	11q22.3
苯丙酮尿症	phenylketonuria，PKU	261600	12q24.1
肝豆状核变性（威尔逊病）	hepatolenticular degeneration，Wilson disease	277900	13q14.3-q21.1
Bloom 综合征	Bloom syndrome，BLM	210900	15q26.1
糖原贮积病Ⅰ型	glycogen storage disease Ⅰ	232200	17q21
同型胱氨酸尿症	homocystinuria	236200	21q22.3

二、婚配类型及子代发病风险

当个体处于杂合状态时，由于有野生型显性等位基因的存在，致病基因的作用不能表现，所以杂合子不发病。这种表型正常但带有致病基因的杂合子称为携带者。只有当隐性基因处于纯合状态时，隐性基因所控制的性状才能表现出来。因此临床上所见到的常染色体隐性遗传病患者，往往是两个携带者婚配所生的子女。

现以 *a* 表示该病的致病基因，与其等位的正常基因为 *A*，当一对夫妇均为携带者时（*Aa*×*Aa*），他们的后代将有 1/4 的概率是白化病患儿，3/4 的概率为表型正常的个体，在表型正常的个体中，2/3 为白化病基因携带者（图 6-6）。

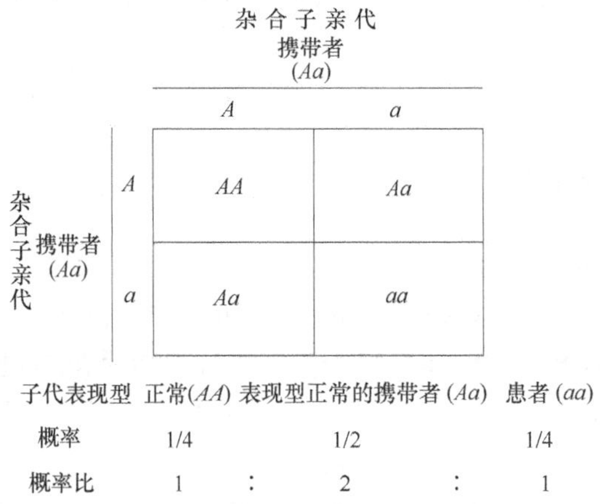

图 6-6 常染色体隐性遗传病携带者婚配的生育风险图解

实际上，人群中最多的婚配类型是杂合子与正常人婚配（*Aa*×*AA*），子代表现型全部正常，但其中将有 1/2 是携带者（图 6-7）。

杂合子与患者婚配（*Aa*×*aa*）可能发生于近亲婚配时，子代中将有一半为患者，另一半为携带者（图 6-8）。这种家系由于连续两代出现患者，子代比例模拟显性遗传方式，成为类显性遗传，不易与常染色体显性遗传区分。若在近亲婚配家庭中出现这种遗传格局，应考虑常染色体隐性遗传的可能性。

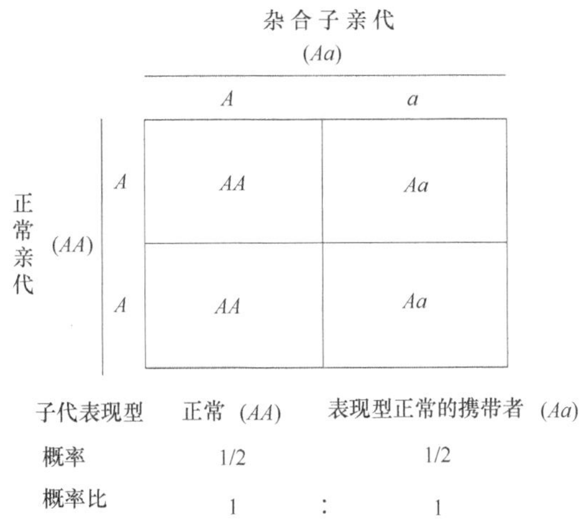

图 6-7 常染色体隐性遗传病杂合子与正常人婚配图解

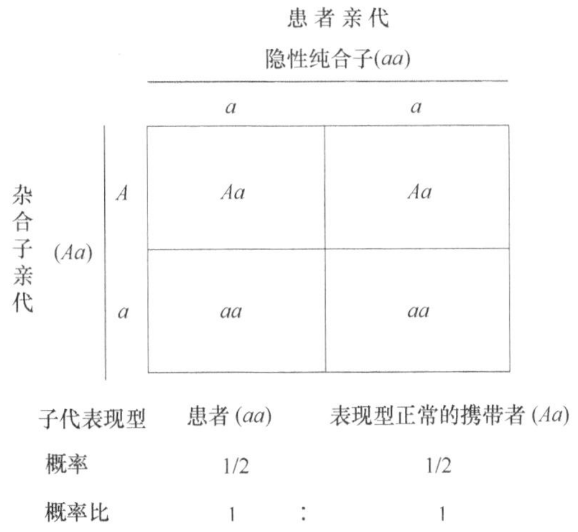

图 6-8 常染色体隐性遗传病患者与杂合子婚配图解

而患者相互婚配（$aa \times aa$）时，子女则全部受累。由于隐性致病基因少见，这种婚配的可能性极少，只有在发病率高的隐性遗传病中才能见到。

三、常染色体隐性遗传的特征

常染色体隐性遗传的典型系谱（图 6-9）有如下特点。

（1）由于基因位于常染色体上，所以它的发生与性别无关，男女发病机会相等；

（2）系谱中患者的分布往往是散发的，通常看不到连续传递现象，有时在整个系谱中甚至只有先证者一个患者；

（3）患者的双亲表型往往正常，但都是致病基因的携带者，此时出生患儿的可能性为 1/4，患儿的正常同胞中有 2/3 的可能性为携带者；

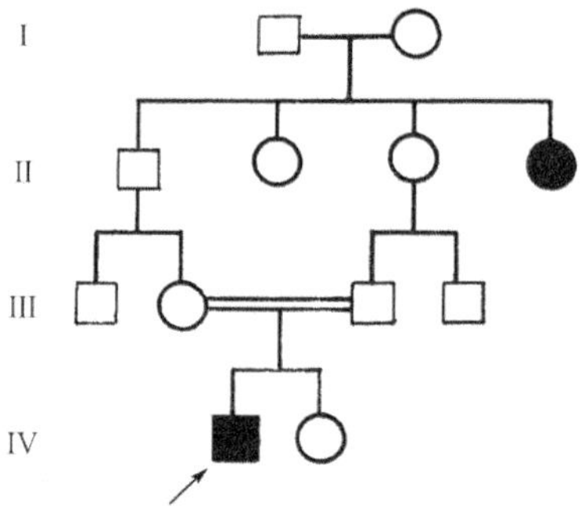

图 6-9　常染色体隐性遗传的典型系谱

（4）近亲婚配时，子女中隐性遗传病的发病率要比非近亲婚配者高得多。这是由于他们来自共同的祖先，往往具有某种共同的致病基因变异。

四、常染色体隐性遗传病分析时应注意的问题

（一）临床对患者同胞发病风险的统计常常高于预期的 1/4

在临床上所看到的常染色体隐性遗传病家系中，常常出现患者人数占其同胞人数的比例高于理论上的 1/4 的现象，这是由于不完全确认（incomplete ascertainment）造成的。在常染色体显性遗传病家系中，父母一方患病时，子女中有 1 个或 1 个以上患病的人或无患病的人均可被确认，所得数据完整，称为完全确认（complete ascertainment）。在常染色体隐性遗传病家系中，一对夫妇都是携带者，子女中有 1 个以上患病者的家庭才会被确认，而无患病子女的家庭将被漏检，称为不完全确认或截短确认（truncate ascertainment）（Strachan，2003；Mueller，1999）。

如果一对夫妇都是携带者，他们只生一个孩子，这个孩子患病的可能性为 1/4，将被检出；而这个孩子不患病的可能性为 3/4，将被漏检，所以在只生一个孩子的家庭中，子女中患病比例为 100%。如果一对夫妇都是携带者，他们生有两个孩子，这两个孩子都患病的可能性为 1/4×1/4=1/16，将被检出；两个孩子中有一个患病的可能性为（1/4×3/4）+（3/4×1/4）=6/16，也会被检出；而两个孩子都正常的可能性为 3/4×3/4=9/16，将被漏检，这样在生两个孩子的家庭中，子女中患病比例为 7/16，高于预期的 1/4。事实上，在生育子女数目更多的家庭中，也存在着类似的现象。因此在计算常染色体隐性遗传病患者同胞的发病比例时，常采用 Weinberg 先证者法进行校正，校正公式为 $C=\dfrac{\sum a(r-1)}{\sum a(s-1)}$。这里 C 为校正比例；a 为先证人数；r 为同胞中的受累人数；s 为同胞人数。其基本原理是将先证者从统计中去除，仅计算先证者同胞的患病频率。

例如，一项对 11 个苯丙酮尿症患者家庭的调查结果见表 6-3，在总共 23 名同胞中，患病者有 14 人，发病比例为 14/23=0.6087，大大高于预期的 1/4。如使用校正公式进行计算，则 C=3/12=1/4，完全符合常染色体隐性遗传病的发病比例。

表 6-3　苯丙酮尿症 Weinberg 先证者法校正表

患病家庭	s	r	a	$a\ (r-1)$	$a\ (s-1)$
1	1	1	1	0	0
2	1	1	1	0	0
3	1	1	1	0	0
4	1	1	1	0	0
5	2	1	1	0	1
6	2	1	1	0	1
7	2	2	1	1	1
8	3	1	1	0	2
9	3	1	1	0	2
10	3	2	1	1	2
11	4	2	1	1	3
总计	23	14	11	3	12

（二）近亲婚配明显提高常染色体隐性遗传病的发病风险

近亲（close relatives）是在 3～4 代以内有共同祖先的个体间的关系，他们之间通婚称为近亲婚配。由于遗传，两个近亲个体可能携带从共同祖先传来的相同基因，他们的后代发生等位基因纯合的可能性会明显增大。两个近亲个体在某一基因座上具有相同基因的概率称为亲缘系数（coefficient of relationship）。根据亲缘系数的大小，可将血亲分成不同的亲属级别。

一级亲属包括亲子关系和同胞关系，他们之间的亲缘系数为 1/2，即他们之间基因相同的可能性为 1/2。与亲子关系不同，同胞之间 1/2 的亲缘系数只是一种概率估计，实际情况可能大于或小于 1/2。

二级亲属包括一个个体与其祖父母、外祖父母、双亲的同胞、同胞的子女和子女的子女等，他们之间的亲缘系数为 1/4，即他们之间基因相同的可能性为 1/4。

三级亲属泛指亲缘系数为 1/8，即基因相同的可能性为 1/8 的近亲之间的关系。

其他亲属级别依此类推，亲属级别每远一级，亲缘系数减少 1/2。

假如一种常染色体隐性遗传病的携带者频率为 1/100，一个携带者随机婚配时后代的发病风险为 $1\times1/100\times1/4=1/400$；而其与表亲（三级亲属）婚配，后代的发病风险为 $1\times1/8\times1/4=1/32$，比随机婚配的风险高 12 倍以上。通常，一种常染色体隐性遗传病在群体中携带者的频率越低，近亲婚配后代的相对发病风险就越高。因此，一些罕见的常染色体隐性遗传病患者往往是近亲婚配的后代，所以我国《婚姻法》禁止直系血亲和三代之内的旁系血亲结婚。

第三节　X 连锁显性遗传

X 连锁显性遗传（X-linked dominant inheritance，XD）是指 X 染色体上的显性基因所控制的性状或疾病的遗传（梁素华，2014；祁鸣，2008）。

X 连锁突变基因在男性是完全表达的，因为男性只有一条 X 染色体，其 X 染色体上的基因不是成对存在的，在 Y 染色体上缺少相对应的等位基因，故称为半合子（hemizygote），其 X 染色体上的基因都可表现出相应的性状或疾病。

男性只有一条 X 染色体，男性的 X 染色体及其连锁的基因只能从母亲传来，将来只能传递给女儿，不存在父→子的传递。

由性染色体的基因所决定的性状在群体分布上存在着明显的性别差异。对于 X 连锁显性遗传病来说，女性有两条 X 染色体，其中任何一条 X 染色体上存在致病基因都会发病，而男性只有一条 X 染色体，所以女性发病率约为男性的 2 倍。然而男性患者病情较重，而女性患者由于 X 染色体的随机失活，病情较轻且常有变化。

一、X 连锁显性遗传病举例

低磷酸盐血症性佝偻病（hypophosphatemic rickets）（OMIM 307800）又称抗维生素 D 性佝偻病（vitamin D-resistant rickets），是 Albright 在 1937 年首先报道的，患者由于肾小管对磷酸盐的再吸收障碍，导致血磷下降，尿磷增多，肠道对磷、钙的吸收不良而影响骨质钙化，形成佝偻病。

患儿多于 1 周岁左右下肢开始负重时，才表现出症状，最先出现的症状为 O 型腿或 X 型腿，严重的病例有进行性骨骼发育畸形、多发性骨折，并伴有骨骼疼痛、不能行走、生长发育缓慢等症状。从临床观察，女性患者多为杂合子，数目虽多于男性患者，但病情较轻，少数只有低磷酸盐血症，没有明显的佝偻病骨骼变化。

低磷酸盐血症性佝偻病致病基因 *PHEX*（phosphate-regulating endopeptidase homolog，X-linked）定位于 Xp22.2-p22.1，1997 年被克隆。*PHEX* 有 18 个外显子，编码 749 个氨基酸残基，86.5 kDa 的蛋白质，属于Ⅱ型膜整合的锌依赖性内肽酶家族。点突变和缺失是导致疾病发生的主要原因。

其他几种常见且主要的 X 连锁显性遗传病见表 6-4（OMIM；NCBI）。

表 6-4　几种 X 连锁显性遗传病

疾病中文名称	疾病英文名称	OMIM 编号	致病基因定位
鸟氨酸氨甲酰转移酶缺乏症	ornithine transcarbamylase deficiency，OTCD	311250	Xp21.1
小眼畸形	microphthalmia，syndromic 7，MCOPS7	309801	Xp22
口面指综合征Ⅰ型	orofaciodigital syndrome Ⅰ，OFD1	311200	Xp22.3-p22.2
Alport 综合征	alport syndrome，X-linked，ATS	301050	Xq22.3
色素失调症	incontinentia pigmenti，IP	308300	Xq28

二、婚配类型及子代发病风险

X 连锁显性遗传病的显性致病基因在 X 染色体上，只要一条 X 染色体上存在突变基因（即女性杂合子或男性半合子）即可致病。男性半合子患者（X^RY）与正常女性（XX）的婚配图解见图 6-10，由于交叉遗传(criss-cross inheritance)，男性患者的致病基因一定传给女儿，而不会传给儿子，所以女儿都将是患者，儿子全部为正常。

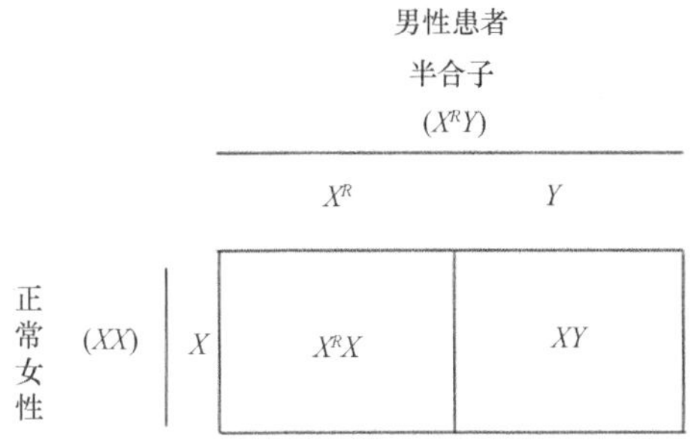

子代表现型	杂合女性患者(X^RX)		正常男性(XY)
概率	1/2		1/2
概率比	1	:	1

图 6-10　X 连锁显性遗传病半合子男性患者与正常女性婚配图解

女性杂合子患者（X^RX）与正常男性（XY）婚配的婚配图解见图 6-11，类似于常染色体显性遗传，但由于交叉遗传，X 连锁的遗传病看不到父到子的传递。

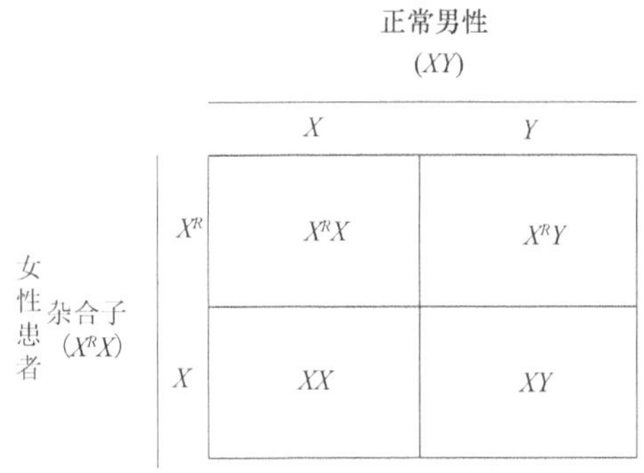

子代表现型	正常女性(XX)		杂合女性患者(X^RX)		正常男性(XY)		半合子男性患者(X^RY)
概率	1/4		1/4		1/4		1/4
概率比	1	:	1	:	1	:	1

图 6-11　X 连锁显性遗传病女性患者与正常男性婚配图解

三、X 连锁显性遗传的特征

X 连锁显性遗传具有如下特征。

（1）人群中女性患者比男性患者约多一倍，前者病情常较轻；

（2）除非患者由新发突变致病，否则双亲中必有一名是该病患者；

（3）男性患者的女儿全部都为患者，儿子全部正常；

（4）女性患者（杂合子）的子女中各有 50%的可能性是该病的患者；

（5）系谱中常可看到连续传递现象，这点与常染色体显性遗传相似，但无父子传递现象。

第四节　X 连锁隐性遗传

如果决定一种遗传病的致病基因位于 X 染色体上，且为隐性基因，称为 X 连锁隐性（X-linked recessive，XR）遗传病（梁素华，2014；祁鸣，2008）。

一、X 连锁隐性遗传病举例

血友病 A（hemophilia A）（OMIM 306700）又称甲型血友病、抗血友病球蛋白（antihemophilicglobulin，AHG）缺乏症、第Ⅷ因子缺乏症、经典型血友病。血友病 A 发病年龄多在儿童期，患者轻微外伤后出血不止。皮肤出血往往为缓慢持续地渗血，可形成皮下血肿；关节、肌肉出血常累及关节血肿，以踝、膝、肘关节多见，可导致跛行，不经治疗者往往造成关节永久性畸形；严重者可因颅内出血而致死。

血友病 A 是一种 X 连锁隐性遗传病，因子Ⅷ基因定位于 Xq28，基因全长超过 186kb，有 26 个外显子，编码 2351 个氨基酸残基组成的凝血因子Ⅷ，参与凝血过程。主要突变形式包括倒位、点突变、缺失和插入等。

历史上有一个著名的血友病 A 家系，其第一代致病基因携带者为 19 世纪英国的维多利亚女王，致病基因通过通婚而传到欧洲多个国家的皇室成员，因此血友病 A 又被称为“皇室病”。

其他一些常见且主要的 X 连锁隐性遗传病见表 6-5（OMIM；NCBI）。

表 6-5　几种 X 连锁隐性遗传病

疾病中文名称	疾病英文名称	OMIM 编号	致病基因定位
Wiskott-Aldrich 综合征	Wiskott-Aldrich syndrome，WAS	301000	Xp11.23-p11.22
慢性肉芽肿	X-linked chronic granulomatous disease，CGD	306400	Xp21.1
Duchenne 型肌营养不良症	Duchenne muscular dystrophy，DMD	310200	Xp21.1-p21.1
眼白化病Ⅰ型	ocular albinism type Ⅰ，OA1	300500	Xp22.3
眼白化病Ⅱ型	ocular albinism type Ⅱ，OA2	300600	Xp11.4-p11.23
全垂体功能减退症	panhypopituitarism，PHP	312000	Xq27.2-q27.3
鱼鳞病	X-linked ichthyosis	308100	Xp22.32
Fabry 病	Fabry disease	301500	Xq22
Lesch-Nyhan 综合征	Lesch-Nyhan syndrome，LNS	300322	Xq26-q27.2
高 IgM 免疫缺陷症	immunodeficiency with hyper-IgM，HIGM	308230	Xq26
血友病 B	hemophilia B，HEMB	306900	Xq27.1-q27.2
黏多糖贮积症Ⅱ型	mucopolysaccharidosis type Ⅱ，MPS Ⅱ	309900	Xq28

二、婚配类型及子代发病风险

在 X 连锁隐性遗传家系中最常见的是表型正常的女性携带者（X^AX^a）与正常男性（X^AY）之间的婚配，子代中儿子将有 50%受累，女儿不发病，但 50%为携带者（图 6-12）。

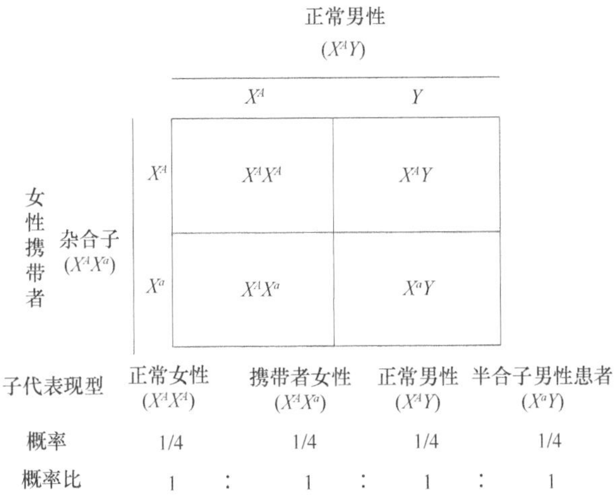

图 6-12　X 连锁隐性遗传病女性携带者与正常男性婚配图解

男性半合子患者（X^aY）与正常女性（X^AX^A）之间的婚配，所有子女的表现型都正常，但由于交叉遗传，父亲的 X^a 一定传给女儿，因此所有女儿均为携带者（图 6-13）。

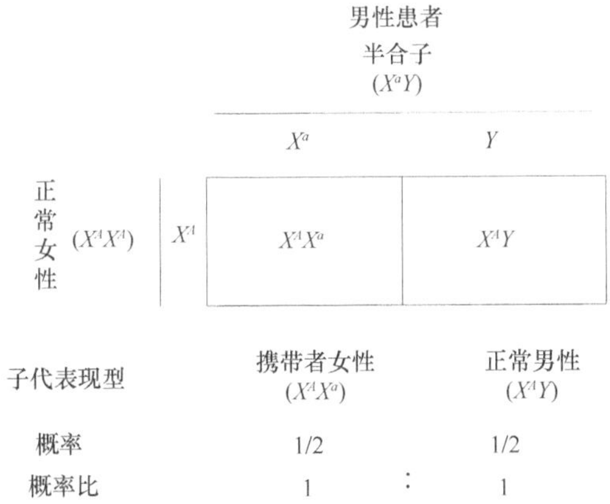

图 6-13　X 连锁隐性遗传病男性患者与正常女性婚配图解

偶尔在人群中还能看到男性半合子患者（X^aY）与女性携带者（X^AX^a）之间的婚配，子女有 1/2 会发病，类似于常染色体显性遗传的系谱传递，且由于交叉遗传，所以表型正常的女儿均为携带者（图 6-14）。

三、X 连锁隐性遗传的特征

X 连锁隐性遗传具有如下特征。

（1）人群中男性患者远较女性患者多，系谱中往往只有男性患者；

（2）双亲无病时，儿子可能发病，女儿则不会发病；儿子如果发病，母亲很可能是一个携带者，女儿也有 1/2 的可能性为携带者；

（3）男性患者的兄弟、外祖父、舅父、姨表兄弟、外甥、外孙等也有可能是患者；

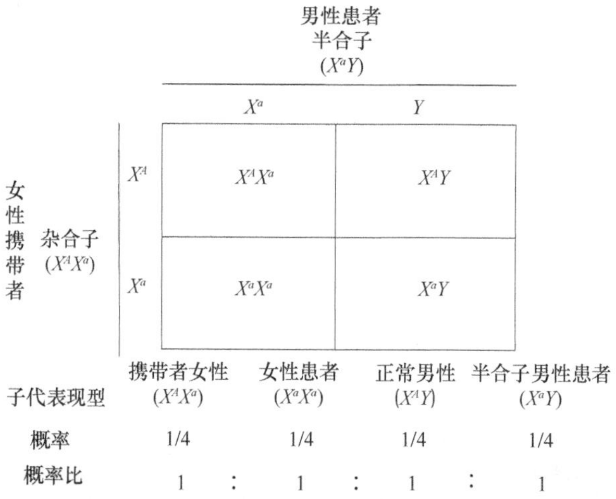

图 6-14 X 连锁隐性遗传病男性患者与女性携带者婚配图解

（4）如果女性是一患者，其父亲一定也是患者，母亲一定是携带者。

第五节 Y 连锁遗传

如果决定某种性状或疾病的基因位于 Y 染色体，随 Y 染色体而在上下代之间进行传递，称为 Y 连锁遗传（Y-linked inheritance）（梁素华，2014；祁鸣，2008）。Y 连锁遗传的传递规律比较简单，具有 Y 连锁基因者均为男性，这些基因将随 Y 染色体进行父→子、子→孙的传递，因此又称为限雄遗传（holandric inheritance）或全男性遗传。

目前已经定位在 Y 染色体上的基因只有 44 种，其中主要的有性别决定因子（sex-determining region of Y chromosome，*SRY*）（OMIM 480000）和外耳道多毛症基因（OMIM 425500）等。图 6-15 为一个外耳道多毛症系谱，系谱中全部男性均有此性状，即到了青春期，外耳道中可长出 2～3cm 成簇的黑色硬毛，常可伸出于耳孔之外，系谱中所有女性均无此症状。

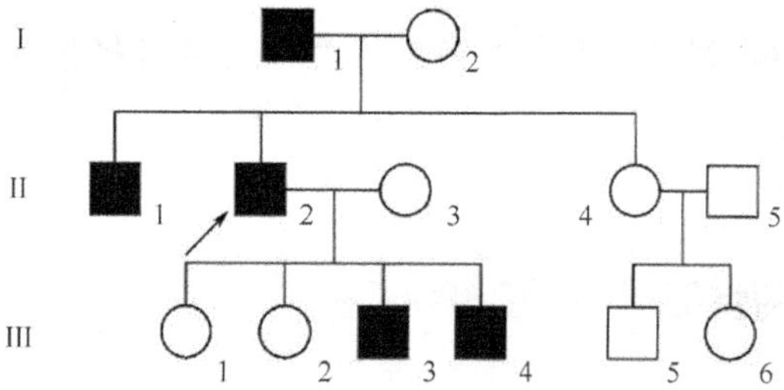

图 6-15 外耳道多毛症的系谱

以上介绍了单基因遗传的遗传方式及特点。对于某一遗传性状或某种疾病来说，通过多个家系的调查和系谱分析，有助于对该性状或疾病的遗传方式做出初步的估计和预测子女的发病风险。

第六节 影响单基因病分析的因素

一、不完全显性遗传

不完全显性（incomplete dominance）也称为半显性（semi-dominance）遗传，它是杂合子 *Aa* 的表型介于显性纯合子 *AA* 和隐性纯合子 *aa* 表型之间的一种遗传方式，即在杂合子 *Aa* 中显性基因 *A* 和隐性基因 *a* 的作用均得到一定程度的表现。

例如，人类对苯硫脲（PTC）的尝味能力就是不完全显性遗传的典型性状。苯硫脲是一种白色结晶状物质，因含有 N—C=S 官能团而有苦涩味。有人能尝出其苦味，称 PTC 尝味者；有些人不能尝出其苦味，称 PTC 味盲者。在我国汉族居民中，味盲者约占 1/10。

二、共显性遗传

共显性（codominance）是一对等位基因之间没有显性和隐性的区别，在杂合子个体中两种基因的作用都完全表现出来。例如，人类的 ABO 血型系统（ABO blood group）（OMIM 110300）、MN 血型系统（MN blood group）（OMIM 111300）和组织相容性抗原等都属于这种遗传方式。

ABO 血型系统是由一组复等位基因（I^A、I^B 和 i）所控制的，定位于 9q34。复等位基因来源于一个基因位点所发生的多次独立的突变，是基因突变多向性的表现。I^A 对 I^B 是共显性（但 I^A 对 i、I^B 对 i 都是完全显性）。

三、延迟显性

带有显性致病基因的杂合子（*Aa*）在生命的早期，因致病基因并不表达或表达尚不足以引起明显的临床表现，只在达到一定的年龄后才表现出疾病，称为延迟显性（delayed dominance）。

例如，Huntington 病通常于 30～40 岁发病，但也有在 10 岁以前和 60 岁以后发病的病例，属于延迟显性的一个例子。

四、不规则显性遗传

不规则显性（irregular dominance）遗传是杂合子（*Aa*）的显性基因由于某种原因而不表现出相应的性状，因此在系谱中可以出现隔代遗传（skipped generation）的现象。换而言之，在具有某一显性基因的个体中，并不是每一个杂合子个体都能表现出该显性基因所控制的性状。这些不表现出显性性状的个体称为顿挫型（forme fruste），他们本身虽然不表现出显性性状，但却可以把显性等位基因传递下去，使后代具有该显性性状。

显性基因不能表达的原因现在还不十分清楚，估计是杂合子个体具有的其他一些基因对致病主基因的表型效应产生了加强或弱化的作用，这些基因称为修饰基因（modifier gene）；另外，杂合子个体所处的内外环境的不同也会对致病主基因的表达与否产生影响。

五、表现度

表现度（expressivity）是在不同遗传背景和环境因素的影响下，相同基因型的个体在性状或疾病的表现程度上产生的差异。

例如，常染色体显性遗传的成骨不全Ⅰ型（OMIM 166200），主要症状有多发性骨折、蓝色巩膜、传导性或混合性耳聋。由于表现度的不同，轻症患者只表现出蓝色巩膜；重症患者可表现出早发、频发的骨折，耳聋和牙本质发育不全等症状。在一个家庭中即可看到受累器官的差异及严重程度的不同，称为表现度不一致。

多指（趾）症AⅠ型也是一种常染色体显性遗传病，不同的杂合子（*Aa*）患者可以表现为多指（趾）的数目不同，或多出指（趾）的长短程度不同。而这些差异既可出现在不同个体身上，也可出现在同一个体的不同部位。

表现度与外显率是两个不同的概念，其根本的区别在于外显率阐明了基因表达与否，是个“质”的问题；而表现度要说明的是在基因表达前提下的表现程度如何，是个“量”的问题。

六、基因的多效性

基因的多效性（pleiotropy）是一个基因可以决定或影响多个性状。在生物个体的发育过程中，很多生理生化过程都是互相联系、互相依赖的。基因的作用是通过控制新陈代谢的一系列生化反应而影响到个体发育的方式，从而决定性状的形成。因此，一个基因的改变可能直接影响其他生化过程的正常进行，从而引起其他性状发生相应改变。例如，Marfan综合征是一种全身性结缔组织病，患者既有身材瘦高、四肢细长、手足关节松弛、指（趾）纤细呈蜘蛛指（趾）样等骨骼系统异常，晶状体脱位、近视等症状，还有二尖瓣功能障碍、主动脉扩张、主动脉瘤等心血管系统畸形。基因多效性的原因，可从两个方面进行分析：一是，基因通过转录和翻译形成的产物（蛋白质或酶）直接或间接控制和影响了不同组织和器官的代谢功能，即所谓的初级效应，如半乳糖血症Ⅰ型由于半乳糖-1-磷酸尿苷转移酶缺乏导致患者智力发育不全等神经系统异常，黄疸、腹水、肝硬化等消化系统症状，以及白内障等症状；二是，在基因初级效应的基础上通过连锁反应引起的一系列次级效应。例如，镰状细胞贫血由于存在异常血红蛋白（HbS）产生镰状红细胞，进而使血液黏滞度增加、局部血流停滞、各组织器官的血管梗死、组织坏死等各种临床表现，这些都属于基因的次级效应，是基因多效性的另一原因。

七、遗传异质性

与基因多效性相反，遗传异质性（genetic heterogeneity）是指一种遗传性状可以由多个不同的遗传改变所引起。遗传异质性又可分为基因座异质性和等位基因异质性（Jon，2010）。

基因座异质性是指同一遗传病由不同基因座的突变引起。例如，智力低下，既可能是常染色体隐性遗传的半乳糖血症、苯丙酮尿症、黑蒙性痴呆的致病基因所致，也可能是由X连锁的脆性X综合征的致病基因所致。

等位基因异质性是指同一遗传病由同一基因座上的不同突变引起。例如，抗肌萎缩蛋白（dystrophin）基因的不同改变，既可能引起症状严重的Duchenne型肌营养不良症（Duchenne muscular dystrophy，DMD）（OMIM 310200），也可能引起症状较轻的Becker型肌营养不良症（Becker muscular dystrophy，BMD）（OMIM 300376）。

随着人类基因组计划的完成，人们对人类基因组的了解越来越深入，实验技术、分析手段愈加精细，已经在越来越多的病例中观察到遗传异质性的存在。

八、同一基因可产生显性或隐性突变

现在已经发现许多同一基因的不同突变引起显性或隐性遗传病的病例。如定位于11p15.5的β珠蛋白基因127位密码子的突变使β链的127位氨基酸从正常的谷氨酰胺变成了脯氨酸，从而形成Hb Houston（OMIM 141900. 0319），导致β^+-Houston-地中海贫血，其遗传方式为常染色体显性；β珠蛋白基因26位密码子的突变，则使β链的26位氨基酸从正常的谷氨酸变成了赖氨酸，形成Hb E（OMIM 141900. 0071），导致β^+-E-地中海贫血，其遗传方式为常染色体隐性。类似的例子还有许多（表6-6）（OMIM；NCBI）。

表6-6　同一基因可产生显性或隐性突变的例子

基因名称（染色体定位）	常染色体显性病例	常染色体隐性病例
甲状腺激素β受体（*THRB*；3p24.3）	全身性甲状腺素抗性（*THRB*，Ala234Thr）（OMIM 190160.0017）	全身性甲状腺素抗性（*THRB*，Val458Ala）（OMIM 190160.0035）
胶原Ⅶ型（*COL7A1*；3p21.3）	营养不良型大疱性表皮松懈（*COL7A1*，Gly2040Ser）（OMIM 120120.0002）	营养不良型大疱性表皮松懈（*COL7A1*，Tyr311TER）（OMIM 120120.0005）
视紫红质（*RHO*；3q21-q24）	视网膜色素变性-4（*RHO*，Pro23His）（OMIM 180380.0001）	视网膜色素变性-4（*RHO*，Glu249TER）（OMIM 180380.0023）
骨骼肌氯离子通道-1（*CLCN1*；7q35）	先天性肌强直病（*CLCN1*，Gly230Glu）（OMIM 118425.0002）	先天性肌强直病（*CLCN1*，Phe413Cys）（OMIM 118425.0001）
血小板糖蛋白Ⅰbα亚基（*GP1BA*；17pter-p12）	Bernard-Soulier综合征A型（*GP1BA*，Leu57Phe）（OMIM 606672.0004）	Bernard-Soulier综合征A型（*GP1BA*，Trp343TER）（OMIM 606672.0001）
胰岛素受体（*INSR*；19p13.2）	胰岛素抗性糖尿病伴黑棘皮病（*INSR*，Ala1134Thr）（OMIM 147670.0008）	胰岛素抗性糖尿病伴黑棘皮病（*INSR*，Arg735Ser）（OMIM 147670.0004）
烟碱型乙酰胆碱受体ε亚基（*CHRNE*；17p13-p12）	先天性慢通道肌无力综合征（*CHRNE*，Leu221Phe）（OMIM 100725.0010）	先天性慢通道肌无力综合征（*CHRNE*，Leu78Pro）（OMIM 100725.0009）
生长激素-1（*GH-1*；17q22-q24）	生长激素缺乏症Ⅱ型（*GH-1*，EX3Del）（OMIM 139250.0017）	生长激素缺乏症ⅠA型（*GH-1*，Trp20TER）（OMIM 139250.0002）
von Willebrand因子（*VWF*；12p13.3）	血管性血友病ⅡD型（*VWF*，Cys2010Arg）（OMIM 193400.0024）	常染色体隐性遗传血友病A（*VWF*，Thr28Met）（OMIM 193400.0011）

九、遗传早现

遗传早现是指一些遗传病（通常为显性遗传病）在连续几代的遗传过程中，发病年龄逐代提前和（或）病情严重程度逐代增加的现象（Ganten，2006）。

例如，脊髓小脑性共济失调Ⅰ型是一种常染色体显性遗传病，本病多在 30～40 岁发病，临床表现为步态不稳、行走困难、语言不清、吞咽困难、上肢共济失调、摇头和舞蹈样动作等。由图 6-16 可见Ⅰ$_1$在 39 岁开始发病，Ⅱ$_2$发病年龄为 38 岁，Ⅲ$_3$ 30 岁发病，而Ⅳ$_1$在 23 岁就已发病。本病的致病基因 *ATXN1* 定位于 6p23，发病原因是其外显子中存在的三核苷酸（CAG）$_n$重复存在着动态突变。正常人的 CAG 重复 19～38 次，患者的 CAG 重复 40～81 次。重复次数越多，患者发病年龄越早、病情越严重。另外，在 Huntington 病等遗传病的家系分析中，都可以发现这种遗传早现。

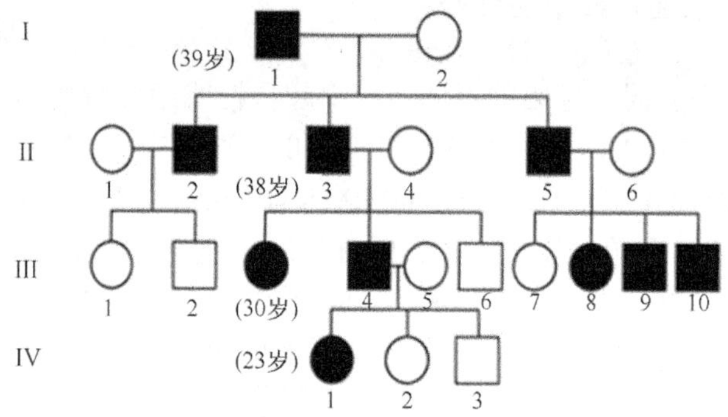

图 6-16　脊髓小脑性共济失调Ⅰ型的系谱

十、遗传印记

越来越多的研究显示一个个体来自双亲的某些同源染色体或等位基因存在着功能上的差异，因此当它们发生相同的改变时，所形成的表型却不同，这种现象称为遗传印记（genetic imprinting），也称基因组印记（genomic imprinting）或亲代印记（parental imprinting）（Tollefsbol，2011）。

由于印记效应，一些单基因病的表现度和外显率也会受到突变基因亲代来源的影响。例如，Huntington 病的致病基因如果经母亲传递，则其子女的发病年龄与母亲的发病年龄一样；如果经父亲传递，则其子女的发病年龄比父亲的发病年龄有所提前。这种由于遗传印记导致发病年龄提前的父源效应会持续存在于一个个体的一生中，但这不是一种突变，也不是永久性的改变。在下一代配子形成时，旧的印记将被消除并根据个体本身的性别产生新的印记，早发型男性的后代仍然为早发型，而早发型女性的后代的发病年龄不会提前。其他一些疾病，如脊髓小脑性共济失调Ⅰ型的印记效应与 Huntington 病相类似，而强直性肌萎缩和多发性神经纤维瘤等疾病正好相反，经母亲传递的患者发病年龄提前或是病情加重。

十一、从性遗传

从性遗传（sex-influenced inheritance）是位于常染色体上的基因，由于性别的差异而显示出男女性分布比例上的差异或基因表达程度上的差异。

例如，秃顶（OMIM 109200）是常染色体显性遗传，是一种从头顶中心向周围扩展的进行性、弥漫性、对称性脱发。一般 35 岁左右开始出现秃顶，而且男性秃顶明显多于女性，这是由于只有女性纯合子（*AA*）才会表现出秃顶的症状，女性杂合子（*Aa*）仅表现为头发稀疏而不会表现秃顶症状。出现这种情况是因为秃顶的发生除了秃顶基因的作用，还要受到体内雄性激素水平的影响。

十二、限性遗传

限性遗传（sex-limited inheritance）是指位于常染色体上的基因，由于基因表达的性别限制，只在一种性别表现，而在另一种性别则完全不能表现。这主要是由于男女性在解剖学结构上的性别差异造成的，也可能受性激素分泌方面的差异限制，如女性的子宫阴道积水症、男性的前列腺癌等。

十三、X 染色体失活

Lyon 假说认为女性的两条 X 染色体在胚胎发育早期就有一条随机失活，即为 X 染色体失活（X-chromosome inactivation，lyonization），因此女性体细胞的两条 X 染色体只有一条在遗传上是有活性的。平均说来，女性一半细胞表现父源染色体，另一半细胞表现母源染色体（Anna and Naumova，2013）。例如，一女性为 X 连锁杂合子，预期半数体细胞中是带有突变基因的 X 染色体失活，细胞是正常的；另外半数体细胞是带有正常基因的 X 染色体失活，细胞将为突变型。这就是 X 连锁显性遗传病中，女性杂合子患者的病症较男性患者轻的原因；另外，在 X 连锁隐性遗传病中，Lyon 化可导致女性杂合子体细胞中带有正常基因的 X 染色体失活，而带有隐性致病基因的那条 X 染色体恰好有活性，从而使女性杂合子表现出或轻或重的临床症状。

十四、拟表型

由于环境因素的作用使个体产生的表型恰好与某一特定基因所产生的表型相同或相似，这种由环境因素引起的表型称为拟表型（phenocopy），或表型模拟。

例如，常染色体隐性遗传的先天性耳聋，与由于使用药物（链霉素）引起的耳聋，都有相同的耳聋表型。这种由于药物引起的耳聋即为拟表型。拟表型是由于环境因素与特定的遗传因素相互作用所致，并非完全由生殖细胞中基因本身的改变引起，因此这种耳聋并不遗传给后代。

（贺　静　曾凡一）

参 考 文 献

陈竺, 陆振虞, 傅松滨. 2014. 医学遗传学. 第 2 版. 北京: 人民卫生出版社: 77-95.
梁素华, 邓初夏(美). 2014. 医学遗传学. 第 3 版. 北京: 人民卫生出版社: 62-77.
王培林. 2000. 遗传病学. 北京: 人民卫生出版社.
左伋, 顾鸣敏, 张咸宁. 2013. 医学遗传学. 第 6 版. 北京: 人民卫生出版社: 51-68.
Firth HV, Hurst JA, Hall JG. 2008. 临床遗传学. 祁鸣, 黄涛生译. 杭州: 浙江大学出版社: 7-10.
Anna K, Naumova Celia MT. 2013. Epigenetics and Complex Traits. Springer, 63-88.
Ganten D, Ruckpaul K. 2006. Encyclopedic Reference of Genomics and Proteomics in Molecular Medicine. Springer.
McClellan J, King MC. 2010. Genetic heterogeneity in human disease. Cell, 141(2): 210-217.
Mueller RF. 1999. Introduction to risk calculation in genetic counseling. 2nd ed. Oxford: Oxford University Press.
Strachan T, Read AP. 2003. Human molecular genetics. 3rd ed. Philadelphia: Garland Science.
Tollefsbol T. 2011. Handbook of Epigenetics. New York: Academic Press.

第七章　多 基 因 病

人类许多遗传性状或某些遗传病的发生不是由一对等位基因决定，而是由两对或两对以上的等位基因控制，其中每一对基因对该遗传性状或遗传病形成所发挥的作用是非常小的，这样的多对基因被称为微效基因（minor gene）。若干对微效基因作用累加之后，能够形成较明显的表型效应，称为累加效应（additive effect），相对应地，这些基因又被称作累加基因（additive gene）。多基因遗传就是指由微效基因的累加作用而决定的性状或疾病的遗传方式。

多基因遗传性状或多基因遗传病的发生除了受遗传因素的作用外，还受环境因子的影响，因其致病机制复杂，被称为复杂性状或复杂疾病（complex disease），也被称为多因子遗传（multifactorial inheritance）。典型的例子包括精神分裂症、糖尿病、高血压、肥胖等，这类遗传病的群体患病率较高，一般为 0.1%～1%，少数疾病的患病率可更高。

第一节　数量性状的多基因遗传

一、数量性状与质量性状

在单基因遗传中，基因型和表型之间的对应关系较为明显，这种性状的变异在群体中的分布往往是不连续的，可以明显地被分为 2～3 群，各个相对性状之间具有质的差异，遗传规律符合孟德尔遗传规律，这种单基因遗传的性状被称作质量性状（qualitative character）。例如，正常人群苯丙氨酸羟化酶（phenylalanine hydroxylase，PAH）的活性为 100%，杂合子携带者的 PAH 活性为正常人的 45%～50%，苯丙酮尿症患者的 PAH 酶活性仅为正常人的 0～5%，这分别取决于基因型 *AA*、*Aa*、*aa*，若将此性状的变异作图，则可以看到 3 个峰（图 7-1）。

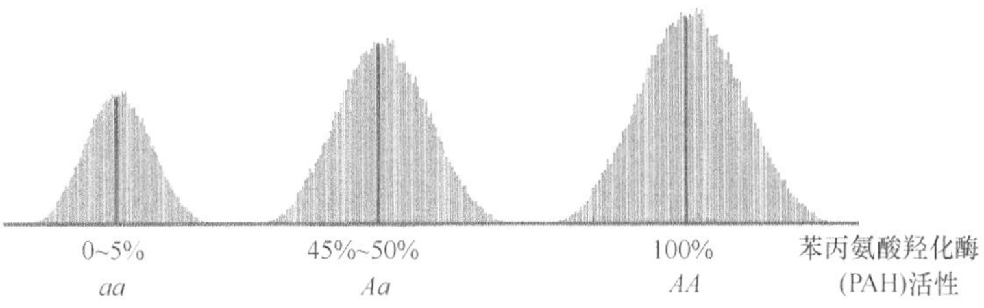

图 7-1　质量性状变异分布图

再如，人类的 ABO 血型系统，有 A 型、B 型、AB 型和 O 型 4 种性状，均属于性状变异在群体中的分布是不连续的情况。而人类另外一些性状变异在群体中的分布是连续的，如血压、身高、体重等，不同个体间的差异只是量的变化，邻近的两个个体间的差异很小，这类性状往往被多个基因控制，被称为数量性状（quantitative character）。例如，随机对任何一个群体做智力评估，则极低和极高的个体只占少数，大部分个体接近平均智商，而且呈现由低到高逐渐过渡，将此智商变异分布绘成曲线，该曲线表现为正态分布（图 7-2）。

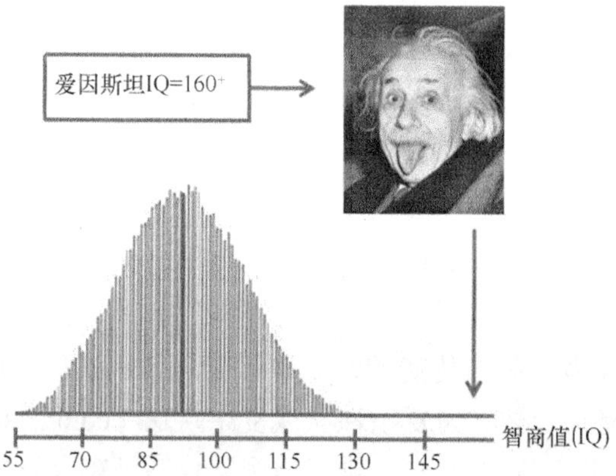

图 7-2　数量性状（智商）变异分布图

二、数量性状的多基因遗传

数量性状是由数目众多、作用微小的共显性的微效基因控制的。那么，这种控制是如何进行的呢？以人的身高为例来解释数量性状的遗传方式：假设有 3 对非连锁的基因控制人类的身高，它们分别是 *AA*′、*BB*′、*CC*′。这 3 对基因中 *A*、*B*、*C* 较 *A*′、*B*′、*C*′对身高有增强作用，各可在平均身高（165cm）的基础上增加 5cm，因此基因型 *AABBCC* 的个体为高身高个体（180cm）；而它们的等位基因 *A*′、*B*′、*C*′则各在平均身高的基础上降低 5cm，故基因型 *A*′*A*′*B*′*B*′*C*′*C*′的个体为矮身高个体（150cm），介于这两者之间的个体身高取决于 *A*、*B*、*C* 和 *A*′、*B*′、*C*′间的组合。假如亲代为一高身高（180cm）个体（*AABBCC*）与一矮身高（150cm）个体（*A*′*A*′*B*′*B*′*C*′*C*′）婚配，则子一代将为杂合的基因型，即 *AA*′*BB*′*CC*′，呈中等身材（165cm）。假设相同基因型的子一代个体间进行婚配，则这 3 对非连锁基因按分离定律和自由组合定律，可产生 8 种配子，精卵随机结合则可产生 64 种基因型（表 7-1），将各基因型按高矮数目分组，可以归并成 7 组：即 6′0（表示有 6 个均带′身高降低基因，0 个不带′身高增高基因）、5′1、4′2、3′3、2′4、1′5、0′6，它们的频数分布分别为 1、6、15、20、15、6、1，再将这 7 组基因型组合频数分布做成柱形图，以横坐标为组合类型，纵坐标为频数，各柱形顶端连接成一线，即得到趋势近于正态分布的曲线（图 7-3）。

上述例子既忽略了环境因素对身高产生的影响，也忽略了所有影响身高的基因贡献率的差异性。事实上，人的身高除受遗传因素影响外，还受到各种环境因素的影响，如营养、运动、阳光等。此外，控制身高各基因的贡献率也是具有差异的，可能存在一些起主要作用的主基因。从上述身高的例子还可以看出，多基因遗传中，虽然从宏观上观

表 7-1 影响人身高三对基因遗传的基因组合

配子	ABC	A′BC	AB′C	ABC′	A′B′C	AB′C′	A′BC′	A′B′C′
ABC	AABBCC	AA′BBCC	AABB′CC	AABBCC′	AA′BB′CC	AABB′CC′	AA′BBCC′	AA′BB′CC′
A′BC	AA′BBCC	A′A′BBCC	AA′BB′CC	AA′BBCC′	A′A′BB′CC	AA′BB′CC′	A′A′BBCC′	A′A′BB′CC′
AB′C	AABB′CC	AA′BB′CC	AAB′B′CC	AABB′CC′	AA′B′B′CC′	AAB′B′CC′	AA′BB′CC′	AA′B′B′CC′
ABC′	AABBCC′	AA′BBCC′	AABB′CC′	AABBC′C′	A′A′B′B′CC	AABB′C′C′	AA′BBC′C′	AA′BB′C′C′
A′B′C	AA′BB′CC	A′A′BB′CC	AAB′B′CC	AA′BB′CC′	AA′B′B′CC′	AA′B′B′CC′	A′A′BB′CC′	A′A′B′B′CC′
AB′C′	AABB′CC′	AA′BB′CC′	AAB′B′CC′	AABB′C′C′	AA′B′B′CC′	AAB′B′C′C′	AA′BB′C′C′	AA′B′B′C′C′
A′BC′	AA′BBCC′	A′A′BB′CC′	AA′BB′CC′	AA′BBC′C′	A′A′BB′CC′	AA′BB′C′C′	A′A′BBC′C′	A′A′BB′C′C′
A′B′C′	AA′BB′CC′	AA′B′B′CC′	AA′B′B′CC′	AA′BB′C′C′	A′A′B′B′CC′	AA′B′B′C′C′	A′A′BB′C′C′	A′A′B′B′C′C′

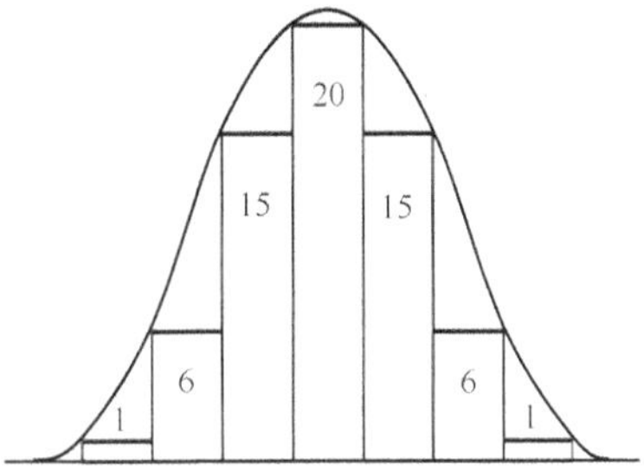

图 7-3 子二代身高变异分布图

察数量性状的遗传规律不符合孟德尔定律，但每一对基因的遗传方式仍符合孟德尔定律，即分离和自由组合。数量性状之所以呈现单峰分布，主要取决于多对微效基因的累加效应及微效基因间的随机组合（图 7-4）。在身高范例中，虽然基因没有显隐性之分，但存在着“作用方向”的问题，在单基因遗传中，显性基因 *B* 有可能“掩盖”隐性基因 *b* 的作用，而在多基因遗传中，尽管 *B* 与 *B′*的作用方向是相反的，但 *B* 并不会“掩盖” *B′* 的作用，而是两者共同决定最终的性状。对于某一个数量性状而言，每个个体的控制基因数量是基本相同的，但各型基因的比例是不同的，最终造成性状千差万别。一般而言，决定数量性状的基因数远不止 3 对，而且许多研究已显示每个基因的作用也并不相等，另外，上述例子中每对基因只有两种类型（*B* 和 *B′*），而实际上可能存在着更多种类型（*B″*、*B‴*等），因而对性状的影响更加复杂，加上环境因素的影响，数量性状的复杂性就更高，这也是多基因遗传病研究的难点之一。

针对身高这一典型的数量性状，1926 年，英国著名的科学家 Galton 通过测量 204 对双亲和他们的 928 名成年子女身高提出了“平均值的回归”理论，即如果双亲身高平均值高于群体平均值，子女身高平均值就低于其双亲平均值，而接近群体身高平均值；如果双亲身高平均值低于群体平均值，则子女身高平均值高于其双亲平均值，而接近群体身高平均值。也就是说，数量性状在遗传过程中子代将向群体的平均值靠拢，这就是所谓的回归现象。研究表明，这种现象也存在于其他相似的数量性状。回归现象在一定程度上反映了物种进化过程中的稳定性，对理解多基因遗传病遗传特点有着重要的指导意义（左伋，2013）。

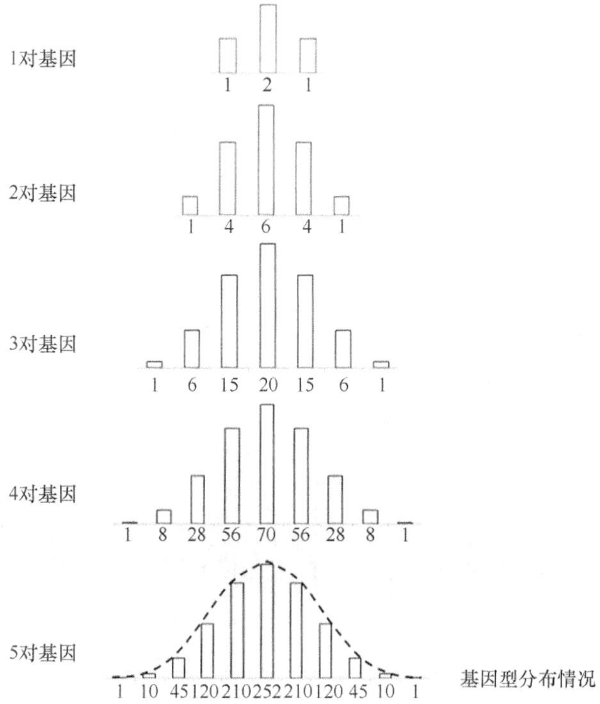

图 7-4 基因对数目与基因型分布的图解

示微效基因的累加效应与性状正态分布的关系

第二节 多基因病的遗传

一、易患性与发病阈值

在多基因遗传病中，遗传因素和环境因素共同作用决定一个个体患某种遗传病的可能性，称为易患性（liability）。一般群体中，易患性很高或很低的个体都很少，大部分个体都接近平均值，即呈正态分布。而仅由遗传因素决定的个体患病风险，称为易感性（susceptibility），它仅代表个体所含有的遗传因素的作用；但在一定的环境条件下，易感性高低可代表易患性高低，也可以作为易患性高低评估的参考依据之一。

发病阈值（threshold）是指易患性所导致的多基因遗传病发病的最低限度，当一个个体易患性高出发病阈值时就可能发病。阈值将群体中连续分布的易患性变异分为两部分，即一部分是正常群体，另一部分是患病群体（图 7-5）。

一个个体的易患性高低无法测量，但是，一个群体的易患性平均值可以从该群体的患病率做出估计。利用正态分布平均值（或均值 μ）与标准差（σ）之间的已知关系，可由患病率估计群体的发病阈值与易患性平均值之间的距离，此距离以正态分布的标准差作为衡量单位。多基因遗传病的群体易患性呈正态分布，因此，它必然具有正态分布的特征，从图 7-6 中可以得到以下关系：①$\mu \pm 1\sigma$（以平均值 μ 为 0，左右 1 个标准差）范围内的面积占正态分布曲线下的总面积的 68.28%，此范围以外的面积占 31.72%，左右侧各占约 16%；②$\mu \pm 2\sigma$ 范围内的面积占正态分布曲线下的总面积的 95.46%，此范围以

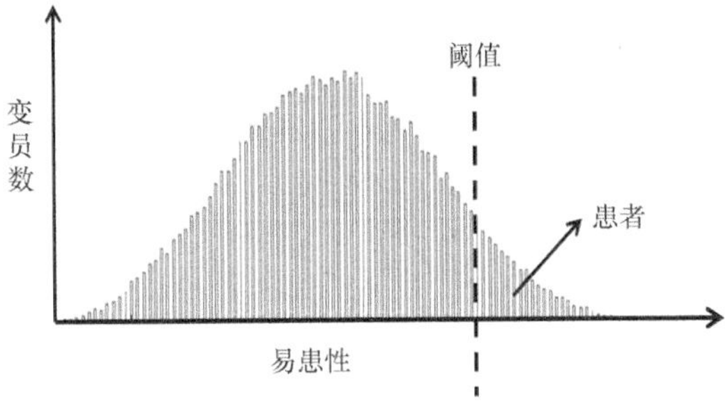

图 7-5　群体易患性变异分布图

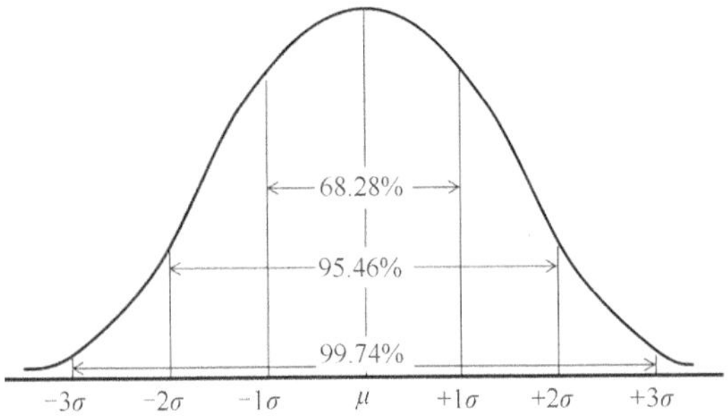

图 7-6　正态分布曲线中 μ 与 σ 的关系

外的面积占 4.54%，左右侧各占约 2.3%；③$\mu\pm3\sigma$ 范围内的面积占正态分布曲线下总面积的 99.74%，此范围以外的面积占 0.26%，左右侧各占约 0.13%。

多基因遗传病易患性正态分布曲线下的面积代表总人群，其易患性超过阈值的那部分面积为患者所占的百分数，即患病率。所以人群中某一种多基因遗传病的患病率即为超过阈值的那部分面积。从其患病率就可以得出阈值距离均数有几个标准差，这只要查阅正态分布表即可（表 7-2）。易患性正态分布曲线右侧尾部的面积代表患病率。例如，冠心病的群体患病率为 2.3%，其阈值与易患性平均值距离约 2σ；而先天性畸形足的群体患病率仅为 0.13%，其阈值与易患性平均值距离约 3σ（图 7-7）。

表 7-2　正态分布的 X 和 a 值表

q%	X	a	q%	X	a	q%	X	a	q%	X	a	q%	X	a
0.01	3.719	3.960	0.12	3.036	3.317	0.23	2.843	3.129	0.34	2.706	3.012	0.45	2.612	2.925
0.02	3.540	3.790	0.13	3.012	3.294	0.24	2.820	3.117	0.35	2.697	3.003	0.46	2.605	2.918
0.03	3.432	3.687	0.14	2.989	3.273	0.25	2.807	3.104	0.36	2.687	2.994	0.47	2.597	2.911
0.04	3.353	3.613	0.15	2.968	3.258	0.26	2.794	3.093	0.37	2.678	2.986	0.48	2.590	2.905
0.05	3.291	3.554	0.16	2.948	3.234	0.27	2.782	3.081	0.38	2.669	2.978	0.49	2.583	2.898
0.06	3.239	3.507	0.17	2.929	3.217	0.28	2.770	3.070	0.39	2.661	2.969	0.50	2.576	2.892
0.07	3.195	3.464	0.18	2.911	3.201	0.29	2.759	3.060	0.40	2.652	2.962	0.51	2.569	2.886
0.08	3.156	3.429	0.19	2.894	3.185	0.30	2.748	3.050	0.41	2.644	2.954	0.52	2.562	2.880
0.09	3.121	3.397	0.20	2.878	3.170	0.31	2.737	3.040	0.42	2.636	2.947	0.53	2.556	2.873
0.10	3.090	3.367	0.21	2.863	3.156	0.32	2.727	3.030	0.43	2.628	2.939	0.54	2.549	2.868
0.11	3.062	3.341	0.22	2.848	3.142	0.33	2.716	3.021	0.44	2.620	2.932	0.55	2.543	2.862

续表

q%	X	a	q%	X	a	q%	X	a	q%	X	a	q%	X	a
0.56	2.536	2.856	0.96	2.342	2.679	1.36	2.209	2.559	1.76	2.106	2.467	3.60	1.799	2.197
0.57	2.530	2.850	0.97	2.338	2.676	1.37	2.206	2.557	1.77	2.104	2.465	3.70	1.787	2.186
0.58	2.524	2.845	0.98	2.334	2.672	1.38	2.203	2.554	1.78	2.101	2.463	3.80	1.774	2.175
0.59	2.518	2.839	0.99	2.330	2.669	1.39	2.200	2.552	1.79	2.099	2.461	3.90	1.762	2.165
0.60	2.512	2.834	1.00	2.326	2.665	1.40	2.197	2.549	1.80	2.097	2.459	4.00	1.751	2.154
0.61	2.506	2.829	1.01	2.323	2.662	1.41	2.194	2.547	1.81	2.095	2.457	4.10	1.739	2.144
0.62	2.501	2.823	1.02	2.319	2.658	1.42	2.192	2.544	1.82	2.092	2.455	4.20	1.728	2.135
0.63	2.495	2.818	1.03	2.315	2.655	1.43	2.189	2.542	1.83	2.090	2.453	4.30	1.717	2.125
0.64	2.489	2.813	1.04	2.312	2.652	1.44	2.186	2.539	1.84	2.088	2.451	4.40	1.706	2.116
0.65	2.484	2.808	1.05	2.308	2.649	1.45	2.183	2.537	1.85	2.086	2.449	4.50	1.695	2.106
0.66	2.478	2.803	1.06	2.304	2.645	1.46	2.181	2.534	1.86	2.084	2.447	4.60	1.685	2.097
0.67	2.473	2.798	1.07	2.301	2.642	1.47	2.178	2.532	1.87	2.081	2.445	4.70	1.675	2.088
0.68	2.468	2.793	1.08	2.297	2.639	1.48	2.175	2.529	1.88	2.079	2.444	4.80	1.665	2.080
0.69	2.462	2.798	1.09	2.294	2.636	1.49	2.173	2.527	1.89	2.077	2.442	4.90	1.655	2.071
0.70	2.457	2.784	1.10	2.290	2.633	1.50	2.170	2.525	1.90	2.075	2.440	5.00	1.645	2.063
0.71	2.452	2.779	1.11	2.287	2.630	1.51	2.167	2.522	1.91	2.073	2.438	5.10	1.635	2.054
0.72	2.447	2.775	1.12	2.283	2.627	1.52	2.165	2.520	1.92	2.071	2.436	5.20	1.626	2.046
0.73	2.442	2.770	1.13	2.280	2.624	1.53	2.162	2.518	1.93	2.068	2.434	5.30	1.616	2.038
0.74	2.437	2.766	1.14	2.277	2.621	1.54	2.160	2.515	1.94	2.066	2.432	5.40	1.607	2.030
0.75	2.432	2.761	1.15	2.273	2.618	1.55	2.157	2.513	1.95	2.064	2.430	5.50	1.598	2.023
0.76	2.428	2.757	1.16	2.270	2.616	1.56	2.155	2.511	1.96	2.062	2.428	5.60	1.589	2.015
0.77	2.423	2.753	1.17	2.267	2.612	1.57	2.152	2.508	1.97	2.060	2.426	5.70	1.580	2.007
0.78	2.418	2.748	1.18	2.264	2.609	1.58	2.149	2.506	1.98	2.058	2.425	5.80	1.572	2.000
0.79	2.414	2.744	1.19	2.260	2.606	1.59	2.147	2.504	1.99	2.056	2.423	5.90	1.565	1.993
0.80	2.409	2.740	1.20	2.257	2.603	1.60	2.144	2.502	2.00	2.054	2.421	6.00	1.555	1.985
0.81	2.404	2.736	1.21	2.254	2.600	1.61	2.142	2.499	2.10	2.034	2.403	6.10	1.546	1.978
0.82	2.400	2.732	1.22	2.251	2.597	1.62	2.139	2.497	2.20	2.014	2.386	6.20	1.538	1.971
0.83	2.395	2.728	1.23	2.248	2.594	1.63	2.137	2.495	2.30	1.995	2.369	6.30	1.530	1.964
0.84	2.391	2.724	1.24	2.244	2.591	1.64	2.135	2.493	2.40	1.977	2.353	6.40	1.522	1.957
0.85	2.387	2.720	1.25	2.241	2.589	1.65	2.132	2.491	2.50	1.960	2.338	6.50	1.514	1.951
0.86	2.382	2.716	1.26	2.238	2.586	1.66	2.130	2.489	2.60	1.943	2.323	6.60	1.506	1.944
0.87	2.378	2.712	1.27	2.235	2.583	1.67	2.127	2.486	2.70	1.927	2.309	6.70	1.499	1.937
0.88	2.374	2.708	1.28	2.232	2.580	1.68	2.125	2.484	2.80	1.911	2.295	6.80	1.491	1.931
0.89	2.370	2.704	1.29	2.229	2.578	1.69	2.122	2.482	2.90	1.896	2.281	6.90	1.483	1.924
0.90	2.366	2.701	1.30	2.226	2.575	1.70	2.120	2.480	3.00	1.881	2.268	7.00	1.476	1.918
0.91	2.361	2.697	1.31	2.223	2.572	1.71	2.118	2.478	3.10	1.866	2.255	7.10	1.468	1.912
0.92	2.357	2.693	1.32	2.220	2.570	1.72	2.115	2.476	3.20	1.852	2.243	7.20	1.461	1.906
0.93	2.353	2.690	1.33	2.217	2.567	1.73	2.113	2.474	3.30	1.838	2.231	7.30	1.454	1.899
0.94	2.349	2.686	1.34	2.214	2.564	1.74	2.111	2.472	3.40	1.825	2.219	7.40	1.447	1.893
0.95	2.346	2.683	1.35	2.211	2.562	1.75	2.108	2.470	3.50	1.812	2.208	7.50	1.440	1.887

续表

q%	X	a	Q%	X	a	q%	X	a	q%	X	a	q%	X	a
7.60	1.433	1.881	10.90	1.232	1.714	14.20	1.071	1.583	17.60	0.931	1.470	20.90	0.810	1.375
7.70	1.426	1.876	11.00	1.227	1.709	14.30	1.067	1.579	17.70	0.927	1.467	21.00	0.806	1.372
7.80	1.419	1.870	11.10	1.221	1.705	14.40	1.063	1.575	17.80	0.923	1.464	22.00	0.772	1.346
7.90	1.412	1.864	11.20	1.216	1.701	14.50	1.058	1.572	17.90	0.919	1.461	23.00	0.739	1.320
8.00	1.405	1.858	11.30	1.211	1.696	14.60	1.054	1.568	18.00	0.915	1.458	24.00	0.706	1.295
8.10	1.398	1.853	11.40	1.206	1.692	14.70	1.049	1.565	18.10	0.912	1.455	25.00	0.674	1.271
8.20	1.392	1.847	11.50	1.200	1.688	14.80	1.045	1.561	18.20	0.908	1.452	26.00	0.643	1.248
8.30	1.385	1.842	11.60	1.195	1.684	14.90	1.041	1.558	18.30	0.904	1.449	27.00	0.613	1.225
8.40	1.379	1.836	11.70	1.190	1.679	15.00	1.036	1.554	18.40	0.900	1.446	28.00	0.583	1.202
8.50	1.372	1.831	11.80	1.185	1.675	15.10	1.032	1.551	18.50	0.896	1.443	29.00	0.553	1.180
8.60	1.366	1.825	11.90	1.180	1.671	15.20	1.028	1.548	18.60	0.893	1.440	30.00	0.524	1.159
8.70	1.359	1.820	12.00	1.175	1.667	15.30	1.024	1.544	18.70	0.889	1.437	31.00	0.496	1.138
8.80	1.353	1.815	12.10	1.170	1.663	15.40	1.019	1.541	18.80	0.885	1.434	32.00	0.468	1.118
8.90	1.347	1.810	12.20	1.165	1.659	15.50	1.015	1.537	18.90	0.882	1.431	33.00	0.440	1.097
9.00	1.341	1.804	12.30	1.160	1.655	15.60	1.011	1.534	19.00	0.878	1.428	34.00	0.412	1.075
9.10	1.335	1.799	12.40	1.155	1.651	15.70	1.007	1.531	19.10	0.874	1.425	35.00	0.385	1.058
9.20	1.329	1.794	12.50	1.150	1.647	15.80	1.003	1.527	19.20	0.871	1.422	36.00	0.358	1.039
9.30	1.323	1.789	12.60	1.146	1.643	15.90	0.999	1.524	19.30	0.867	1.420	37.00	0.332	1.020
9.40	1.317	1.784	12.70	1.141	1.639	16.00	0.994	1.521	19.40	0.863	1.417	38.00	0.305	1.002
9.50	1.311	1.779	12.80	1.136	1.635	16.10	0.990	1.517	19.50	0.860	1.414	39.00	0.279	0.984
9.60	1.305	1.774	12.90	1.131	1.631	16.20	0.986	1.514	19.60	0.856	1.411	40.00	0.253	0.966
9.70	1.299	1.769	13.00	1.126	1.627	16.30	0.982	1.511	19.70	0.852	1.408	41.00	0.228	0.948
9.80	1.239	1.765	13.10	1.122	1.623	16.40	0.978	1.508	19.80	0.849	1.405	42.00	0.202	0.931
9.90	1.287	1.760	13.20	1.117	1.620	16.50	0.974	1.504	19.90	0.845	1.403	43.00	0.176	0.913
10.00	1.282	1.755	13.30	1.112	1.616	16.60	0.970	1.501	20.00	0.842	1.400	44.00	0.151	0.896
10.10	1.276	1.750	13.40	1.108	1.612	16.80	0.962	1.495	20.10	0.838	1.397	45.00	0.126	0.88
10.20	1.270	1.746	13.50	1.103	1.608	16.90	0.958	1.492	20.20	0.834	1.394	46.00	0.100	0.863
10.30	1.265	1.741	13.60	1.098	1.606	17.00	0.954	1.489	20.30	0.831	1.391	47.00	0.075	0.846
10.40	1.259	1.736	13.70	1.094	1.601	17.10	0.950	1.485	20.40	0.827	1.389	48.00	0.050	0.83
10.50	1.254	1.732	13.80	1.089	1.597	17.20	0.946	1.482	20.50	0.824	1.386	49.00	0.025	0.814
10.60	1.248	1.727	13.90	1.085	1.593	17.30	0.942	1.479	20.60	0.820	1.383	50.00	0.000	0.798
10.70	1.243	1.723	14.00	1.080	1.590	17.40	0.938	1.476	20.70	0.817	1.381			
10.80	1.237	1.718	14.10	1.076	1.586	17.50	0.935	1.473	20.80	0.813	1.378			

可见，一种多基因病易患性的平均值与阈值越远，表明易患性低、阈值高，群体患病率低；相反，易患性的平均值与阈值越近，表明易患性高、阈值低，群体患病率高。图 7-7 显示同一种病在人群 A 和人群 B 有不同阈值所产生的患病率不同。

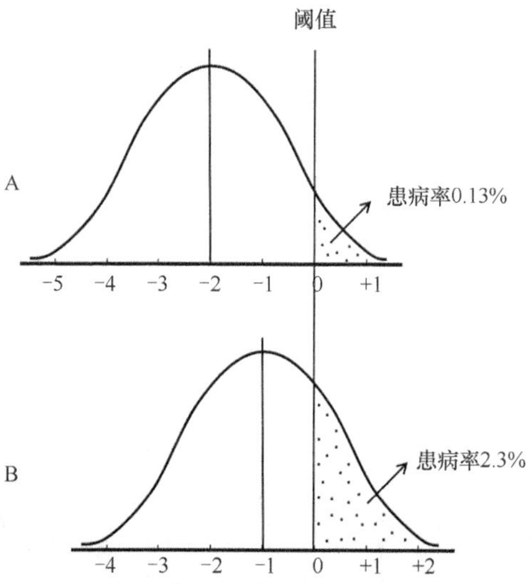

图 7-7 易患性的平均值和阈值距离与患病率的关系

A、B 表示对同一种病易患性（患病阈值）不同的两个人群

二、遗传度

多基因遗传病是由遗传因素和环境因素共同作用所致，其中，遗传因素所起作用的大小称为遗传率或遗传度（heritability）。如果一种疾病其易患性变异全由遗传因素所决定，遗传度就是 100%，这种情况是极少见的。在遗传度高的疾病中，遗传度可高达 70%～80%，这表明遗传因素对决定疾病易患性变异起主要作用，环境因素的作用较小；在遗传度低的疾病中，遗传度仅为 30%～40%，这表明在决定疾病易患性变异上，环境因素起主要作用，而遗传因素的作用不显著，就不会出现明显的家族聚集现象。

目前，计算多基因遗传病遗传度的方法主要有两种。

（一）Falconer 公式

Falconer 公式是根据先证者亲属的发病率与遗传度相关而建立的。亲属发病率越高，遗传度越大，所以可通过调查先证者亲属发病率和一般人群的发病率，算出遗传度（h^2 或 H）。

$$h^2 = b/r \tag{7-1}$$

式中，b 为亲属易患性对先证者易患性的回归系数；r 为亲缘系数。

已知一般人群的发病率时，用下式计算回归系数 b：

$$b = \frac{X_g - X_r}{a_g} \tag{7-2}$$

缺乏一般人群的发病率时，可设立对照组，调查对照组亲属的发病率，用下式计算回归系数 b：

$$b = \frac{p_c\left(X_c - X_r\right)}{a_c} \tag{7-3}$$

式（7-2）和式（7-3）中，X_g为一般群体易患性平均值与阈值之间的标准差数；X_c为对照组亲属中的易患性平均值与阈值之间的标准差数；X_r为先证者亲属易患性平均值与阈值之间的标准差数；a_g为一般群体易患性平均值与一般群体中患者易患性平均值之间的标准差数；a_c为对照亲属易患性平均值与对照亲属中患者易患性平均值之间的标准差数；q_c为对照亲属发病率，p_c=1–q_c。X_g、X_c、X_r和a_g、a_c均可由一般群体发病率、对照亲属发病率和先证者亲属发病率查表 7-2 得到。

在亲缘系数中，一级亲属是指一个人与其双亲、子女和同胞之间，其基因组有 1/2 的基因是相同的；二级亲属是指一个人与其叔、伯、姑、舅、姨、祖父母和外祖父母之间，其基因组有 1/4 的基因是相同的；三级亲属是指一个人与其表兄妹、堂兄妹、曾祖父母之间，其基因组有 1/8 的基因是相同的。

（二）Holzinger 公式

Holzinger 公式[式（7-4）]是根据遗传度越高的疾病，一卵双生的患病一致率与二卵双生的患病一致率相差越大而建立的。所谓一卵双生（monozygotic twin）是指由一个受精卵形成的一对双生子，他（她）们的遗传基础相同，发育环境则可能存在差异；二卵双生（dizygotic twin）是指由两个受精卵形成的一对双生子，他（她）们的遗传基础不同（其差异程度与一般同胞间相同），发育环境也可能存在差异。所谓患病一致率是指双生子中一个患某种疾病，另一个也患同样疾病的频率。

$$h^2 = \frac{C_{MZ} - C_{DZ}}{100 - C_{DZ}} \tag{7-4}$$

式中，C_{MZ}为一卵双生子的患病一致率；C_{DZ}为二卵双生子的患病一致率。

一些常见的多基因病的患病率和遗传度见表 7-3。

表 7-3　常见多基因病的一般群体患病率、先证者一级亲属患病率、性别比和遗传度

疾病	一般群体患病率/%	先证者一级亲属患病率/%	男/女比值	遗传度/%
精神分裂症	1	10	1	80
原发性高血压	4～8	20～30	1	62
哮喘	4	20	0.8	80
消化性溃疡	4	8	1	37
早发型糖尿病	0.2	2～5	1	75
唇裂±腭裂	0.17	4	1.6	76
腭裂	0.04	2	0.7	76
冠心病	2.5	7	1.5	65
脊柱裂	0.3	4	0.8	60
无脑儿	0.2	2	0.4	60
先天性畸形足	0.1	3	2	68
先天性髋关节脱位	0.07	4	0.2	70
先天性巨结肠	0.02	男先证者 2 女先证者 8	4	80

续表

疾病	一般群体患病率/%	先证者一级亲属患病率/%	男/女比值	遗传度/%
先天性幽门狭窄	0.3	男先证者 2 女先证者 10	5	75
强直性脊椎炎	0.2	男先证者 7 女先证者 2	0.2	70

应当指出，遗传度估计值是由特定环境中特定人群的患病率估算得到的，不宜外推到其他人群和其他环境；同时，遗传度是群体统计量，用到个体毫无意义。如果某种疾病的遗传度为 50%，不能说某个患者的发病一半由遗传因素决定，一半由环境因素决定，而应该说在这种疾病的总变异中，一半与遗传变异有关，一半与环境变异有关。遗传度的估算仅适合没有遗传异质性，而且也没有主基因效应的疾病。

三、影响多基因遗传病再发风险估计的因素

（一）患病率与亲属级别有关

多基因遗传病发病有明显的家族聚集倾向，患者亲属患病率高于群体患病率，而且随着与患病亲属关系级别变远，患病率递减，向群体患病率靠拢。

在相当多的多基因遗传病中，群体患病率 q_g 常为 0.1%～1%，遗传度为 70%～80%，那么患者一级亲属的再患风险可利用 Edwards（1960 年）公式[式（7-5）]计算：

$$f = \sqrt{p} \tag{7-5}$$

式中，f 为患者一级亲属再发风险；p 为群体患病率；当遗传度低于 70%时，患者一级亲属再发风险低于群体患病率的平方根；当遗传度高于 80%时，一级亲属再患风险高于群体患病率的平方根。

例如，唇裂的群体患病率为 0.17%，其遗传度为 76%，患者一级亲属再发风险计算如下：

$$f = \sqrt{0.0017} \approx 4\%$$

有了群体患病率和遗传度，可以利用式（7-1）和式（7-2）计算出 X_r 值，进一步用 X_r 值和正态分布函数计算出患者亲属的再发风险，但这一计算过程较为繁琐。遗传学家已经就群体患病率、遗传度和患者一级亲属患病率之间的相互关系绘制了相关图解（图 7-8），供查找患者一级亲属的再发风险。

（二）患者亲属再发风险与亲属中受累人数有关

在多基因遗传病中，一个家庭中患病人数越多，则亲属再发风险越高。例如，一对夫妇表型正常，头胎出生唇裂患儿的概率与一般群体发病率相同，为 0.17%。但头胎出生了一个唇裂患儿以后，再次生育时患唇裂的风险为 4%；如果他们又生了第二个唇裂患儿，第三胎生育唇裂风险则上升到 10%。说明这一对夫妇带有更多能导致唇裂的致病基因，他们虽然未发病，但他们的易患性更接近发病阈值，因而造成其一级亲属再发风

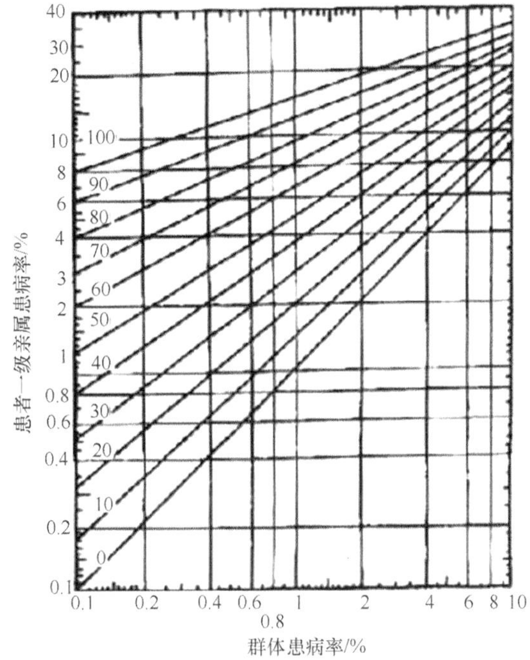

图 7-8 群体患病率、遗传度和患者一级亲属患病率之间的相互关系（陈竺，2014）

险增高（表 7-4），Smith（1971 年）绘制了该表格，可根据双亲和同胞中已患病人数来估计患者一级亲属的再发风险。

表 7-4 根据亲属患病人数和遗传度估计一级亲属的再发风险

一般群体患病率/%	遗传度/%	再发风险/%								
		双亲患者数 0			双亲患者数 1			双亲患者数 2		
		同胞患者数			同胞患者数			同胞患者数		
1.0	100	1	7	14	11	24	34	63	65	67
	80	1	8	14	8	18	28	41	47	52
	50	1	4	8	4	9	15	15	21	26
0.1	100	0.1	4	11	5	16	26	62	63	64
	80	0.1	3	10	4	14	23	60	61	62
	50	0.1	1	3	1	3	9	7	11	15

（三）患者亲属再发风险与病情严重程度有关

多基因遗传病发病的遗传基础是微效基因，故有共显累加效应。在多基因遗传病中如果患者病情严重，证明其易患性远远超过发病阈值而带有更多的易感性基因，与病情较轻的患者相比，其父母所带有的易感性基因，易患性更接近阈值。因此，再次生育时其后代再发风险也相应增高。例如，一侧唇裂的患者，其同胞的再发风险为 2.46%；一侧唇裂并腭裂的患者，其同胞的再发风险为 4.21%；双侧唇裂加腭裂的患者，其同胞的再发风险为 5.74%。这一点也不同于单基因遗传病。在单基因遗传病中，不论病情的轻重如何，一般不影响其再发风险率，仍为 1/2 或 1/4。

（四）多基因遗传病的群体患病率存在性别差异时，亲属再发风险与性别有关

群体中患病率较低，即阈值较高的性别的先证者，其亲属再发风险相对增高；相反，群体中患病率相对高，阈值较低的性别的先证者，其亲属再发风险相对较低。这种情况称为卡特效应（Carter effect）。当某些多基因遗传病的发病存在性别差异时，表明不同性别的发病阈值不同。例如，人群中先天性幽门狭窄男性患病率为 0.5%，女性患病率为 0.1%，男性患病率是女性患病率的 5 倍，则男性先证者后代中儿子患病率为 5.5%，女儿的患病率是 2.4%；而女性先证者后代中儿子患病率高达 19.4%，女儿患病率达到 7.3%。该结果说明，女性先证者比男性先证者带有更多的易感基因。

综上所述，在估计多基因遗传病再发风险时，必须全面考虑上述各种情况及有关资料进行具体分析，才能做出切合实际的结论（陈竺等，2014；梁素华和邓初夏，2014）。

第三节　多基因病研究策略及常见疾病

从某种角度来讲，人类基因组是人类基因变异衍变过程的最佳终极产物，就像莎士比亚的《十四行诗》一样，是一种完美的组合。通过多轮自然选择，为人类带来了长而无疾病的生命，当然，除非出现新的有害突变或环境灾难导致疾病发生。事实上，对大量人类基因组序列的分析表明，基因组远非稳定的理想模型，而是一种具有功能变异的动态系统。

我们从双亲那里继承了数百万个基因位点上存在差异的两个单倍体基因组，每个基因组都有数千种影响区段拷贝数及附近基因表达的变异，且这些变异具有组织特异性。平均每个二倍体人类基因组具有约 100 个有害基因突变，包括从大的缺失到单核苷酸的无义突变，约 20 种基因失活，以及成千上万的蛋白质编码基因含有可能以复杂方式影响其功能的错义变异。在任何基因组中，我们都可以很容易地找到数千种理论上应该起作用的变异体，其中许多可以通过实验室分析确认其功能性。尽管如此，迄今为止，对大样本量个体的评估并未证明这些功能变异与疾病表型有关。总之，变异，甚至功能变异，是很容易被发现的，但是在复杂的生物及环境背景下，很难确定导致任何特定疾病表型的基因变异。尽管如此，基因组学研究依然是寻找疾病分子基础的重要途径之一。例如，比较一卵双胞胎与二卵双胞胎的精神疾病患病一致率的研究发现，精神分裂症的遗传度为 81%，抑郁狂躁型忧郁症为 75%，自闭症为 80%，可见这些疾病均与遗传因素密切相关（Khoury et al.，2013）。

事实上，单基因病虽然种类远较多基因病多，但是由于多基因病的发生率大多较高，因此其危害更加严重。例如，心脑血管疾病、阿尔茨海默病、糖尿病、哮喘等常见病、多发病都有多基因遗传基础。因此对于多基因病来说，首先要使这些疾病或性状数量化；其次是利用现代生物学技术，如基因组学、蛋白质组学等，筛选出与数量化的多基因病的形成与发展相关的基因或多态性遗传标志物，并在此基础上，定位和克隆这些基因；

再次，需要明确哪些基因是疾病发生的“关键”基因或主基因，哪些基因是起次要作用的基因；最后，探讨这些基因在疾病发生、发展中的作用，以及基因与基因之间、基因与环境的相互作用的网络结构，从而揭示多基因病的发生机制。从目前的研究水平来看，多基因病患儿的风险预测及产前诊断还相当困难，但随着一些高通量检测技术的应用，易感基因的功能及作用方式将被逐步阐明，可望将多基因病的基因诊断用于临床。另外，多基因病高风险人群的监测也是一个重要环节，避免使该类人群暴露于危险因素可有效降低发病率。对于一些常见的高发性多基因病，还必须大力提高治疗水平，基因水平的治疗目前还缺乏可靠的理论基础和技术手段，但是随着易感基因的功能及作用方式的阐明，针对性的治疗药物的开发将会达到一个前所未有的高度。由于绝大多数多基因病相当复杂，为了更客观地研究它，许多科学家建立了或试图建立更科学的多基因病研究模型，从遗传和环境两个方面着手，研究多基因疾病的决定因素。目前研究较多的疾病主要集中在以下几种。

一、糖尿病

糖尿病（diabetes mellitus，DM）是一种常见多发的与遗传因素有关的复杂疾病，是因胰岛素缺乏或机体对胰岛素抵抗，所引发的糖及脂质为主的代谢紊乱综合征。以血糖升高为基本特征。糖尿病的高血糖，可导致各种组织，特别是眼、肾、心脏、血管、神经的慢性损害、功能障碍。随着人民生活水平的提高、人口老化、生活方式改变以及诊断技术的进步，DM 在全球发病率呈迅速增加态势，在发达国家是继心血管疾病和肿瘤的第三大非传染性疾病，已成为世界上第五位死亡主因，成为严重威胁人类健康的全球性公共卫生问题。

迄今为止，DM 的病因及发病机制尚未阐明，遗传异质性较大。糖尿病存在家族发病倾向。临床上至少有 60 种以上的遗传综合征可伴有糖尿病。胰岛病变致胰岛素分泌缺乏或延迟。抗胰岛素抗体产生、胰岛素受体缺陷或靶组织对胰岛素敏感性降低等构成 DM 发病的主要环节。1999 年世界卫生组织（WHO）提出对糖尿病的分型诊断以来，近 30 年间，国内及国际上始终使用这一分型方式，即根据病因学将糖尿病分为 4 个类型：1 型糖尿病；2 型糖尿病；特殊类型糖尿病；妊娠期糖尿病。临床上，成人发病的糖尿病以 1 型糖尿病及 2 型糖尿病多见，尤其是 2 型糖尿病占所有患糖尿病人数的 75%～80%。临床上主要以针对胰岛抗体的阳性与否区分 1 型及 2 型，但可能会遇到抗体阴性的 2 型糖尿病但临床特征符合 1 型糖尿病患者的情况，或诊断为 1 型糖尿病但存在肥胖、胰岛素抵抗等 2 型糖尿病特征的现象。另外，现有的指南对糖尿病进展后的比较差的代谢情况无很好的应对方法，同样也不能预测个体发生不同并发症的概率及风险，这样并不利于临床的个体化精准用药。有证据表明早期针对并发症的治疗是非常有现实意义的。因此，如果能够早期识别糖尿病患者发生不同并发症的风险并在早期开始进行预防性治疗具有极大的临床获益。2019 年 1 月，发表在 *Lancet* 的糖尿病子刊上的一篇文章，针对美国及中国人群，根据患者发病时的年龄、体质量指数（BMI）、糖化血红蛋白（HbA1c）、稳态模型评估的 β 细胞功能（HOMA2-β）和胰岛素抵抗（HOMA2-IR）阳性与否进行聚类分析，分出了 4 种亚型结果，即严重胰岛素缺乏型糖尿病（SIDD）、严重胰岛素抵抗型糖尿病（SIRD）、轻度肥胖相关性糖尿病（MOD）、轻度年龄相关性糖尿病（MARD）。其中，轻度年龄相关性糖尿病占总人数的 50%左右，其次分别是轻度肥胖相关性糖尿病、严重胰岛素抵抗型糖尿病及严重胰岛素缺乏型糖尿病（Zou，2019）。

（一）1 型糖尿病发生的遗传因素

1 型糖尿病属于自身免疫性疾病，患者由于胰岛 β 细胞膜上 HLA Ⅱ类基因异常表达，使得 β 细胞成为抗原呈递细胞，在病毒感染等环境因素的作用下，免疫反应被激活，产生自身抗体，导致胰岛细胞炎症，逐渐演变成糖尿病。在所发现的 1 型糖尿病的易感位点中，HLA Ⅱ类基因区与 1 型糖尿病的相关最强烈，1 型糖尿病易感性的 42%来自于 HLA Ⅱ类基因区。HLA Ⅱ类基因中 *HLA-DQ*、*-DR* 与 1 型糖尿病相关。其中 DR4 亚型（如 *DRBl 0401* 和 *DQBl 0404*）在 1 型糖尿病易感性和保护性中发挥不依赖 DQ 的重要作用。DR4 与 1 型糖尿病的相关性是继发于其与 DQ 的连锁不平衡的，而 HLA-DQ 是 1 型糖尿病的主要遗传危险因素，其中 *DQBl 0302*、*DQBl 0201*、*DQAl 0301* 易感性最强。另外，*HLA-DP B1* 的某些基因位点，如 0201 也被认为与 1 型糖尿病易感性有关，且这种作用是独立于 *HLA-DR*、*-DQ* 基因型的。最新研究表明，HLA Ⅰ类基因中 *HLA-A* 和 *HLA-B* 与 1 型糖尿病的易感性有关，研究表明 HLA Ⅰ类基因中 *HLA-B* 与 1 型糖尿病的易感性有关，而且 HLA Ⅰ类基因在 1 型糖尿病的发病中具有独立作用。Nejentsev 等在对美国 850 个单发家系和英国的 2049 个 1 型糖尿病患者及 1912 个对照者的研究中发现 254 个多肽位点位于 MHC 区，其中包括 *HLA-DQBl*、*HLA-DRBl*、*HLA-A* 和 *HLA-B*。除此以外，研究表明，胰岛素基因数目变异的串联重复区（VNTR）、*PTPN22* 基因 1858 位点 C/T 多态性、CTLA-4 第一外显子 A/G 多态性，以及 *KIAA0350* 基因均与 1 型 DM 有一定相关性（Andrea，2011；Giuffrida，2005）。

（二）2 型糖尿病发生的遗传因素

2 型糖尿病的发病多为自主神经类型，表现为副交感神经张力增加，交感神经张力减弱导致低血糖倾向及多吃、肥胖。2 型糖尿病患者随年龄增长，出现胰岛 β 细胞数目减少，胰岛素分泌缺陷或终末器官对胰岛素产生抗性，导致糖尿病。老化过程中胰岛素原合成减少 16%～39%。2 型糖尿病是异质性很强的多基因遗传病，并且受环境因素的重要影响。对 2 型糖尿病易感基因的研究主要采用两种方法，即候选基因法和以基因组扫描为基础的定位克隆法。国际上已经研究过 250 多种候选基因，OMIM 记载的 2 型 DM 的易感基因超过 30 个基因，主要包括 4 大类：①胰岛素分泌及其相关基因，如 *KCNJ11*、*ABCC8*、*INSR*、*GPD2*、*IRS1* 和 *IRS2* 等；②葡萄糖代谢及其相关基因，如 *GCK*、*SLC30A8*、*SLC2A4*（17p13.1）等；③脂肪代谢及其相关基因，如 *PPARG* 和 *LIPC* 等；④其他与 2 型 DM 相关的基因，如 *HNF4A*、*IGF2BP2*、*CDKAL1*、*TCF7L2*、*WFS1*、*HMGA1*、*ENPP1*、*PAX4*、*MAPK8IP1*、*MTNR1B*、*HNF1A*、*HNF1B*、*RETN*、*AKT2*、*PTPN1* 等。另外，以往对 DNA 甲基化的研究主要集中在肿瘤方面，最新研究发现 DNA 甲基化的改变对于以糖尿病和肥胖为代表的代谢性疾病也存在重要意义。其主要效应是抑制基因表达，如果调控胰岛素分泌的基因甲基化水平增高，可能会使胰岛素分泌减少，而能量代谢通路基因的甲基化水平增高，将会削弱骨骼肌、肝脏、脂肪等胰岛素重要靶器官对葡萄糖和脂类的代谢能力，胰岛素信号转导通路被抑制也会造成胰岛素抵抗，最终促成2型糖尿病（Padmanabhan，2016）。

二、精神分裂症

精神分裂症（schizophrenia，SZ）是最常见的令人困惑的复杂疾病之一，全世界范围内患病率为4%。家系调查、双生子及寄养子研究已证实，SZ属多基因遗传方式（遗传度为70%～85%）。环境因素，如病毒、产伤等也将导致SZ的发生。

（一）SZ候选基因的研究

近年来，应用关联分析方法和全基因组扫描技术，已发现众多基因或位点可能是精神分裂症的易感基因或候选区域。

1. *DRD* 基因

多巴胺是一种非常重要的神经递质，对调节人体的精神-神经活动具有重要作用。多巴胺过量一直被认为是导致精神分裂症的主要原因，故多巴胺受体基因亦被认为是精神分裂症的重要候选基因。鉴于临床上的许多精神分裂症的治疗药物均为多巴胺D2受体（dopamine D2 receptor，DRD2）阻断剂，DRD2受体基因也因此成为精神分裂症易感基因的候选对象。①*DRD2* 基因位于11q22.1-22.3，有研究显示 *DRD2* 与精神分裂症的易感性无关，但日本患者的 *DRD2* 基因第141位C碱基缺失频率显著降低，而英国白种人患者的第141位C缺失显著升高。②*DRD3* 基因位于3q13.3，在第1外显子的第9个密码子存在由Ser/Gly代替形成的BalⅡ限制性片段长度多态性位点。*DRD3* 主要特异表达于端脑、伏隔核、Callegia岛以及其他边缘系统（如嗅体、海马和乳头体），该基因的表达与思维、情感等功能相关。研究表明 *DRD3* 的Ser/Gly BalⅡ限制性片段多态性与精神分裂症的发生存在相关性。因此，*DRD3* 基因成为精神分裂症重要的候选基因。③*DRD4* 基因位于11p15.5，与 *DRD2* 和 *DRD3* 都有明显的同源性，*DRD4* 第521位C21多态性以及第3外显子48bp重要片段的多态性与精神分裂症有微弱关联。

2. *5-HTR2A* 基因

5-羟色胺是另一种重要的神经递质，可以通过其相应的受体（5-HTR）介导来调节人的神经活动。在人体中，5-HTR是由多种类型蛋白质组成的蛋白质家族。其中 *5-HTR2A* 基因定位于13q14，其基因产物是由471个氨基酸组成的G蛋白偶联受体，特异地分布于带状核、嗅结体、新皮质Ⅰ层和Ⅴ层、梨状皮质和嗅前体。研究发现，*5-HTR2A* 第102T-C突变形成的限制性片段长度多态性位点是理想的遗传标记。目前临床上使用的一些抗精神分裂症的新药，均是特异性地作用于 *5-HTR2A* 而产生药效的，故 *5-HTR2A* 基因可能与精神分裂症的发病机制有一定关联性。

3. *HLA* 基因

该基因编码人类白细胞抗原，位于 6p21.3，是人类基因组中多态性最丰富的基因群，直接决定免疫排斥反应。临床上，某些精神分裂症亚型患者存在自身免疫现象，从而推测 HLA 可能与该疾病的发生相关。已有研究表明，*HLA-A1*、*HLA-A2*、*HLA-A9*、*HLA-B5*、*HLA-CW4*、*HLA-DR8* 等与精神分裂症呈正相关，而 *HLA-DR4*、*HLA-DQB1* 与该病呈负相关。

4. *KCNN3* 基因

KCNN3 基因是存在于人脑和小鼠脑中编码一种较小的钙激活钾离子通道蛋白的 cDNA 家族，该家族由 KCNN1、KCNN2 和 KCNN3 组成。人 *KCNN3* 基因位于 1q21.3，编码由 731 个氨基酸组成的多肽链，该区域 5'端含有两个 CAG 三核苷酸重复序列，第 2 个 CAG 重复序列的多态性最常见。有研究表明，精神分裂症患者中较长 CAG 重复等位片段的频率显著高于正常人，*KCNN3* 基因较长的 CAG 重复片段与精神分裂症之间可能存在一定的关联性。

除以上基因，目前已知的与精神分裂症相关的候选基因还包括 *MTHFR*（1p36）、*RGS4*（1q22）、*CHI3L1*（1q32）等近 30 种及 CAG/CTG 三核苷酸重复序列。随着基因组测序的深入、DNA 芯片的研制及 SNPS 图谱的绘制等，精神分裂症的相关候选基因逐渐浮出水面，也为揭示 SZ 的发病机制、提高精神疾病诊断的可靠性，新药研发、精准医疗提供理论依据（Duan，2010；Mitchell，2011）。

（二）染色体畸变与 SZ

在 SZ 候选基因研究之前，有关 SZ 的染色体畸变与细胞遗传学研究早在 20 世纪 60 年代即已开展，已报道的 SZ 染色体异常包括：5q11-q13 部分三体、t(2;18)(p11.2;p11.2) 易位、t(1;7)(p22;q22)易位、9p11-9q13 倒位、4p15.2-q21.3 倒位、5p14.1 部分三体、8 号三体、8q24 脆性位点、10q24 脆性位点、22q11.1 缺失、5q21-q23.1 缺失以及性染色体非整倍体等。这些染色体畸变只出现在个别 SZ 案例中，并非 SZ 特异性的变异。因而，SZ 与染色体畸变之间没有明显关联，但上述染色体畸变部位的发现，有助于确定 SZ 易感基因（Mistry，2018）。

三、肥胖

肥胖严重威胁人类健康，是环境和遗传因素共同作用所导致的复杂疾病。尽管近年来生活方式的改变极大地促进了肥胖的发生，但遗传因素对个体间肥胖差异的影响可达 40%～70%，有关数量性状包括 BMI、腰围、腰臀比等均受遗传影响。近年来，应用全基因组关联研究方法发现 60 多个肥胖有关性状的遗传位点，其在不同人群存在遗传异质性。在欧裔人群中定位了 50 多个肥胖性状的遗传位点，部分位点在亚裔人群中得到验证，*FTO* 和 *MC4R* 基因为其中的典型代表（Loos，2017）。

（一）*FTO* 基因

FTO 基因是 2007 年通过 GWAS 报道的首个欧裔人群肥胖易感基因。该基因多集中在下丘脑表达，参与摄食和调节能量平衡。关于中国人、日本人及亚裔其他人群的多项遗传学研究显示，*FTO* 基因与亚裔人群 BMI 相关。其中，Li 等有关东亚和南亚人群的 GWAS meta 分析结果显示，携带 *FTO* 基因 rs9939609 位点风险等位基因使 BMI 增高 0.26kg/m^2，这与欧裔人群研究结果相近（0.26～0.39kg/m^2）。与欧裔人群相比，亚裔人群 BMI 较低，肌肉组织含量少，腹内和皮下脂肪含量高，更容易发生中心性肥胖，而腰围和腰臀比可作为衡量中心性肥胖的简易指标。大部分研究显示 *FTO* 基因与亚裔人群腰围或腰臀比相关。Li 等的 GWAS meta 分析结果显示 *FTO* 基因 rs9939609 位点与腰围或腰臀比关联，风险等位基因可增加腰围 0.51cm，增加臀围 0.36cm，增加腰臀比 0.003。Frayling 等关于欧裔人群的 GWAS 研究发现携带 *FTO* 基因风险等位基因使腰围增加约 1cm，两项研究结果的差异性提示不同人种具有遗传异质性，强调了 *FTO* 基因与腰围或腰臀比的相关性需要不同人群验证数据的支持。腰围或腰臀比仅能作为简易指标来衡量中心性肥胖，而利用 CT 和 MRI 精确测量皮下脂肪面积（subcutaneous fat area，SFA）和腹内脂肪面积（visceral fat area，VFA）则可准确量化中心性肥胖。Hotta 等运用 CT 精确测得 1228 例日本人 SFA 和 VFA，多元线性回归模型分析结果显示 *FTO* 基因 rs1558902 和 rs1421085 均与 SFA 和 VFA 有关，携带 rs1558902 位点风险等位基因 *A* 使 VFA 增加 5.8cm^2，SFA 增加 14.4cm^2，携带 rs1421085 风险等位基因 *C* 使 VFA 增加 5.9cm^2，SFA 增加 14.6cm^2。但关于亚裔其他人群 *FTO* 基因与脂肪分布的关系研究较局限，仍需在不同人群中加以验证。

（二）*MC4R* 基因

MC4R 基因编码黑素皮质素受体 4，在下丘脑神经元中表达。它是瘦素介导的食欲调节途径最末端的基因，单基因突变会导致重度早发型肥胖。2008 年 Loos 等应用 GWAS 方法首次在近 90 000 名欧裔人群中发现 *MC4R* 基因 rs17782313 与 BMI 和肥胖相关。而 Chambers 等在约 15 000 名印度人的 GWAS 研究中发现该基因 rs12970134 位点与腰围相关。Hong 等的研究表明 *MC4R* 基因 rs571312 位点与韩国人 BMI 有关，携带风险等位基因使 BMI 增高 0.22kg/m^2。随后，*MC4R* 基因与 BMI 的关联分别在中国人、日本人、印度人及其他人群得到验证，该基因对 BMI 的影响效应次于 *FTO*。

除以上基因外，在中国人中已知的与肥胖相关的候选基因还包括 *GNPDA2*、*KCTD15*、*BCDIN3D/FAIM2*、*SH2B1*、*GNPDA2*、*KCTD15*、*SFRS10-ETV5-DGKG*、*SEC16B-RASAL2*、*NEGR1*。而在日本人中验证了 *SEC16B*、*BDNF*、*GIPR*、*KCTD15*、*GNPDA2*、*TMEM18*、*MTCH2*、*BCDIN3D-FAIM2*、*SH2B1-ATP2A1* 等位点。菲律宾女性的 GWAS 研究亦再次验证了 *BDNF* 基因与 BMI 的相关性。Wen 等有关东亚人的 GWAS meta 分析验证了 *SEC16B*、*GIPR/QPTCL*、*ADCY3/RBJ*、*BDNF*、*MAP2K5* 与亚裔人群 BMI 的相关性，另外，*GNPDA2*、*TFAP2B* 和 *PAX6* 这三个位点与 BMI 的相关性接近 GWAS 阈值。根据目前的报道可见，*FTO* 和 *MC4R* 基因由于发现时间早，效应影响大，在亚裔

人群中得到较广泛的验证，其他位点需扩大样本量以及更精细的研究设计和分析才有可能得到验证。目前缺乏在亚裔人群中验证欧裔人群所定位的腰围或腰臀比的遗传位点这方面的研究，有关亚裔人群的诸多研究主要基于关联分析的研究方法。Oguro 等基于 1504 名日本普通人群的研究发现，*ADARB2* 基因 rs2805533 与腰围相关。Hotta 等运用CT精确测量SFA和VFA，先后证实*CYP17A1*基因rs1004467和*NT5C2*基因rs11191548与日本女性 SFA 和 VFA 相关。目前，所筛选出的有关亚裔人群的腰围、腰臀比、SFA 和 VFA 相关位点有待进一步深入验证（王涛等，2015；Hinney and Hebebrand，2008）。

（吕　涛　陈元晓）

参考文献

陈竺, 陆振虞, 傅松滨. 2014. 医学遗传学. 第 2 版. 北京: 人民卫生出版社: 96-112.

梁素华, 邓初夏. 2014. 医学遗传学. 第 3 版. 北京: 人民卫生出版社: 79-90.

王涛, 贾伟平, 胡承. 2015. 亚裔人群肥胖的多基因遗传研究进展.中华内分泌代谢杂志, 31 (7): 637-640.

左伋, 顾鸣敏, 张咸宁. 2013. 医学遗传学. 第 6 版. 北京: 人民卫生出版社: 69-80.

Duan J, Sanders AR, Gejman PV. 2010. Genome-wide approaches to schizophrenia.Brain Res Bull, 83(3-4): 93-102.

Giuffrida FM, Reis AF. 2005. Genetic and clinical characteristics of maturity-onset diabetes of the young. Diabetes Obes Metab, 7(4): 318-326.

Hinney A, Hebebrand J. 2008. Polygenic obesity in humans. Obes Facts, 1(1): 35-42.

Khoury MJ, Janssens AC, Ransohoff DF. 2013. How can polygenic inheritance be used in population screening for common diseases? Genetics in Medicine, 15(6): 437-443.

Zou X, Zhou X, Zhu Z, et al. 2019. Novel subgroups of patients with adultonset diabetes in Chinese and US populations. Lancet Diabetes, Endocrinol, 7(1): 9-11.

Andrea KS, Marian JR. 2011. Genetics of type 1 diabetes. Clin Chem, 57(2): 176-185.

Loos RJF, Janssens ACJW. 2017. Predicting polygenic obesity using genetic information. Cell Metab, 25(3): 535-543.

Mistry S, Harrison JR, Smith DJ, et al. 2018. The use of polygenic risk scores to identify phenotypes associated with genetic risk of schizophrenia: Systematic review. Schizophr Res, 197: 2-8.

Mitchell KJ, Porteous DJ. 2011. Rethinking the genetic architecture of schizophrenia. Psychol Med, 41(1): 19-32.

Padmanabhan JL, Nanda P, Tandon N, et al. 2016. Polygenic risk for type 2 diabetes mellitus among individuals with psychosis and their relatives. J Psychiatr Res, 77: 52-58.

McCarroll SA, Hyman SE. 2013. Progress in the genetics of polygenic brain disorders: Significant new challenges for neurobiology. Neuron, 80 (3): 578-587.

第八章　线 粒 体 病

自 1894 年在动物细胞质内发现线粒体以来，人们对线粒体的结构、功能及其与疾病的关系的研究不断深入。1963 年 Nass 首次在鸡卵母细胞中发现线粒体中存在 DNA；同年，Schatz 分离到完整的线粒体 DNA（mitochondrial DNA，mtDNA），从而开始了对 mtDNA 的探索。有性生殖中受精方式决定了线粒体遗传属于母系遗传。早期曾有学者提出某些疾病可能是细胞质遗传所致，但直到 1987 年 Wallace 等通过研究 mtDNA 突变和 Leber 遗传性视神经病之间的关系后，才明确地提出 mtDNA 突变可引起人类的疾病。线粒体功能异常所导致的疾病统称为线粒体病（mitochondrial disease）。它的致病机制包括两个：线粒体 DNA（mtDNA）突变所致的疾病，遵循母系遗传规律；核基因突变所致的，遵循核基因疾病的遗传规律。近年来这一领域的研究迅速发展，目前已证实人类 100 多种疾病与 mtDNA 突变有关（Viscomi，2017；Kroon，1987），截至 2018 年 5 月 1 日，在 2878 个全长序列和 173 个 CR 序列的基础上又增加了 184 个新变体（Marie，2019）。

第一节　线粒体基因组

一、线粒体基因组的结构

线粒体基因组全长 16 569bp，不与组蛋白结合，呈裸露闭环双链状，外环为重链（H 链），富含鸟嘌呤，内环为轻链（L 链），富含胞嘧啶（图 8-1）。mtDNA 分为编码区和非编码区，编码区为保守序列，不同种系间 75%的核苷酸具有同源性。此区包括 37 个基因：2 个基因编码线粒体核糖体的 rRNA（16S、12S）；22 个基因编码线粒体中的 tRNA，可满足线粒体蛋白质翻译中所有密码子的需要；13 个基因编码线粒体氧化磷酸化（OXPHOS）酶复合体的亚基，其中三个为构成细胞色素 c 氧化酶（COX）复合体（复合体Ⅳ）催化活性中心的亚单位（COXⅠ、COXⅡ、COXⅢ），这三个亚基与细菌细胞色素 c 氧化酶是相似的，其序列在进化过程中是高度保守的，2 个为 ATP 合酶复合体（复合体Ⅴ）F_0 部分的 2 个亚基（A6 和 A8），7 个为 NADH-C_OQ 还原酶复合体（复合体Ⅰ）的亚基（ND1、ND2、ND3、ND4L、ND4、ND5 和 ND6），还有 1 个编码 C_OQH_2 细胞色素 c 还原酶复合体（复合体Ⅲ）中细胞色素 b 的亚基（陈竺，2005）。

线粒体基因组各基因之间排列极为紧凑，基因间隔区只有 87bp，占 mtDNA 总长度的 0.5%。部分区域还出现重叠，即前一个基因的最后一段碱基与下一个基因的第一段碱基相衔接，利用率极高。无启动子和内含子，缺少终止密码子，仅以 U 或 UA 结尾。

mtDNA 有两段非编码区，一段是控制区（control-region，CR），又称 D 环区（displacement loop region，D-loop），另一段是 L 链复制起始区。D 环区由 1122bp 组成，与

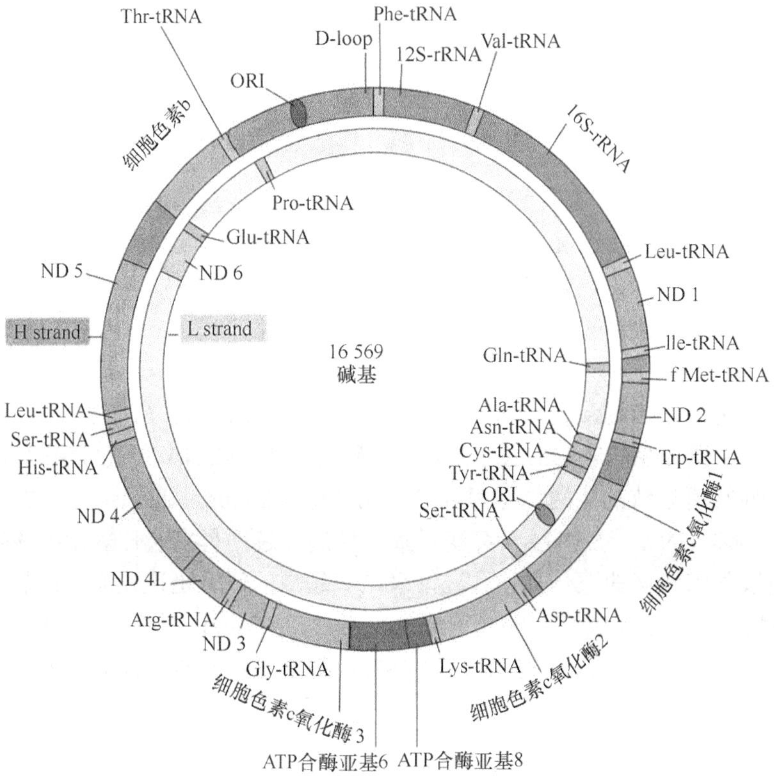

图 8-1　线粒体基因组

mtDNA 的复制及转录有关，包括 H 链复制的起始点（O_H）、H 链和 L 链转录的启动子（P_{H1}、P_{H2}、P_L），以及 4 个保守序列（分别在 213～235bp、299～315bp、346～363bp 和终止区 16 147～16 172bp）。

mtDNA 突变率极高，多态现象比较普遍，两个无关个体的 mtDNA 中碱基变化率可达到 3%，尤其 D 环区是线粒体基因组中进化速度最快的 DNA 序列，极少有同源性，而且参与的碱基数目不等，其 16 024～16 365nt（nt：核苷酸）及 73～340nt 两个区域为多态性高发区，分别称为高变区Ⅰ（hypervariable region Ⅰ，HVⅠ）及高变区Ⅱ（hypervariable region Ⅱ，HVⅡ），这两个区域的高度多态性导致了个体间的高度差异，适用于法医学和群体遗传学研究，如生物进化、种族迁移等（Lott，2019）。

二、线粒体 DNA 的复制

mtDNA 可进行半保留复制，其 H 链复制的起始点（O_H）与 L 链复制起始点（O_L）相隔约 2/3 个 mtDNA。复制起始于控制区 L 链的转录启动子，首先以 L 链为模板合成一段 RNA 作为 H 链复制的引物，在 DNA 聚合酶的作用下，合成一条互补的 H 链，取代亲代 H 链与 L 链互补。被置换的亲代 H 链保持单链状态，这段发生置换的区域成为置换环或 D 环，故此种 DNA 复制方式称 D 环复制。随着新 H 链的合成，D 环延伸，

轻链复制起点 O_L 暴露，L 链开始以被置换的亲代 H 链为模板沿逆时针方向复制。当 H 链合成结束时，L 链只合成了 1/3，此时 mtDNA 有两个环：一个是已完成复制的环状双链 DNA，另一个是正在复制、有部分单链的 DNA 环。两条链的复制全部完成后，起始点的 RNA 引物被切除，缺口封闭，两条子代 DNA 分子分离（图 8-2）。新合成的线粒体 DNA 是松弛型的，约需 40min 成为超螺旋状态。

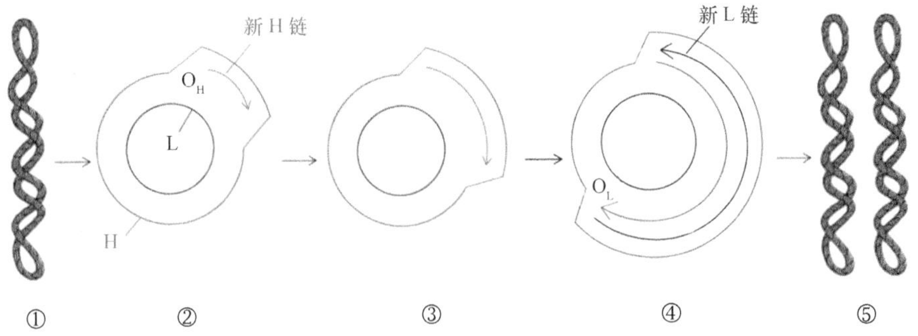

图 8-2　线粒体的 D 环复制

①超螺旋闭环 mtDNA；②新的重链开始形成；③D 环展开；④D 环继续展开，新的轻链开始形成，复制结构类似“字母 D”；⑤复制完成，两个超螺旋闭环 mtDNA

多细胞生物中，mtDNA 复制并不均一，有些 mtDNA 分子合成活跃，有些 mtDNA 分子不合成。复制所需的各种酶由核 DNA 编码。mtDNA 的复制形式除 D 环复制外，还有 θ 复制、滚环复制等，相同的细胞在不同环境中可以其中任何一种方式复制，也可以几种复制方式并存，其调节机制不明。

三、线粒体基因的转录与表达

（一）线粒体基因的转录

与核基因转录比较，mtDNA 的转录有以下特点。①两条链均有编码功能：H 链编码 2 个 rRNA、12 个 mRNA 和 14 个 tRNA；L 链编码 1 个 mRNA 和 8 个 tRNA。②两条链从 D 环区的启动子处开始以相同的速率转录，L 链沿顺时针方向转录，H 链沿逆时针方向转录。③mtDNA 的基因之间无终止密码子，因此，两条链各自产生一个巨大的多顺反子初级转录产物。H 链还产生一个较短的、合成活跃的 RNA 转录产物，其中包含 2 个 tRNA 和 2 个 mRNA。④tRNA 基因通常位于 mRNA 基因和 rRNA 基因之间，每个 tRNA 基因的 5'端与 mRNA 基因的 3'端紧密连接，核酸酶准确识别初级转录产物中的 tRNA 序列，并在 tRNA 两端剪切转录本，形成单基因的 mRNA、tRNA 和 rRNA，剪切下来的 mRNA 无 5'端帽结构，在 poly（A）聚合酶的作用下，在 3'端合成一段 polyA，成为成熟的 mRNA。初级转录产物中无信息的片段很快被降解。

（二）线粒体基因表达

线粒体氧化呼吸链包括线粒体内膜上的 4 个复合体及 ATP 酶，由约 85 种蛋白质亚基组成，其中 13 种蛋白质由 mtDNA 编码，其余均为核基因编码。5 个呼吸链复合体中，只有复合体 2 的亚基全部来自核基因编码的蛋白质，只受核基因控制，其他复合体的亚基组成中至少有一个为 mtDNA 编码的蛋白质，因此复合体 1，3，4，5 同时受核基因和 mtDNA 调控。可见，细胞核与线粒体之间存在密切的、精确的、严格调控的生物学机制。

线粒体具有独立的蛋白质合成系统，线粒体核糖体蛋白（mitochondrial ribosomal protein，MRP）就是翻译系统的中心，与其 rRNA、mRNA、tRNA 协同进化以便正常发挥合成蛋白质的生物学功能，与细菌核糖体及真核细胞质核糖体在 rRNA 和蛋白质组分、拓扑结构、来源等方面差异显著，但作为翻译机器，通过核糖体实现 mRNA→蛋白质信息传递的生物学过程仍相似。MRP 全部由核基因编码，通过细胞质 80S 核糖体合成，再转运到线粒体中，与线粒体自身转录的 rRNA 组合成线粒体核糖体，合成氧化磷酸化系统和生成 ATP 所需的 13 种蛋白质。线粒体蛋白质翻译具有自身特点，如使用非通用密码子和类似于原核细胞的 70S 核糖体等。

四、线粒体基因的突变

自从 1988 年发现第一个 mtDNA 突变以来，已发现 100 多个与疾病相关的点突变、200 多种缺失和重排，大约 60%的点突变影响 tRNA，35%影响多肽链的亚单位，5%影响 rRNA。mtDNA 基因突变可影响 OXPHOS 功能，使 ATP 合成减少，一旦线粒体不能提供足够的能量则可引起细胞退变甚至坏死，导致一些组织和器官功能的减退，出现相应的临床症状。

（一）突变率

mtDNA 突变率比核 DNA 高 10～20 倍，其原因有以下几点。①mtDNA 是裸露分子，不与组蛋白结合，缺乏组蛋白的保护。②mtDNA 位于线粒体内膜附近，直接暴露于呼吸链代谢产生的超氧粒子和电子传递产生的羟自由基中，极易受氧化损伤。例如，mtDNA 链上的脱氧鸟苷（dG）可转化成羟基脱氧鸟苷（8-OH-dG），导致 mtDNA 点突变或缺失。③mtDNA 复制频率较高，且不对称。亲代 H 链被替换下来后，长时间处于单链状态，直至子代 L 链合成，而单链 DNA 可自发脱氨基，导致点突变。④线粒体内缺乏 DNA 损伤修复机制。

确定一个 mtDNA 是否为致病性突变，有以下几个标准。①突变发生于高度保守的序列或具有重要功能的区域。②该突变能引起呼吸链缺损。③正常人群中未发现该 mtDNA 突变类型，在来自不同家系但有类似表型的患者中发现相同的突变。④有杂质性存在，而且杂质性程度与疾病严重程度呈正相关。

（二）突变类型

mtDNA 突变类型主要包括点突变、大片段重组和 mtDNA 数量减少。

1）点突变

点突变发生的位置不同，所产生的效应也不同。已知的由 mtDNA 突变所引起的疾病中，2/3 的点突变发生在与线粒体内蛋白质翻译有关的 tRNA 或 rRNA 基因上，使 tRNA

和 rRNA 的结构异常，影响了 mtDNA 编码的全部多肽链的翻译过程，导致呼吸链中多种酶合成障碍；点突变发生于 mRNA 相关的基因上，可导致多肽链合成过程中的错义突变，进而影响氧化磷酸化相关酶的结构及活性，使细胞氧化磷酸化功能下降。

2）大片段重组

mtDNA 的大片段重组包括缺失和重复，以缺失较为常见。大片段的缺失往往涉及多个基因，可导致线粒体 OXPHOS 功能下降，产生的 ATP 减少，从而影响组织器官的功能。最常见的缺失是 8483～13 459 位碱基之间 5.0kb 的片段，该缺失约占全部缺失患者的 1/3，故称“常见缺失”（common deletion）。由于 A8、A6、COXⅢ、ND3、ND4L、ND4、ND5 及部分 tRNA 基因的丢失，造成 OXPHOS 中某些多肽不能生成，ATP 生成减少。该缺失多见于 Kearns-Sayre 综合征（KSS）、缺血性心脏病等；另一个较为常见的缺失是 8637～16 073 位碱基之间 7.4kb 的片段，两侧有 12bp 的同向重复序列。该缺失丢失了 A6、COXⅡ、ND3、ND4L、ND4、ND5、ND6、cytb、部分 tRNA 和 D 环区的序列，多见于与衰老有关的退行性疾病；其他常见的缺失是第 4389～14 812 位 10.4kb 的片段，由于大部分基因缺失，能量代谢受到严重破坏。引起 mtDNA 缺失的原因可能是 mtDNA 分子中同向重复序列的滑动复制或同源重组，典型疾病为 KSS、慢性进行性眼外肌瘫痪等。

3）mtDNA 数量减少

mtDNA 数量的减少可为常染色体显性或隐性遗传，即提示该病是由核基因缺陷所致的线粒体功能障碍。

（三）突变的修复

mtDNA 的修复机制主要有两种。一种为切除修复，核酸内切酶先切除损伤 DNA 片段，然后 DNA 聚合酶以未损伤链为模板，复制正确的核苷酸序列以填补形成的空缺。线粒体内存在上述过程所需的几种酶。另一种是转移修复，通过转移酶识别突变核苷酸（如甲基化核苷酸），并将该突变核苷酸清除。线粒体中虽然存在该修复类型所需的某些酶，但种类较少，清除突变碱基的能力远低于核 DNA，而且在分裂旺盛的组织中有酶活性，在分裂终末组织（如脑组织）中则无酶活性（Zhang，2017）。

五、线粒体病的遗传特点

与核 DNA 相比，mtDNA 具有其独特的遗传规律。了解线粒体的遗传规律可以更好地认识线粒体病的病因学与发病机制。

（一）mtDNA 具有半自主性

线粒体具有自己的遗传物质，所以有人将 mtDNA 称为第 25 号染色体或 M 染色体。mtDNA 能够独立地复制、转录和翻译，但是大量地维持线粒体结构和功能的大分子复合物，以及大多数氧化磷酸化酶的蛋白质亚单位均由核 DNA 编码，故 mtDNA 的功能又受核 DNA 的影响，因而是一种半自主复制体。

（二）线粒体基因组所用的遗传密码和通用密码不同

线粒体的遗传密码和通用密码并不完全一样，核基因组中 UGA 为终止密码子，而在 mtDNA 中 UGA 编码色氨酸，AGA、AGG 是终止信号而非精氨酸，AUA 编码甲硫氨酸兼启动信号，而不是异亮氨酸。另外，线粒体的 tRNA 简并性较强，仅用 22 个 tRNA 就可识别多达 48 个密码子。

线粒体中 tRNA 的反密码子严格识别密码子的前两位碱基，但第三位碱基的识别有一定的自由度（称碱基摆动），可以识别 4 种碱基中的任何一种，因此，一个 tRNA 往往可识别几个简并密码子，22 个 tRNA 便可识别线粒体 mRNA 的全部密码子。与 nDNA 相比，线粒体密码子的第三位更常见的是 A 或 C，这是线粒体密码子简并性的主要来源。

（三）mtRNA 为母系遗传

人类受精卵中的 mtRNA 绝大多数来自于卵细胞，也就是说来自于母系，这种传递方式称为母系遗传（maternal inheritance）。这是因为卵母细胞含有十多万个 mtDNA 分子，而精子只有大约几百个，相对于卵子而言，精子对线粒体基因型的影响很小。另一个原因是用于推动精子运动的大量线粒体存在于精子尾部，在受精时精子尾部会丢失，从而导致精子中的 mtDNA 不能进入卵细胞。由于受精过程导致线粒体遗传病的传递模式不同于经典的孟德尔遗传。因此，如果在某个家族中发现一些成员具有相同的临床症状，并且是从受累的女性传递下来，就应考虑线粒体 DNA 突变的可能性。图 8-3 为典型的母系遗传家系图。

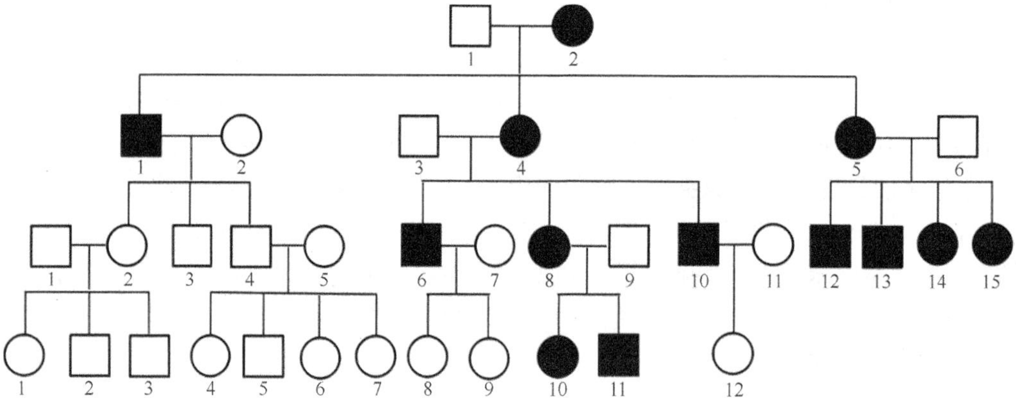

图 8-3　典型的母系遗传家系图

（四）mtDNA 在细胞分裂过程中的复制分离与遗传瓶颈现象

mtDNA 在减数分裂和有丝分裂期间都要经过复制分离（replicative segregation）。人类卵母细胞中虽含有 10 多万个线粒体，但在卵母细胞成熟过程中绝大多数线粒体会丧失，数目减至 10～100 个。这种卵细胞成熟过程中线粒体数目从 10 万个锐减到小于 100 个的过程就是遗传瓶颈（genetic bottleneck），使得只有少数线粒体真正传给后代，也是造成亲代和子代之间差异的原因。此后，经过早期胚胎分裂，线粒体通过自我复制使数目达到每个细胞含有 10 万个或更多。如果通过遗传瓶颈保留下来的一个线粒体碰巧携带一种突变基因，那么这个突变基因就可能在发育完成之后的个体中占有一定的比例。由于在胚胎发生和组织形成的细胞分裂过程中线粒体经过复制分离，随机进入子细胞。因此，一些子细胞很可能接受大量的携带突变基因的线粒体，由它们形成的成体组织细胞会具有较高比例携带突变基因的线粒体。

（五）mtDNA 的异质性与阈值效应

人类每个细胞中有数千个乃至 10 万个 mtDNA 分子。纯质性（homoplasmy）是指一个细胞或组织中所有的线粒体具有相同的基因组，即都是野生型序列，或者都是突变型序列。异质（heteroplasmy）则表示一个细胞或组织既含有野生型，又含有突变型线粒体基因组。在异质性细胞中，突变型与野生型 mtDNA 的比例决定了细胞是否出现能量短缺。如果携带突变型线粒体的比例较小，则产能不会受到明显影响。相反，当含有大量突变型线粒体基因组的组织细胞所产生的能量不足以维持细胞的正常功能时，就会造成组织中能量供应水平降低，进而影响组织的功能并出现异常的性状。也就是说，当突变的 mtDNA 达到一定的比例时，才有受损的表型出现，这就是阈值效应（threshold effect）。这种线粒体基因突变产生有害影响的阈值效应明显依赖于受累细胞或组织对能量的需求。因此，高需能的组织，如脑、骨骼肌、心脏等，更容易受到 mtDNA 突变的影响。

（六）mtDNA 的突变率极高

mtDNA 的突变率比核 DNA 高 10～20 倍。这种高突变率造成个体及群体中 mtDNA 序列差异较大。比较任何两个人的 mtDNA，平均每 1000 个碱基对中就有 4 个不同。人群中含有多种中性到中度有害的 mtDNA 突变，且高度有害的 mtDNA 突变也会不断增多。不过有害的突变会由于选择而被消除，故突变的 mtDNA 基因虽然很普遍，但线粒体遗传病却不常见。

第二节 常见线粒体病

线粒体病是由于线粒体的功能不正常而导致的一些疾病。线粒体是细胞内产生能量的细胞器。线粒体的主要功能是提供细胞所需要的能量，即三磷酸核苷酸 （ATP）。线粒体病往往是由于线粒体 DNA 的突变造成的，从而影响线粒体的功能。广义的线粒体病还包括由细胞核基因编码的线粒体蛋白的突变而造成的功能不正常（López，1991）。

一、Leber 遗传性视神经病

Leber 遗传性视神经病（LHON）是德国医生 Theodor Leber 发现的，并以他的名字命名的疾病，是最早确诊的人类线粒体病，线粒体基因突变主要累及视神经和视网膜神经元变性，同时有可能出现心脏传导阻滞、肌张力降低。LHON 的患者主要以年轻人为主，临床表现为急性或亚急性发病，无疼痛，中心性视觉丧失导致中心盲点，即患者看不到视野的中央部分，眼底检查通常发现有外周乳头状的毛细血管扩张、微血管病、视乳头假性水肿等。大部分 LHON 患者表现出两只眼睛同时受累，若非双眼同时性出现症状，则在一只眼睛完全失明后，另一只眼睛也会失明（Bi et al.，2017）。

LHON 致病原因是线粒体基因发生突变，呈母系遗传方式，目前未发现男性患者将此病遗传给下一代的病例。Wallance 在 1988 年发现该病患者线粒体 mtDNA 的 11 778 位点的 G 转换成 A，导致 NADH 脱氢酶亚单位 4（ND4）的第 340 位精氨酸转变成组氨酸，这个基因突变与 LHON 的发病密切相关。值得注意的是，除了上述 *G11778A* 突变外，mtDNA 上其他基因位点也能够导致 LHON，这些区域包括 ND1、ND2、COI、ATP6、ND4、ND5、ND6、CytB 等，现已在这些区域发现 30 多个基因突变与 LHON 直接相关。

在 LHON 的临床基因诊断中，主要检测受检测者的 mtDNA 序列中是否存在 *MTND4*LHON 11778A*、*MTND6*LHON 14484C* 和 *MTND1*LHON 3460A* 基因突变。以 *MTND4*LHON 11778A* 为例，MT 表示线粒体，ND4 表示 NADH 脱氢酶亚单位 4，*号之后使用了描述疾病临床特征的字母缩略词，LHON 表示 Leber 遗传性视神经病，11778A 表示 mtDNA 第 11 778 位置的碱基替换为 A。

LHON 属于家族性遗传病，虽然也存在少量散发性病例，但是大部分 LHON 患者主要为家族性患者。在有家族史的病例中，若致病基因突变为纯质型，家族中患者的外显率有差别，11778A 家系中受累亲属的占比为 33%～66%，在 14484C 家系中受累亲属的占比为 27%～80%，在 3460A 家系中受累亲属的占比为 14%～40%。部分研究显示，LHON 外显率与性别有关，男性比女性更容易发病，但是具体机制仍不清楚。

二、线粒体肌病脑病伴高乳酸血症和卒中样发作

线粒体肌病脑病伴高乳酸血症和卒中样发作（mitochondrial encephalomyopathy with lactic acidosis and stroke-like episodes，MELAS）是一组少见的线粒体结构和（或）功能异常所导致的以脑和肌肉受累为主的多系统疾病。其肌肉损害主要表现为骨骼肌极度不能耐受疲劳，神经系统主要表现有眼外肌麻痹、卒中、癫痫反复发作、肌阵挛、偏头痛、共济失调、智能障碍，以及视神经病变等，其他系统表现可有心脏传导阻滞、心肌病、糖尿病、肾功能不全、假性肠梗阻和身材矮小等（Kerr，2013）。

MELAS 为母系遗传。10 岁前发育正常。10～40 岁发病，首发症状为运动不耐受、卒中样发作、偏轻瘫、失语、皮层盲或聋，并有肢体无力、抽搐或阵发性头痛、智能低下、阿尔茨海默病及乳酸血症，肌活检见 RRF、异常线粒体和晶格样包涵体。CT 可见 30%～70%苍白球钙化，MRI 皮层有层状异常信号的特征。基因检测可见 3243 位或 3271 位核苷酸点突变。MELAS 患者卒中样发作急性期主要累及颞顶或颞枕叶，病灶可累及皮质和深部的白质。与缺血性脑梗死不同，MELAS 梗死灶与脑动脉灌注供血区分布不一致，主要集中在代谢旺盛的微血管区域，周围水肿不明显，伴有星型胶质细胞增生。MELAS 患者累及神经系统的其他常见症状包括神经性耳聋、偏头痛、认知功能受损、周围神经病、抑郁及一些精神症状等。隐性起病的神经性耳聋常是 MELAS 的早期表现，常有家系遗传，在未发病的患者亲属中也可发生。随访研究发现超过半数的 MELAS 患

者有不同程度的听力下降和母系遗传的糖尿病和（或）耳聋（MIDD）。发病前出现不规则的偏头痛也是 MELAS 患者早期的常见症状，头痛常发生在疾病的间歇期，推测可能是线粒体能量代谢受损，一方面增加了神经元的兴奋性，另一方面降低了诱发头痛的阈值所致。MELAS 患者发病时可有不同程度的认知障碍，包括语言、记忆、定向力障碍等。最常见的是前额叶的执行功能受损，MRI 上表现为脑干后部、扣带回的缺血样改变，可能与脑皮质神经元变性有关。另外，少部分患者可出现周围神经病，表现轻微感觉异常、袜套样麻木感等，以隐匿性、渐进性起病为主，常累及远端肢体（El-Hattab，2015）。

三、伴有破碎红纤维的肌肉阵挛性癫痫

伴有破碎红纤维的肌肉阵挛性癫痫（myoclonic epilepsy with ragged-red fibers，MERRF）临床表现为多系统紊乱，发病一般在童年，病情可以持续若干年，临床症状包括肌阵挛性癫痫、共济失调、肌病、耳聋、智力障碍等。MERRF 患者的肌肉中会出现大量的异常线粒体，被描述为破碎红纤维（RRF），这种异常的线粒体能够借助染料进行染色，颜色为红色（DiMauro，2015）。

大部分 MERRF 患者（80%～90%）mtDNA 中的第 8344 位发生了 A 到 G 的基因突变，这个基因突变的命名为 *MTTK*MERRF 8344G*。MTTK 的含义如下，MT 表示线粒体，T 表示 tRNA 基因，K 表示赖氨酸。这个基因突变会导致线粒体中翻译出现严重缺陷，从而使呼吸链酶复合体出现多种问题，进而导致疾病的产生。除了上述主要基因突变，MERRF 患者中也存在其他基因突变，如 *MTTL1*（OMIM590050）（$tRNA^{Leu}$：3230～3304）、*MTTH*（OMIM590040）（$tRNA^{His}$：12 138～12 206）等。北京协和医院对 MERRF 的诊断标准如下。

（1）母系遗传，呼吸链复合体Ⅰ、Ⅲ、Ⅳ部分活性缺陷，婴儿期正常，儿童期发病，神经系统受累为主。

（2）肌阵挛性癫痫发作、小脑性共济失调、意向性震颤和骨骼肌受累，可见四肢近端无力，可伴发多发性对称性脂肪瘤。

（3）神经性耳聋、痴呆和视神经萎缩。

（4）安静状态下血和脑脊液乳酸、丙酮酸浓度升高。最小运动量试验和口服葡萄糖乳酸刺激试验（+++）。

（5）肌活检：光镜下，用改良 Gomri 和 SDH 染色后显示 RRF；COX 染色肌膜浆下可见大量正常和异形线粒体。

（6）MERRF 无偏盲/皮质盲，可与 MELAS 区别。

四、氨基糖苷类抗生素诱发的耳聋

耳聋是人类最常见的疾病之一，严重影响人们的正常生活。据中国残联最新的统计，我国有语言障碍的残疾人 3000 多万。耳聋是由遗传和环境因素引起的。其中 50%的耳聋患者是由遗传因素造成的，而超过 30%的患者是由于使用氨基糖苷类抗生素，如链霉素、庆大霉素而致聋的。据统计 5%的患者因为携带线粒体基因突变导致耳聋。携带耳聋

易感基因的人在使用这种药物后就会导致耳聋，这无疑给残疾人家庭和社会造成沉重的负担。因此对氨基糖苷类抗生素引起的药物性耳聋进行研究，不仅是人类认识自然和改造自然的一个重要方面，而且还具有重大的社会和经济意义。

线粒体 DNA（mtDNA）12S rRNA 是与氨基糖苷类抗生素导致的非综合征型听力损失有关的一个突变热点区域。在这些突变位点中，位于 12S rRNA 高度保守的解码区的同质性的 1555G 和 C1494T 突变与耳聋相关。这两个突变与氨基糖苷类药物性耳聋有关。A1555G 突变和 C1494T 突变会在 12S rRNA 高度保守的 A 位点形成新的 1494C-G1555 或 1494U-A1555 碱基对。这些改变使得 12S rRNA 在二级结构上与细菌的 16S rRNA 的相应区域的二级结构更加相似，因此，由于 C1494T 和 A1555G 突变在 12S rRNA 形成 U-A 和 G-C 配对使得氨基糖苷类抗生素的结合更加容易，这就是为何携带这些突变的人在接触了氨基糖苷类抗生素时会出现或加重耳聋的原因。携带 C1494T 和 A1555G 突变的细胞的生化特征是线粒体蛋白质合成的异常并随之引起细胞的呼吸功能异常。而且，当用含高浓度的巴龙菌素或新霉素的 DMEM 培养基来培养携带这两个突变的细胞系时，可以观察到这些细胞与对照细胞系相比会出现生长缺陷和线粒体内蛋白质的翻译异常。这些观察为以下结论提供了直接的遗传和生化方面的证据，即 A1555G 和 C1494T 突变是导致氨基糖苷类抗生素诱导的非综合征型耳聋的致病性的 mtDNA 突变。

五、Kearns-Sayre 综合征

Kearns-Sayre 综合征（KSS）患者可表现出一系列的症状，可有眼外肌麻痹、眼睑下垂及四肢肌肉病、视网膜色素变性、运动失调、心脏传导功能障碍、痴呆等。KSS 综合征患者均有 mtDNA 缺失，缺失片段为 2.0～7.0kb，大多数患者在 20 岁之前发病，且病程迅速，大部分患者确诊后在几年内死亡，这种疾病主要是由体细胞基因突变引起，少部分由母系遗传导致（约 5%）。KSS 病最常见的是 8469～13 447 之间的 4979bp 片段缺失，约占患者总数的 1/3，缺失位点位于 *ATPase8* 和 *ND5* 基因之间，导致 mtDNA 序列中多个功能元件缺失，包括 ATPase8、COⅢ、ND3、ND4、ND4L、ND5 及多个 tRNA 基因缺失，缺失区两端存在 13 个碱基的重复序列：5′ACCTCCCTCACCA3′（Berenbaum，1990）。

六、帕金森病

帕金森病（Parkinson’s disease，PD）是一种常见的神经系统变性疾病，老年人多见，平均发病年龄为 60 岁左右，40 岁以下起病的青年帕金森病较少见。我国 65 岁以上人群 PD 的患病率大约是 1.7%。大部分帕金森病患者为散发病例，仅有不到 10%的患者有家族史。临床表现为静止性震颤、肌强直、运动徐缓。其神经病理学特征包括黑质致密区多巴胺能细胞变性和进行性脱失，部分存活的神经元内出现 Lewy 小体。现代分子生物学研究进一步证实 PD 病人多种组织细胞内的线粒体复合体Ⅰ、复合体Ⅱ、复合体Ⅲ甚至复合体Ⅳ都存在功能缺陷（Giannoccaro，2017）。

帕金森病的致病原因及其机制至今仍不清楚，研究表明 PD 患者脑组织中存在

mtDNA 缺失。Ozawa 在 1990 年发现患者中可检测到 4977bp 的缺失，缺失的区间位于 *ATPase8* 基因和 *ND5* 基因内，这样的缺失导致线粒体呼吸链功能异常，进而影响患者的神经元功能，这种突变是由体细胞突变所致。

七、线粒体基因突变与衰老

衰老又称老化，通常是指在正常状况下生物发育成熟后，随年龄增加，自身功能减退，内环境稳定能力与应激能力下降，结构、组分逐步退行性改变，趋向死亡，不可逆转的现象。1956 年 Harman 首先提出来衰老的自由基假说，之后又提出人类衰老过程中线粒体 DNA 是自由基攻击的首要目标。19 世纪 80 年代初 Miquel 等提出细胞衰老学说，认为衰老是由氧自由基攻击线粒体 DNA 引起的一个生物过程。1989 年 Linnane 等提出线粒体衰老假说。随着时代的发展与科技的进步，人们越来越关注线粒体与衰老的关系，线粒体与衰老的关系也成为研究前沿（Pinto，2015；Sevini，2014）。

八、细胞核基因异常引起的线粒体病

线粒体中的蛋白质分别由线粒体基因组和核基因组共同编码。目前认为，线粒体中 1%的蛋白质是线粒体基因组编码，另外 99%的蛋白质由细胞核内的 DNA 编码。细胞核基因组的突变率虽然没有线粒体基因组突变率高，但是也会出现基因突变。所以，如果核基因组 DNA 出现致病突变，也会导致线粒体病，就 MITOMAP 数据库（http：//www.mitomap.org/ MITOMAP）统计，已有多达 147 种的核基因突变所致的线粒体病。

丙酮酸脱氢酶复合体在线粒体中有重要的功能作用，如果该酶复合体出现异常，将出现丙酮酸脱氢酶复合体缺乏症，致病基因定位于染色体 Xp22.1，遗传方式为 X 连锁隐性遗传，患者的临床症状为乳酸血症、共济失调、神经运动发育迟缓、脑皮质、脑干，以及基底神经节的囊性损害，没有有效的治疗方法，但可以试用低碳水化合物或生酮饮食。

肉碱棕榈酰转移酶Ⅱ缺乏症（CPTⅡ缺乏症）也是一种核基因异常所致的线粒体病，致病基因定位于染色体 1p32，*CPT Ⅱ*基因是这种疾病最先定位的致病基因，CPTⅡ蛋白结合于线粒体内膜，能将长链脂肪酸从细胞质运送到线粒体基质，进行脂肪酸的 β 氧化，这种疾病的临床表现为骨骼肌脂肪酸代谢异常、有肌病和肌红蛋白尿。

LHON 发病与性别有联系，即男性和女性患者的发病率不一致，尽管 LHON 主要的遗传方式为线粒体母系遗传，但是这种男女发病的差异性却不能用母系遗传方式进行解释，提示核基因在 LHON 的发病中起作用。现在的普遍观点是，LHON 的发病原因是 mtDNA 和核 DNA 共同作用的结果。

（吕 涛 李云龙）

参 考 文 献

陈竺. 2005. 医学遗传学. 北京: 人民卫生出版社: 153-158.

Berenbaum F, Cote D, Pradat P, et al. 1990. Kearns-Sayre syndrome. Neurology, 40(1): 193-194.

Bi R, Logan I, Yao YG. 2017. Leber hereditary optic neuropathy: A mitochondrial disease unique in many ways. Handbook of Experimental Pharmacology, 240: 309-336.

DiMauro S, Hirano M. 2015. MERRF. In: GeneReviews. Seattle(WA): University of Washington, Seattle.

El-Hattab AW, Adesina AM, Jones J, et al. 2015. MELAS syndrome: Clinical manifestations, pathogenesis, and treatment options. Molecular Genetics & Metabolism, 116(1-2): 4-12.

Giannoccaro MP, La Morgia C, Rizzo G, et al. 2017. Mitochondrial DNA and primary mitochondrial dysfunction in Parkinson's disease. Movement Disorders, 32(3): 346-363.

Kerr DS. 2013. Review of clinical trials for mitochondrial disorders: 1997-2012. Neurotherapeutics, 10(2): 307-319.

Kroon AM, Bogert CVD. 1987. Biogenesis of mitochondria and genetics of mitochondrial defects. Journal of Inherited Metabolic Disease, 10 Suppl 1(1): 54.

López MA, Martímassó JF. 1991. The mitochondrial genome and its relation to human pathology. Neurologia, 6(7): 251-255.

Lott M. 2019. A human mitochondrial genome database. https: //www. mitomap. org [2019-8-15].

Pinto M, Moraes CT. 2015. Mechanisms linking mtDNA damage and aging. Free Radical Biology & Medicine, 85: 250-258.

Sevini F, Giuliani C, Vianello D, et al. 2014. mtDNA mutations in human aging and longevity: Controversies and new perspectives opened by high-throughput technologies. Experimental Gerontology, 56(4): 234-244.

Viscomi C, Zeviani M. 2017. MtDNA-maintenance defects: Syndromes and genes. Journal of Inherited Metabolic Disease, 40(4): 1-13.

Zhang LL, Aurelio R, Wang XD. 2017. The role of DNA repair in maintaining mitochondrial DNA stability. Advances in Experimental Medicine and Biology, 1038: 85-105.

第九章　表观遗传学

第一节　表观遗传修饰

表观遗传学（epigenetics）是研究基因的核苷酸序列不发生改变的情况下，可遗传的基因表达变化的一个遗传学分支学科，最初由 Waddington 在 1942 年提出这个概念。可遗传的基因表达变化在发育和细胞增殖过程中能稳定地传递，对正确调控细胞生长、细胞分化、胚胎发育等都起着十分重要的作用，同时也与许多人类疾病密切相关，如肿瘤、出生缺陷等（Dodge et al.，2002；李光雷等，2011）。

表观遗传修饰（epigenetic modification）是表观遗传学的重要内容，涉及许多调控因素和调控因子，一般包括对 DNA 及一些与 DNA 转录活动密切相关的蛋白质的修饰。此外，某些非编码的 RNA 也在表观遗传修饰中起着重要的作用。表观遗传修饰包括 DNA 水平、RNA 水平、蛋白质水平、染色体水平等。DNA 水平的修饰主要是 DNA 甲基化；在 RNA 水平，如 RNA 干扰；在蛋白质水平，如组蛋白修饰；在染色质水平，如染色质重塑等。以上几个水平的修饰之间都存在着关联，任何一个方面的调控异常都最终导致表观遗传调控的异常（Kubota et al.，2010；Dupont et al.，2009）。

一、DNA 甲基化修饰

在 DNA 甲基转移酶（DNA methyltransferase，DNMT）的催化下，DNA 的 CG 两个核苷酸的胞嘧啶被选择性地添加甲基，形成 5-甲基胞嘧啶，这常见于基因的 5'-CG-3' 序列。大多数脊椎动物基因组 DNA 都有少量的甲基化胞嘧啶，主要集中在基因 5'端的非编码区，并成簇存在（Cheng and Blumenthal，2008；Fujimori and Conway，2016）。甲基化位点可随 DNA 的复制而遗传，因为 DNA 复制后，甲基化酶可将新合成的未甲基化的位点进行甲基化。DNA 甲基化导致某些区域 DNA 构象变化，从而影响蛋白质与 DNA 的相互作用，甲基化达到一定程度时会发生从常规的 B-DNA 向 Z-DNA 的过渡；由于 Z-DNA 结构收缩，螺旋加深，使许多蛋白质因子赖以结合的元件缩入大沟而不利于转录的起始，导致基因失活。DNA 甲基化主要形成 5-甲基胞嘧啶和少量的 N6-甲基腺嘌呤及 7-甲基鸟嘌呤。

DNA 甲基化包括维持甲基化和从头甲基化。从头甲基化（*de novo* methylation），是表观遗传学中的一个重要生理过程，是指不依赖已有的甲基化 DNA 链而在一个新位点将 DNA 链中胞嘧啶 C5 甲基化，与维持甲基化（maintenance methylation）对应。维持甲基化是指在 DNA 半保留复制过程中，根据亲链上特异的甲基化位点，在新生链相应位置上进行甲基化修饰的过程。目前研究得较为清楚的是，DNA 甲基转移酶（DNMT）中起主要作用的有三个，其中 DNMT 1 是主要的维持甲基化酶，而 DNMT 3a 和 DNMT 3b

则负责从头甲基化。

二、组蛋白修饰

（一）甲基化

组蛋白甲基化是由组蛋白甲基转移酶（histone methyltransferase，HMT）完成的。甲基化一般发生在组蛋白的赖氨酸和精氨酸残基上。赖氨酸残基能够发生单甲基化、双甲基化、三甲基化，而精氨酸残基能够单甲基化、双甲基化，甲基化的多样性在某种程度上增加了组蛋白修饰和调节基因表达的复杂性。组蛋白甲基化的作用位点在赖氨酸（Lys）、精氨酸（Arg）的侧链 N 原子上。H3 的第 4 位、第 9 位、第 27 位和第 36 位，H4 的第 20 位 Lys，H3 的第 2 位、第 17 位、第 26 位及 H4 的第 3 位 Arg 都是甲基化的常见位点。组蛋白精氨酸甲基化是一种相对动态的标记，甲基化与基因激活相关，H3 和 H4 精氨酸的甲基化丢失则与基因沉默相关。相反，赖氨酸甲基化似乎是基因表达调控中一种较为稳定的标记。例如，H3 第 4 位的赖氨酸残基甲基化与基因激活相关，而第 9 位和第 27 位赖氨酸甲基化与基因沉默相关。但应当注意的是，甲基化个数与基因沉默和激活的程度相关。

（二）乙酰化

组蛋白乙酰化主要发生在 H3、H4 的 N 端比较保守的赖氨酸位置上，是由组蛋白乙酰转移酶（histone acetyltransferase，HAT）和组蛋白脱乙酰酶（histone deacetylase，HDAC）协调进行的。组蛋白乙酰化呈多样性，核小体上有多个位点可提供乙酰化位点，但特定基因部位的组蛋白乙酰化和去乙酰化是以一种非随机的、位置特异的方式进行的。乙酰化可能通过对组蛋白电荷以及相互作用蛋白的影响，来调节基因转录。早期对染色质及其特征性组分进行归类划分时就有人总结指出：异染色质结构域组蛋白呈低乙酰化，常染色质结构域组蛋白呈高乙酰化。最近有研究发现，某些 HAT 复合物含有一些常见的转录因子，某些 HDAC 复合物含有已被证实的阻遏蛋白。这些发现支持了高乙酰化与激活基因表达、低乙酰化与抑制基因表达有关的看法。

组蛋白的甲基化修饰方式是最稳定的，所以最适合作为稳定的表观遗传信息。而乙酰化修饰具有较高的动态，另外还有其他不稳定的修饰方式，如磷酸化、腺苷酸化、泛素化、ADP 核糖基化等。这些修饰更为灵活的影响染色质的结构与功能，通过多种修饰方式的组合发挥其调控功能。所以有人称这些能被识别的修饰信息为组蛋白密码。这些组蛋白密码组合变化非常多，因此组蛋白共价修饰可能是更为精细的基因表达调控方式。另外，研究发现组蛋白 H2B 的泛素化可以影响组蛋白 H3 第 4 位赖氨酸残基（H3K4）和第 79 位赖氨酸残基（H3K79）的甲基化，这提示了各种修饰间也存在着相互的关联。

三、染色质重塑

染色质重塑是指染色质位置、结构的变化，主要包括紧缩的染色质丝在核小体连接处发生松动造成染色质的解压缩，从而暴露了基因转录启动子区中的顺式作用元件，为反式作用因子与之结合提供了可能。染色体重塑的过程由两类结构所介导：ATP 依赖型的核小体重塑复合体和组蛋白共价修饰复合体。前者通过水解作用改变核小体构型；后者则对核心组蛋白 N 端尾部的共价修饰进行催化。这种修饰直接影响核小体的结构，并为其他蛋白质提供了和 DNA 作用的结合位点 L25。动态的染色质重塑大多数是以 DNA 为模板的生物学过程为基础，如基因的转录、DNA 的复制与修复、染色体的浓缩及分离。

四、非编码 RNA

功能性非编码 RNA（non-coding RNA，ncRNA）对基因表达的调控发挥着重要的作用，根据其长度不同，可分为长链非编码 RNA 和短链非编码 RNA。

长链非编码 RNA（long noncoding RNA，lncRNA）在基因簇以至于整个染色体水平发挥顺式调节作用。长链 RNA 常在基因组中建立单等位基因表达模式，在核糖核蛋白复合物中充当催化中心，对染色质结构的改变发挥着重要的作用。

短链非编码 RNA 在基因组水平对基因表达进行调控，可介导 mRNA 的降解，诱导染色质结构的改变，决定着细胞的分化命运，还可对外源的核酸序列有降解作用以保护本身的基因组。常见的短链非编码 RNA 可为小干涉 RNA（short interfering RNA，siRNA）和微小 RNA（microRNA，miRNA），前者是 RNA 干扰的主要执行者，后者既能够进行 RNA 干扰，也能够独立地完成一些生物学调控。

五、基因组印记

基因组印记（genomic imprinting），是指源自某一亲本的等位基因或它所在染色体发生表观遗传修饰，导致不同亲本来源的两个等位基因在子代细胞中表达不同的现象。这是一种不符合传统孟德尔遗传的表观遗传现象，来自父方或母方的等位基因在通过精子和卵子传递给子代时发生了某种修饰，使其后代仅表达父源或母源等位基因的一种（Barlow and Bartolomei，2014）。

印记的基因只占人类基因组中的少数，可能不超过 5%，但在胎儿的生长和行为发育中起着至关重要的作用。基因组印记病主要表现为过度生长、生长迟缓、智力障碍、行为异常。目前在肿瘤的研究中认为印记缺失是引起肿瘤最常见的遗传学因素之一。

基因组印记异常会导致许多遗传性疾病，代表性的三种疾病如下。

（一）巨舌-巨人症综合征

贝–维综合征（Beckwith-Wiedemann syndrome，BWS），又称脐疝–巨舌–巨大发育综合征，患者表现为胚胎和胎盘过度增生，巨舌，巨大发育，儿童期易发生肿瘤。该病主要是由 11 号染色体上的 *IGF2* 和 *CDKN1C* 两个印记基因的错误表达引发，*IGF2* 为父本表达的等位基因，*CDKN1C* 为母本表达的等位基因。父本单亲二倍体（uniparental disomy，UPD）是引发 BWS 的主要原因，即 *IGF2* 基因双倍表达，*CDKN1C* 基因不表达；次要原因是母本的 *CDKN1C* 等位基因发生突变；极少数病例是由于母本的染色体

发生移位造成 *CDKN1C* 基因失活和（或）造成母本的 *IGF2* 基因表达。其他一些印记基因在胚胎发育过程中的过量或缺失表达也可导致类似于 BWS 的综合征，如原来母本表达的 *IPL* 基因的不表达或母本的 *ASCL2* 基因逃避印记都将导致胚胎的过度发育。这表明父本表达的等位基因对胚胎的生长有促进作用，而母本表达的等位基因对胚胎的发育起到限制作用。

（二）Prader-Willi 综合征与 Angelman 综合征

Prader-Willi 综合征（Prader-Willi syndrome，PWS）表现为肥胖、身材矮小和轻度智力发育迟缓；Angelman 综合征（Angelman syndrome，AS）表现为共济失调、过度活跃、严重智障、少语、表情愉悦，这两种疾病都和神经功能失调相关。PWS 是由于突变导致父源基因被印记在大脑中表达抑制所致，如 *SNRNP* 基因；AS 是由于母本的 *UBE3A* 基因的缺失或受到抑制所致，该基因编码泛素蛋白连接酶并在脑中表达。父本表达的 *SNRNP* 基因的微缺失可导致 PWS，而在其上游进一步缺失则可导致 AS，这说明这两个区域就是印记中心所在的位置。如果缺失父本染色体上的 PWS 印记中心将导致 *SNRNP* 基因及附近的父本等位基因表达被抑制，而缺失父本染色体上的 AS 印记中心则没什么变化，但若缺失母本染色体上的 AS 印记中心将导致 *UBE3A* 被抑制而导致 AS。

第二节　表观遗传学与疾病

一、表观遗传修饰与肿瘤

自 20 世纪 70 年代美国提出攻克癌症计划起，至今已逾 40 年，全球花费大量人力、物力致力于肿瘤的研究。现在对肿瘤发生、发展的机制有了初步的了解，但还未真正认清癌变的本质。表观遗传修饰对于肿瘤的发生、诊断和治疗等具有重要意义。异常的表观遗传修饰会使基因错误地表达，引起代谢紊乱和疾病甚至肿瘤的发生（Sadikovic et al.，2008；Gong and Miller，2019）。

肿瘤细胞中的甲基化修饰是一种较为常见的表观遗传修饰，甲基转移酶 1（Dnmt1）主要起维持甲基化作用，而 Dnmt3a 和 Dnmt3b 的作用以从头甲基化为主。肿瘤的甲基化水平整体下降，提示癌基因甲基化不充分，表达没有受到正常的抑制，癌基因得到激活。到目前为止，肿瘤抑癌基因失活和启动子区过度甲基化已有大量的报道，已报道的基因涉及多种细胞调控的因子，如细胞周期相关基因 *pRB*、*p16* 和 *p14ARF* 等，DNA 损伤修复相关基因 *O6-MGMT*、*BRCA1* 和 *hMLH1* 等，上述这些基因在肿瘤中的异常表观遗传修饰与这些基因的失活有密切关系。肿瘤启动子区的甲基化异常与肿瘤的治疗有密切关系，通过使用药物调控肿瘤细胞表观遗传修饰，进而对肿瘤抑制基因和肿瘤致病基因的甲基化状态进行调控，可以有效对肿瘤进行预防和治疗。

肿瘤 DNA 基因组中低甲基化的区域包括 DNA 重复序列中，如微卫星 DNA、长散在核元件（long interspersed nuclear element，LINE）、Alu 顺序等，这些区域出现低甲基化导致基因组不稳定，这类现象已在多种肿瘤中被发现，包括肝细胞癌、尿道上皮细胞癌、宫颈癌等。另外，当低甲基化对印记基因修饰紊乱时会造成印记丢失、抑制和刺激生长的信号失衡，这也会造成多种肿瘤的发生。

表观遗传修饰也影响到肿瘤转移，而且转移是实体瘤患者死亡的首要原因。转移过程由相互关联的步骤组成：包括原发性肿瘤细胞获得侵袭相邻组织的能力、侵入血管壁（intravasate）、通过脉管系统易位、远端毛细血管滞留、离开循环到周围间质组织，最后从微转移灶增殖为肉眼可见的继发性肿瘤。DNA 甲基化和组蛋白修饰的表观遗传学模式的破坏可解释部分转移相关基因表达的改变。表观遗传修饰不仅调节“经典”的肿瘤和转移相关基因，而且调节参与肿瘤发生与发展相关的 miRNA 基因。随着对转移表观遗传学改变的深入理解，我们可以进一步识别新的转移相关基因和 miRNA，发现有助于转移诊断的新型表观遗传学生物标记，制定基于表观遗传学药物的新的肿瘤治疗方案。

此外，研究表明，组蛋白 H4 在 *PINX1* 基因位点的杂合性丢失和 *PINX1* 基因 5′端非转录区的低乙酰化与胃癌中 *PINX1* 基因表达下降有关。组蛋白乙酰化酶（HAT）和组蛋白去乙酰化酶（HDAC）是组蛋白乙酰化的关键酶，决定着组蛋白的乙酰化程度，参与肿瘤异常基因表达。HAT 能把乙酰辅酶 A 的乙酰基转移到组蛋白 N 端特定的赖氨酸残基上，中和它所带的正电荷，使染色质松解，促进转录的进行。HDAC 能水解乙酰化赖氨酸，使其脱乙酰基，抑制基因转录。在研究 HDAC 抑制剂与头颈部肿瘤的关系时，用丁酸钠、组蛋白脱乙酰酶抑制剂曲古抑菌素 A（trichostatin A，TSA）等处理源自头颈部的肿瘤细胞株发现，其中有 1 株细胞处理后细胞形态发生改变，生长被抑制，并抑制其在软琼脂上克隆的形成。组蛋白脱乙酰酶抑制剂（histone deacetylase inhibitor，HDACI）通过抑制 HDAC 的功能，使高乙酰化组蛋白聚集，从而增加常染色体中乙酰化组蛋白的含量，并部分改变基因的转录活性，促使特定基因活化表达。染色质重塑与肿瘤的发生、发展直接相关，染色质重塑不仅仅能够调节基因的转录，同时还参与了与肿瘤发生密切相关的那些最基础的细胞生理过程。但是，不同的染色质重塑能够导致不同的肿瘤，这又提示我们这些生理过程并不是独立地起作用的。

二、表观遗传修饰与精神疾病

（一）精神分裂症

精神分裂症是一种具有很高遗传倾向的疾病（同卵双生子的发病一致率超过 70%），研究表明精神分裂症与 DNA 甲基化修饰和组蛋白修饰等表观遗传调控密切相关（Jiang et al.，2008）。

迄今为止，大多研究精神分裂症患者尸检 DNA 甲基化的改变集中在大脑皮层，主要是前额区域。一些开创性研究报道了精神分裂症患者涉及皮层功能紊乱，一些调节基因及启动子序列 CpG 超甲基化或低甲基化的异常程度，包括 *REELIN*、*COMT* 和 *SOX10*。

值得注意的是，对于每个得出 DNA 甲基化阳性结果的研究，与对照组相比，疾病相关的改变总体都是微小的。例如，在 Mill 的研究中，疾病相关的 DNA 甲基化水平即使是最显著的基因 *WDR18* 也只有 17%和 25%。目前证据支持这样的观点：精神分裂症许多 DNA 甲基化的改变可能仅涉及大脑皮层的一小部分细胞。

（二）Rett 综合征

Rett 综合征（Rett syndrom，RTS），又称为头小综合征，发病率为 1/10 000～1/15 000，是一种严重影响儿童精神运动发育的疾病，属于神经系统的严重失常现象，具有遗传性。临床上主要为女孩得病，表现为患儿智力下降、交流障碍、语言障碍、刻板行为、手脚失用、共济失调，以及孤独症等，严重影响儿童的健康生长发育。Rett 综合征的发病原因和机制尚不明确，因而临床上现在没有特异性的治疗方法。对 Rett 综合征的研究表明，Rett 综合征与表观遗传调控异常有关，甲基化 CpG 结合蛋白 2（methyl-CpG-binding protein 2，MeCP2）基因是一个表观遗传相关的调控基因，研究者在 RTS 患者身上发现 *MeCP2* 基因发生了突变，导致 *MeCP2* 与甲基化 DNA 不能正确结合，阻碍了它对下游靶基因表达的正常调控，最终导致脑功能障碍（Shah and Bird，2017）。

（三）抑郁症

抑郁症又称抑郁障碍，患者显著而持续的心情低落，是心境障碍的主要表现类型之一，与其处境不相符合，情绪的消沉可以从闷闷不乐到悲痛欲绝，自卑抑郁，甚至悲观厌世，或出现自杀的行为。抑郁症严重的患者会出现幻觉、妄想等精神病症状。抑郁症发作的时间每次 2 周以上，长者甚或数年。大部分患者有反复发作的倾向，一般发作后都可以缓解，部分患者有可能转换成慢性抑郁症。人大脑神经细胞的突触结构和功能调节都与基因有着密切的关系，*Rac-1* 和 *BDNF* 等基因就在上述神经功能调控中起着重要的作用，研究表明在机体受到应激和刺激时，*Rac-1* 和 *BDNF* 基因会发生乙酰化水平降低、甲基化水平升高等表观遗传调控现象，影响基因的正常表达最终引起抑郁症的发生。很多研究已证明表观遗传修饰包括长期的组蛋白乙酰化、组蛋白甲基化和 DNA 甲基化都与抑郁症的发病有着密切联系。

目前已有研究表明基因多态性与表观遗传修饰之间可能存在关联。尸检研究发现，*COMT* 基因 Val158Met（rs165688）多态性中，Val 纯合子患者的 *COMT* 启动子区某些 CpG 位点甲基化水平明显低于 Met 纯合子，而不同基因型 *COMT* 的基因表达水平也有显著性差异。有人通过体外实验发现人氯化钾协同转运体 3（potassium chloride cotransporter 3，KCC3）基因的两个单核苷酸多态性（SNP）32418760G/A 和 32416574G/A 的 G 等位基因导致了额外的 CpG 位点产生，且这些位点的甲基化水平改变能够影响基因的表达，而 *KCC3* 基因被认为是包括抑郁症在内的多种精神疾病遗传学研究的一个有价值的候选基因。5-羟色胺受体 2A（5-hydroxytryptamine 2A receptor，5-HTR2A）基因是另一个对多种精神疾病具有重要意义的基因，它的 C 等位基因（102T/C 多态性，rs6313）和 G 等位基因（-1438A/G 多态性，rs6311）产生了额外的甲基化的 CpG 位点，但这种表观遗传学的改变对于基因的表达却没有影响。上述证据表明，基因型可能导致基因的 DNA 甲基化水平等的改变，但并非所有这种表观遗传学改变都对基因的表达有影响。

（四）药物成瘾

药物成瘾是习惯于摄入某种药物，药物摄入后逐渐产生一种依赖状态，当药物停止摄入后，机体会出现一些不适的特殊症状，即戒断症状。药物成瘾是药物滥用的后果，成瘾药物通过劫持大脑奖赏区域进而控制人的生理活动。

研究表明早期药物接触所致成瘾与表观遗传学调控有关，早期成瘾药物接触不会改变药物接触者的基因序列，但会影响接触者的表观遗传调控，而且表观遗传调控在急性和慢性接触成瘾药物的过程中表现出不同的作用机制。成瘾药物能够调控染色体中组蛋白的乙酰化水平和基因 DNA 的甲基化程度，进而影响染色体的空间结构和基因甲基化水平，调控基因的表达，研究者认为 DNA 甲基化稳定性和较难可逆性很可能是成瘾记忆长期存在的分子机制。

慢性可卡因接触会导致 *MeCP2* 基因和 *MBD1* 基因高表达，进而调控相关蛋白基因的表达参与成瘾过程的发生，这个研究结果说明表观遗传修饰（组蛋白乙酰化与 DNA 甲基化）在成瘾记忆的形成和保持中起着重要的作用，因此表观遗传学为研究成瘾记忆长期性的分子机制提供了新的研究思路。同时表观遗传调控与成瘾的消退也存在关系，成瘾消退也与学习和记忆有关，属于学习和记忆范畴之内。成瘾的消退涉及组蛋白修饰和基因甲基化的修饰，进而影响相关基因的转录和表达。研究表明，组蛋白去乙酰化酶（histone deacetylase，HDAC）抑制剂可以提高动物恐惧消退成绩，对这些动物特定基因的启动子进行测序后，发现这些基因的启动子部位的组蛋白发生了乙酰化修饰。因此，表观遗传调控在成瘾记忆长期存在和消退中起着十分重要的作用，为药物成瘾的临床治疗提供新的思路。

三、表观遗传修饰与自身免疫性疾病

自身免疫性疾病属于免疫系统疾病，主要是指机体对自身抗原发生免疫反应进而对自身组织进行损害所致的疾病。近年来，大量以 DNA 甲基化和组蛋白修饰分析为重点的研究结果证实，表观遗传学的改变可能在触发自身免疫反应中发挥至关重要的作用（Maccani and Marsit，2009；Crews and McLachlan，2006）。

系统性红斑狼疮（systemic lupus erythematosus，SLE）是自身抗体与细胞核和（或）细胞质抗原相互作用，表现出不同的异常免疫学特征和临床症状，从而导致全身多器官受累的自身免疫病。DNA 甲基化水平在 SLE 发病和发展中起重要作用，DNA 甲基化水平低导致基因异常表达，致使 T 细胞具有自身反应性，活化的 T 细胞活化 B 细胞，分泌免疫球蛋白，同时活化的 T 细胞大量杀伤巨噬细胞，增加血液循环中的自身抗原，降低了对免疫复合物的清除，两者相互促进，促进大量自身抗体的产生。在女性 SLE 患者中，X 染色体上的 DNA 甲基化出现了低表达，导致 CD40 配体过度的表达，参与了 SLE 的发生。

类风湿关节炎（rheumatoid arthritis，RA）是一种慢性全身性炎性疾病，主要累及四肢关节。RA 具体致病机制至今仍不清楚，但近年研究发现 RA 发病与表观调控异常有关。在 RA 患者中，基因组甲基化水平呈现低水平，尤其在滑膜成纤维细胞中出现 DNA 甲基化水平降低时，会导致某些基因发生异常表达，从而引起全身和关节局部炎症。

四、表观遗传修饰与衰老

衰老是生物体（包括植物、动物和人类）在其生命过程中，生长发育达到成熟期以后，随着年龄的增长在形态结构和生理功能方面出现的一系列慢性、进行性、退化性的变化，导致机体适应能力、储备能力日趋下降的过程。目前认为，衰老是发生在分子、细胞和个体的一个复杂的进行性不可逆过程，受遗传因素和环境因素的共同作用。射线、化学物质、金属离子、自由基、非酶糖苷化剂凋亡等都会引发衰老（Calvanese et al.，2009；Strickland and Richardson，2008）。

对有助于 DNA 甲基化的 SNF2 样因子 PASG 扰乱后，*PASG* 基因突变小鼠表现出生长发育停滞和成熟前衰老，表现为低体重、毛发变灰、脱毛、皮肤脂肪沉积、极度衰弱，以及死亡等。DNA 甲基化整体水平在驼背大马哈鱼年龄增长过程中随着年龄的增加而减少。因此表观遗传调控与衰老十分相关。

启动子 CpG 岛甲基化程度与年龄相关，研究表明基因组整体甲基化水平会随着年龄增长而降低，但也有少数基因在此过程中甲基化增加。以往研究报道，哺乳动物细胞在衰老进程中经历了 DNA 甲基化的漂变，5-甲基胞嘧啶的分布在全基因组范围内发生改变，引起与衰老相关的基因组 DNA 甲基化水平降低。深入研究发现，DNA 甲基化水平降低主要发生在重复序列区域（如 Alu 序列）和组成性异染色质区域，是由异染色质 DNA 被动去甲基化造成的，主要为 DNA 甲基转移酶 1 效能缺失或辅因子错误定位靶目标的结果。DNMT1+/子小鼠由于 DNA 甲基化不足表现出免疫衰老的症状。而近期更多的研究发现，衰老过程中某些特异基因位点表现为 DNA 甲基化水平升高。例如，一些代谢调节关键基因启动子区域 CpG 岛 DNA 高甲基化，从而降低该类基因的表达，导致机体一系列与衰老相关的代谢改变。

核纤层蛋白 A（lamin A）及金属蛋白酶 ZMPSTE24 缺陷相关早老症（hutchinson-gilford progeria syndrome，HGPS）与正常衰老有相似机制，是研究衰老发生机制的很好模型。在 ZMPSTE24 金属蛋白酶基因缺陷的早老小鼠模型中，基因组 DNA 甲基化水平虽然并无明显改变，但 rDNA 呈现高甲基化状态，造成核糖体基因转录水平明显降低，相应早老小鼠代谢水平也下降。应用 DNA 甲基转移酶抑制剂可以逆转这一现象，表明特定位点高甲基化在早老表型的发生中也有重要作用。此外，最近发现在衰老进程中，DNA 特异位点高甲基化的基因包括肿瘤抑制基因 *COX7A1*、*LOX*、*RUNX3*、*TIG1*、*p16INK4A*、*RASSF1* 等，生长发育基因 *IGF2*、*cFos*，参与 DNA 损伤修复基因 *MLH1* 以及一些信号传递基因 *FZD1* 和 *FZD7* 等，这些改变与衰老的临床病理表现具有明显相关性，如肿瘤、神经退行性病变、心血管疾病等。在有关干细胞衰老的研究中，Bocker 等对比了脐带血中造血干细胞与成人造血祖细胞（hematopoietic progenitor cell，HPC）中 CpG 位点甲基化的差异，发现成体 HPCs 中的 CpGs 有 350 个位点低甲基化，192 个位点高甲基化，而且高甲基化位点大多数位于多梳抑制复合物 2（polycomb repressive complex 2，PRC2）靶基因的 CpG 岛，导致基因沉默。

组蛋白以不同的甲基化形式起到促进或抑制基因转录活性的作用，如异染色质形成、X 染色体失活、基因组印迹、转录调控，以及 DNA 损伤修复等。在组蛋白中，精氨酸的甲基化一般与转录活化相关联，而赖氨酸的甲基化既可能导致转录激活也可以导致转录抑制，如 H3K4Me3 主要与基因表达相关，而 H3K27Me3 则主要与转录抑制相关，这取决于发生甲基化的特定赖氨酸残基。

在衰老过程中组蛋白的甲基化形式发生了改变。在大鼠组织中，H4K20 的甲基化水平不仅在整体上随着年龄的增长而上升，而且其甲基化形式也有改变。在正常大鼠的肾脏和肝脏中，H4K20 的双甲基化是其主要的甲基化形式，其单甲基化形式存在的数量很少，三甲基化形式则更少。然而在老年动物体细胞中，其三甲基化形式有明显增加，而单甲基化和双甲基化的形式则没有明显变化。在核纤层蛋白 A 缺陷的早老症患者细胞中也发现了 H4K20 的三甲基化水平 H4K20me3 升高，同时还伴随着其他组蛋白修饰的改变，如 H3K27Me3 和 H3K9Me3 减少，这种改变主要通过影响相关区域基因表达导致衰老。此外，调节组蛋白甲基化水平的甲基化酶在生物衰老过程中也有重要作用，H3K79 的甲基化酶 DOT1L 参与细胞增殖和分化调节，酶活性缺失造成细胞周期阻滞在 G_1 期，染色质结构紊乱，导致细胞衰老。以前研究认为，H3K4Me3 的甲基转移酶对生物的发育及其干细胞功能有重要作用。最近研究则发现，ASH-2、WDR-5 及 H3K4Me3 的甲基转移酶 SET-2 复合物还可以影响线虫寿命。敲除这些基因可以显著增加线虫寿命。而如果敲除 *H3K4Me3* 的去甲基化酶 *RBR-2* 基因，则会导致 H3K4Me3 水平升高，线虫寿命缩短；过表达 *RBR-2* 则可降低 H3K4Me3 的水平，且可以延长线虫寿命。H3K4 的另一种去甲基化酶 LSD1 亦有类似作用。H3K4Me3 的甲基转移酶在哺乳动物寿命中的作用目前还不清楚，但是人们在人类脑部已经观察到了其与年龄相关的表达水平的变化。

（李云龙　曾凡一）

参考文献

李光雷, 喻树迅, 范术丽, 等. 2011. 表观遗传学研究进展. 生物技术通报, 1: 40-49.

Barlow DP, Bartolomei MS. 2014. Genomic imprinting in mammals. Cold Spring Harb Perspect Biol, 6(2): a018382.

Calvanese V, Lara E, Kahn A, et al. 2009. The role of epigenetics in aging and age-related diseases. Ageing Res Rev, 8(4): 268-276.

Cheng X, Blumenthal RM. 2008. Mammalian DNA methyltransferases: A structural perspective. Structure, 16(3): 341-350.

Crews D, McLachlan JA. 2006. Epigenetics, evolution, endocrine disruption, health, and disease. Endocrinology, 147(6 Suppl): S4-10.

Dodge JE, Ramsahoye BH, Wo ZG, et al. 2002. De novo methylation of MMLV provirus in embryonic stem cells: CpG versus non-CpG methylation. Gene, 289(1-2): 41-48.

Dupont C, Armant DR, Brenner CA. 2009. Epigenetics: Definition, mechanisms and clinical perspective. Semin Reprod Med, 27(5): 351-357.

Fujimori DG, Conway SJ. 2016. Editorial overview: Chemical genetics and epigenetics. Curr Opin Chem Biol, 33: vi-vii.

Gong F, Miller KM. 2019. Histone methylation and the DNA damage response. Mutat Res, 780: 37-47.

Jiang Y, Langley B, Lubin FD, et al. 2008. Epigenetics in the nervous system. J Neurosci, 28(46): 11753-11759.

Kubota T, Miyake K, Hirasawa T, et al. 2010. Novel etiological and therapeutic strategies for neurodiseases: Epigenetic understanding of gene-environment interactions. J Pharmacol Sci, 113(1): 3-8.

Maccani MA, Marsit CJ. 2009. Epigenetics in the placenta. Am J Reprod Immunol, 62(2): 78-89.

Sadikovic B, Al-Romaih K, Squire JA, et al. 2008. Cause and consequences of genetic and epigenetic alterations in human cancer. Curr Genomics, 9: 394-408.

Shah RR, Bird AP. 2017. MeCP2 mutations: progress towards understanding and treating Rett syndrome. Genome Med, 9(1): 17.

Strickland FM, Richardson BC. 2008. Epigenetics in human autoimmunity. Epigenetics in autoimmunity-DNA methylation in systemic lupus erythematosus and beyond. Autoimmunity, 41(4): 278-286.

第十章　群 体 遗 传

第一节　Hardy-Weinberg 平衡定律

群体遗传学（population genetics）是以群体为单位研究群体内遗传结构及其变化规律的遗传学分支学科。群体的遗传结构是指群体的基因频率和基因型频率。群体遗传学起源于遗传平衡定律（law of genetic equilibrium），又称哈迪-温伯格定律（Hardy-Weinberg law），或哈迪-温伯格法则（Hardy-Weinberg equilibrium），这个法则分别由英国数学家Hardy（1908）和德国医生 Weinberg（1908）于同一年独立发现。他们提出在一个不发生突变、迁移和选择的无限大的随机交配的群体中，基因频率和基因型频率将逐代保持不变。经过一个多世纪的发展，已形成一个完整的群体遗传分析理论体系。

哈迪-温伯格定律的 5 个条件：①群体无限大；②随机交配；③没有新的突变产生；④没有自然选择起作用；⑤没有个体迁移。群体随机交配一代以后基因型频率将保持平衡。用数学方式表达为：$P+H+Q=1$。其中，$P=p^2$，$H=2pq$，$Q=q^2$；$p+q=1$。P 表示 AA 的基因型的频率，H 表示 Aa 基因型的频率，Q 表示 aa 基因型的频率；p 是 A 基因的频率，q 是 a 基因的频率。简而言之，在没有进化压力（突变、迁移和自然选择）影响下，群体的基因频率和基因型频率将保持传递不变。

哈迪-温伯格定律在完全满足以上 5 个条件的群体中才适用。首先，群体无穷大，若一个群体的大小有限，就可能导致基因频率和预期的比例发生随机偏差。其次，随机交配（random mating），随机交配不是针对所有性状。例如，人类择偶并不是随机的，人类对某些表型性状的要求不是随机的，但大部分的性状是随机的，如血型等。最后，没有进化的力量（突变、迁移和自然选择），这样不会因为基因型间存在适合度差异而出现频率的偏差。在理想群体中，哈迪-温伯格定律可以预计基因频率和基因型频率，基因型频率将取决于基因频率。在现实情况下没有任何群体具有无穷的个体，所以将具备上述 5 个条件的群体称之为“理想群体”。

第二节　遗传平衡定律的应用

遗传平衡定律揭示了在一个随机交配群体中基因频率与基因型频率间的关系，从而为在不同情况下计算不同群体的基因频率和基因型频率提供了方法，据此可预见后代群体的遗传性状和基因频率。

一、在单基因遗传分析中的应用

1. 如人类种群、果蝇种群等比较大的群体中，一些单基因性状的遗传是可以应用遗传平衡定律的

例如：某地区每 10 000 人中有一个白化病患者，求该地区一对正常夫妇生下一个白化病小孩的概率。该题就必须应用遗传平衡公式，否则无法求解。

白化病是一种常染色体隐性遗传病，在上述人群中其基因型频率 $aa = q^2 = 0.0001$，则 $q = 0.01$，$p = 0.99$；AA 的基因型频率 $p^2 = 0.9801$，Aa 的基因型频率 $2pq = 0.0198$。正常夫妇的基因型可能为 AA 或 Aa，但 AA 的人后代不会发病，只有当夫妇双方都是 Aa，后代才会发病，Aa 的携带者夫妇生纯合隐性后代的概率为 1/4，后代为 aa 的概率为几种概率的乘积：$0.0198 \times 0.0198 \times 1/4 = 0.00009801 \approx 0.0001$。

2. 一些没有达到遗传平衡的种群，经过一代的随机交配后即可达到遗传平衡，此时也可应用遗传平衡定律来求后代的基因型频率

例如：某种群中 AA 个体占 20%，Aa 个体占 40%，aa 个体占 40%，aa 个体不能进行交配，其他个体可自由交配，求下一代个体中各基因型的比例。

题中亲代个体明显不符合遗传平衡，如果直接求解，需要分析 4 种交配方式再进行归纳综合（AA 与 Aa 的雌雄个体自由交配有 4 种组合方式）。假如应用遗传平衡定律来解答：

在 AA 与 Aa 个体中两种基因频率是确定的，$A=2/3$，$a=1/3$，经过一代的自由交配后子代即可达到遗传平衡，则 $AA=4/9$，$Aa=4/9$，$aa=1/9$。

二、在复等位基因遗传分析中的应用

在复等位基因遗传中如何应用遗传平衡定理公式？

例题 1：人的 ABO 血型取决于三个复等位基因 I^A、I^B、i，经调查某地区 A 血型有 450 人，B 血型有 130 人，AB 血型有 60 人，O 血型有 360 人，求各基因及基因型频率。应用遗传平衡定律求解如下：

设 $I^A=p$，$I^B = q$，$i = r$，则 $I^AI^A + I^BI^B + ii + I^AI^B + I^Ai + I^Bi = p^2 + q^2 + r^2 + 2pq + 2pr + 2qr = 1$，

带入数据：$r^2 = 0.36$，则 $r = 0.6$，

$I^BI^B + I^Bi + ii = q^2 + 2qr + r^2 = (q + r)^2 = 0.49$，则 $q = 0.1$。

$p = 1 - q - r = 0.3$，各基因型频率就可算出。

例题 2：沿着北美洲的大西洋海岸发现蓝色的贻贝中有一基因座位编码亮氨酸肽酶，这个座位有三个等位基因。随着地理位置的改变这些等位基因频率也发生改变。大量的数据确定了栖居于长岛海峡贻贝的群体。

等位基因频率

LAP^{98} $p = 0.52$

LAP^{96} $q = 0.31$

LAP^{94} $r = 0.17$

若这个群体达到遗传平衡，预期它们的基因型频率将是

LAP^{98}/LAP^{98} $p^2 = (0.52)^2 = 0.27$

LAP^{98}/LAP^{96} $2pq = 2(0.52)(0.31) = 0.32$

LAP^{96}/LAP^{96} $q^2 = (0.31)^2 = 0.10$

LAP^{96}/LAP^{94} $2qr = 2$（0.31）（0.17）= 0.11

LAP^{94}/LAP^{98} $2pr =2$（0.52）（0.17）= 0.18

LAP^{94}/LAP^{94} $r^2 =$（0.17）$^2 = 0.03$

基因频率的平方可估计一个座位上有更多等位基因的基因型的频率。可以推导有 n 个等位基因时，其公式就是（$p + q + r + \ldots + n$）$^2 = 1$ 的展开式。

三、在伴性遗传分析中的应用

伴性遗传中如何应用遗传平衡定律的公式？

例如：一果蝇种群，每 2500 只果蝇中有一只白眼果蝇，求该种群中白眼基因的频率。

此题的难点在于果蝇白眼（与其相对的性状是红眼）是伴性遗传，其等位基因位于 X 染色体上，雌果蝇与雄果蝇的基因型频率不一致，无法直接应用遗传平衡公式。本题仍可应用遗传平衡定律，需要稍做调整：设白眼基因频率 $X^b = q$，红眼基因频率 $X^B = p$，果蝇雌雄性别比应为 1∶1，雄蝇中，$X^BY : X^bY = p : q$，则 $X^BY = p/2$，$X^bY = q/2$，雌蝇中，$X^BX^B : X^BX^b : X^bX^b = p^2 : 2pq : q^2$，则 $X^BX^B = p^2/2$，$X^BX^b = pq$，$X^bX^b = q^2/2$。由题可知 $q/2 + q^2/2 = 1/2500$，则 $q = 0.000\ 799\ 4$。

可能会有人怀疑该公式的正确性，我们不妨来验证一下。遗传平衡的意思是无论繁殖多少代，各种基因型的频率是永远不变的，我们只需计算随机交配时下一代的各种基因型频率是否与亲代相同即可检验。按照我们的假设，亲代雄蝇中 $X^BY : X^bY=p : q$，雌蝇中，$X^BX^B : X^BX^b : X^bX^b = p^2 : 2pq : q^2$，它们随机交配的方式与后代基因型及概率如下：

$$X^BY = p^3/2 + p^2q/2 + p^2q/2 + pq^2/2 = p/2$$
$$X^bY = q^3/2 + q^2p/2 + q^2p/2 + qp^2/2 = q/2$$
$$X^BX^B = p^3/2 + p^2q/2 = p^2/2$$
$$X^BX^b = p^2q/2 + q^2p/2 + p^2q/2 + q^2p/2 = pq$$
$$X^bX^b = q^3/2 + q^2p/2 = q^2/2$$

可见子代与亲代中各基因型频率完全相同，由此可证伴性遗传的遗传平衡公式是正确的。只要抓住了遗传平衡定律的实质，在各种遗传类型中的公式完全可以自己推导及验证（郭平仲，1993）。

若等位基因是 X 连锁的，雌性可以是纯合的或杂合的，但雄性只带有一个 X 连锁的等位基因。在遗传平衡时雌性中 X 连锁等位基因型频率和常染色体座位是相同的：p^2（X^BX^B）、$2pq$（X^BX^b）和 q^2（X^bX^b）。在雄性中基因型的频率将为 p（X^BY）和 q（X^bY），和群体中等位基因的频率相同。由于这个原因，X 连锁隐性性状的频率雄性比雌性高得多。以 X 连锁的红绿色盲为例，在不同血统的人类中色盲等位基因的频率如下：美国黑人是 0.039，达到平衡时其色盲男性的预期频率是 $q = 0.039$，而色盲女人的频率是 $q^2 =$（0.039）$^2 = 0.0015$；中国人是 0.07，达到平衡时其色盲男性的预期频率是 $q =0.07$，而色盲女人的频率 $q^2=$（0.07）$^2 = 0.0049$；挪威人是 0.09，达到平衡时其色盲男性的预期频率是 $q =0.09$，而色盲女人的频率 $q^2=$（0.09）$^2 = 0.0081$。

如果等位基因是常染色体座位，当在群体中随机婚配一代以后基因型频率就达到平衡。如果等位基因是 X 连锁的，而且在不同性别频率不同，由于雄性仅从母亲接受 X

染色体，而雌性分别从父母各接受一个 X 染色体，结果雄性中一个 X 连锁等位基因的频率将和母体该等位基因的频率相同，反之雌性中此频率将为其父母中频率的平均数；若随机交配的话，两性中的等位基因频率在每代中来回摆动；在两性中基因频率的不同是由于每代中只有一半个体完全表现出频率特征；一旦雌雄的等位基因相等，基因频率在随机交配后达到遗传平衡。

第三节　影响群体基因频率的因素

在实际应用中，符合理想群体的情况一般是不存在的，Hardy-Weinberg 平衡实现的条件就是当所调查的群体大到足以忽略这些影响因素。一般情况下，影响 Hardy-Weinberg 平衡的因素主要为以下几个方面。

（1）突变。自然突变率，随机产生一些新的变异，干扰了正常的频率。

（2）选择。①生殖适合度（*f*）：不同基因型个体间存在生存能力的差异，群体中由于不适合个体死亡率高而导致基因频率的波动。②杂合子优势：在某些隐性遗传病中，在特定的条件下杂合子可能比正常纯合子个体更有利于生存和繁殖后代，导致群体基因频率的浮动。

（3）随机遗传漂变。小群体或隔离的人群中，基因频率的随机波动称为遗传漂变。

（4）迁移。不同群体的基因频率可有差异。迁移的结果是彼此掺入外来基因，导致基因流动，可改变原来群体的基因频率。

（5）遗传异质性。同样的表型可由多种基因位点控制，这种情况下基因频率与表型之间存在遗传异质性。例如，相似的病理性状（如白化症）可受控于若干不同的基因位点，若不加以严格区分，往往会使 Hardy-Weinberg 平衡复杂化。

（6）奠基者效应：也称为建群者效应，该效应是遗传漂变的一种形式，指由带有亲代群体中部分等位基因的少数个体重新建立新的群体，这个群体后代中的基因频率与原始亲代群体出现极大的偏差，优势基因频率为建群个体的基因型所决定，后代群体中的个体间基因的差异性甚小。这种情形一般发生于对外隔绝的海岛，或较为封闭的新开辟村落等。

第四节　近 婚 系 数

一、近亲婚配与近婚系数

近亲是指三代或三代以内有共同祖先的亲缘关系。如果他们之间通婚，称为近亲婚配。近亲婚配的夫妇有可能从他们共同祖先那里获得同一基因，并将之传递给子女，近亲婚配使子女中得到这样一对纯合或相同基因的概率增加。近亲婚配所生子女从共同祖先获得一对相同等位基因成为纯合子的概率，称为近婚系数（inbreeding coefficient，IF）。人类的核基因组一半来自父亲，一半来自母亲，在近亲通婚的情况下，两个相同有问题的基因结合到一起的机会远远大于非近亲通婚的人。每个正常人身上可能携带有几个甚至十几个有害的隐性等位基因，近亲通婚会使得这些隐性等位基因有更多组合的机会，产生遗传疾病。近亲婚配增加了某些常染色体隐性遗传疾病的发生风险。高血压、精神分裂症、先天性心脏病、无脑儿、癫痫等多基因遗传病，近亲结婚所生子女的发病率也明显高于非近亲结婚。为此，《中华人民共和国婚姻法》第六条规定“直系血亲和三代以内的旁系血亲禁止结婚。”

假设一种常染色体隐性遗传病在人群中的隐性基因频率是1/1000，非近亲通婚的后代患病风险为1/1 000 000。按照遗传分配及自由组合原理，可以计算出一级表亲、二级表亲及兄妹通婚的患病风险，二级表亲通婚后代患病风险为 1/128 000；一级表亲通婚后代患病风险为1/32 000；兄妹通婚的后代患病风险为1/8000。与非近亲结婚相比，二级近亲的风险增大 8 倍；一级近亲的风险增大 31 倍；兄妹通婚的风险率则是正常随机婚配的125倍。

在评价近亲婚配对群体的危害时，通常需在调查各类近亲结婚的基础上，计算出平均近婚系数（以 a 值表示）。a 值越大，对群体的危害越大。一般以 a 值 0.1（即 1%）为高值。通常在文明程度较高的社会中，a 值较低；在封闭、隔离或有特殊风俗的社会中，a 值较高。

二、常染色体基因近婚系数的计算

以表兄妹结婚为例计算近婚系数。对于基因位点 A 来讲，如果共同祖先 I1 和 I2 的基因型分别为 *A1A2* 和 *A3A4*，近亲结婚后代成为 *A1A1* 或 *A2A2* 或 *A3A3* 或 *A4A4* 的概率即为近婚系数：对于 A1 来讲，可以由 I1→II1→III1→IV1，其概率为 1/2×1/2×1/2=1/8；同理，由 I1→II2→III2→IV1 的概率也为 1/8；通过两条途径同时传递给 IV1 的概率为 1/8×1/8=1/64。因此，IV1 成为 *A1A1* 纯合子的概率为 1/64，成为 *A2A2*（*A3A3*、*A4A4*）纯合子的概率也为 1/64。因此，对于 A 位点来说，IV1 从共同祖先得到相同等位基因而成为纯合子的概率为 4×1/64=1/16（图 10-1）。因此，表兄妹结婚的近婚系数为 1/16。对于常染色体基因而言，近婚系数（F）与亲缘系数（r）的对应关系为：$F = r/2$。

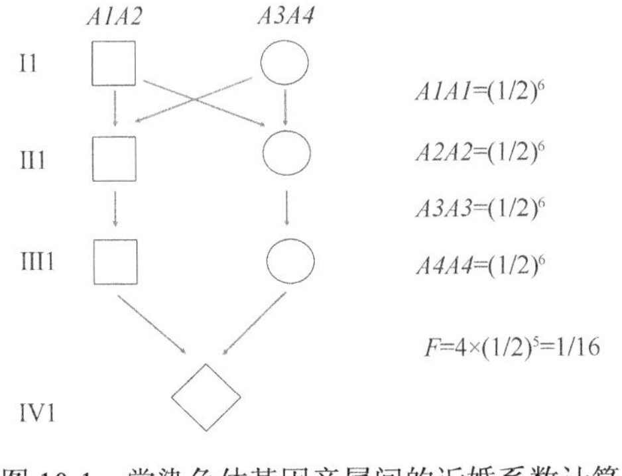

图 10-1 常染色体基因亲属间的近婚系数计算

对于 X 连锁基因，近婚系数是指女儿从共同祖先得到相同等位基因成为纯合子的概率。X 染色体上基因从父亲传递给女儿的概率是 1，X 染色体基因不能从男性传递给男性，亲缘系数计算如下。

共同祖先 I1 和 I2 的基因型分别为 *X1Y* 和 *X2X3*。X1 可以由 I1→II1→III1→IV1，概率为：1×1/2×1=1/2；由 I1→II2→III2→IV1 的概率为：1×1/2×1/2=1/4，IV1 成为 *X1X1* 纯合子的概率为：1/2×1/4=1/8；X2 可以由 I2→II1→III1→IV1，概率为：1/2×1/2×1=1/4；由 I2→II2→III2→IV1 的概率为：1/2×1/2×1/2=1/8，IV1 成为 *X2X2* 纯合子的概率为：1/4×1/8=1/32；同理成为 *X3X3* 纯合子的概率也为 1/32。近婚系数 F 为：1/8+1/32+1/32=3/16（图 10-2）。

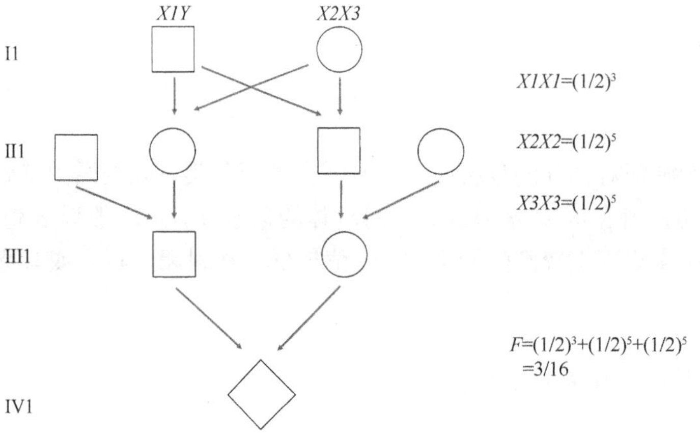

图 10-2 X 染色体基因亲属间的近婚系数计算

（石 宏 陈元晓）

参考文献

戴灼华. 2008. 遗传学. 北京：高等教育出版社: 480.
郭平仲. 1993. 群体遗传学导论. 北京：农业出版社.
Hardy GH. 1908. Mendelian proportions in a mixed population. Science, 28(706): 49-50.
Weinberg W. 1908. Über den Nachweis der Vererbung beim Menschen. Jahreshefte des Vereins Varterländische Naturkdunde in Württemberg, 64: 369-382.

第十一章　肿瘤遗传学

肿瘤是指机体在各种致瘤因子作用下，细胞遗传物质发生改变、基因表达失常，细胞异常增殖而形成的非正常组织，多呈占位性块状突起，也称赘生物。肿瘤分为良性肿瘤和恶性肿瘤两大类。

目前已发现200多种恶性肿瘤，几乎涉及人类所有类型的器官、细胞和组织。由于肿瘤在世界范围内发病和死亡率高，且致病机制复杂，因此是当今科学研究的热点和难点之一（Kottschade，2019；Millner et al.，2016）。良性肿瘤是指机体内某些组织的细胞发生异常增殖，呈膨胀性生长，似吹气球样逐渐膨大，生长比较缓慢，绝大多数不会恶变，手术切除后很少复发，对机体影响较小。由于瘤体不断增大，可挤压周围组织，但并不侵入邻近的正常组织内，瘤体多呈球形、结节状。周围常形成包膜，因此与正常组织分界明显，用手触摸，推之可移动，手术时容易切除干净，摘除后不转移，很少有复发。与良性肿瘤相比，恶性肿瘤生长速度快，呈浸润性生长，易发生出血、坏死、溃疡等，并常有远处转移，造成人体消瘦、无力、贫血、食欲缺乏、发热，以及严重的脏器功能受损等，最终造成患者死亡。

肿瘤的发生和发展涉及许多因素，包括遗传因素和环境因素，在不同的肿瘤中，这些因素对肿瘤发生和发展的影响各不相同。20世纪70年代后，随着分子遗传学的迅猛发展，肿瘤的分子遗传机制不断得到揭示，尽管人类至今仍不能完全了解肿瘤，但已发现了许多与肿瘤相关的遗传物质，如癌基因、抑癌基因和肿瘤转移抑制基因等，而且这些遗传物质在肿瘤发生、发展、浸润、转移中起着十分重要的作用（Valastyan et al.，2011）。因此，尽管环境因素对肿瘤的发生和发展有一定的影响，但大量研究表明，遗传物质对肿瘤发生及各阶段发展的影响十分重要，所以肿瘤被认为是一种由于染色体和基因异常引起的一类疾病，可以归结为一类体细胞遗传病。对肿瘤相关遗传学的不断解析和深入，能够使人们对肿瘤发生、发展和防治的认识不断提高，最终对肿瘤进行有效的预防和治疗（Vineis et al.，2014；Mun et al.，2018）。

第一节　肿瘤发生的遗传学

在人们生活的环境中存在着不少物理的、化学的和生物的致癌因子，它们在一定条件下可以诱发肿瘤的发生发展（Huntsman et al.，2018；董子明，2008）。例如，各种电离辐射和紫外线照射可以引起白血病和皮肤癌；多环芳烃化合物，如3,4-苯并芘可以引起肺癌，黄曲霉素可以诱发肝癌；亚硝胺可以引起各种消化道肿瘤；在生物因子中，已经证明某些病毒可以引起动物肿瘤，并与一些人类肿瘤，如鼻咽癌、白血病、子宫颈癌密切有关。这些因子是通过引起基因异常而致瘤的。

尽管人们都接触各种致癌因子，但是却远非人人都发生肿瘤，这表明还存在个体的易感性。近年来肿瘤的分子遗传学研究表明，一些与细胞的生长和分化有关的基因在癌变过程中起关键作用，这些基因称为癌基因和肿瘤抑制基因，它们的结构或功能异常促使细胞无控制的增殖，并最终导致肿瘤发生（Huntsman et al.，2018）。

已知一些肿瘤是按照孟德尔方式遗传的，而在另一些肿瘤中遗传的"易感基因"和环境因素共同发挥作用；还有一些肿瘤是由于体细胞内特定基因发生突变引起的，这种突变虽然不是遗传得来的，却因遗传物质发生突变而产生肿瘤。因此肿瘤患者又可以分为家族性和散发性两种（Huntsman et al.，2018；Salovaara et al.，2000），在对双生子调查、谱系分析、遗传流行病学和染色体的分析中，已发现家系中有多个肿瘤患者的后代比无肿瘤家族史的后代具有更高的患肿瘤概率，如家族中有乳腺癌患者的人群比无乳腺癌家族史的人群发病更高，这些研究结果提示肿瘤具有遗传性。

一、单基因遗传性肿瘤

人类单基因遗传肿瘤有很多种，但在全部肿瘤中所占的比例较少。单基因遗传的肿瘤主要是指由单个基因异常引起且符合经典孟德尔遗传的肿瘤，主要呈常染色体隐性遗传，且发病年龄较早。此外，一些单基因病也有很高的肿瘤发生概率，被称为遗传性癌前病变。常见的单基因遗传性肿瘤包括视网膜母细胞瘤、肾母细胞瘤、神经母细胞瘤、皮肤鳞癌和多发性神经纤维瘤等。

视网膜母细胞瘤是一种典型的单基因遗传性肿瘤，多发于幼儿，发病率为1/28 000～1/15 000，为眼球视网膜的恶性肿瘤，致病基因为*RB1*，定位于染色体13q14.3上。视网膜母细胞瘤的恶性程度很高，可随血循环转移，也能转移进入颅内，分为遗传型和散发型。遗传型约占40%，父母患病或携带致病基因，或父母生殖细胞*RB*基因突变，致使患儿携带突变的*RB*基因，表现为双侧或多发性肿瘤，发病年龄较散发型视网膜患者较早。散发型约占60%，发病原因很可能是患者体细胞*RB*基因发生突变所导致的结果，表现为无家族史，通常一侧单个肿瘤。同时，染色体13q14.3缺失在少部分双侧视网膜母细胞瘤患者中存在。

VHL基因的突变会导致林岛综合征（Von Hippel-Lindau Syndrome，VHL），即VHL综合征。VHL综合征是常染色体显性遗传性肿瘤疾病，一般包括肾囊肿、肾细胞癌、胰腺囊肿、胰腺癌、嗜铬细胞瘤、视网膜血管瘤、上皮性囊腺瘤和大脑脊髓的血管瘤病。发病机制为VHL基因突变可使其编码的蛋白质失活，导致其不能泛素化降解低氧诱导因子（HIF）从而使其含量增加，进而导致其下游血管内皮生长因子VEGF等基因异常高表达，促进肿瘤血管生成。

家族性结肠息肉，又名家族性腺瘤样息肉症，是一种常染色体显性遗传性肿瘤，发病率约为1/100 000，主要与染色体5p21位置上的抑癌基因*APC*发生突变有关。这类疾病的患者在青少年时期，在结肠和直肠上均有多发性腺瘤，且癌变倾向性很高。

Ⅰ型神经纤维瘤与肿瘤抑制基因*NF1*缺陷有关，*NF1*基因定位于染色体17q11.2位置，该病在世界各地均有分布，无性别、年龄及种族差异，临床表现多发性神经纤维瘤及皮肤色素沉着斑，同时患者沿躯干的外周神经有多发的神经纤维瘤。患者出生后，出现浅棕色的“牛奶咖啡斑”，且随着年龄增长，“牛奶咖啡斑”不断增多和扩大，且腋窝内有广泛的雀斑。病程一般比较缓慢，通常在20～50岁时发生恶变。

此外，肾母细胞瘤（OMIM 194070）、神经母细胞瘤（OMIM 164840）、基底细胞痣综合征（OMIM 109400）等疾病均属于单基因遗传性肿瘤。

二、肿瘤的遗传易感性

肿瘤的遗传易感性主要是指一些多基因遗传性肿瘤，如肺癌、胃癌、肝癌、宫颈癌等恶性肿瘤，涉及基因较多，患者一级亲属的患病率较正常人群发病率高，环境因素的作用较大。

环境因素，包括物理、化学及生物的致病因子，在一定条件下可以诱发肿瘤。例如，自然界中的紫外线辐射和各种电离辐射都可以诱发皮肤癌及血液系统肿瘤；熏腊食品、化妆品、啤酒、香烟中都含有亚硝胺类物质，这类物质属于强致癌物，能够诱发消化系统肿瘤（食管癌等）；EB病毒属于疱疹病毒科，在95%的成人身上都有携带，研究表明该病毒与鼻咽癌、儿童淋巴瘤（霍奇金病、NK/T 细胞淋巴瘤等）有关。这些致癌因子广泛分布于人类社会和自然界中，人人都有机会接触到，但并不是每一个人接触到这类物质都会发生肿瘤，表明肿瘤的发生存在个体性差异，也就是肿瘤的遗传易感性。肿瘤的遗传易感性是指携带某些遗传因素的个体在相同条件下具有更容易发生肿瘤的倾向，这些遗传因素主要包括染色体和基因层面的改变。

常见的肺癌、胃癌、肝癌等在人群中的不同个体上都存在易感性的差异，若携带肿瘤易感遗传因素的个体接触某些对应致癌环境因子，体内正常细胞转化为肿瘤细胞，就出现了肿瘤。至今，肿瘤的易感遗传因素有哪些及如何发挥作用尚不清楚，但部分研究表明，它们可能是通过影响体内代谢、内分泌、免疫反应和细胞分裂等机制影响肿瘤的发生。

（一）遗传性酶活性改变

致癌环境因子能够诱发人类许多肿瘤，这些致癌因子在不同个体内的调控机制是不同的，人体内的某些代谢因素能够对这些致癌因子的表达起到调节的作用，进而影响肿瘤的易感性。芳烃羟化酶是一种氧化酶，具有诱导活性，这种诱导活性在人群中的不同个体上分布有高有低，呈现遗传多态性。肺癌患者中芳烃羟化酶高表达占30%，几乎没有低表达表型的患者。芳烃羟化酶能够与其他酶结合在一起，让吸入体内的多环碳氢化合物转化为致癌物，因此，芳烃羟化酶活力较高的个体接触多环碳氢化合物后容易患肺癌。此外，人群中的遗传多态性位点也会导致某些酶缺乏，而增加肿瘤易感性，如着色性干皮肤患者缺乏DNA修复酶，容易使皮肤细胞恶变患皮肤癌。

（二）遗传性免疫系统缺陷

免疫系统在人体内扮演着十分重要的角色，是机体执行免疫应答及免疫功能的重要系统，能够抵御外界来源的抗原影响，同时监视体内细胞是否出现异常，若体内细胞出现异常性改变，免疫系统就会加以排斥以保护机体。如果机体出现免疫系统缺陷，异常细胞将逃离机体对其的正常监视，转变为肿瘤细胞。免疫系统缺陷的个体有易患肿瘤的倾向性。有一种疾病称为遗传性无丙球蛋白血症，属于遗传性免疫系统疾病，呈 X 连锁隐性遗传，致病基因定位于 Xq13.1，该病男性患者多于女性患者，患者胸腺上皮发育异常，缺乏 T 细胞，对植物血凝素反应不良，容易受真菌和细菌感染，早年易死亡，存活患者易发生淋巴系统肿瘤和白血病。

（三）染色体畸变

一些由于染色体畸变导致的遗传病，如唐氏综合征、Turner 综合征和 Klinefelter 综合征等，除了表现为身体先天性多发畸形、智力障碍、发育迟缓等问题，还会出现肿瘤。唐氏综合征患者除了智力低下外，还容易患白血病，患病的概率与正常人相比高 15～18 倍。Turner 综合征患者容易患性腺细胞肿瘤和子宫内膜肿瘤。

三、染色体畸变与肿瘤

1914 年 Boveri 提出染色体异常与肿瘤有关，并证明肿瘤细胞中存在着异常的染色体，而且研究表明几乎所有肿瘤中都存在着染色体异常。在 1960 年，Nowell 及 Hungerford 发现慢性粒细胞白血病（chronic myelocytic leukemia，CML）患者中存在 Ph 染色体，又称之为费城染色体。Ph 染色体被发现后，肿瘤细胞染色体畸变和临床肿瘤的诊断、治疗、鉴别及预后的关系不断得到进一步研究，称为肿瘤细胞遗传学。

（一）染色体数目异常与肿瘤

正常人体细胞内的染色体数目为二倍体，在异常细胞中染色体在二倍体基础上会增加或减少一条甚至几条染色体。据初步统计，很多肿瘤细胞都存在非整倍体细胞。非整倍体肿瘤与整倍体肿瘤相比，恶性程度更高，治疗效果较差，转移风险高、复发概率高。因此，恶性肿瘤细胞的特征之一就是出现非整倍体。值得注意的是，同一肿瘤中的不同肿瘤细胞的染色体数目异常数不一定相同，甚至有可能存在很大的差异，这是肿瘤细胞中染色体数目异常的一个重要特征。

（二）染色体结构畸变与肿瘤

染色体结构畸变在肿瘤细胞中广泛存在，是肿瘤细胞的特征之一。在某些肿瘤中，某一结构畸变的染色体较频繁且较多的出现，可以把该结构畸变染色体称为标记染色体。

标记染色体能够分为特异性和非特异性标记染色体。某一异常结构染色体高频出现在大量肿瘤细胞，成为该类肿瘤细胞的一个典型特征之一，这类异常的染色体就被称为这类肿瘤的特异性染色体。相反，肿瘤非特异性染色体就代表在某一肿瘤细胞中存在较少，不能作为这类肿瘤的特征。以下为肿瘤特异性标记染色体的两个典型实例。

1. Ph 染色体（费城染色体）

Ph 染色体与慢性粒细胞白血病（CML）密切相关，主要存在于患者骨髓和淋巴细胞中，在镜下表现为一条体积很小的G组染色体（图11-1）。Ph染色体是9号染色体与22号染色体易位重组形成的一个异常染色体。由于染色体发生相互易位，进而导致原癌基因*c-abl*与*bcr*基因发生融合，形成了一个210kDa的融合多肽，这种多肽由于能够导致酪氨酸激酶活性增高，进而导致慢性粒细胞发生异常改变形成肿瘤。

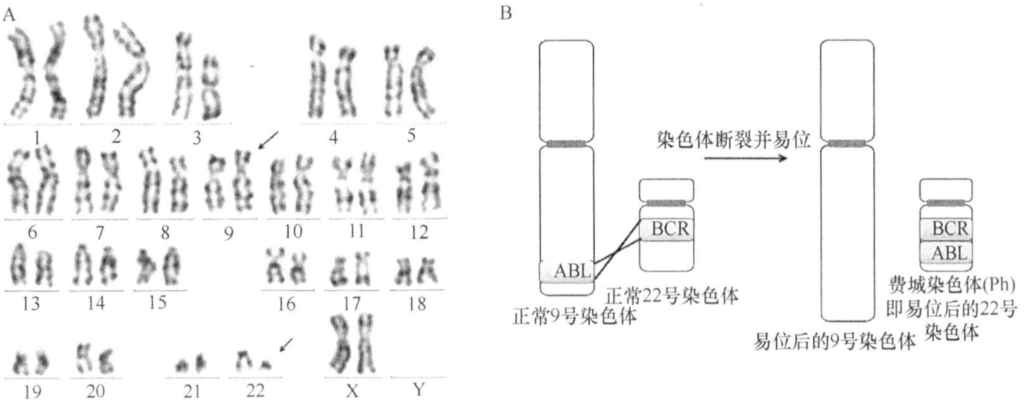

图11-1　费城染色体

2. 14q+染色体

Burkitt淋巴瘤，又名非洲儿童恶性淋巴瘤，患者的淋巴瘤细胞中能够观察到一条14q+染色体，该染色体产生的原因是8号和14号染色体发生易位所致，8q24和14q32发生易位后产生$8q^-$和$14q^+$两个异常的染色体，同时由于染色体易位导致原癌基因*c-myc*邻近启动子区，*c-myc*基因转录增加，使*c-myc*在B细胞中的表达增加，致使淋巴细胞发生异常转化，产生Burkitt淋巴瘤。

Ph染色体和14q+染色体是肿瘤特异性染色体的两个典型实例，在CML和Burkitt淋巴瘤中的出现频率非常高，已作为这两种肿瘤的特异性标记染色体，但要注意的是，不是每一种肿瘤都存在特异性标记染色体。已发现很多肿瘤的标记性染色体异常，如视网膜母细胞瘤[i(6p)、del(13)(q14.1)]、急性非淋巴细胞性白血病[+8或17q+]、慢性淋巴细胞白血病[t(11;14)、+12]、急性白血病[–7或+9]、黑色素瘤[+7或+22]、鼻咽癌[t(1;3)(q41;p11)]、脑膜瘤[22q–或–22]、家族性结肠息肉[+8或+14]和甲状腺癌[inv(10)(q11q21)]等。同时，部分染色体异常可以在许多染色体中看到，如巨大近中着丝粒染色体、双微体和巨大近端着丝粒染色体等。

（三）染色体不稳定综合征与肿瘤

染色体不稳定是染色体异常的形式之一。一些患者全身染色体容易发生断裂并引发疾病，这类疾病称为染色体不稳定综合征，包括Fanconi贫血、Bloom综合征、共济失调毛细血管扩张症和着色性干皮肤病等。

1. Fanconi 贫血

Fanconi贫血（Fanconi anemia，FA）是一种发生在儿童期的骨髓疾病，表现为全血细胞减少，故又称为先天性血细胞减少症（congential pancytopenia）。主要症状包括贫血、易疲乏、易出血和感染等，并常伴有先天畸形，尤其是大拇指或桡骨发育不良（或缺如），以及皮肤色素沉着等。Fanconi 贫血为常染色体隐性遗传，患者发病年龄不均一（5～10 岁），存活 1～40 年，平均生存时间 13 岁。本病患者的染色体自发断裂率显著增高，单体断裂、裂隙等染色单体畸变很多，双着丝粒体、断片、核内复制也很常见。约 10%的患者转变为白血病（主要是急性粒细胞白血病），且死于白血病者比正常人群高约 20 倍。部分 FA 患者的黏膜和皮肤交界处会发生鳞状上皮癌。FA 的致病基因很多，包括 *FANCA*、*FANCB*、*FANCC*、*FANCD1*、*FANCD2*、*FANCE*、*FANCF*、*FANCG* 等 13 个基因，基因定位于 16、9 和 X 染色体上。

2. Bloom 综合征

Bloom综合征多见于东欧犹太人的后裔，于1954年由医生Bloom发现并命名。Bloom 患者身材矮小，对日光敏感，面部常有微血管扩张性红斑（蝴蝶状红斑皮疹）。患者外周血培养细胞中出现了许多染色体异常，典型的包括对称的四射体，姐妹染色单体交换率也比正常人高 10 多倍。本病患者有免疫功能缺陷，易患肿瘤（纤维肉瘤、鳞癌或神经纤维瘤）或白血病。Bloom 综合征的相关致病基因 *BLM* 属于抑癌基因，定位于 15q26.1，该基因表达产物特异性抑制 *RAS* 癌基因。

3. 共济失调毛细血管扩张症

共济失调毛细血管扩张症（ataxia telangiectasia，AT）是一种染色体隐性遗传病，多发于儿童期，在 1 岁左右即可发病，患儿出现小脑性共济失调临床症状，6 岁后眼、面和颈部出现瘤样小血管扩张。AT 的致病原因主要源于患者体细胞内较多的染色体断裂，也存在染色体易位，包括常见的 14/14 易位或其他涉及 14 号染色体的改变。此外，染色体重排在 B 组、D 组及 G 组染色体中也较为常见。AT 患者自身常有免疫缺陷，容易死于感染性疾病，同时 DNA 修复能力明显下降，对 X 射线也特别敏感，易患多种肿瘤，如淋巴细胞白血病、淋巴瘤、网织细胞肉瘤等。AT 患者易患各种肿瘤，在 45 岁前其患肿瘤的人数比正常人群增加 3 倍。

4. 着色性干皮病

着色性干皮病（xeroderma pigmentosum）是一个与 DNA 损伤修复缺陷有关的常染色体隐性遗传病，具有遗传异质性。患者皮肤对紫外线特别敏感，由于皮肤部位缺乏核酸内切酶，易出现皮疹和色素沉着。本病患者先是出现皮肤炎症，继而可发生皮肤癌，患者发生皮肤癌的可能性几乎是 100%。

着色性干皮病有 8 种不同类型 XPA、XPB、XPC、XPD、XPE、XPF、XPG、XPH 和 1 种变异型 XP-V。虽然各型的致病基因不同，但编码的蛋白质都参与 DNA 的切除修复。患者无性别差异，患儿出生时皮肤正常，一般在出生后 6 个月至 3 岁发病，通常情况下在 20 岁前进入肿瘤期。初期的皮损发生在曝光部位，光敏感最为常见，日晒部位发生水疱、大量雀斑、伴有色素减退和萎缩、皮肤干燥、毛细血管扩张、瘢痕形成和日光角化病，随着病情不断加重，病变组织转变成肿瘤。本病 2/3 的患者于 20 岁前死亡。鳞癌及黑色素瘤广泛转移是死亡原因之一。

除上述疾病外，类毛细血管共剂失调、Nijmegen 染色体断裂综合征等疾病也会由于染色体不稳定，随着病情的发展，患者有潜在的高发特定恶性肿瘤的倾向。

（四）染色体脆性部位与肿瘤

染色体脆性部位是指染色体上一些容易发生断裂的部位，通常是一段非特异性富含胸腺嘧啶核苷酸的 DNA 片段，该位置结构松散，对各种致癌物、腺苷缺乏、某些射线等极为敏感，非常容易发生断裂。常见的脆性部位为 1p32（Blym-1）、6q23（myb）、7p11（met）、18q21（bcl-2、yes-1）等，这些位置既是染色体的脆性部位，也是特异性癌断裂点。一般情况下，癌变需要 2 个脆性部位同时发生作用，导致抑制肿瘤生长有关的 DNA 片段丢失或癌基因活化，最终形成肿瘤。

（五）端粒与肿瘤

端粒（telomere）是存在于真核细胞染色体末端的一小段 DNA-蛋白质复合体，它与端粒结合蛋白一起构成了特殊的“帽子”结构，作用是保持染色体的完整性和控制细胞分裂周期。端粒 DNA 由简单的 DNA 高度重复序列（TTAGGG）组成，端粒酶可用于给端粒 DNA 加尾，DNA 分子每次分裂复制，端粒就缩短一点，一旦端粒消耗殆尽，细胞将会立即激活凋亡机制，即细胞走向凋亡。所以，端粒长度被称作细胞寿命的“有丝分裂钟”，反映细胞复制史及复制潜能。

端粒的缩短在肿瘤发生和发展过程中扮演着双重角色。当端粒缩短到临界长度时，可引起染色体与基因组的不稳定，从而诱发肿瘤的形成。相反，由于端粒的缩短，又可启动 DNA 损伤信号，引起细胞衰老，进而抑制肿瘤的发生。肿瘤形成时以端粒序列缩短为主要特征。研究表明，在基因突变和肿瘤形成时，端粒可能表现出缺失、融合和序列缩短等异常，造成遗传物质的不稳定，使细胞无限增殖，并导致肿瘤发生。

细胞永生化是指体外培养细胞自发或受外界因素影响从增殖衰老危机中逃离，从而具有无限增殖能力的过程，是肿瘤细胞的重要特征之一。由于“末端复制问题”的存在，细胞要获得“永生”，必须要经过两个限制点的约束，即 M1 期和 M2 期。随着细胞的不断分裂增殖，端粒程序进行性缩短，当缩短至一定程度时，细胞周期检查点发出周期停止信号，细胞生长被阻止在死亡 1 期，接着又在某些因子的作用下，如病毒蛋白、癌基因、负性抑癌基因等，细胞越过死亡 1 期继续分裂增殖，端粒程序继续缩短，这时由于染色体末端失去“帽子”结构而失于稳定，有双着丝粒形成，细胞进入死亡 2 期，此时端粒酶被一些因子激活，使其以自身 RNA 为模板，合成端粒 DNA 维持端粒长度，恢复染色体的稳定结构，从而使极少数的细胞越过 M2 期，使细胞无限增殖下去，进入永生化状态，进而产生肿瘤。

人端粒结合蛋白与肿瘤的关系引起了人们的注意。有些人类肿瘤细胞虽有端粒酶活性，但仍不能阻止端粒的缩短，提示除端粒酶之外，还存在其他维护肿瘤细胞端粒结构和功能的机制。有研究表明，人端粒结合蛋白 TRF1、TRF2 和 Tin2 在肿瘤中的表达是升高的，特别是 TRF2，它在肿瘤的表达情况已有不少的报道。例如，在肺癌、膀胱癌和淋巴瘤等许多不同的人类恶性肿瘤中 TRF2 的表达升高，但在乳腺癌和白血病的表达则有不同的报道。TRF2 被认为涉及 DNA 修复，它的高表达对肿瘤细胞生长和耐药有一定影响。

总而言之，端粒与肿瘤的关系密切，是肿瘤遗传学中的重要分子标记物之一。

第二节　肿瘤发生的癌基因和抑癌基因

肿瘤发生受到许多条件因素的调控，如环境致癌因素、病毒、炎症等，同时人体正常细胞也会因为自身出现基因突变等致癌因素，自然的从正常细胞转化为肿瘤细胞。人体中存在着癌基因和抑癌基因，它们在上述肿瘤发生过程中起到非常重要的作用（Eng et al.，2001；Hodgson，2007；Weitzel et al.，2011）。

一、癌基因

癌基因（oncogene）是一类会引起细胞癌变的基因，可以将其分为病毒癌基因（viral oncogene）和原癌基因（proto-oncogene）。原癌基因又称细胞癌基因（cellular oncogene）。在每一个正常细胞都有原癌基因的存在，这些基因与细胞增殖和维持机体正常生命活动密切相关。原癌基因在进化上高度保守，主要是刺激细胞正常的生长，以满足细胞更新的要求，一般情况下没有致癌的功能，在正常生命活动中起着重要的作用，如细胞增殖、分化及胚胎发育。当原癌基因发生突变，且基因突变造成基因功能异常的时候才会成为癌基因。

原癌基因可以在细胞基因组和病毒基因组中发现，2007 年著名美国遗传学家 Mike Stratton 发现的 350 种人类癌基因，其中约有一半可以在反转录病毒中找到相关副本，如病毒基因组中的 v-scr、v-myc 等，在人类细胞基因组能够找到 *c-src*、*c-myc* 进行对应，所以某些肿瘤病毒也与肿瘤发生直接相关。

（一）原癌基因分类

原癌基因具有重要的生物学功能，进化上高度保守，参与了细胞分裂、分化、凋亡、信号转导等多种生理功能。因此，原癌基因可以分为 6 类，见表 11-1。

表 11-1　癌基因分类

癌基因	激活机制	肿瘤发生	原癌基因
生长因子类：			
SIS		神经胶质瘤/纤维肉瘤	PDGF 的 B 链
KS3	DNA 转染	Kaposi 肉瘤	FGF 家族成员
HST	DNA 转染	胃癌	FGF 家族成员
Her-2		乳腺癌/胃癌	EGFR 家族成员
缺乏蛋白激酶活性的受体类：			
Mas	DNA 转染	乳腺癌	血管紧张肽受体

续表

癌基因	激活机制	肿瘤发生	原癌基因
酪氨酸及酶类、膜内在蛋白质、生长因子受体			
EGFR	扩增	鳞状细胞癌	酪氨酸蛋白激酶 EGFR
v-fms		肉瘤	酪氨酸蛋白激酶 CSF-IR
v-kit		肉瘤	酪氨酸蛋白激酶干细胞因子 R
v-ros		肉瘤	酪氨酸蛋白激酶
MET	重排	MNNG 治疗的人骨癌细胞系	酪氨酸蛋白激酶 HGF/SFR
TRK	重排	结肠癌	酪氨酸蛋白激酶 NGFR
NEU	点突变、扩增	神经母细胞瘤、乳腺癌	酪氨酸蛋白激酶
RET	重排	多发性内分泌腺瘤 2A 和 2B 型	酪氨酸蛋白激酶 GDNFR
酪氨酸激酶类：与膜相关的			
SRC		结直肠癌	酪氨酸蛋白激酶
v-yes		肉瘤	酪氨酸蛋白激酶
v-fgr		肉瘤	酪氨酸蛋白激酶
v-fps		肉瘤	酪氨酸蛋白激酶
v-fes	染色体易位	肉瘤	酪氨酸蛋白激酶
BCR/ABL		慢性粒细胞白血病	酪氨酸蛋白激酶
G 蛋白类：			
H-RAS	点突变	结肠癌、肺癌、胰腺癌	GTP 酶
K-RAS	点突变	急性粒细胞白血病、甲状腺癌、黑色素瘤	GTP 酶
N-RAS	点突变	癌、黑色素瘤	GTP 酶
Gsp	点突变	甲状腺癌	$G_6\alpha$
Gip	重排	卵巢癌、肾上腺癌	$G_1\alpha$
GEF 蛋白家族			
Dbl	重排	弥散性 B 细胞淋巴瘤	CEF 的 ρ 和 Cdc42Hs
Ost		骨瘤	CEF 的 ρ ρ 和 Cdc42Hs
Tiam-1		T 细胞淋巴瘤	CEF 的 Rac 和 Cdc42Hs
Vay		造血细胞恶性肿瘤	GEF 的 Ras
Lbc		粒细胞白血病	GEF 的 ρ
丝氨酸/苏氨酸激酶：			
细胞质的			
v-mos		肉瘤	丝氨酸/苏氨酸蛋白激酶
v-raf	原病毒插入	肉瘤	丝氨酸/苏氨酸蛋白激酶
Pim-1		T 细胞淋巴瘤	丝氨酸/苏氨酸蛋白激酶
细胞质调控因子			
v-crk			SH-2/SH-3 衔接子
核蛋白质家族	基因扩增		
v-myc	基因扩增	髓细胞瘤样癌	转录因子
N-MYC		神经母细胞瘤、肺癌	转录因子
L-MYC		成髓细胞瘤病	转录因子

续表

癌基因	激活机制	肿瘤发生	原癌基因
v-myb		骨瘤	转录因子
v-fos		肉瘤	转录因子 AP1
v-jun		肉瘤	转录因子 AP1
v-ski		癌	转录因子
v-rel		淋巴细胞白血病	突变型 NF 型胞
v-ets		成髓细胞瘤病	转录因子
v-eRB1A		成红细胞增多症	突变型硫氧换蛋白受体

（二）原癌基因的激活机制

原癌基因在生命过程中起着十分重要的作用，尤其在个体发育和细胞分裂中。尽管原癌基因对于生命体正常功能维持很重要，但是在正常条件下，原癌基因的激活受到严格的调控。若原癌基因发生基因突变或被异常激活时，产生的蛋白质可导致细胞发生恶性变化，转化为肿瘤。

1. 基因突变

原癌基因发生点突变、移码突等基因突变，结果导致 DNA 序列发生改变，产生异常的基因产物，也可能是基因突变导致基因脱离正常调控而过度表达。原癌基因在肿瘤中十分常见，如 *c-ras* 基因，这个基因编码 p21 蛋白，是一种 GTP 结合蛋白，具有 GTP 酶活性，是重要的信号通路转导分子。*ras* 基因在多种肿瘤的发生中点突变的位置在第 11、第 13 和第 61 位密码子。

2. 染色体重排

染色体重排能够导致原癌基因重排和融合，致使出现基因异常表达产物。例如，CML 疾病中的 *bcr-abl* 融合基因，就是由于 9 号和 22 号染色体发生了易位所产生的，这个融合基因的表达产物会导致细胞恶性转化，最终形成 CML。

3. 病毒诱导与启动子插入

细胞被反转录病毒感染后，病毒基因组中的长末端重复序列（LTR）包含的启动子和增强子元件会插入人类基因组 DNA 中，如果病毒的这些功能元件插入到细胞原癌基因附近或内部，就有可能导致原癌基因出现过度表达或发生不表达的现象，最后导致正常细胞发生癌变。例如，反转录病毒 MosSV 的基因组中携带有 LTR 元件，当 LTR 元件插入到细胞原癌基因 *c-mos* 附近时，*c-mos* 基因会被激活，最终导致细胞转化为肉瘤细胞。

4. 基因扩增

基因扩增是指原癌基因数量的增加或表达活性增强，产生过度的表达蛋白导致肿瘤发生。在肿瘤细胞尤其是胚胎神经组织肿瘤细胞中有时见到双微体和染色体上的均染区，就是原癌基因 DNA 片段扩增的表现。例如，前髓细胞性白血病细胞系和这类患者的白血病细胞中 *c-myc* 基因扩增 8～22 倍。

5. 融合基因

融合基因是指两个基因的全部或一部分序列相互融合为一个新的基因的过程，是染色体易位、中间缺失或染色体倒置所致的结果，通常具有致瘤性，在各种不同的肿瘤中普遍存在。基因融合是肿瘤的普遍特征，可促进肿瘤的发生和发展，并可作为肿瘤的分子诊断和治疗靶标，如 *BCR-ABL*、*SLC45A3-ELK4* 和 *PAX3-FOXO1* 等。

二、肿瘤抑制基因

肿瘤抑制基因（tumor suppressor gene），又名抑癌基因，也称为抗癌基因（antioncogene）。正常细胞中存在肿瘤抑制基因，在被激活的情况下它们具有抑制细胞增殖作用，但在一定情况下被抑制或丢失后可减弱甚至消除其抑制作用。肿瘤抑制又被认为是隐性肿瘤抑制基因，只有当两个等位基因同时失活才会导致肿瘤，目前许多抑癌基因已被发现，见表 11-2。

表 11-2　肿瘤抑制基因

肿瘤抑制基因	基因产物及功能	相关肿瘤
APC	调控特异的转录因子	星状细胞瘤、胶质母细胞瘤、结直肠癌、乳腺癌、胃癌等
BRCA1/BRCA2	DNA 损伤修复	遗传性乳腺癌、卵巢癌
CDKN2A	编码 p16 和 14ARF	脑部肿瘤
DCC	编码细胞表面糖蛋白	结肠癌、直肠癌
DPC4（*SMAD4*）	介导生长因子受体的信号通路转导	结肠癌、胰腺癌
E-CAD	细胞-细胞间黏附分子	家族性弥散型胃癌；小叶型乳腺癌
EXT1	糖基转移酶；肝素硫酸盐链的延长部分	遗传性多发性外生骨疣
EXT2	糖基转移酶；肝素硫酸盐链的延长部分	遗传性多发性外生骨疣
LKB1/STK11	丝氨酸/苏氨酸蛋白激酶	Peutz-Jeghers 综合征
MADR2/JV18	介导生长因子受体的信号转导	结肠癌
MSH2，*MLHl*	DNA 错配修复	结肠直肠癌、胃癌、子宫内膜癌
MEN1	编码与转录因子相互作用的 menin 蛋白，阻止某些基因转录	Ⅰ型多发性内分泌肿瘤
MTS1	细胞周期蛋白依赖性激酶的抑制剂	黑色素瘤
NF1	RAS GTPase 激活蛋白	神经纤维瘤、施万细胞瘤、Ⅰ型神经纤维瘤
NF2	RAS GTPase 激活蛋白	Ⅱ型神经纤维瘤
P16	细胞周期依赖性激酶的抑制剂	家族性黑色素瘤、家族性胰腺癌
ARF	调节 MDM-2 蛋白的稳定性，继而调节 p53 的稳定性；改变 *p16* 基因的阅读框	皮肤癌、肺癌、神经胶质瘤、白细胞病和家族性黑色素瘤
TP53	编码 p53 蛋白，阻止细胞分裂和诱导异常细胞自杀	星状细胞瘤、胶质母细胞瘤、结肠癌、乳腺癌、成骨肉瘤、胃癌、肝癌、肺癌、前列腺癌、卵巢癌、淋巴瘤、白血病等

续表

肿瘤抑制基因	基因产物及功能	相关肿瘤
PTCH	Sonic hedgehog 因子的转膜受体；smootherned 蛋白负向调节因子	基底细胞皮肤癌、髓母细胞瘤
PTEN	磷酸酯酶，调节细胞存活	乳腺癌、甲状腺癌
RB	改变转录因子的活性、调控细胞分裂	RB、成骨肉瘤、胃癌、乳腺癌、结肠癌、小细胞肺癌
SNF5/INI1	SWI/SNF 染色质 ATP 依赖性重构复合体成员	髓母细胞瘤、原始中枢神经外胚层肿瘤等
TSC1	参与细胞质小泡定位	结节性硬化症
TSC2	垂体 GTP 酶激活的 RAP1 及 RAB5 蛋白；高尔基体定位	结节性硬化症
VHL	可能是降解靶蛋白	肾癌
WRN	参与 DNA 修复	Werner 综合征
WT1	抑制转录	横纹肌肉瘤、肺癌、膀胱癌、乳腺癌等

（一）*RB* 基因

RB 是一种肿瘤抑制基因，是最早发现的肿瘤抑制基因，*RB* 基因在许多不同的肿瘤里处于突变状态，首次发现于视网膜母细胞瘤中，同时骨肉瘤、小细胞肺癌、膀胱癌及乳腺癌等肿瘤中也存在。*RB* 基因产物是一种转录因子（transcription factor），其主要作用是调节细胞周期，含有 27 个外显子，基因有 100kb 以上，其 mRNA 为 4.7kb，编码分子质量为 105kDa 的核蛋白 P105RB，有调节基因转录的功能。*RB* 基因在遗传上属于隐性，需要两个等位基因同时出现功能障碍才能导致肿瘤的发生。*RB* 基因对肿瘤的抑制作用与转录因子 E-2F 有关，当 *RB* 基因出现突变导致表达产物 P105RB 出现功能异常时，对 E-2F 失去调控能力，导致细胞活跃增殖，最终导致肿瘤发生。

（二）*p53* 基因

p53 是一种肿瘤抑制基因，50%以上的肿瘤都会出现该基因突变，*p53* 基因编码产物是一种转录因子。*p53* 基因表达的野生型 p53 蛋白是核内的一种磷酸化蛋白质，作为转录因子可与特异的 DNA 序列结合。一些外界刺激，如 DNA 损伤、应激等可引起细胞内 p53 蛋白水平升高，激活一系列下游靶基因的转录，诱导细胞周期 G_1 期阻断、细胞调亡和细胞分化，保护基因组的完整性，以及抑制肿瘤细胞的生长等。

p53 基因发生突变后，p53 蛋白功能出现缺陷，失去了抑癌基因的功能，同时突变本身又导致 *p53* 获得了癌基因的功能，而且突变型 *p53* 能与野生型 p53 蛋白结合，导致正常的 p53 蛋白不能与 DNA 相结合，导致细胞内基因转录失控导致肿瘤的发生。

在细胞周期中，*p53* 的调节功能主要体现在 G_1 和 G_2/M 期校正点的监测，与转录激活作用密切相关。*p53* 下游基因 *p21* 编码蛋白是一个依赖 Cyclin（细胞周期蛋白）的蛋白激酶抑制剂，一方面 *p21* 可与一系列 Cyclin-cdk（细胞周期蛋白依赖性激酶）复合物结合，抑制相应的蛋白激酶活性，导致高磷酸化 Rb-蛋白（视网膜母细胞瘤蛋白）堆积，后者使 E2F 转录因子（参与细胞周期调控的细胞因子）不能活化，引起 G_1 期阻滞；*p53*

的另外三个下游基因 *CyclinB1*、*CADD45* 和 *14-3-3* 则参与 G_2/M 期阻滞。

DNA 受损后，由于错配修复的累积，导致基因组不稳定，遗传信息发生改变。*p53* 可参与 DNA 的修复过程，其 DNA 结合结构域本身具有核酸内切酶的活性，可切除错配核苷酸，结合并调节核苷酸内切修复因子 XPB 和 XPD 的活性，影响其 DNA 重组和修复功能。

（三）肿瘤抑制基因的杂合性丢失

杂合性缺失（loss of heterozygosity）在 1983 年由 Cavanee 提出，杂合性缺失是指一个位点上两个等位基因中的一个出现缺失，由此导致位于该等位基因附近的 DNA 多态标记也随着共同缺失。杂合性缺失在肿瘤细胞中是一种较为常见的 DNA 变异，几乎在所有肿瘤细胞中都存在染色体片段的非随机性丢失，这些丢失片段中有可能包含肿瘤抑制基因，丢失后可导致肿瘤的产生。肿瘤抑制基因的杂合性丢失与某些肿瘤发生、发展密切相关，如结直肠癌。利用高度多态性的微卫星 DNA 标记在同一病人的肿瘤组织和正常组织对某一染色体区域进行扫描，可以找到与杂合性缺失直接相关的标记，从而在 DNA 水平上确定染色体缺失的部位，结直肠癌缺失基因（deleted in colorectal cancer，DCC）和结直肠癌突变基因（mutated in colorectal cancer，MCC）就是通过这种方法发现的。

（四）*PTEN* 基因

PTEN 基因（gene of phosphate and tension homology deleted on chromsome ten，PTEN），又称为 *MMAC1*（mutated in multiple advanced cancer 1）和 *TEP1*（TGF-regulated and epithelial cell -enriched phosphatase），定位于染色体 10q23.3，由 9 个外显子组成，编码由 403 个氨基酸组成的蛋白质，具有磷酸酯酶的活性。PTEN 蛋白可通过拮抗酪氨酸激酶等磷酸化酶的活性而抑制肿瘤的发生发展。研究已经发现，*PTEN* 基因异常可存在于胶质母细胞瘤、前列腺癌、子宫内膜癌、肾癌、卵巢癌、乳腺癌、肺癌、膀胱癌、甲状腺癌、头颈部鳞状细胞癌、黑色素瘤、淋巴瘤等多种肿瘤中，被认为是继 *p53* 基因后，另一改变较为广泛、与肿瘤发生关系密切的抑癌基因。

第三节 肿瘤发生的遗传学理论

一、单克隆起源假说及延伸理论

致癌因子引起体细胞基因突变，使正常体细胞转化为前癌细胞，然后在一些促癌因素作用下，发展成为肿瘤细胞。按照这个学说的观点，肿瘤细胞是由单个突变细胞增殖而成的，也就是说肿瘤是突变细胞的单克隆增殖细胞群，这称为肿瘤的单克隆起源假说。证据包括：白血病和淋巴瘤的分子水平分析表明所有的淋巴瘤细胞都有相同的免疫球蛋白基因或 T 细胞受体基因重排，提示它们来源于单一起源的 B 细胞或 T 细胞；对女性肿瘤的研究发现，一些恶性肿瘤的所有癌细胞都含有相同失活的 X 染色体，表明它们是单一细胞起源；同时，肿瘤细胞学研究发现同一肿瘤中所有肿瘤细胞都具有相同的标记染色体，再次证明恶性细胞的单克隆起源；近年来，通过FISH方法对癌组织中突变的癌基因或肿瘤抑制基因进行直接分析也证实了肿瘤的单克隆特性。

此外，随着对肿瘤研究的不断深入，出现了肿瘤多克隆起源的说法。肿瘤多克隆起源是指肿瘤组织起源于多个肿瘤干细胞，如多发性大肠腺瘤以及部分宫颈癌。单克隆与多克隆学说的可能联系：①发癌早期多克隆，后期生长优势克隆形成，变为单克隆；②不同病因有不同的起源方式。

二、二次突变假说

这一学说是在视网膜母细胞瘤的研究过程中提出的，它认为遗传性肿瘤病例中，第一次突变发生于生殖细胞，并且传递给胚胎发育的每一个体细胞，而第二次突变随机发生在体细胞中，在这种情况下，双侧视网膜的细胞都有可能发生第二次突变并形成肿瘤。相比之下，非遗传性视网膜母细胞瘤是同一个体细胞发生两次独立的突变，因而在双侧视网膜都发生二次突变的可能性较小，此即为二次突变学说，它能最简单地解释肿瘤的显性遗传特征。二次突变学说还可以解释在其他情况下，肿瘤的发生是一种隐性事件，即野生型基因产物可以抑制肿瘤产生，而肿瘤中的这一对等位基因发生了失活。二次突变学说得到多数遗传性视网膜母细胞瘤患者的G显带分析结果的支持，即肿瘤细胞有 13q14 缺失。在克隆出 *RB* 基因后，应用突变扫描分析发现视网膜母细胞瘤的 *RB* 基因均发生了突变或缺失。这一学说除了被用于分析视网膜母细胞瘤外，还包括解释肾胚胎细胞癌等儿童肿瘤的发病原因和规律，而后被广泛应用于分析各种肿瘤的发生。

三、多步骤遗传损伤假说

肿瘤的多步骤损伤学说：这是目前普遍认可的假说，它认为细胞癌变往往需要多个肿瘤相关基因的协同作用，要经过多阶段的演变，其中不同阶段涉及不同的肿瘤相关基因的激活与失活。这些基因的激活与失活在时间上有先后顺序，在空间位置上也有一定的配合，所以肿瘤细胞表型的最终形成是这些被激活与失活的相关基因共同作用的结果。在恶性肿瘤的起始阶段，原癌基因激活的方式主要表现为反转录病毒的插入和原癌基因点突变，而染色体重排、基因重组和基因扩增等激活方式的出现则意味着恶性肿瘤进入演进阶段。正是由于各种原癌基因发生了量变和质变，导致表达异常，造成细胞分裂与分化失控，通过多阶段演变而转化为肿瘤细胞。不同点是多步论提出一个细胞的恶性转化至少需要两次以上的突变，有的肿瘤则需两次以上乃至 6 次、7 次遗传事件，才能完成恶性转化。恶性细胞在以后的发展中将形成增殖优势而形成克隆，从而构成恶性肿瘤，而不是二次突变论的二次突变。

（李云龙　陈勇彬）

参考文献

董子明. 2008. 基础肿瘤学. 郑州: 河南科学技术出版社.

Eng C, Hampel H, de la Chapelle A. 2001. Genetic testing for cancer predisposition. Annu Rev Med, 52: 371-400.

Hodgson SV. 2007. A Practical Guide to Human Cancer Genetics. 3rd ed New York: Cambridge University Press.

Huntsman DG, Ladanyi M. 2018. The molecular pathology of cancer: From pan-genomics to post-genomics. J Pathol, 244(5): 509-511.

Kottschade LA. 2019. The future of immunotherapy in the treatment of cancer. Semin Oncol Nurs, 35(5): 150934.

Millner LM, Strotman LN. 2016. The future of precision medicine in oncology. Clin Lab Med, 36(3): 557-573.

Mun EJ, Babiker HM, Weinberg U, et al. 2018. Tumor-treating fields: A fourth modality in cancer treatment. Clin Cancer Res, 24: 266-275.

Salovaara R, Loukola A, Kristo P, et al. 2000. Population-based molecular detection of hereditary nonpolyposis colorectal cancer. J Clin Oncol, 18: 2193-2200.

Valastyan S, Weinberg RA. 2011. Tumor metastasis: Molecular insights and evolving paradigms. Cell, 147(2): 275-292.

Vineis P, Wild CP. 2014. Global cancer patterns: causes and prevention. Lancet, 383(9916): 549-557.

Weitzel JN, Blazer KR, MacDonald DJ, et al. 2011. Genetics, genomics, and cancer risk assessment: State of the art and future directions in the era of personalized medicine. CA Cancer J Clin, 61: 327-359.

第十二章　免疫遗传学

免疫遗传学（immunogenetics）是免疫学和遗传学的交叉学科。研究免疫应答的遗传控制，从基因及其表达水平阐述免疫细胞和免疫分子的结构与功能。免疫遗传学是现代医学临床实践的重要理论基础之一，是输血、器官移植、胎母不相容和亲子鉴定的理论基础，对阐明免疫系统的演化、人种差异和生物进化等都有重要意义。免疫遗传学的主要内容包括：①血型抗原的基因控制，补体、细胞因子、黏附分子基因表达，H-Y 抗原与性别分化及某些疾病的发病关系等；②主要组织相容性抗原复合体基因群的控制和表达及其与疾病的关联；③免疫球蛋白和 T 细胞受体的基因结构和控制及其多样性，同种异型的遗传控制。本章主要讨论红细胞抗原的遗传、白细胞抗原的遗传、抗体的遗传及相关知识。

第一节　红细胞血型遗传

自 1900 年奥地利维也纳大学病理学家、免疫学家卡尔·兰德斯泰纳（Karl Landsteiner，1868～1943 年）发现了人类第一个血型系统（blood group system），即 ABO 血型系统以来，越来越多的血型系统被发现并被命名。

血型系统是根据红细胞膜上同种异型（或表型）抗原关系进行分类的。每一个血型系统都是独立遗传的。根据国际输血协会（The International Society of Blood Transfusion，ISBT）“红细胞免疫遗传学和血型命名工作组”的定义：每个血型系统由一个或多个抗原组成，这种抗原或由单个基因位点控制，或由两个或两个以上紧密连锁的同源基因控制，且这些基因没有或几乎没有重组发生。

一、ISBT 血型系统

红细胞膜包含许多锚定表面蛋白及跨膜蛋白。许多表面蛋白具有多态性而分属不同的血型系统。大多数的血型抗原都是糖蛋白，其特异性由基因（如 ABO、MN、Kell、Duffy、Kidd、Diego）决定。抗原与抗体发生特异反应的部分，称为抗原决定簇。随着医学的发展，现今的血型抗原已广泛涉及人体的血细胞、组织细胞和各种体液成分。

目前已识别的血型中，以红细胞抗原检出的数量最多。按其性质和遗传上的相关性，国际输血学会红细胞抗原命名专业组将红细胞血型抗原分为血型系统、集合、高频系列和低频系列 4 类。其临床意义的重要程度，取决于此系统的抗体在体内破坏红细胞的能力，以及在人群中产生抗体的能力。截至 2020 年 5 月，ISBT 共报告了 39 个血型系统，超过 300 个抗原；5 个集合（200 系列），含 14 个抗原；17 个低频率（700 系列），含 16 个抗原；7 个高频率（901 系列），含 7 个抗原（表 12-1～表 12-3）。美国国立卫生研究院血型抗原基因突变数据库报道的血型系统抗原突变由 45 个基因编码，涉及 1807 个等位基因多态性（表 12-4）（Patnaik et al.，2012）。

表 12-1 ISBT 报道的 39 个血型系统及所含抗原数（版本号 v6.0_6th 2019 年 8 月）

编号	系统名称	系统符号	基因（*）	抗原数	染色体定位	白细胞分化抗原
001	ABO	ABO	*ABO*	4	9q34.2	
002	MNS	MNS	*GYPA*，*GYPB*，（*GYPE*）	49	4q31.21	CD235a CD235b
003	P1Pk	P1PK	*A4GALT*	3	22q13.2	CD77
004	Rh	RH	*RHD*，*RHCE*	55	1p36.11	CD240
005	Lutheran	LU	*BCAM*	25	19q13.2	CD239
006	Kell	KEL	*KEL*	36	7q33	CD238
007	Lewis	LE	*FUT3*	6	19p13.3	
008	Duffy	FY	*ACKR1*	5	1q21-q22	CD234
009	Kidd	JK	*SLC14A1*	3	18q11-q12	
010	Diego	DI	*SLC4A1*	22	17q21.31	CD233
011	Yt	YT	*ACHE*	5	7q22	
012	Xg	XG	*XG*，*MIC2*	2	Xp22.32	CD99+
013	Scianna	SC	*ERMAP*	7	1p34.2	
014	Dombrock	DO	*ART4*	10	12p13-p12	CD297
015	Colton	CO	*AQP1*	4	7p14	
016	Landsteiner-Wiener	LW	*ICAM4*	3	19p13.2	CD242
017	Chido/Rodgers	CH/RG	*C4A*，*C4B*	9	6p21.3	
018	H	H	*FUT1*	1	19q13.33	CD173
019	Kx	XK	*XK*	1	Xp21.1	
020	Gerbich	GE	*GYPC*	11	2q14-q21	CD236
021	Cromer	CROM	*CD55*	20	1q32	CD55
022	Knops	KN	*CR1*	9	1q32.2	CD35
023	Indian	IN	*CD44*	6	11p13	CD44
024	Ok	OK	*BSG*	3	19p13.3	CD147
025	Raph	RAPH	*CD151*	1	11p15.5	CD151
026	John Milton Hagen	JMH	*SEMA7A*	6	15q22.3-q23	CD108
027	Indian	I	*GCNT2*	1	6p24.2	
028	Globoside	GLOB	*B3GALNT1*	2	3q25	
029	Gill	GIL	*AQP3*	1	9p13	
030	Rh-associated glycoprotein	RHAG	*RHAG*	3	6p12.3	CD241
031	FORS	FORS	*GBGT1*	1	9q34.13-q34.3	
032	JR	JR	*ABCG2*	1	4q22.1	CD338
033	Landsteiner-Wiener	LAN	*ABCB6*	1	2q36	
034	Vel	VEL	*SMIM1*	1	1p36.32	

续表

编号	系统名称	系统符号	基因（*）	抗原数	染色体定位	白细胞分化抗原
035	CD59	CD59	*CD59*	1	11p13	CD59
036	Augustine	AUG	*SLC29A1*	4	6p21.1	
037	KANNO	KANNO	*PRNP*	1	20p13	CD230
038	Sid	SID	*B4GALNT2*	1	17q21.32	
039⁺	CTL2	CTL2	*SLC44A2*	2	19p13.2	

本表数据来源于：http：//www.isbtweb.org/fileadmin/user_upload/Table_of_blood_group_systems_v6.0_6th_August_2019.pdf。

*由人类基因组组织（HUGO）基因命名协会（http：//www.genenames.org/）定义。⁺MIC2 产物，正常红细胞上无基因产物。灰色填充部分仅为暂时状态。

表 12-2　ISBT 报道的血型集合（版本号 v5_180620）

编号	名称	符号	编号	符号	频率/%
205	Cost	COST	205001	Cs^a	95
			205002	Cs^b	34
207	Ii	I	207002	i	*
208	Er	ER	208001	Era	＞99
			208002	Erb	＜1
			208003	Erc	＞99
210			210001	Le^c	1
			210002	Le^d	6
213		MN	213001	Hu	
			213002	M1	
			213003	Tm	
		CHO	213004	Can	
			213005	Sext	
			213006	Sj	

本表数据来源于：http://www.isbtweb.org/fileadmin/user_upload/Red_Cell_Terminology_and_Immunogenetics/Table_of_blood_group_collections_v5_180620.pdf。

*标准血清学检测时可能呈现低频；废弃的集合系统：201Gerbich；202Cromer；203Indian；204Auberger；206Gregory；209GLOB；211Wright；212Vel。

表 12-3　ISBT 报道的高频及低频系列（低频系列版本号 v3.0 150915；高频系列版本号 v6 180620）

低频抗原（700 系列）			高频抗原（901 系列）		
编号	名称	符号	编号	名称	符号
700002	Batty	By	901008		Emm
700003	Christiansen	Chr^a	901009	Anton	AnWj
700005	Biles	Bi	901012	Sid	Sd^a
700006	Box	Bx^a	901014		PEL
700017	Torkildsen	To^a	901015		ABTI
700018	Peters	Pt^a	901016		MAM
700019	Reid	Re^a	901017		LKE
700021	Jensen	Je^a			
700028	Livesay	Li^a			

续表

低频抗原（700 系列）			高频抗原（901 系列）		
编号	名称	符号	编号	名称	符号
700039	Milne				
700040	Rasmussen	RASM			
700044		JFV			
700045	Katagiri	Kg			
700047	Jones	JONES			
700049		HJK			
700050		HOFM			
700054		REIT			

本表数据来源于：http：//www.isbtweb.org/fileadmin/user_upload/Red_Cell_Terminology_and_Immunogenetics/Table_of_low_incidence_antigens_700_ series_v3.0_150915.pdf；http：//www.isbtweb.org/fileadmin/user_upload/Red_Cell_Terminology_and_Immunogenetics/Table_of_high_incidence_ antigens_901 _ series_v6_180620.pdf。

表 12-4　红细胞抗原突变数据（数据库数据更新截至 2017 年 11 月 29 日）

系统	基因及染色体定位	基因数	产物功能	等位基因数	自然变异类型
ABO	ABO（9q34）	1	半乳糖基转移酶，*N*-乙酸氨基半乳糖转移酶	353	突变*、插入、缺失、基因重排
Chido/Rodgers（CH/RG）	C4A（6p21.3），C4B（6p21.3）	2	补体因子	7	突变、倍增、基因重排
Colton（CO）	AQP1（7p14）	1	水通道	12	突变、插入、缺失
Cromer（CROM）	CD55（1q32）	1	补体级联调节因子	15	突变
Diego（DI；band 3）	SLC4A1（17q21-22）	1	阴离子交换剂	91	突变*、插入、缺失
Dombrock（DO）	ART4（12p12-13）	1	ADP 核糖基转移酶	25	突变、一个缺失
Duffy（FY）	DARC（1q21-22）	1	趋化因子受体	14	突变、缺失
Fors	GBGT1（9q34.12-q34.3）	1	*N*-乙酰半乳糖氨基转移酶	2	突变
Gerbich（GE）	GYPC（2q14-21）	1	细胞骨架原件	10	突变、基因重排
Gill（GIL）	AQP3（9p13）	1	水通道	8	突变
H	FUT1（19q13.3），FUT2 and pseudogene（19q13.3）	3	岩藻糖转移酶	FUT1 57；Fut2 63	突变*、插入、缺失、不对称同源重组
I	GCNT2（6p24.2）	1	*N*-乙酸氨基半乳糖转移酶	13	突变、外显子缺失
Indian（IN）	CD44（11p13）	1	黏附	4	突变
John Milton Hagen（JMH）	SEMA7A（15q22.3-23）	1	未知；信号？	12	突变
Junior（JR）	ABCG2（4q22.1）	1	ATP 结合盒式转运蛋白	23	突变、缺失、插入
Kell（KEL）	KEL（7q33）	1	金属内肽酶	84	突变、缺失、插入
Kidd（JK）	SLC14A1（18q11-12）	1	尿素通道蛋白	36	突变
Knops（KN）	CR1（1q32）	1	补体激活受体	32	突变*、缺失、倍增
Kx（XK）	XK（Xp21.1）	1	未知；膜转运？	35	缺失
Lan（ABCB6）	ABCB6（2q36）	1	ATP 结合盒式转运蛋白；与其他家族蛋白相关	41	突变、插入、缺失、倍增
Landsteiner-Wiener（LW）	ICAM4（19p13.2-cen）	1	黏附分子	10	突变、缺失

续表

系统	基因及染色体定位	基因数	产物功能	等位基因数	自然变异类型
Lewis（LE）	FUT3，FUT6，FUT7（all19p13.3）	3	岩藻糖转移酶	75	突变、一个插入
Lutheran（LU）	BCAM（19q13.2）	1	黏附	20	突变、缺失
MNS（glycophorinA/B/E）	GYPA（4q31.21），GYPB（4q31.21），GYPE（4q31.1）	3	未知	55	不平衡同源重组*，基因转换*、突变
Ok（OK）	BSG（19p13.3）	1	受体	5	突变
P1PK（globoside）	A4GALT（22qq13.2），B3GALNT1（3q25）	2	*N*-乙酸氨基半乳糖转移酶，半乳糖基转移酶	65	突变、插入、缺失、5′端非翻译区大片段缺失
Raph（RAPH）	CD151（11p15.5）	1	黏附分子	4	突变
Rh（RH）	RHCE（1p36.11），RHD（1p36.11）	2	未知；膜转运？	RHCE 129；RHD 289	基因转换、突变、缺失、基因重排
Rh-associated glycoprotein（RhAG）	RHAG（6p21.1-11）	1	铵/二氧化碳转运子	26	突变
Scianna（SC）	ERMAP（1p34.2）	1	未知；黏附？	9	突变
T/Tn	C1GALT1（7p21.3），C1GALT1C1（Xq24）	2	半乳糖基转移酶和分子伴侣	15	突变
VEL（SMIM1）	SMIM1，1p36.32	1	未知；可能参与红细胞形成？	2	缺失
Xg（XG）	CD99（Xp22-32，Yp11.3），XG（Xp22.33）	2	未知；黏附？	2	未知
Yt（YT）	ACHE（7q22）	1	乙酰胆碱酯酶	4	突变、缺失
AUG					

本表数据来源于：ftp：//ftp.ncbi.nlm.nih.gov/pub/mhc/rbc/Final Archive。*主要类型。

实际上，血型在人类学、遗传学、法医学、临床医学等学科都有广泛的实用价值，因此具有重要的理论和实践意义。同时，动物血型的发现也为血型研究提供了新的问题和研究方向。在临床实践中，ABO 血型系统和 Rh 血型系统的临床意义最为重要。

二、ABO 血型系统

人类发现的第一个血型系统是 ABO 血型系统，它是正常人血清中唯一存在天然抗体的血型系统，出生 6 个月后人体即可产生抗 A 和（或）抗 B 抗体。A 抗原及 B 抗原为孟德尔常染色体共显性遗传，因此，这种遗传特质使它成为亲子鉴定及法医学中早期使用的遗传标记。除红细胞膜外，该系统的抗原广泛存在于人体的其他组织细胞内，如淋巴细胞、血小板、内皮细胞和上皮细胞等，因此，又称为组织血型抗原（histo-blood group）。此外，体液中尤其是唾液和胃液中也富含 ABO 抗原物质（脑脊液中没有），称为分泌性抗原。由于其抗原分布的广泛性，使 ABO 血型系统成为输血和器官移植中重要的血型系统。

（一）ABO 血型的分型及其相应基因和抗原

血型实质上是不同的红细胞表面抗原，根据红细胞膜上存在的不同抗原将 ABO 血型系统分为 A 型（含 A 抗原）、B 型（含 B 抗原）、AB 型（含 A、B 抗原）及 O 型（不含 A、B 抗原）4 种主要血型，相应的血清中分别含有抗 B 抗体，抗 A 抗体，无抗 A、B 抗体及抗 A、B 抗体。

ABO 血型系统红细胞质膜上的血型抗原物质是糖脂或糖蛋白，血型免疫活性特异性的分子基础由糖链的糖基组成。ABO 血型系统抗原合成受 *ABO* 基因编码的特异的糖基转移酶及 *H* 基因编码的 H 抗原控制。*ABO* 基因座含 *A*、*B*、*O* 三个主要的等位基因，*ABO* 基因并不能直接编码合成抗原，而是先合成糖基转移酶，酶将糖基转移到红细胞膜上的前体物质（H 抗原）上，形成相应的抗原。A、B、O 三种血型抗原的糖链结构基本相同，只是糖链末端的糖基有所不同。A 型血的糖链末端为 *N*-乙酰半乳糖胺；B 型血为半乳糖；AB 型血两种糖基都有；O 型血则缺少这两种糖基。

ABO 抗原的前体是 H 抗原，红细胞上编码 H 抗原的基因为 *H* 基因（*FUT1*；染色体位置 19q13.3），包含 *H*、*h* 等位基因；在唾液及其他体细胞分泌物中，编码 H 抗原的基因为 *Se* 基因（*FUT2*；染色体位置 19q13.3），含 *Se*、*se* 两个等位基因，其功能与 *H* 基因相同。大约 80%的人有 *Se* 基因，其分泌物中有 H 抗原。作为 *ABO* 的上位基因，*H* 基因的基因组 DNA 超过 5kb，含 3 个外显子，*H* 基因编码的岩藻糖转移酶可将岩藻糖连接到其前身物质，即红细胞膜上寡糖链的半乳糖上形成 H 抗原。*ABO* 基因座位在第 9 号染色体的长臂三区四带（9q34.1-q34.2），基因组 DNA 大于 18kb，包含 7 个外显子。其中，7 号外显子是最大的编码序列。*A* 等位和 *B* 等位的 1062 个编码序列中仅有 7 个核酸差异，导致 R16G、G235S、L266M 及 G268A 4 个氨基酸的不同，其中，266 位及 268 位氨基酸的差异决定了编码的糖基转移酶的特异性（Yamamoto et al.，1990）。*ABO* 基因座中的 *A* 基因编码 *N*-乙酰半乳糖胺转移酶，可将 *N*-乙酰半乳糖胺转移到 H 抗原前体的 D-半乳糖基上，从而把 H 抗原转化成 A 抗原；*B* 基因编码 D-半乳糖基转移酶，可将半乳糖转移到 H 抗原的 D-半乳糖基上，从而把 H 抗原转化成 B 抗原；*O* 基因常伴 6 号外显子 261 位鸟嘌呤缺失，导致可读框移码而不能编码有活性的酶，因而“O”型血只有 H 抗原。ABO 抗原系统的三组基因各自独立进行遗传，其中 *A*、*B* 基因对于 *O* 基因而言为显性基因，*O* 基因为无效基因；*H* 和 *Se* 为显性基因，*h* 和 *se* 为无效基因。当基因为 *hh/sese* 时，不能合成岩藻糖转移酶，由于无 H 抗原，所以也就不能形成抗原 A 与 B，而是形成 Oh 血型（孟买型）（图 12-1）。

（二）孟买型

Oh 血型系统是一类较罕见的血型系统，其基因型为 *hh*，最早由 Bhende 于 1952 年在印度孟买发现，故也称孟买血型（hh/Bombay antigen system）。孟买血型的特点是红细胞表面没有 H 抗原，无论体内是否拥有 A、B 血型的等位基因，A 抗原或 B 抗原都无法合成。Oh 红细胞不被抗 A、抗 B 或抗 A、B 所凝集，但其血清中含有抗 A、抗 B 和抗 H，故该血清能与 A 型、B 型及 O 型红细胞发生凝集反应。因此，携带孟买血型的

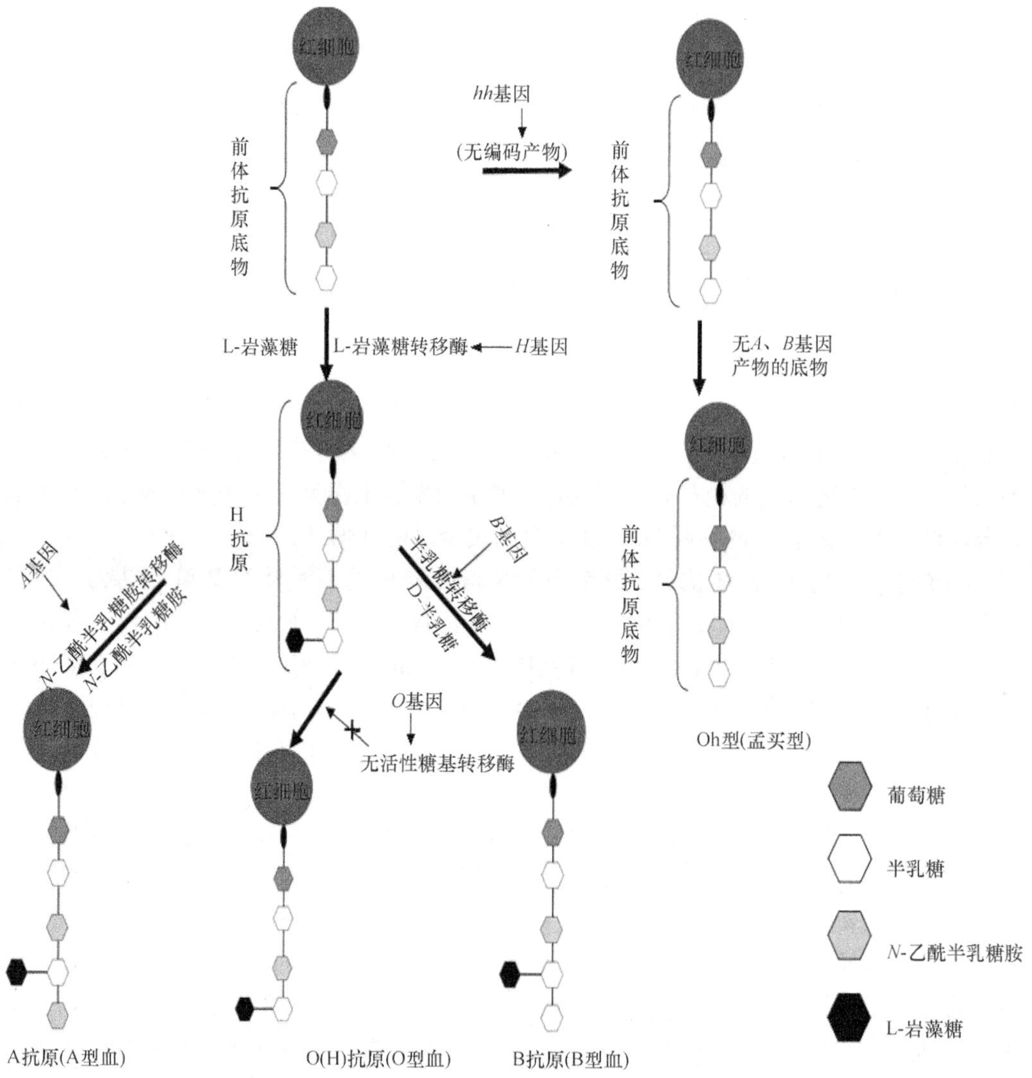

图 12-1　H、A、B、O（H）及 Oh 抗原形成示意图

人不能接受任何 ABO 血型的血液，只能接受其他孟买血型个体的输血。由于孟买血型非常罕见，一般血库都没有这种血液储备。预计进行输血（如手术）的孟买血型病人往往预先储存自身血液，即自体储血。

一般的 ABO 血型检测并不能测出孟买血型，而被误认为是 O 型。若未经进一步详查而输入 O 型血，则会引起输血事故。当怀疑 Oh 时，如其血清与 O 型红细胞凝集，可确定其为 Oh 型。对 O 型及 Oh 型的鉴定可采用来自于植物 *Ulex europaeus*（重瓣刺金雀/荆豆/荆豆/乌乐树）的凝集素，该凝集素可识别 H 血型抗原，这种抗 H 可以与 O 型红细胞发生强凝集，却不能与 Oh 红细胞凝集。

（三）ABO 系统亚型

ABO 亚型是指同属 ABO 血型抗原，但由于基因位点突变，导致合成氨基酸的序列发生变异，使转移酶结构和功能或抗原位点数改变而进行的分类。ABO 血型系统包含 20 多种亚型，其中 A1（约为 80%）和 A2（约为 20%）为两个主要的亚型（> 99%），其他 A 亚型（A3、Am、Am、Aint、Ael、Ay 等）较少或罕见；B 亚型（B1、B3、Bm、Bx、Bw36 等）比 A 亚型少见，临床意义不大。O 型血中，常把孟买型、类孟买型和一些 H 缺失型、Hm 表型等归类为 H 抗原的亚型。

A1 亚型的红细胞上具有 A1 和 A 抗原，其血清中含有抗 B 抗体。A2 亚型的红细胞上只有 A 抗原，其血清中含有抗 B 抗体及抗 A1 抗体。B 型和 O 型人的血清中除含抗 A 抗体外，也含有抗 A1 抗体。因此，ABO 亚型的确定在输血反应中应引起特别重视。例如，当 A2 亚型接受 A1 亚型供者红细胞，或弱 A 亚型误判为 O 型而作为供者提供给 O 型血受者时，血清中的抗体和红细胞膜上的抗原可能发生抗原抗体凝集而导致发生血管内溶血性输血反应。故在进行 ABO 血型鉴定时，应加 O 型血清（内含抗 A、抗 B 及抗 AB），以防止亚型误定。

（四）ABO 血型检查的临床意义

ABO 血型系统是人类最重要的血型系统，在临床工作中最为常用。在个体识别、个人身份证明中也有重要意义，在最新的户口登记中已有要求登记 ABO 血型，作为重要的身份信息。测定 ABO 血型的意义包括如下几个。①输血：血液是人类赖以生存的重要成分。循环血量不足或血细胞的减少（大失血或贫血）均会发生临床症状，甚至危及生命，此时输血是治疗与抢救生命的重要措施。输血前必须检查血型，选择血型相同的供血者，进行交叉配血完全相合才能输血。②ABO 血型不相容新生儿溶血：当母亲与胎儿血型不符时引起血型抗原免疫所致的一种溶血性疾病，主要是依靠血型血清学检查来诊断。最为常见的是 ABO 血型系统所造成的 ABO 溶血。母亲为 O 型血，胎儿为 A 型或 B 型血，最易发生新生儿溶血症或流产。40%～50%的 ABO 溶血病发生在第一胎，分娩次数越多，发病率越高，且一次比一次严重。可能原因是 O 型母亲在第一胎妊娠前，已受到自然界 A 型或 B 型物质（某些植物、寄生虫、伤寒疫苗等）的刺激，产生抗 A 或抗 B 抗体（IgG），它们能够选择性地与胎盘屏障母体一侧的 IgG 输送蛋白（FcRn）结合，主动进入胎儿血液循环中。而具有 IgG 型抗体的 O 型母亲比 A 型或 B 型母亲明显要多，且其血清中免疫抗体效价也明显高于 A 型（或 B 型）。③器官移植时受者与供者也必须 ABO 血型相符合才能移植，血型不符极易引起急性排异反应，导致移植失败。④法律上可用于亲子鉴定的参考，法医学上可通过血迹或其他含有血型物质的组织鉴别血型，用以鉴别被害人和疑犯的身份。

（五）ABO 血型与出凝血

血管性血友病因子（von Willebrand factor，*vWF*）是由第 12 号染色体的短臂 *vWF* 所编码的糖蛋白。vWF 可同时与胶原纤维和血小板结合，当血管破裂时，大量血小板以 vWF 为中介，黏附在胶原纤维上，形成血栓，得以止血。vWF 也可作为载体与促凝血原因子Ⅷ结合而使其稳定，从而维持正常的止凝血。当 vWF 缺乏时，如血管性血友病（von Willebrand disease，vWD）患者出血时间延长。当 vWF 过度表达时，则增加了心肌梗死及静脉血栓性疾病的风险。研究发现，血清中 vWF 水平 66%是由基因变异引起的，其中 33%的基因变异与 ABO 血型相关。对健康志愿者的观测发现，O 型血个体较非 O 型血（A 型、B 型、AB 型）个体，表现为血浆 vWF 的低表达，H 抗原含量与 vWF 含量呈负相关，个体具有更高的出血风险；而非 O 型血表现为血浆 vWF 的高表达，A 抗原含量与 vWF 含量呈正相关，个体更容易患上血栓性疾病。尽管目前对 ABO 基因如何调控 vWF 表达水平知之甚少，但推测血型基因可能对 vWF 合成、内皮细胞分泌及血清 vWF 清除速度有调控作用（Etemadi et al.，2015；Dentali et al.，2014；O'Donnell et al.，2002）。

（六）ABO 血型与疾病

ABO 血型抗原是人类重要的遗传标志，目前尚无 ABO 血型抗原直接导致疾病的报道，但临床研究发现，ABO 血型可能与疾病易感性和进程有关。在某些恶性肿瘤中，肿瘤患者 ABO 血型抗原的改变可以作为独立的标志物为临床提供疾病进展和预后的信息，随病程进展，肿瘤细胞会失去合成 ABO 抗原的能力，导致 A 抗原或 B 抗原的含量降低。在疾病易感性的研究中发现，A 型血个体较其他血型更易患恶性贫血、疟疾、胰腺癌、食道鳞状细胞癌和胃癌；O 血型人群疟疾、食管癌、贲门癌和胰腺癌的发病率最低，而患病毒性脑炎、重症肌无力、多发性硬化症、Graves 病及妇女妊娠中毒患者则较多见。B 血型的人群更易发生细菌感染，且 B 型孕妇所生育的新生儿罹患 B 组链球菌导致的疾病的概率是其他血型孕妇的 2 倍以上（Rizzo et al.，2014；Liumbruno et al.，2014；Michaud et al.，2013）。尽管上述的临床研究存在报道结果的不一致性（Zhou et al.，2014；Meldgaard et al.，1995），且深层的分子机制尚未完全揭示，但在人类探索生命活动的进程中，从分子生物学层面深入研究 ABO 血型与疾病的关系仍然是十分重要和必要的。

三、Rh 血型系统

继 ABO 血型系统发现后 40 年，Rh 血型系统（Rhesus blood system）被发现。1939 年，Levine 和 Stetsen 在一名孕妇血清中检测到第一例人 Rh 抗体，该孕妇因产出新生儿成红细胞增多症死胎后接受丈夫输血，继而发生严重输血反应。翌年，Landsteiner 和 Wiener 用经恒河猴（*Rhesus macaque*）红细胞免疫的家兔抗血清发现了人红细胞膜上可能含有与恒河猴红细胞相同的抗原，取名为 Rh 抗原。虽然后来证实动物抗血清和人类抗体并不完全相同，但因为 Rh 这个术语已普遍采用，故一直沿用下来，而把最初由 Landsteiner 发现的和动物血清鉴别的那种抗原抗体命名为 LW 抗体，而人的同型抗原抗体称为 D 抗体。Rh 系统可能是红细胞血型中最复杂的一个系统，其重要性仅次于 ABO 系统。目前已鉴定出至少 51 种 Rh 血型抗原，其中 D、C、c、E 及 e 是最重要的几个抗原。通常所指的 Rh 阳性（Rh+）或阴性（Rh–）是指红细胞上有无 D 抗原。

（一）Rh 系统的基因及表达

Rh 血型的遗传机制曾有 Fisher-Race 系统及 Wiener 系统两种学说。前者认为 Rh 血型由三对等位基因（*Dd*、*Cc*、*Ee*）编码各自的抗原产物并以复合体的形式遗传，但从未发现过 d 抗原及抗原 d 活性，因而认为 d 抗原实际是不存在的；后者认为 *Rh* 基因在染色体上只有一个基因位点，每个位点可编码多个抗原。直到 20 世纪 80 年代双色荧光原位杂交（fluorescence *in situ* hybridization，FISH）和染色体定位等分子生物学技术的应用，才把两种学说统一起来。Rh 血型的基因由定位在 1p34-36 的两个紧密相连的基因 *RHD* 和 *RHCE* 尾-尾相连组成，这两个基因高度同源，编码的 RhD 及 RhCE 蛋白仅在 30～35 氨基酸处有差异，其功能主要与膜整合、气体运输（如 CO_2 等）有关。*RHD* 和 *RHCE* 串联 DNA 长 69kb，各含 10 个外显子。其中，*RHD*（也称 *RH30*、*RH30B*、*RH30D*、*RHXIII*、*RH13*）编码 RhD 蛋白，表达 D 抗原；*RHCE* [也称 *RH30*、*RH30A*、*RH30C*(*RHCE*)、*RHIXB*、*RH21*] 编码 RhCcEc 蛋白，表达的抗原为 C 或 c 抗原（定位在蛋白质肽链细胞外第二个环结构上）及 E 或 e 抗原（定位在蛋白质肽链细胞外第四个环结构上）。*RHD* 和 *RHCE* 基因之间的交换重组、缺失和点突变产生常见的 8 种单倍型排列：*Dce*、*dce*、*DCe*、*dCe*、*DcE*、*dcE*、*DCE* 及 *dCE*，分别简称为 *R0*、*r*、*R1*、*r'*、*R2*、*r''*、*Rz* 及 *r*，其中 *R* 表示 D 抗原阳性，*r* 表示 D 抗原阴性。由于 Rh 系统中 D 抗原的抗原性最强，发生溶血反应也最强，所以临床上常用的 Rh 血型是以抗 D 血清检测来决定的，至今 *RHD* 已发现大于 200 个等位基因。

根据红细胞膜上 D 抗原表达的数量和质量的不同（数量是指 D 抗原抗原性的强弱，质量是指 D 抗原表位数的变化），可以分为以下 5 种。①D，即 D 抗原正常，血清学表现为能与所有单克隆抗血清发生凝集，并具有全部正常的 *RHD* 基因。②弱 D，即 D 抗原量少，但抗原表位数无变化。其分子基础为点突变。现已发现 40 多种弱 D 等位基因，中国人群弱 D 以 D15 型为主。③部分 D 表型，其分子基础为碱基突变和基因交换，虽然 D 抗原数量未发生改变，但蛋白质结构发生改变，可产生针对同种异体 D 抗原的抗 D 抗体。④Del 表型，其分子基础包括 *RHD* 基因大片段缺失、错义/无义突变、剪接点变异及可读框移码等。中国人群 RhD 阴性者中，大约 30%为 Del 表型。⑤D 阴性，D 抗原缺失。目前已经发现 20 多种不同的阴性等位基因，其分子基础包括碱基突变、缺失、插入及基因重组等。中国人群 RhD 阴性为 0.3%～0.5%。通常在我国，弱 D 和部分 D 的表型作为供血者时，视为 RHD（+），而作为受血者时，视为 RHD（–）。根据有关资料介绍，Rh 阳性血型在我国汉族及大多数民族人群中约占 99.7%，个别少数民族约为 90%。在国外的一些民族中，Rh 阳性血型的人约为 85%，其中在欧美白种人中，Rh 阴性血型人约占 15%。在我国，Rh 阴性血型只占千分之三到四。Rh 阴性 A 型、B 型、O 型、AB 型的比例是 3∶3∶3∶1（Flegel，2011；王学东等，2007；Avent et al.，2000）。

（二）Rh 血型系统的临床意义

Rh 血型系统的临床重要性在于抗 Rh 抗体引起的反应，Rh 血型无天然抗体，其抗体多由输血（Rh 阴性者被输入 Rh 阳性血液）或妊娠（Rh 阴性母亲孕育着 Rh 阳性胎儿）免疫生成，较大量的 Rh 阳性（D 抗原阳性）红细胞进入 Rh 阴性者体内后，80%以上受血者 2～5 个月内血浆中可测到抗体，如经再次免疫，3 周内抗体浓度可达到高峰。如果受血者或孕妇血浆中含有 Rh 抗体，当再次与含相应抗原的血液相遇时，将引起严重输血反应或新生儿溶血病，尤其以抗 D 与 D 红细胞为主。因此 Rh 抗体具有十分重要的临床意义。

1. 溶血性输血反应

Rh 阴性患者如输入 Rh 阳性血液后便可刺激机体产生抗 Rh 抗体，当再次输入 Rh 阳性血液时，就会发生溶血性输血反应。如 Rh 阴性妇女曾孕育过 Rh 阳性胎儿，当输入 Rh 阳性血时亦可发生溶血反应。所以需要输血的患者和供血者，除检查 ABO 血型外，还应做 Rh 血型鉴定，以避免这种情况的发生。

2. Rh 血型不相容新生儿溶血症

人类血型系统以 ABO（85.3%）和 Rh（14.6%）血型系统母婴不合引起溶血者为多见，其他如 MNS、Kell、Duffy、Kidd 等血型系统不合引起的溶血病极为少见。Rh 血型不合所致溶血常比 ABO 血型不合更为严重。当存在 ABO 血型不合时，Rh 血型不合的溶血常不易发生；其机制可能为 ABO 血型不符所产生的抗体已破坏了进入母体的胎儿红细胞，使 Rh 抗原不能被母体免疫系统发现。Rh 血型不合引起的新生儿溶血症在我国的发病率较低。通常是母亲为 Rh 阴性，胎儿为 Rh 阳性而血型不合，并引起溶血。Rh 溶血病一般不发生在第一胎，这是因为自然界没有 Rh 血型物质，Rh 抗体只能由人类红细胞 Rh 抗原刺激产生。既往输过 Rh 阳性血的 Rh 阴性母亲，其第一胎可发病。极少数 Rh 阴性母亲虽未接触过 Rh 阳性血，但其第一胎也发生 Rh 溶血病，这可能是由于 Rh 阴性孕妇的母亲为 Rh 阳性，其母怀孕时已使孕妇致敏，故其第一胎发病。Rh 阴性的母亲孕育了 Rh 阳性的胎儿后，如为第一胎怀孕，孕妇体内产生的抗体量较少，还不足以引起胎儿发病。如母亲再次怀孕生第二胎时，此种抗体便可通过胎盘，溶解破坏胎儿的红细胞造成新生儿溶血。发生新生儿溶血的婴儿多半难以存活，也有部分存活胎儿由于溶血所产生的大量胆红素进入脑细胞，引起新生儿中枢神经细胞病变（称为核黄疸，核黄疸致残率极高），即使幸存也会影响病儿的智力发育和运动能力。

第二节　白细胞抗原遗传

人类白细胞膜上有三类抗原，即①红细胞血型抗原，如 Lewis、Kidd、I、U、K、ABH 等；②白细胞本身所特有的抗原，如中性粒细胞上的 NA、AB、AD、AE 等系统的抗原；③人类白细胞抗原（human leucocyte antigen，HLA）。第一个人类白细胞抗原发现于 1958 年（Dausset，1958），由于 HLA 在同种异体移植物移植后常可引发较强和迅速的免疫排斥反应，所以这种抗原又被称为主要组织相容性抗原（major histocompatibility antigen，MHA），其编码基因是一组紧密连锁的基因群，称为主要组织兼容性复合体（major histocompatibility complex，MHC）。人类的 MHC 称为人白细胞抗原系统。

HLA 是迄今为止所发现最复杂和最具多态性的人类基因系统。自 1968 年世界卫生组织 HLA 命名委员会首次正式命名以来，随着分子生物学技术的迅猛发展，每年都会发现大量新的 HLA 及其相关等位基因。以免疫多态性数据库（Immuno Polymorphism Database，IPD）中的 IMGT/HLA[International（ImMunoGeneTics）Database-HLA Sequence Database] 数据库为例，该数据库自 1998 年成立以来，以每 3 个月的速度对 HLA 相关等位基因进行更新，截至 2015 年 6 月，共发现 13 000 多个 HLA 等位基因（Robinson et al.，

2015；Robinson et al.，2000）。

HLA 领域的研究除了涉及其自身的编码基因结构、蛋白质结构和生物学功能外，更多的是直接应用到如生物学、免疫学、遗传学、基因学等现代基础医学以及器官移植、肿瘤学、输血学、法医学、检验学、生殖学、疫苗学等临床医学领域的研究上。

一、HLA 基因复合体定位及结构

HLA 受控于人类主要组织相容性复合体的基因簇，该基因簇定位于人 6 号染色体短臂区域（6p21.3），长度为 4Mb 左右，包括一系列紧密连锁的基因座，已发现超过 220 个基因参与其中，其中 128 个为功能基因，有产物表达。

人类 HLA 基因复合物按分布和功能可分为三类抗原（图 12-2）。Ⅰ类 HLA 抗原的基因座在 MHC 端粒末端，*HLA-A*、*HLA-B* 和 *HLA-C* 为经典的 HLA-Ⅰ类基因，编码产物为 HLA-A、HLA-B 和 HLA-C 抗原，抗原分子共显性表达在大多数细胞表面，负责将细胞内源性的肽段递呈至 CD8 阳性 T 细胞，是引起移植后排斥反应发生的主要抗原。Ⅱ类抗原的基因座在染色体的着丝点端，*HLA-DR*、*-DP* 和*-DQ* 为经典的Ⅱ类基因，编码产物主要为 HLA-DRA、-DRB1、-DRB3、-DRB4、-DRB5、-DQA1、-DQB1、-DPA1 和-DPB1 抗原，抗原分子主要表达在抗原递呈细胞上，负责将细胞外源的肽段递呈至 CD4 阳性 T 细胞，是免疫细胞间识别标记而诱发免疫应答和调节免疫细胞间相互作用的主要成分，在免疫应答反应中发挥重要作用。介于Ⅰ类、Ⅱ类基因位点间为Ⅲ类非 HLA 基因，编码产物为补体成分 C2、C4、21-羟基酶及肿瘤坏死因子等，是人类基因组中基因密度最大的区域，在机体的免疫及机体对外界环境的适应性方面均有重要作用。

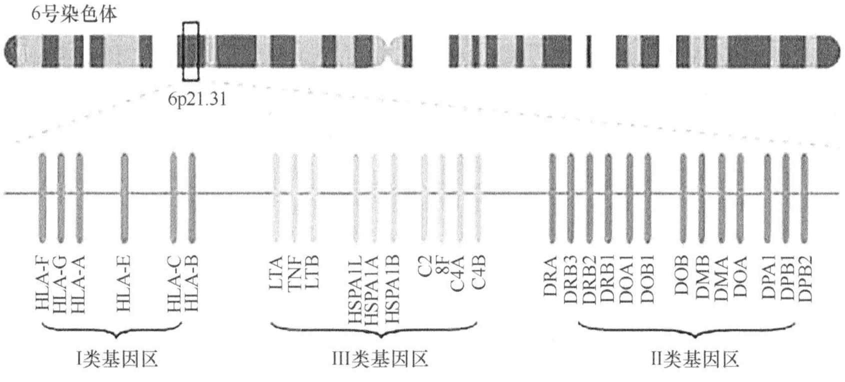

图 12-2 HLA 复合物结构示意图

二、HLA 命名

由于 HLA 的高度多态性，对其恰当的分型和命名，有利于不同研究组织之间进行交流。WHO 的国际组织相容性工作组（International Histocompatibility Workshop Group，IHWG）对 HLA 的命名制定了相关标准，并定期对新发现的等位基因进行命名和更新。标准化的命名原则通常包含 4 组分类信息，包括基因座位（如 A、B、DR 等）、抗原血清型、等位基因亚型、非编码区的多态性、内含子区的多态性等。对某一个等位基因，一般以 HLA-起始，先写出基因座名称（如 HLA-A、HLA-B），之后加*号，再加数字代表这个等位基因的名字。*号后的第 1～2 位数字为第一类分类信息，表示等位基因相应的血清学特异性（如 HLA-A*01 的血清学特异性是 A1）。第 3～4 位数字为第二类分类信息，表示该等位基因亚型，数值以 DNA 序列确定的先后顺序设定，该组数据不同表示该位点为编码区非同义突变，如 HLA-A*01：01 和 HLA-A*01：02 表示具有 A1 血清型的两个等位基因编码的蛋白质不同；第 5～6 位数字为第三类分类信息，表示编码框内的同义突变。

如果一个等位基因在不同个体间编码区出现同义突变，所编码的蛋白质分子不变，则在第二类等位基因数字后再加 1～2 位数字以示区别。例如，HLA-A*01：01：01 和 HLA-A*01：01：02 表示编码的蛋白质相同，但编码区序列不同。7～8 位数字为第四类分类信息，表示内含子或 5′端、3′端非编码区的突变，如 HLA-A*01：01：01：01 和 HLA-A* 01：01：01：02 表示编码区基因序列相同，但非编码区含基因多态性。等位基因除数字编码外，还可添加字母表示等位基因的表达状态。可添加字母包括 L（low，细胞表面低表达）、C（cytoplasm，表达在细胞质中）、A（aberrant，异常表达，不确定蛋白质是否表达）、Q（questionable，等位可影响正常表达）、N（null，表达无功能蛋白）或 S（secreted，蛋白质以可溶状态存在，细胞表面没有）等。例如，HLA-A*02：01：01：01L 表示该等位基因编码的抗原在细胞表面低表达，HLA-A*01：01：01：02N 表示该等位基因编码的抗原无功能。等位基因的长度与等位基因序列及邻近等位有关。所有的等位基因至少包含 4 个数字，代表了前两种分类信息（Marsh，2015；Bochtler et al.，2013）（图 12-3）。

图 12-3　HLA 命名标准

三、HLA 的组织分布

各类 HLA 抗原的组织分布不同。Ⅰ类抗原广泛分布于体内各种有核细胞表面，包括血小板和网织红细胞。除某些特殊血型者外，成熟的红细胞一般不表达Ⅰ类抗原。不同的组织细胞表达Ⅰ类抗原的密度各异。外周血白细胞和淋巴结、脾细胞所含Ⅰ类抗原量最多，其次为肝、皮肤、主动脉和肌肉。但神经细胞和成熟的滋养层细胞不表达Ⅰ类抗原。Ⅱ类抗原主要表达在某些免疫细胞表面，如 B 细胞、单核/巨噬细胞、树突状细胞及激活的 T 细胞等，内皮细胞和某些组织的上皮细胞也可检出 HLA-Ⅱ抗原。另外，某些组织细胞在病理情况下也可异常表达Ⅱ类抗原。Ⅰ类、Ⅱ类抗原主要分布在细胞表面，但也可能出现于体液中，血清、尿液、唾液、精液及乳汁中均已检出可溶性 HLA-Ⅰ类及 HLA-Ⅱ类抗原。HLA-Ⅲ类抗原一般指几种补体成分，它们均分布于血清中。

四、HLA 的遗传

（一）单体型遗传

人白细胞抗原系统复合体是一组紧密连锁的基因群。这些连锁在一条染色体上的等位基因很少发生同源染色体间的交换，构成一个单体型（haplotype）。在遗传过程中，人白细胞抗原系统单体型作为一个完整的遗传单位由亲代传给子代。因此，子女的HLA基因型中，一个单体型与父亲相同，另一个与母亲相同，即亲代与子代间有一个单体型是相同的。在同胞之间比较人两个单体型完全相同或完全不同的概率各占25%；有一个单体型相同的概率占 50%。因此，从家庭内寻找器官移植的供者，其供者、受者 HLA抗原型相同的概率比在无血缘关系的供者、受者中高得多。

（二）共显性遗传

共显性（codominance）是指某位点等位基因无论杂合子还是纯合子均能同等表达，两者编码产物都能在细胞表面检测，而不形成 ABO 血型系统中的隐性基因及免疫球蛋白基因中的等位基因排斥现象，这就大大增加了 HLA 抗原系统的复杂性和多态性。多数个体 HLA 位点都是杂合子，当父亲和母亲某位点上具有相同等位基因时，其子代位点为纯合子。

（三）连锁不平衡

不同基因座的各等位基因在人群中以一定的频率出现，当染色体上的基因位置紧密相邻时，如果等位基因随机组合构成单体型，某一单体型型别的出现频率应等于组成该单体型各基因频率的乘积。但当单体型基因非随机重组时，某些等位基因组合在同一条单体型上的频率与预期值之间呈现明显的差异，即出现连锁不平衡（linkage disequilibrium）。HLA 系统由于各基因座彼此相邻，连锁的基因并非完全随机地组成单体型，有些基因总是较多地出现在一起，致使某些单体型在群体中呈现较高的频率，因而呈现连锁不平衡现象。其中，最为突出的连锁不平衡基因座包括 HLA-Ⅰ类分子的 *HLA-B* 与 *HLA-C* 基因，HLA-Ⅱ类分子的 *HLA-DRB1*、*HLA-DRB345*、*HLA-DQB1* 及 *HLA-DQA1* 基因等。连锁不平衡产生的原因尚不清楚。有研究认为，连锁不平衡与某些疾病的发生有关。

五、HLA 的临床意义

（一）器官移植

器官移植是临床上重要的治疗手段，其最大的难题为供受体之间存在抗原差异时引起的排斥反应，这种排斥反应称为组织不相容性（histoincompatibility）。HLA 成功配型能改善移植物的存活率。供体和受体的 HLA-A、HLA-B 及 HLA-DR 完全相同者的存活率显然高于不同者。在尸体肾脏移植中，HLA-DR 配型较 HLA-A、HLA-B 配型具有更好的特异性及分辨率。HLA 配型的作用可以归纳为：①在肾移植中，供受双方共有的 DR 抗原越多，或已检查出的 DR 错配抗原数越少，移植存活率就越高；②在移植前输血的患者中，DR 配型能提高存活率；③骨髓移植前不宜输血，以防止受体被免疫。且因经过射线或药物处理，供受双方 HLA 型相符比 ABO 血型相符更为重要。

其他如心、肝、肺等器官的移植，多用于生命垂危的患者，脏器来源稀少，可供选择的器官有限，实际很难达到 HLA 配型相同，主要要求 ABO 血型相同。

自身骨髓移植虽不存在 HLA 配型问题，但只能用于白血病、肿瘤等，而不适用于原发性骨髓功能不全的疾病，如再生性障碍性贫血等。

（二）输血

为了合理使用血液，现在提倡成分输血疗法，如输入血小板、白细胞等血液制品。在临床输血的发热反应中，有些是由 HLA 抗体引起的，尤其是多次输血的患者，患者血液中存在针对供者白细胞和血小板表面的同种 HLA 抗体，导致输入的白细胞和血小板被破坏。为避免 HLA 引起输血反应，可在输血前做交叉淋巴细胞毒试验。

（三）亲子鉴定

HLA 是迄今所知最复杂的一个遗传多态性系统，由于 HLA 系统的高度多态性、新生儿出生时 HLA 抗原就能完整表达以及 HLA 以单体型为单位从亲代遗传给子代等特性，使其成为亲子鉴定中的一个有力工具，在法医学中具有重要意义。

六、HLA 与疾病相关性

不同个体对疾病易感性的差异在很大程度上是由遗传因素决定的。在群体调查中比较患者与正常人某些特定等位基因及其产物的频率是研究遗传因素对疾病易感性的主要方法。

关联（association）是两个或多个遗传性状在群体中实际出现的频率高于随机同时出现的频率的现象。HLA 是第一个被发现与疾病有明确联系的遗传系统。迄今已发现 70 余种疾病与 HLA 有关联，多属于病因或发病机制未知、与免疫异常有关，或有家族倾向及环境诱发因素的疾病。特定疾病与某种 HLA 型别的相关性可通过相对危险性（relative risk，RR）来评估，其计算公式为：$RR=(P^{+}\times C^{-})/(P^{-}\times C^{+})$。其中 P 为病人数，C 为对照人数。“+”为具有某种抗原；“−”为不带此抗原。RR 表示带某种 HLA 抗原的人与无此种抗原的人在患某种疾病的危险性上的比值。RR=1 时，两者无关联；若 $RR>4$，则认为此病与某种 HLA 抗原肯定有关联；RR 值越大，表示携带此抗原的人患某种疾病的危险性越大。反之，若 $RR<1$，表示携带此抗原者对某种疾病有抵抗性。

自 20 世纪 60 年代以来，对 HLA 系统与疾病关联的研究发现，强直性脊柱炎、乳糜泻、Reiter 病、Ⅰ型糖尿病、多发性硬化症及某些感染性疾病（乙肝、沙门氏菌感染等）都与 HLA 高度关联（$RR>10$）。但利用 RR 评估 HLA 与疾病的相关性并不能作为疾病确切的诊断依据，因为：①发现 HLA 与某种疾病有关联，并不意味着携带某抗原就一定会患某种疾病，HLA 本身并不是病因而仅仅是一种遗传标志；②HLA 抗原在群体中的分布与民族、人种、地理环境等有关，在研究与疾病的关联时应综合分析才有参考价值。

迄今已检出了众多的 HLA 基因多态性标志。但 HLA 与疾病关联的机制尚未完全清楚，已提出的一些学说包括如下几种。①分子模拟学说：该学说认为，由于 HLA 抗原本身与某种病原物质相似，机体或者不能对该病原物质产生有效的免疫应答，或者在对病原物的应答中发生交叉反应反而损害了自身组织。②受体学说：HLA 抗原可能作为外来病原物质的受体，两者结合导致机体损伤；或者与膜受体相似而竞争性结合激素。③免疫应答基因学说：人类的 HLA 基因就是 *Ir* 基因，特定的Ⅱ类基因型可能导致特定的异常免疫应答，从而表现为易感某种疾病。④连锁不平衡学说：真正的疾病易感性基因并不是特定的 HLA 基因，可能与某种疾病的易感基因连锁，HLA 型别仅是一种检出的遗传标志。一般认为，与 HLA 有关联的不同病种可能有不同的机制（朱彤波等，2017；左极等，2013）。

第三节　抗 体 遗 传

抗体（antibody，Ab）主要存在于血清等体液中，是 B 淋巴细胞接受抗原刺激后，活化增殖并分化为浆细胞所合成分泌的球蛋白，可与相应的抗原发生特异性地非共价结合，是介导体液免疫应答的效应分子。20 世纪 30 年代，Tiselius 和 Kabat 用血清电泳技术证明，具有抗体活性的物质主要存在于 γ 球蛋白区。在 1968 年和 1972 年世界卫生组织和国际免疫学会先后决定，把具有抗体活性或化学结构与抗体相似的球蛋白统称为免疫球蛋白（immunoglobulin，Ig）。因此，抗体的本质是免疫球蛋白。

一、抗体分子的基本结构

抗体分子的基本结构由 4 条肽链组成，即由两条相同的分子量较大的重链和两条相同的分子量较小的轻链通过二硫键连接在一起，形成一个对称的“Y”形结构（图 12-4），这种 4 条肽链的基本结构（HL）即为抗体分子的单体，Ig 单体中 4 条肽链两端游离的氨基或羧基的方向是一致的，分别命名为氨基端（N 端）和羧基端（C 端）。有些抗体分子可由几个单体聚合而成，如分泌型 IgA 为二聚体，IgM 为五聚体。

（一）重链和轻链

1. 重链

重链（heavy chain，H）是抗体分子中一对较长的、分子量较大的肽链，大小约为轻链的 2 倍，含 450～550 个氨基酸残基，分子质量约为 55kDa 或 75kDa。每条 H 链含有 4～5 个链内二硫键所组成的环肽。不同的 H 链由于氨基酸组成的排列顺序、二硫键的数目和位置、含糖的种类和数量不同，其抗原性也不相同，根据 H 链抗原性的差异可将其分为 5 类，即 μ 链、γ 链、α 链、δ 链和 ε 链，γ 链、α 链和 δ 链上含有 4 个环肽，μ

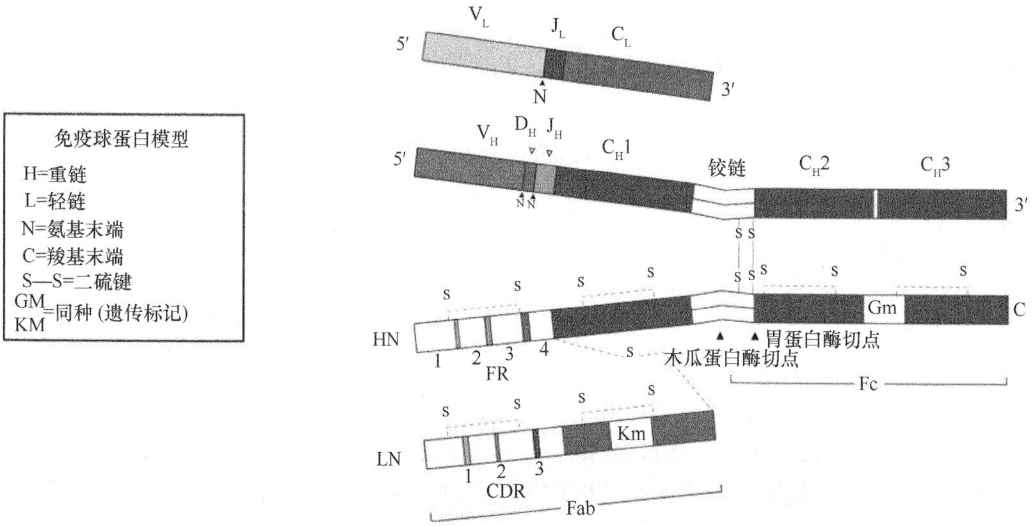

图 12-4 抗体分子的基本结构（Schroeder and Cavacini，2010）

链和 ε 链含有 5 个环肽。不同 H 链与 L 链（κ 链或 λ 链）组成完整 Ig 的分子分别称为 IgM、IgG、IgA、IgD 和 IgE，人血清中以 IgG 含量最多，IgA 次之，IgM 较少，仅含有微量的 IgD 与 IgE。某些类别的 Ig 分子还可根据 L 链的细微差别，如链内、链间二硫键的数目位置等进一步分为亚类，如 IgG 分子可分为 IgG1、IgG2、IgG3、IgG4 共 4 个亚类。

2. 轻链

轻链（light chain，L）是抗体分子中一对较短的、分子量较小的肽链，大约由 214 个氨基酸残基组成，通常不含碳水化合物，分子质量约为 24kDa。每条轻链含有两个由链内二硫键组成的环肽。根据其抗原性的差异，可将 L 链分为两种，即 κ 链和 λ 链，相应构成了两型 Ig 分子，即 κ 型和 λ 型。对于同一个天然 Ig 分子，其上两条 L 链的型总是相同的，但同一个体内也可存在两型抗体分子，如 IgG 既有 κ 型 IgG，也存在 λ 型 IgG，正常人血清 Ig 中，κ 型和 λ 型之比约为 2∶1。

（二）可变区和恒定区

通过对不同骨髓蛋白或本周蛋白 H 链或 L 链的氨基酸序列比较分析，发现其氨基末端（N 端）氨基酸序列变化很大，称此区为可变区；而羧基末端（C 端）则相对稳定，变化很小，称此区为恒定区。

1. 可变区

可变区（variable region，V）位于多肽链的 N 端，占轻链的 1/2（含 107 个氨基酸）和重链的 1/4（含 107～130 个氨基酸），每个 V 区中均有一个由链内二硫键连接形成的肽环，每个肽环含 67～75 个氨基酸残基。V 区氨基酸的组成和排列顺序随抗体特异性不同有较大的变异。由于 V 区中氨基酸的种类和排列顺序千变万化，故可形成许多种具有不同抗原结合特异性的抗体。

轻链可变区（V_L）与重链可变区（V_H）中某些局部区域的氨基酸组成和排列顺序变化程度最高，称为高变区（hypervariable region，HVR）。可变区中高变区以外的区域氨基酸组成和排列相对稳定，称为骨架区（framework region，FR）。V_L中的高变区有三个，通常分别位于第24～34位、第50～65位、第95～102位氨基酸。V_L和V_H的这三个高变区分别称为HVR1、HVR2和HVR3。经X射线结晶衍射的研究分析证明，高变区确实为抗体与抗原结合的位置，因而称为决定簇互补区（complementarity-determining region，CDR）。V_L和V_H的HVR1、HVR2和HVR3又可分别称为CDR1、CDR2和CDR3，一般CDR3具有更高的可变程度。高变区也是Ig分子独特型决定簇（idiotypic determinant）主要存在的部位。在大多数情况下H链在与抗原结合中起更重要的作用。

2. 恒定区

恒定区（constant region，C区）位于多肽链的C端，C区占L链靠近C端的1/2（含105个氨基酸残基）和H链靠近C端的3/4或4/5区域（约从119位氨基酸至C端）。H链每个功能区含110多个氨基酸残基，含有一个由二硫键连接的50～60个氨基酸残基组成的肽环。这个区域氨基酸的组成和排列顺序相对恒定，即免疫原性相同，与抗体的生物学效应相关，如激活补体介导ADCC作用和Ⅰ型超敏反应等。同一动物种属中，同一类别Ig恒定区的氨基酸仅有少数可被取代、增加或缺如，但不同类别的Ig恒定区的氨基酸组成和排列顺序差异很大，故C区可作为Ig分类和分型的依据。

（三）功能区

功能区是Ig分子的H链与L链通过链内二硫键折叠而成的球形立体结构，是抗体发挥生物学功能的单位。每一功能区（domain）约由110个氨基酸组成。在功能区中氨基酸序列有高度同源性。各功能区虽然都有其独特的功能作用，但它们的结构却有明显的相似性：在各类Ig的功能区中有1/3的氨基酸序列相同，提示这些功能区最初可能由同一个单基因编码，此基因通过复制、突变形成一个多基因家族，可编码不同的功能区。

1. L链功能区

L链有可变区（V_L）和恒定区（C_L）两个功能区。

2. H链功能区

IgG、IgA、IgD的重链有4个功能区，分别为1个可变区（V_H）和3个恒定区（C_H1、C_H2和C_H3）。IgM和IgE的重链有5个功能区，分别为1个可变区（V_H）和4个恒定区（C_H1、C_H2、C_H3和C_H4）。如要表示某一类免疫蛋白H链恒定区，可在C（表示恒定区）后加上相应重链名称（希腊字母）和恒定区的位置（阿拉伯数字）。例如，IgG重链C_H1、C_H2和C_H3可分别用$C\gamma1$、$C\gamma2$和$C\gamma3$来表示。

Ig分子的L链和H链中V区或C区每个功能区各形成一个免疫球蛋白折叠（immunoglobulin fold，Ig fold），每个Ig折叠含有两个大致平行、由二硫键连接的β片层结构（beta pleated sheet），每个β片层结构由3～5股反平行的多肽链组成。可变区中的高变区在Ig折叠的一侧形成高变区环（hypervariable loop），是与抗原结合的位置。

3. 功能区的作用

V_L和 V_H是与抗原结合的部位，其中 HVR（CDR）是 V 区中与抗原决定簇（或表位）互补结合的部位。V_H和 V_L通过非共价相互作用，组成一个 FV 区。单位 Ig 分子具有 2 个抗原结合位点（antigen-bindingsite），二聚体分泌型 IgA 具有 4 个抗原结合位点，五聚体 IgM 可有 10 个抗原结合位点。

（1）C_L和 C_H上具有部分同种异型的遗传标记。

（2）C_H2：IgG C_H具有补体 Clq 结合点，能活化补体的经典活化途径。母体 IgG 借助 C_H2 部分可通过胎盘主动传递到胎儿体内。

（3）C_H3：IgG C_H3 具有结合单核细胞、巨噬细胞、粒细胞、B 细胞和 NK 细胞 Fc 段受体的功能。IgM C_H3 具有补体结合位点。IgE 的 Cε2 和 Cε3 功能区与结合肥大细胞和嗜碱性粒细胞 FCεRI 有关。

4. 铰链区

铰链区（hinge region，HR）不是一个独立的功能区，其位于重链恒定区 C_H1 和 C_H2 之间。不同 H 链铰链区含氨基酸数目不等，α1 键、α2 键、γ1 键、γ2 键和 γ4 链的铰链区较短，只有 10 多个氨基酸残基；γ3 链和 δ 链的铰链区较长，含 60 多个氨基酸残基，其中 γ3 铰链区含有 14 个半胱氨酸残基。铰链区包括 H 链间二硫键，该区富含脯氨酸，不形成 α 螺旋，易发生伸展及一定程度的转动，当 V_L、V_H与抗原结合时此区发生扭曲，使抗体分子上两个抗原结合点更好地与两个抗原决定簇发生互补。由于 C_H2 和 C_H3 构型变化，显示出活化补体、结合组织细胞等生物学活性。铰链区对木瓜蛋白酶、胃蛋白酶敏感，当用这些蛋白酶水解免疫球蛋白分子时常在此区段发生裂解。IgM 和 IgE 缺乏铰链区。

（四）J 链和分泌成分

1. J 链

J 链（joining chain）存在于二聚体分泌型 IgA 和五聚体 IgM 中。J 链分子质量约为 15kDa，是由 124 个氨基酸组成的酸性糖蛋白，含有 8 个半胱氨酸残基，通过二硫键连接到 μ 链或 α 链的羧基端的半胱氨酸。J 链可能在 Ig 二聚体、五聚体或多聚体的组成以及在体内转运中具有一定的作用。

2. 分泌成分

分泌成分（secretory component，SC）又称分泌片（secretory piece），是分泌型 IgA 上的一个辅助成分，是分子质量约为 75kDa 的糖蛋白，由上皮细胞合成，以共价形式结合到 Ig 分子，并一起被分泌到黏膜表面。SC 的存在对于抵抗外分泌液中蛋白水解酶的降解具有重要作用。

（五）酶解片段

1. 木瓜蛋白酶的水解片段

Porter 等最早用木瓜蛋白酶（papain）水解兔 IgG，从而获知了 Ig 四肽链的基本结构和功能。

（1）裂解部位：IgG 铰链区 H 链链间二硫键近 N 端侧切断。

（2）裂解片段，共裂解为三个片段。①两个 Fab 段（抗原结合段，fragment of antigen binding），每个 Fab 段由一条完整的 L 链和一条约为 1/2 的 H 链组成，Fab 段分子质量为 54kDa。一个完整的 Fab 段可与抗原结合，表现为单价，但不能形成凝集或沉淀反应。Fab 中约 1/2 H 链部分称为 Fd 段，约含 225 个氨基酸残基，包括 VH、CH1 和部分铰链区。② 一个 Fc 段（可结晶段，fragment crystallizable），由连接 H 链二硫键和近羧基端两条约 1/2 的 H 链所组成，分子质量约 50kDa。Ig 在异种间免疫所具有的抗原性主要存在于 Fc 段。

2. 胃蛋白酶的水解片段

Nisonoff 等最早用胃蛋白酶（pepsin）裂解免疫球蛋白。

（1）裂解部位：铰链区 H 链链间二硫键近 C 端切断。

（2）裂解片段。①F(ab')2：包括一对完整的 L 链和由链间二硫键相连的一对略大于 Fab 中 Fd 的 H 链，称为 Fd'，约含 235 个氨基酸残基，包括 VH、VH1 和铰链区。F(ab')2 具有双价抗体活性，与抗原结合可发生凝集和沉淀反应。双价的 F(ab')2 与抗原结合的亲和力要大于单价的 Fab。由于应用 F(ab')2 时保持了结合相应抗原的生物学活性，又减少或避免了 Fc 段抗原性可能引起的副作用，因而在生物制品中有较大的实际应用价值。虽然 F(ab')2 在与抗原结合特性方面同完整的 Ig 分子一样，但由于缺乏 Ig 中部分，因此不具备固定补体以及与细胞膜表面 Fc 受体结合的功能。F(ab')2 经还原等处理后，H 链间的二硫键可发生断裂而形成两个相同的 Fab'片段。② Fc'可继续被胃蛋白酶水解成更小的片段，失去其生物学活性（图 12-4）。

（六）单体、双体和五聚体

1. 单体

由一对 L 链和一对 H 链组成的基本结构，如 IgG、IgD、IgE 及血清型 IgA。

2. 双体

由 J 链连接的两个单体，如分泌型 IgA（secretory IgA，SigA）二聚体（或多聚体），IgA 结合抗原的亲和力（avidity）要比单体 IgA 高。

3. 五聚体

由 J 链和二硫键连接 5 个单体，如 IgM。μ 链 Cys414（Cμ3）和 Cys575（C 端的尾部）对于 IgM 的多聚化极为重要。在 J 链存在时，通过两个邻近单体 IgMμ 链 Cys 之间以及 J 链与邻 μ 链 Cys575 之间形成二硫键组成五聚体。由黏膜下浆细胞所合成和分泌的 IgM 五聚体，与黏膜上皮细胞表面 pIgR（poly-Igreceptor，pIgR）结合，穿过黏膜上皮细胞到黏膜表面成为分泌型 IgM（secretory IgM）（图 12-5）。

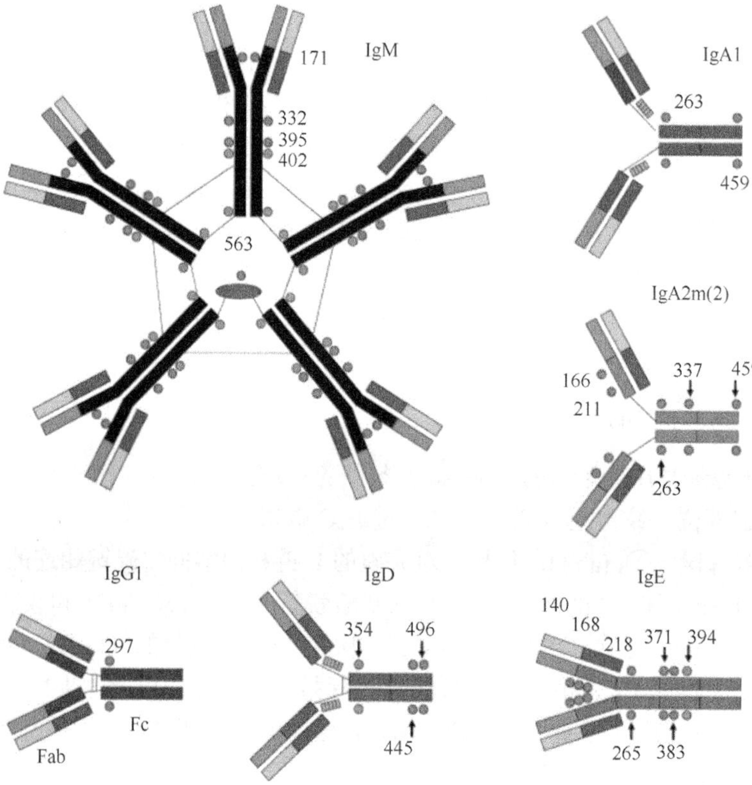

图 12-5 抗体的结构和其糖基化属性（Schroeder and Cavacini，2010）

人抗体 IgM、IgG、IgD、IgE、IgA1 和 IgA2 的结构和糖基化所对应的氨基酸位置如图 12-5 所示。

二、抗体基因的结构及表达特点

Ig 介导的体液免疫反应在人体对抗外来抗原侵袭过程中起着重要作用。全部编码免疫球蛋白的基因被称为免疫球蛋白基因谱型（repertoire）。人类胎儿和新生儿存在着相对免疫缺陷，针对病原微生物的侵袭，他们仅能产生多反应性、非特异性的低亲和力抗体。这类抗体的产生反映了人类生长发育早期 Ig 基因谱型的有限性。

（一）抗体基因结构的发现

免疫学研究的基本问题之一是机体识别“自我”和“非我”。生物体在受到外源物质刺激后可启动体液免疫而产生相应抗体，由于自然界中可作为抗原刺激机体产生免疫应答的物种成千上万，理论而言可产生相应数量的抗体。但一个物种只有数量有限的编码基因，因此 20 世纪 70 年代前，抗体多样性产生的遗传机制一直是免疫学家争论不休的一大难题。

编码如此大量抗体的遗传物质，即基因，从何而来，主要有观点分歧的两种学说对此加以解释，即生殖系理论和体细胞突变理论。生殖系理论认为，人生下来就有配备齐全的用于编码抗体分子的全部基因，它通过生殖细胞遗传下去。随后得知，每个淋巴细胞皆具有 Ig 分子的遗传信息，这样，VL 和 VH 基因产物提供了与各种抗原结合的位点，这种 Ig 基因的亲代与子代垂直遗传的关系，保证了子代细胞基因中 V、D、J 片段的多样性，即该理论认为所有抗体都由专一基因负责，但该理论的问题在于生物体内数量有限的编码基因无法满足编码如此众多抗体的需求；体细胞突变理论认为每一个生殖细胞并非具有形成 Ig 分子的全部遗传信息，它仅继承了少数 V 区基因。但在个体发育过程中，由于体细胞突变，V 基因产生多样性。为此，每一免疫细胞皆可表达不同的特异性，即该理论认为抗体基因可以发生突变和重组，该理论能够解释生物体内的数量有限的编码基因可产生大量微小差异的抗体。两个理论之间有着激烈争论，但都缺乏相关的实验支持。由于受限于当时的研究水平，无法得出明确答案。

日本科学家利根川进（Susumu Tonegawa）利用限制酶酶切和重组 DNA 解决了这个难题。他们首先纯化抗体的 mRNA，然后将其与 DNA 杂交，并计算产生抗体的基因数目，结果表明编码抗体的基因数目远远少于抗体数目，因此，否定了生殖系理论。1976 年，利根川进将胚胎细胞（不产生抗体）和骨髓瘤细胞（产生抗体）中抗体轻链基因的分布情况进行了比较，发现在胚胎期不同抗体基因的距离较远，而在骨髓瘤细胞中这些基因距离靠近，这个设计精密且令人信服的实验说明生殖细胞在发育成 B 淋巴细胞的过程中，抗体基因出现了重分布现象（Hozumi et al.，1976）。在此基础上，利根川进带领他的研究小组对抗体基因的重分布现象及机制进行了全面研究。在随后的 5 年间，用一系列坚实的实验证据确定了体细胞突变理论的正确性（Brack et al.，1978；Bernard et al.，1978；Lenhard-Schuller et al.，1978）。根据估算，抗体基因通过 DNA 重组和突变可以产生约 100 亿种不同的抗体，很好地解释了数量有限的编码基因可产生大量微小差异的抗体的问题。

1987 年，利根川进由于“抗体多样性产生遗传机制的发现”而独享了该年度的诺贝尔生理学或医学奖。利根川进抗体多样性遗传机制的阐明对免疫学的发展具有十分重要的意义，标志着免疫学研究进入了分子免疫学时代。

（二）抗体基因的定位与结构

抗体分子的轻链（κ 链和 λ 链）及重链是由三个不连锁的多基因家族所编码。κ 链基因家族定位于 2p11，λ 链基因家族定位于 22q11，而 H 链基因家族则位于 14q32。在胚系 DNA 中，每个多基因家族均被分隔成多个不同的基因片段，每个基因片段由许多相似的拷贝连锁在一起，一个基因片段可以是一个外显子，也可以是几个外显子和它们之间的内含子。在 B 细胞发育分化过程中，编码一条 Ig 多肽链的功能性基因是由在胚系中多个呈分隔状态的、无功能的基因片段经顺序重排而形成的（图 12-6）。

1. Ig 重链基因的结构

胚系中 Ig 重链基因家族包括 L（信号序列基因）、V（可变区基因）、D（diversity，多样性基因）、J（joining，连接基因）和 C（恒定区基因）5 种基因片段（图 12-6）。

1）Ig 重链先导序列（L）基因

每个 VH 基因片段的 5'端都有两个 L 基因，编码信号肽，引导 H 链穿越内质网膜进

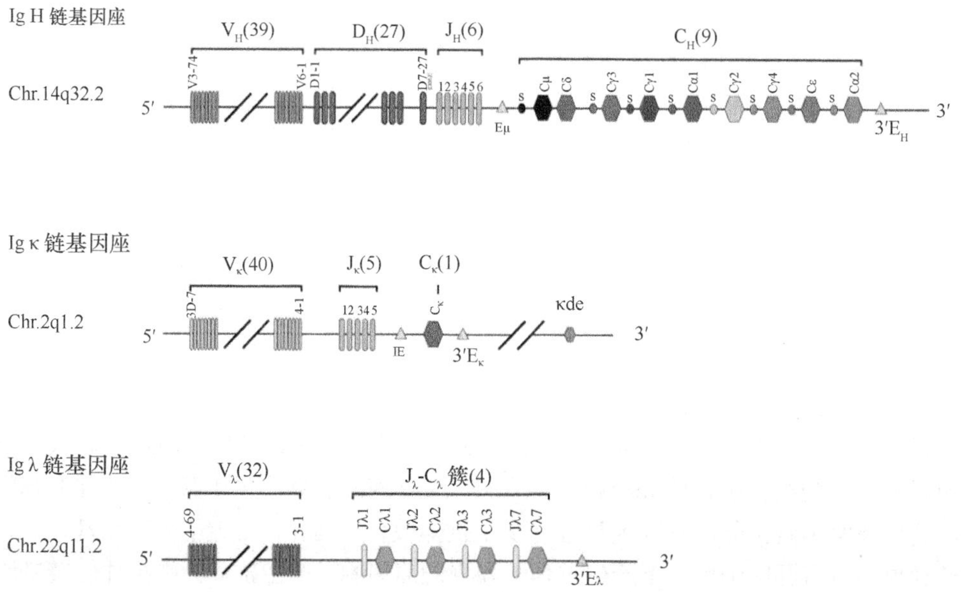

图 12-6　人 Ig H、κ 和 λ 基因结构图（Schroeder and Cavacini，2010）

入内质网腔，穿膜后信号肽被信号肽酶切断水解。

2）Ig 重链可变区（V 区）基因

编码重链 V 区的基因长 1000～2000kb，包括 V、D、J 三组基因片段，重链可变区（V 区）由 V、D、J 三种基因片段经重排连接在一起，组成 2 个外显子，一个外显子编码信号序列的大部分，另一个外显子编码信号序列的其余部分和重链可变区。

（1）重链 V 基因片段。小鼠 VH 基因片段数目为 250～1000 个，编码 VH 的信号肽序列和 VH 功能区 N 端的 96～101 个氨基酸，包括 CDR1、CDR2 和 3 个骨架区（FR1、FR2、FR3）。根据 VH 基因片段核酸序列的相似性（＞80%同源性），至少可分为 11 个家族，人 V 基因片段约为 100 个，至少可分为 6 个家族，每个家族含有 2～60 个成员。V 基因片段由 2 个编码区（coding region）组成：第一个编码区编码大部分信号序列；第二个编码区编码信号序列羧基端侧的 4 个氨基酸残基和可变区约 98 个氨基酸残基，包括互补决定区 1 和 2（complementarity determining region 1 and 2，CDR1 和 CDR2）。

（2）重链 D 基因片段。DH 基因片段仅存在于重链基因中而不存在于轻链基因。DH 基因片段有 10～20 个，编码 CDR3 的大部分氨基酸残基。小鼠 DH 共有 12 个片段，位于 VH 和 JH 基因片段之间，大部分 DH 片段较为集中，长 60～80kb，但靠上游的 DH 可能位于 VH 区域内，最后一个 DH 片段与 JH 基因 5'端相距约 0.7kb。人类 DH 片段可能有 10～20 个。

（3）重链 J 基因片段。J 连接 V 和 C 基因片段。JH 基因片段有 9 个，编码 15～17 个氨基酸残基，其中 3 个是 transcriptional enhancer（pseudogene），6 个是功能性基因，编码 CDR3 的其余部分氨基酸残基和第 4 个骨架区（FR4）。小鼠 JH 基因片段有 4 个，与 Cμ 相距约 6.5kb。人有 9 个 JH，其中 6 个是有功能的 JH 基因片段。

3）Ig 重链恒定区（C 区）基因

CH 基因群由 9 段 CH 基因组成，位于 JH 基因片段的 3'端下游，至少相隔 1.3kb。每个外显子编码 1 个结构域（domain），铰链区（hinge region）由单独的外显子所编码，但 α 重链的铰链区是由 CH2 外显子的 5'端所编码。大多分泌的 Ig 重链羧基端片段或称尾端“tail piece”是由最后一个 CH 外显子的 3'端所编码，而 δ 链的“tail piece”是由一个单独的外显子所编码。小鼠 CH 基因约占 2000kb，其排列顺序从 5'端依次为 Cμ-Cδ-Cγ3-Cγ1-Cγ2b-Cγ2a-Cε-Cα。人 CH 基因外显子排列的顺序是 Cμ-Cδ-Cγ3-Cγ1-Cε2 假基因-Cα1-Cγ2-Cγ4-Cε1-Cα2。其中基因片段 Cγ3-Cγ1-Cε2-Cα1 和基因片段 Cγ2-Cγ4-Cε1-Cα2 可能是一个片段经过一次复制而得。

2. Ig 轻链基因的结构

κ 链和 λ 链多基因家族均包括 V、J、C 三种基因片段。κ 链多基因家族有约 100 个 Vκ 基因片段，5 个 Jκ 和 1 个 Cκ 基因片段；λ 链多基因家族有约 100 个 $V_λ$ 基因片段，6 个 $J_λ$ 和 6 个 $C_λ$ 基因片段。$V_λ$ 和 Vκ 基因片段编码轻链的 CDR1、CDR2 和大部分 CDR3，Jκ 和 $J_λ$ 基因片段编码 CDR3 的其余部分和 FR4。

（三）抗体基因片段的重排

B 细胞分化成熟过程中，在特异性重组酶的作用下，原本在胚系时呈间隔状态、无活性的基因片段将发生连续有序的重排，连接成一个完整的、有转录功能的活性基因，由重排的基因转录、翻译成 Ig 重链和轻链，继而形成 Ig 分子。

Ig 基因重排时，首先发生的是重链基因重排，可分为三个阶段：首先在两条染色体上都能发生 D_H 与 J_H 基因片段的重排，形成 D_H-J_H 基因片段；然后只有其中一条染色体上的 V_H 基因片段与 D_H-J_H 基因片段重排，形成 V_H-D_H-J_H 基因片段，它编码完整的重链可变区，在这一重排过程中，由于 V_H 基因片段 5'端含有启动子，J_H 和 Cμ 基因片段之间的内含子中含有转录增强子（transcriptional enhancer）。如果一条染色体 V_H 基因与 D-J 基因重排无效（non-productive），另一条染色体的 V_H 基因片段开始发生移位，与 D-J 基因片段进行重排。在这一过程中，某些与 Ig 基因片段重排有关的特殊序列被称为识别序列（recognition sequence），它们通常位于 V 基因片段的 3'端与 J 基因片段的 5'端之间以及 D 基因片段的两侧。这些识别序列也正是 DNA 重排识别信号富集的区域，这些识别信号通常包括三部分：高度保守的回文结构的七聚体（heptamer），较少保守、富含 A/T 的九聚体（nonamer），七聚体和九聚体之间不保守的间隔序列（spacer sequence），含有（12±1）碱基对或（23±1）碱基对。根据 12/23 碱基对间隔规则（或称 1 圈/2 圈定律），两个基因片段的重组仅发生在两个基因片段之间，即各有一个 12 个碱基对片段和一个 23 个碱基对片段的结构；最后和 C_H 基因连接，形成一个完整的功能性重链基因。Ig 重链基因重排后，可诱导轻链可变区基因的重排：首先进行 V_L 和 J_L 基因片段的重排，然后 V_L-J_L 基因片段再与 C_L 基因连接。在轻链基因重排时，先由 κ 链基因重排（图 12-7），如果重排无效，则由 λ 链基因重排替补，所以 Ig 的 κ 型轻链多于 λ 型（Schroeder and Cavacini，2010）。

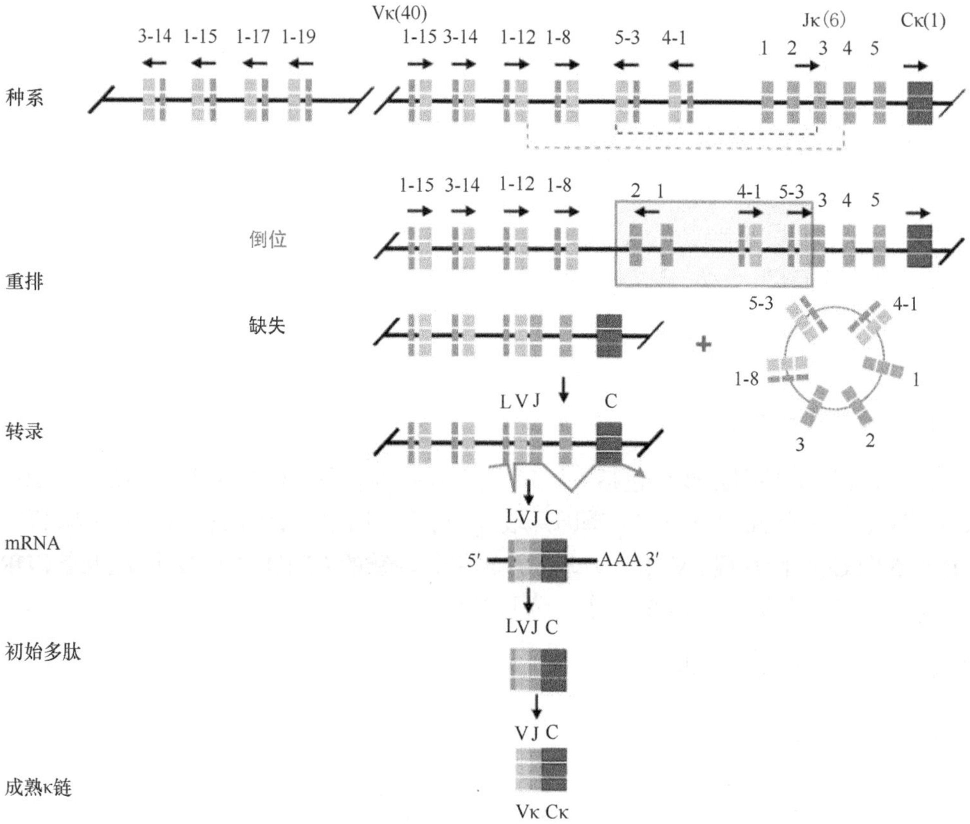

图 12-7　人抗体 κ 型位点的重排（Schroeder and Cavacini，2010）

（四）抗体基因的等位排斥

抗体基因表达中的一个重要特点是等位排斥（allelic exclusion）。在 B 细胞分化成熟过程中，同一个细胞内的两种轻链多基因家族 κ 基因和 λ 基因，只有一种处于活性状态，能重组、转录、翻译，而另一种处于无活性的阻遏状态，不能表达，这种现象称为同型排斥。对于一个特定的 B 细胞，其一对同源染色体上存在编码重链和轻链的两个等位基因，当一条染色体上的 V、D、J 基因重排成功并得到功能性表达后，其产物会抑制另一条染色体 V、D、J 基因的重排，这种现象称为等位排斥。若一对等位基因都不能成功重排，则该 B 细胞克隆可因细胞凋亡而被消除。

（五）抗体分子的类型转换

1964 年 Nossal 等发现，B 淋巴细胞存在着类型的转换。Ig 类型转换（class switch）或称同种型转换（isotype switch），是指一个 B 淋巴细胞克隆在分化过程中，VH 基因片段保持不变而发生 CH 基因片段的重排，从而使编码的基因产物中 V 区相同而 C 区不同，即识别抗原的特异性不变，但抗体分子的类或亚类发生了改变。这种类型转换在无明显诱因下可自发产生。T 细胞分泌的多种细胞因子，也可调节 Ig 的类型转换，如转化生长因子-β（TGF-β）可促进 IgG 转换为 IgA。Ig 类型转换可能是通过缺失模式或 RNA 的不同剪接而实现的。

1）缺失模型（deletion model）

缺失模型又称重链基因线性顺序缺失（linear orderly deletion of H chain genes）。

2）RNA 的不同剪接

除 DNA 水平的 Ig 类型转换形成外，RNA 水平的不同剪接（alternative RNA splicing）也可产生不同的 Ig 类型。Cμ 和 Cδ 基因片段之间无 S 区，IgM 和 IgD 共表达的 B 细胞系 DNA 分析表明，Cμ 和 Cδ 基因片段没有发生重排，相同的 VH 出现在 μ 链或 δ 链的 mRNA 上，表明它们可能有一个共同的 mRNA 前体，通过不同的或差异剪接（differential splicing）分别形成 μ 链和 δ 链 mRNA。初级 RNA 转录本（primary RNA transcript）是由 VDJ 复合体连接 Cμ 和 Cδ 基因片段经转录后形成。如果在剪接过程中切除初级 RNA 转录本中的 Cδ 部分，经加工后形成 μmRNA；如去除初级 RNA 转录本中的 Cμ 部分，则加工后形成 δmRNA。这两种 mRNA 分别被翻译，使单个 B 细胞同时产生 μ 链和 δ 链，同时表达 IgM 和 IgD。同样的机制，从一条长的初始 RNA（primary RNA）转录本中加工为 μmRNA 和 εmRNA（或其他重链 mRNA），同时表达 IgM、IgE 或其他类 Ig。

三、抗体的多样性及其遗传学基础

机体在外界环境种类众多的抗原刺激下，可产生相应的特异性抗体，且抗体分子本身又可根据其抗原差异性分成不同的类、亚类、型和亚型，由此可见抗体具有极丰富的多样性，并构成了人类数量巨大的抗体库（antibody repertoire），据估计一个个体的抗体库可达 10^{12}。经研究已证实，抗体多样性产生的机制主要有以下几个方面。

（一）Ig 基因片段的多样性和基因重排

在未分化成熟的 B 细胞中，Ig 胚系基因是由多个无功能的基因片段组成，这些基因片段在受到不同抗原刺激后可发生重排，继而通过转录翻译形成具有不同特异性的 Ig 分子。在重排过程中，各种基因片段存在极端多样性的组合可能，并且重链，轻链的 V、D、J 基因的接头处，可有一定变异范围，这种连接的灵活性，也可增加编码产物的多样性。例如，重链基因家族约有 100 个 VH 基因、20 个 DH 基因、6 个 JH 基因和 9 个 CH 基因，由于基因随机重排，约能产生 10.8×10^5（$100\times20\times6\times9\times10$）种重链活性基因（假定 V/D、D/J 接头处的灵活性提供 10 种组合）。κ 链基因家族约有 100 个 Vκ 基因、5 个 Jκ 基因和 1 个 Cκ 基因，基因重排时可产生约 5000（$100\times5\times1\times10$）种不同的 κ 链活性基因。通过转录、翻译形成的 L 链和 H 链可随机组合，又增加了 Ig 分子的多样性。

（二）体细胞突变

在体细胞发育过程中可发生基因突变，这种突变主要发生在 V 基因。V 区片段有可供选择的碱基，在整个 V-D-J 片段均可引起显著的随机变异。众多的无义突变说明，体细胞突变可发生于 V 基因及其延伸于其外的一个区段，某些突变在不同情况下可重复发生，是发生突变的热点。体细胞突变的结果是原有胚系基因片段的多样性增加，抗体的种类也随之增加。

（三）N 区的插入

在抗体重链基因片段的重排过程中，D 基因片段的两侧，即 VH-DH 或 DH-JH 连接处插入了 N 区的几个核苷酸，致使插入部位及下游密码发生改变，导致移码突变，从而编码产生了不同的氨基酸，增加了抗体的多样性。

由于以上可能机制，机体对于千变化万化的抗原刺激可能产生数以亿计、具有不同特异性的抗体，这可能是生物体在遗传与进化过程中，为适应环境的结果。

第四节　T 细胞受体遗传

机体的特异性免疫反应包括 B 细胞介导的体液免疫和 T 细胞介导的细胞免疫。在细胞免疫中，细胞毒性 T 细胞（cytotoxic T lymphocyte，CTL）通过其表面的 T 细胞（抗原识别）受体（T cell receptor，TCR）对呈递于 MHC-I 类分子的异己抗原片段进行识别与杀伤；辅助 T 细胞（helper T lymphocyte，Th）则通过其表面的 TCR 对抗原片段进行识别并发挥辅助 B 细胞抗体产生的效应。因此，TCR 与 Ig 和 MHC 一起构成了参与特异性免疫识别和反应的三类重要分子。

一、TCR 的结构

TCR 存在于所有 T 细胞表面，是 T 细胞特异性识别抗原的物质基础。TCR 可以非共价键与 CD3 分子结合，形成 TCR-CD3 复合体，与抗原决定簇发生特异性结合，在细胞的自身组织抗原 MHC-I 类或 MHC-II 类分子的共同作用下，同时配合有 CD4 或 $CD8^+$ 及某些能促进淋巴细胞与其靶细胞相互作用的黏附分子的参与作用，诱发免疫应答的发生。

TCR 为异源二聚体糖蛋白，是由 α 链和 β 链或 γ 链与 δ 链通过链间二硫键共价连接而成的，由此可把 T 细胞分为 αβT 细胞和 γδT 细胞。通常所说的 T 细胞均指 αβT 细胞，它们是介导免疫应答的主要 T 细胞群体。α 链由 286 个氨基酸组成，β 链由 282 个氨基酸组成，αβT 细胞的 TCR 具有高度多态性，能识别由 MHC 分子提呈的抗原肽，具有 MHC 限制性。外周血成熟 T 细胞中，αβT 细胞占 90%～95%，在免疫应答中起重要作用。而 γδT 细胞的多样性有限，不能识别抗原肽-MHC 分子复合物，而能直接识别简单多肽及非肽类分子，包括 CD1 分子提呈的糖脂、病毒糖蛋白、热休克蛋白等，大部分为多种病原体共有的一些抗原成分。γδT 细胞多分布在皮肤黏膜等频繁接触病原体的部位，是机体非特异性免疫防御的重要组成部分。

TCR 的 α 链和 β 链属免疫球蛋白超家族成员，其胞外区的结构也分为可变区（V 区）和恒定区（C 区），V 区是 TCR 识别抗原肽-MHC 复合物的功能区，决定了 TCR 的抗原特异性。每个 T 细胞表面有 3000～30 000 个 TCR 分子，它们的 V 区完全相同，识别同一种抗原肽-MHC 复合物，因此，每个 T 淋巴细胞只能识别同一种抗原。但不同的 T 淋巴细胞可表达不同的 TCR 分子，具有不同的抗原特异性。可见 TCR 分子具有高度多样性，并构成了人体数量庞大的 T 细胞受体库（T cell receptor repertoire）。据估计，人的 αβTCR 总数在 5×10^9 以上，γδTCR 也至少在 9×10^5 以上。与抗体的多样性产生机制相似，TCR 的多样性也源于基因的重排。

二、TCR 基因的结构与重排

TCR 分子由 4 个多基因家族（α 链、β 链、γ 链、δ 链基因）所编码。α 链基因与 δ 链基因连锁在一起定位于人类染色体 14q11～q12，β 链基因定位于 7q32～q35，而 γ 链基因则位于 7p15。α 链基因包括三种基因片段：100 个 V 基因、100 个 J 基因和 1 个 C 基因；δ 链基因位于 Vα 和 Jα 之间，由 4 个 V 基因、2 个 D 基因、3 个 J 基因和 1 个 C 基因组成；β 链基因也是由 V、J、D、C 4 种基因片段组成，包括 100 个 V 基因、2 个 D 基因、2 个 J 基因和 2 个 C 基因，其中 Jβ1 基因有 7 种，Jβ2 有 7 种；γ 基因由 14 个 V 基因、5 个 J 基因和 2 个 C 基因组成（图 12-8）。

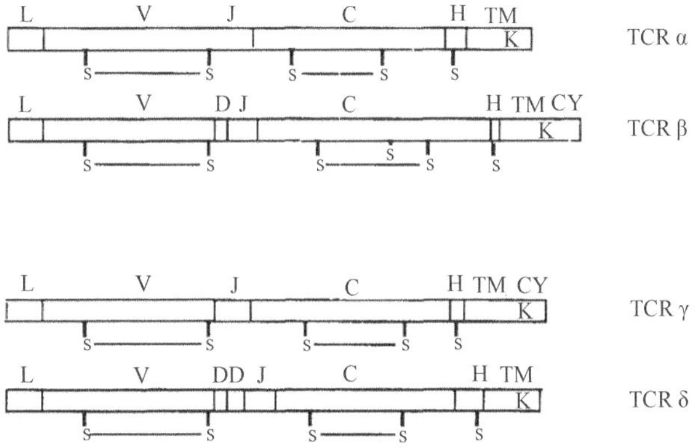

图 12-8　TCR 一级结构图（Davis，1990）

在 T 淋巴细胞分化成熟过程中，除了 δ 基因外，其他三种基因都能随机重排，TCR 基因的重排在胸腺中完成。与 Ig 基因重排相似，在 TCR 基因重排时，所有胚系基因的 V、D、J 片段下游的特异核苷酸序列，被特异性重组酶识别而进行酶切，发生有序而连续的基因片段重排。β 链先重排 D/J，然后与 V 连接，形成 V-D-J 基因，α 链和 γ 链 V、J 重排形成 V-J 基因，V-D-J 基因或 V-J 基因重排完成后，再与 C 基因片段连接形成功能性基因。而且在重排过程中，有时还会出现一对同源染色体之间基因片段的交换，或者染色体上部分基因片段的倒位。通过 V、D、J 基因片段重排时的随机组合、拼接时的灵活多变，形成了多种多样的可变区基因，与不同的恒定区基因组合后，通过转录翻译形成了高度多样、极其丰富的 T 细胞受体库。

在 T 细胞分化发育过程中，TCR 基因的重排及转录均按 γ-δ-β-α 顺序进行。未进入胸腺的前 T 细胞先进行 γ-δ 重排，如重排成功，则此 CD4-CD8-T 细胞上带有 γ-δ 异二聚体，经胸腺外途径分化成为 γ-δT 细胞，能介导抗体依赖的细胞毒及非 MHC 限制性杀伤作用。如 γ-δ 重排不成功，则未成熟的 CD4-CD8-T 细胞进入胸腺皮质，进行 α-β 重排。如果重排成功，细胞会发生胸腺内的阳性和阴性选择过程，有些细胞凋亡，有些发育成表达成熟抗原识别受体的 CD4 或 CD8⁺单阳性、具有 MHC 限制性和自身耐受性的成熟 T 细胞，继而离开胸腺进入到外周血液循环中。

根据细胞免疫表型和基因型的研究，人类恶性淋巴增殖性疾病可分为 T 细胞和 B 细胞两大类。Ig 基因和 TCR 基因的发现、基因重排和表达的研究，为临床上对 T 淋巴细胞增殖性疾病的分型、诊断及发病机制的研究提供了新的思路。

（沈 涛 唐 慧）

参考文献

王学东, 王保龙. 2007. 人类Rh血型系统的研究进展及临床应用. 国际输血及血液学杂志, 30(6): 547-549.

朱彤波, 胡丽娟, 李成文, 等. 2017. 医学免疫学. 第二版. 成都: 四川大学出版社: 88-98.

左极, 顾鸣敏, 张咸宁. 2013. 医学遗传学. 第六版. 北京: 人民卫生出版社: 183-190.

Avent ND, Reid ME. 2000. The Rh blood group system: A review. Blood, 95(2): 375-387.

Bernard O, Hozumi N, Tonegawa S. 1978. Sequences of mouse immunoglobulin light chain genes before and after somatic changes. Cell, 15(4): 1133-1144.

Bochtler W, Maiers M, Bakker JN, et al. 2013. An update to the HLA Nomenclature Guidelines of the World Marrow Donor Association, 2012. Bone Marrow Transplant, 48(11): 1387-13878.

Brack C, Hirama M, Lenhard-Schuller R, et al. 1978. A complete immunoglobulin gene is created by somatic recombination. Cell, 15(1): 1-14.

Davis MM. 1990. T cell receptor gene diversity and selection. Annual review of biochemistry, 59: 475-496.

Dentali F, Sironi A P, Ageno W, et al. 2014. ABO blood group and vascular disease: an update. Semin Thromb Hemost, 40(1): 49-59.

Etemadi A, Kamangar F, Islami F, et al. 2015. Mortality and cancer in relation to ABO blood group phenotypes in the Golestan Cohort Study. BMC Med, 13: 8.

Flegel WA. 2011. Molecular genetics and clinical applications for RH. Transfus Apher Sci, 44(1): 81-91.

Hozumi N, Tonegawa S. 1976. Evidence for somatic rearrangement of immunoglobulin genes coding for variable and constant regions. Proc Natl Acad Sci USA, 73(10): 3628-3632.

Lenhard-Schuller R, Hohn B, Brack C, et al. 1978. DNA clones containing mouse immunoglobulin kappa chain genes isolated by *in vitro* packaging into phage lambda coats. Proc Natl Acad Sci USA, 75(10): 4709-4713.

Liumbruno GM, Franchini M. 2014. Hemostasis, cancer, and ABO blood group: The most recent evidence of association. J Thromb Thrombolysis, 38(2): 160-166.

Marsh SG. 2015. Nomenclature for factors of the HLA system, update January 2015. Tissue Antigens, 42(4): 297-301.

Meldgaard P, Johnson PH, Langkilde NC, et al. 1995. Loss of ABH antigen expression in bladder cancer is not caused by loss of heterozygosity of the ABO locus. Int J Cancer, 63(3): 341-344.

Michaud DS. 2013. Role of bacterial infections in pancreatic cancer. Carcinogenesis, 34(10): 2193-2197.

O'Donnell J, Boulton FE, Manning RA, et al. 2002. Amount of H antigen expressed on circulating von Willebrand factor is modifiedby ABO blood group genotype and is a major determinant of plasma von Willebrand factor antigen levels. Arterioscler. Thromb Vasc Biol, 22(2): 335-341.

Patnaik SK, Helmberg W, Blumenfeld OO. 2012. BGMUT: NCBI dbRBC database of allelic variations of genes encoding antigens of blood group systems. Nucleic Acids Res, 40(1): D1023-1029.

Rizzo C, Caruso C, Vasto S. 2014. Possible role of ABO system in age-related diseases and longevity: A narrative review. Immun Ageing, 11: 16.

Robinson J, Halliwell JA, Hayhurst JH, et al. 2015. The IPD and IMGT/HLA database: allele variant databases. Nucleic Acids Res, 43: D423-431.

Robinson J, Malik A, Parham P, et al. 2000. IMGT/HLA-a sequence database for the human major histocompatibility complex. Tissue Antigens, 55: 280-287.
Schroeder HW, Cavacini L. 2010. Structure and function of immunoglobulins. Journal of Allergy and Clinical Immunology, 125(2, Supplement 2): S41-S52.
Yamamoto F, Clausen H, White T, et al. 1990. Molecular genetic basis of the histo-blood group ABO system. Nature, 345: 229-233.
Zhou S, Welsby I. 2014. Is ABO blood group truly a risk factor for thrombosis and adverse outcomes? World J Cardiol, 6(9): 985-992.

第十三章　遗 传 咨 询

遗传咨询（genetic counseling）是临床医生或遗传学工作者就患者及家属提出的某种遗传性/非遗传性疾病、罕见/常见疾病、肿瘤等的病因、遗传方式、诊断、治疗、预后和复发风险等问题，以及机体对药物治疗的敏感性等给予科学的答复，提供准确翔实的参考信息，结合伦理、文化差异等给予客观的指导性意见，以供询问者参考并抉择所应采取的方案。随着对遗传病认识的不断深入，遗传咨询医师在临床医学与基础医学之间搭建起一座桥梁，使更多遗传病患者简便准确获得疾病遗传方式、再发风险等信息。现代检测技术的进步，使得遗传咨询的范围不断扩大，要求咨询师更新知识的速度加快，因此遗传咨询医师专科培训工作迫在眉睫。本章内容包括遗传咨询的定义、分类、对象、遗传咨询方法、遵循原则、相关的法律法规。产前遗传咨询作为产前诊断的重要内容，也写入本章内。

第一节　遗传咨询的原则和方法

遗传咨询医师在掌握了人类染色体病、常见遗传病及遗传方式等基础知识后，还需要融汇不同学科理论知识，为咨询对象提供准确、恰当的咨询信息。

一、遗传咨询的分类和服务对象

（一）遗传咨询的分类

（1）回顾性遗传咨询，指一个家庭出现了遗传病患者后，为防止再出生同种遗传病的后代而进行的咨询。例如，一对生育了一个遗传病患儿的夫妇来咨询第二胎的发病风险，目前国内广泛开展的大多是这类咨询。

（2）前瞻性遗传咨询，又称预防性遗传咨询，是指医生在遗传普查的基础上对检出的有风险的个体（如携带者）或家庭进行婚育指导，防止小家庭首例遗传病患儿的出生。

（二）遗传咨询的参与者

1. 遗传咨询师/医学遗传医师

遗传咨询的服务提供者，即遗传咨询师/医学遗传医师，对遗传疾病的基本理论有全面认识与理解；掌握诊断各种遗传病的基本技术，包括临床诊断、酶学诊断、细胞遗传学诊断和基因诊断；熟练运用遗传学原理、理论对各种遗传病进行病因分析，确定遗传方式，区分是上代遗传还是新突变；需掌握某些遗传病群体资料，包括群体发病率、基因频率、携带者频率和突变率，对再发风险做出正确估计。

目前在中国开展遗传咨询工作仍有很多困难，但支撑力量已经在逐渐增加。2014 年

8 月国家卫生健康委员会批准成立住院医师规范化培训医学遗传科专业基地，学科代码 2600，开始了我国的医学遗传学住院医师培养工作。2015 年 2 月中国遗传学会遗传咨询分会宣布成立，建立了自己的遗传咨询培训体系。培训主要分为两类：遗传咨询师、医学遗传医师；2014 年 5 月国家卫生健康委批准住院医师规范化培训体系中设置医学遗传科基地，学科代码 2600；2020 年 4 月国家人社部设立了出生缺陷防控咨询师这个全新的职业类别；2020 年 9 月国务院学位委员会批准在临床医学专业型博士、硕士研究生教育中设立医学遗传学专业为二级学科，学科代码 105126。因此，遗传咨询师、出生缺陷防控咨询师和医学遗传医师在中国正在逐渐成为一个新兴的临床医学二级专科和独立职业。

2. 咨询者或患者

遗传咨询的咨询者，即服务对象有：夫妇双方或家系成员患某些遗传病或先天畸形者；曾生育过遗传病患儿的夫妇；不明原因智力低下或先天畸形儿的父母；不明原因的反复流产、死胎或新生儿死亡史等情况的夫妇；婚后多年不孕不育的夫妇；35 岁以上的高龄孕妇；长期接触不良环境因素的育龄青年男女；孕期接触不良环境因素及患某些慢性病的孕妇；常规检查或常见遗传病筛查发现异常者；胎儿超声异常的孕妇；近亲婚配有关问题的咨询者；肿瘤有关问题的咨询者；孕前优生咨询的询问者；不明原因智力低下或先天畸形患儿、自闭症、体格发育迟滞患儿、性征发育异常患儿、肥胖患儿、新生儿筛查结果为阳性者。

二、遗传咨询的方法

（一）采集病史资料

（1）一般项目的采集。包括姓名、性别、年龄、民族、婚姻状况、出生地、职业、就诊时间。

（2）现病史的采集。内容包括起病时间、起病形式、可能的诱因及病因、主要症状、症状间的联系、症状的发生及发展变化，伴随症状、有助于鉴别诊断的其他症状，诊治经过，起病以来的一般情况。

（3）既往史的采集。内容包括平素健康情况、手术史、预防接种史、输血史、药物过敏史。

（4）个人史的采集。内容包括工作环境、生活习惯、月经婚育史。

（5）家族遗传病史的采集。用系谱的方法来描述和记录先证者和家人的相互关系及可能与诊断有关的临床特征。其他具有潜在意义的家族史也应该获取。

（6）体格检查。生命体征及一般情况的检查及头颈部、胸部、心血管、腹部、盆腔、脊柱、四肢、关节、外生殖器、肛门的检查和神经系统的检查。

（二）病程记录

病程记录的内容包括一般项目（姓名、性别、年龄、就诊时间、记录时间）、主诉（主要症状或体征、持续时间）；病例特点（临床表现特点、可鉴别的阴性症状、实验室及其他辅助检查特点）；鉴别诊断；诊断依据；诊断；诊疗计划（明确诊断的具体检查措施、治疗方案）。

（三）辅助检查资料收集

常用实验室检查包括血细胞分析、尿液常规、粪便常规、甲状腺功能测定、肝功能检测、肾功能检测、肌酶谱、肝炎病毒学检查、细胞遗传学检测、分子遗传学检测、血清生化筛查；特殊检查如肌电图、肌肉活检、病理检查等。影像学检查包括超声、MRI、X射线等。

（四）系谱图的绘制（见第6章）

（五）病因诊断

同样是智力低下的临床表型，病因可能千差万别，如脆性X综合征、染色体异常、自闭症、遗传代谢病，以及病因无法明确的病变等。因此在临床诊断的基础上，需要进行相应的实验室检测、影像学检查，协助病因诊断，进而评估临床预后和生育风险。

（六）评估疾病风险

疾病风险评估是遗传咨询的核心内容。单基因遗传病、多基因遗传病、近亲结婚的风险计算详见相关章节。家庭成员数量的减少为家系风险评估带来了困难。首先，要考虑遗传性疾病的致病因素。应该咨询遗传咨询师或有经验的临床医生，后者会凭经验或通过查阅相关疾病的文献资料，明确疾病主要是由遗传因素还是其他因素引起。对于患者家庭来说，首先要做到对患者疾病的确诊，即查明病因，遗传咨询师应该注重咨询者的家族性资料，调查咨询尽可能多的不同辈分的家族成员，详细询问家族史，用规范的符号画出家系谱，结合临床特征，再借助于常染色体、性染色体分析和生化分析等检查结果进行分析。

因许多遗传病的诊断需要依赖实验室资料，遗传咨询师应了解何处实验室可以进行何种检测并和这些实验室建立联系，帮助咨询者传送标本，共同做出正确诊断。判断是否为遗传病及其遗传方式时还应注意：①建立可靠的系谱，否则可能导致错误的结论；②由于外显不全可使系谱呈现隔代遗传，有可能将显性遗传病误判为隐性遗传病；③要注意与后天因素引起的先天性疾病，即表现型模拟相区别，诊断时应排除在妊娠期接触过有害物质、药物、放射线以及感染史；④应注意有些遗传病是迟发的，一些患者在进行系谱分析时尚未发病，对于这一类疾病不应仓促判断为非遗传病；⑤无家族史不能排除遗传病，因为一些遗传病往往追溯不到家族史，另一些患者可能是新生突变者；⑥由于存在遗传异质性，可能将不同的遗传病误认为同一种遗传病进行分析。夫妻双方的家族中都没有患者，但是如果夫妻双方都携带隐性遗传的致病基因，他们的后代就有可能患病，很多遗传病都有流行病学研究，可得知人群发病率，对隐性遗传的疾病也可推算出人群携带率。人的DNA序列有突变的可能性，如果这个突变恰好发生在基因序列的重要位置，就有可能导致严重的疾病，虽然概率很小，但是有发生的可能。明确疾病风险后需要咨询师把风险值通俗易懂地向咨询者解释清楚。

（七）帮助咨询者和患者实施各项选择

如咨询者选择产前诊断，咨询师应帮助咨询者联系作产前诊断的医生和诊断实验室。如咨询者决定保留患病胎儿，咨询师应帮助咨询者做好心理调整，或介绍给相关的心理医生。咨询师应尽量将咨询者介绍到各种疾病的社会支持组织以得到某些支持和帮助。对产前诊断结果异常的咨询者，咨询师既要对疾病本身再发风险进行分析，又要尽力抚慰孕妇或咨询者可能出现的异常感情冲动。咨询时要求夫妇同时在场，帮助他们做出自己的决定。必须为咨询者提供产后组织细胞培养，证实产前的诊断。需要的情况下，建议夫妇及其他近亲家属作相应实验室检查，排除携带者基因型。

三、遗传咨询的原则

1. 做出正确诊断

确切的诊断对疾病再发风险的推算是重要的。为了做到准确的诊断，除了要向咨询者充分了解有关疾病资料、家族史外，咨询师还须获得尽可能多的其他有记录的资料。

2. 非指令性咨询的原则

咨询者最担心的是其未出生孩子或病人的预后，所以咨询师在咨询过程中应该公平和客观的向咨询者提供可获得的最完全的信息，帮助咨询者分析各种利弊因素，以便咨询者能够做出对本人最合适的决定。

3. 无伤害原则

咨询师在咨询过程中禁止使用对咨询者有伤害的言语和行为，对缺乏有效的治疗和预防措施并且到成年后才发病的严重遗传病，必须征求咨询者的意见并在获得同意的情况下才能进行检测，做出症状前诊断。

4. 保密原则

在未经病人许可的情况下，咨询师不得将遗传检查结果告诉除了本人及亲属外的第三者，包括雇主、保险公司和学校等。

5. 告知事实真相原则

咨询师在某些情况下可能无法得出确切的诊断，不能确认个体的携带者状况，或不能准确预测某些少见胎儿核型的表型。在这种情况下咨询师应面对现实，要如实将情况告知咨询者，取得咨询者谅解，并将咨询者介绍给上一级医疗机构经验丰富的专家。

四、遗传咨询的技巧

1. 倾听与交流

咨询医师不同于普通医生之处在于需要在咨询过程中充分倾听患者述说、需求、焦虑所在，感知患者的心态，捕捉足够详尽的信息，建立足够信任的咨询关系，给予客观的咨询建议。

2. 通俗地解释

随着医学的进步出现越来越多的遗传病检测手段，对于遗传咨询医师来说掌握各种检测手段都并非易事，何况患者，因此需要医师用通俗的解释，在较短时间内，让患者充分认识到检测的优势及其局限性，做出恰当的选择。

3. 认识到真理的相对性

咨询医师及患者均需要知道真理具有相对性，充分认识到可能存在的遗传异质性，咨询过程中才能做到不偏不倚，客观准确。

五、相关法律、法规、伦理学

（一）相关法律法规

《中华人民共和国母婴保健法》
《中华人民共和国母婴保健法实施办法》
《中华人民共和国国务院令第 309 号 计划生育技术服务管理条例》
《中华人民共和国卫生部部长令第 33 号 产前诊断技术管理办法》

（二）遗传咨询服务和遗传资源利用的相关国际伦理准则

1. 遗传咨询的伦理原则

尊重隐私权、自愿和知情同意、自主决定和非指令性、有益无害公正原则。

2. 遗传筛查与遗传检验的伦理准则

遗传筛查及遗传检验应遵循自愿原则，并在筛查以及检验之前，应向受检者告知筛查或检验目的和可能的结果。筛查以及检验的方法是科学、安全及对人体无害的。

3. 知情同意的伦理准则

应当充分向接受筛查者告知遗传服务带来的益处和风险，是否接受筛查经受筛者知情同意。

4. 症状前检验和易感性检验的伦理准则

对症状出现前遗传病患者进行遗传病检验或易感性检验前，应让受检者有充分思想准备接受检查结果，任何检查都是经过受检者自愿同意，咨询医师应当对检查结果保密。

5. 遗传信息透露与保密的伦理准则

未经受检者同意，不将信息透露给除受检者以外的其他人，除受检者自行要求时。

6. 遗传资源利用（保存 DNA）的伦理准则

受检者的检验样本保留以及科研用途需征得受检者同意。

（三）产前诊断的医学伦理原则

1. 公平原则

分配资源，最需要产前诊断服务的人优先。

2. 自主选择原则

如果有产前诊断指征，应该给予提供医学建议，而不应考虑夫妇对流产的态度；在孕妇自愿的前提下提供产前诊断服务；医生应当向孕妇或夫妇双方公开所有的相关临床发现。

3. 无害原则

服务只是用来提供给家属和医生有关胎儿健康的信息，咨询应该先于产前诊断。

4. 尊重原则

尊重夫妇、特别是孕妇对产前诊断的态度和选择，同样，也尊重夫妇对出生缺陷胎儿的选择。

第二节　遗传咨询的临床实践

现代遗传学检测技术的进步使遗传咨询的临床实践范畴不断扩大，从单纯的生育遗传咨询延伸到包括高血压病、糖尿病、肿瘤等常见病的遗传咨询，也包括了机体对药物治疗的敏感性。咨询师要向咨询者解释疾病的遗传本质、风险、实验结果及其在诊断、治疗、预后上的意义等。可见，未来在遗传咨询的原则下，咨询内容会不断扩展，内容更加广泛。

一、产前筛查与产前诊断中的遗传咨询

（一）血清学产前筛查咨询及其结果解读原则

在假阳性率 5%时，单胎妊娠孕妇血清学产前筛查可检出 70%～80%的唐氏综合征胎儿（Carlson，2017）。

（1）唐氏综合征/18 三体综合征高风险（风险值≥截断值）时：核对孕周、胎儿数、孕妇出生日期等信息是否准确，建议孕妇侵入性产前诊断、胎儿染色体检查及染色体微缺失/微重复检查，并告知常规产前诊断的局限性。

（2）唐氏综合征/18 三体综合征临界风险（风险值位于截断值与 1/1000 间）时：核对孕周、胎儿数、孕妇出生日期等信息是否准确，超声监测胎儿生长发育，知情选择母血胎儿游离 DNA 检测。

（3）唐氏综合征/18 三体综合征低风险时，超声监测胎儿生长发育，知情选择母血胎儿游离 DNA 检测。

（4）开放性神经管缺陷高风险时，告知母血 AFP 升高可能与胎儿开放性神经管缺陷、胎儿体表屏障不完整如胸腹壁裂、胎盘病变相关，需要排除母体因素导致 AFP 升高。不明原因的母血 AFP 升高，增加了胎儿预后不良的风险，如胎死宫内，早产、胎儿发育迟缓等风险。需要超声检查排除胎儿发育异常、严重结构畸形、胎盘病变、羊水量异常，排除孕妇肝胆胰脾双肾病变，知情选择母血胎儿游离 DNA 检测，若存在其他产前诊断指征，知情选择侵入性产前诊断。

（5）双胎妊娠的孕妇，血清学产前筛查咨询原则与单胎类似。但双胎血清学产前筛查的筛查效率不如单胎，结合早孕期两个胎儿的颈后透明层厚度综合计算风险值，有益于提高筛查效率。知情选择母血胎儿游离 DNA 检测。

（6）三胎妊娠的孕妇，血清学产前筛查无法计算风险值，可通过孕 11～13 周胎儿 NT 测量、定期超声检查、监测胎儿生长发育，协助评估胎儿染色体疾病的风险，必要时产前诊断。

（7）早、中孕期孕妇子痫前期风险评估：结合孕妇子宫动脉搏动指数、平均动脉压、血清 PLGF、PAPP-A 浓度检测，综合评估孕妇子痫前期的风险，对高风险孕妇，孕 12 周开始给予小剂量肠溶阿司匹林片口服，早期干预，改善母胎预后。

（二）孕妇血浆胎儿游离 DNA 产前检测咨询及其结果解读原则

1997 年卢毓明等发现在母体外周血中含有游离 DNA（包含胎儿游离 DNA），以小片段存在。因此可以通过采集母体外周血浆提取游离 DNA，由测序技术判定胎儿染色体非整倍体风险。综合来说此方法对于胎儿染色体 13 三体综合征、18 三体综合征、21 三体综合征检测的灵敏度、特异性都很高，对于性染色体疾病的检出效率较低。文献报道 NIPT 对非嵌合体 DS 检出率达到 100%，目前作为一线产前筛查方法已广泛应用（Miltoft et al.，2018）。NIPT 对 DS、ES、PS 的敏感度为 99.1%、98.2%和 100%（Zhang et al.，2015）。NIPT 对胎儿染色体非整倍体和大片段 CNV（>20Mb）检出率达到 100%（Luo et al.，2019），被认为是产前识别胎儿 CNV（1～129Mb）的有效方法，敏感度 84.2%（Liu et al.，2016）。母血胎儿游离 DNA 检测减少了不必要的侵入性产前诊断，但需要强调目前国内、国际依然认为母血胎儿游离 DNA 检测不能代替侵入性产前诊断（刘俊涛，2017），需要孕妇知情选择。

（1）NIPT 提示胎儿 DS、ES、PS 其中一项高风险时，建议侵入性产前诊断（胎儿染色体检查、染色体微缺失/微重复检测）。

（2）NIPT 提示胎儿 DS、ES、PS 其中两项或三项均为高风险时，可能存在孕妇有实体性肿瘤、免疫系统疾病等风险，知情选择侵入性产前诊断（胎儿染色体检查、染色体微缺失/微重复检测）。

（3）孕妇肥胖、自身免疫系统疾病、孕期使用免疫抑制剂、早孕期等因素，可能母血胎儿游离 DNA 浓度过低，NIPT 检测失败。对此，知情选择血清学产前筛查或侵入性产前诊断（胎儿染色体检查、染色体微缺失/微重复检测）。

（4）NIPT 提示胎儿其他染色体异常或染色体微缺失/微重复高风险时，知情选择侵入性产前诊断，胎儿染色体检查、染色体微缺失/微重复检测。

（5）NIPT 低风险时，告知检测的准确性以及局限性。NIPT 存在很低的假阴性风险，不能排除多倍体胎儿、单亲二体等。不能排除胎儿结构畸形，如开放性神经管缺陷，不能评估孕妇子痫前期的风险，必要时可与血清学产前筛查、胎儿超声联合应用。

（三）侵入性产前诊断的遗传咨询

传统产前诊断包括胎儿染色体核型检测，近年来增加了 CMA、CNVS 等检测方法，产前可以发现更多的胎儿染色体疾病。染色体核型分析作为诊断染色体畸变的金标准已使用多年，但耗时耗力，分辨率低，依赖于细胞培养技术、存在对小于 10Mb 的遗传变异无法检测等不足。染色体微阵列分析（chromosomal microarray analysis，CMA）可以检测染色体数目异常、微缺失/微重复、单亲二倍体等，有作者提出在人力资源不足的产前诊断实验室可仅使用 CMA 替代染色体核型分析（Miller et al.，2010）。与 CMA 相比，拷贝数变异测序（copy number variation sequencing，CNV-Seq）优势在于测序覆盖均一，价格便宜，逐步被应用于产前诊断中（Wang et al.，2018）。

（1）胎儿整倍体改变：如三倍体（69,XN）。三倍体是一种致死性的染色体数目异常疾病，大多数在妊娠 20 周前自发流产。病理机制包括双雄受精和双雌受精。NIPT、CNV-Seq 不能检测出三倍体（唐新华等，2019）。在三倍体胎儿中，Ⅰ型（父源型）病例表现为胎盘增大，呈水泡状葡萄胎，胎儿多无异常。而Ⅱ型（母源型）病例则表现为胎盘小，严重的非对称性的胎儿生长迟缓及多发结构畸形，再发风险小。

（2）胎儿常染色体非整倍体：最常见的有唐氏综合征、18 三体综合征、13 三体综合征，超声可见胎儿超声软指标异常和（或）严重结构畸形。确诊胎儿常染色体非整倍体疾病，胎儿预后不良，建议终止妊娠，夫妻均进行染色体核型检查，再次妊娠时孕妇需要产前诊断。

（3）胎儿性染色体数目或结构异常：最常见的有特纳综合征、超雄综合征、超雌综合征、克氏综合征等。特纳综合征胎儿超声表现可有程度不一的颈项透明带增厚、水肿、结构畸形等，其余几种性染色体异常胎儿超声多无异常发现。胎儿出生后，智力发育可有轻度异常或无异常，青春期可有不同程度的生殖系统、体格发育异常等。青春期前给予治疗可能改善患儿预后。是否继续妊娠，更多取决于夫妻对胎儿染色体疾病的接纳程度。夫妻酌情选择外周血染色体检查。再次妊娠建议产前诊断。

（4）胎儿染色体数目异常嵌合体：胎儿常染色体非整倍体多在早孕期自然流产，常染色体非整倍体嵌合体则可以存活，预后评估多依据异常细胞与正常细胞的比例，通常随着异常细胞比例越高，出现临床症状的严重程度越高，但检测到的异常细胞比例不完全代表真实的状态。而且，主要由异常细胞分布的部位决定临床表现，对此临床经验并不足够。

（5）胎儿染色体微缺失/微重复：致病性染色体拷贝数变异（pathogenic copy number variation，P-CNV）的胎儿多预后不良，如猫叫综合征胎儿出生后可有严重智力低下，

Wolf-Hirschhom 综合征多有发育迟缓、特殊面容、结构畸形，Miller-Dieker 综合征可有巨脑回等，1p36 微缺失、4q21 微缺失、15q11-q13 微缺失、7q11.23 微缺失等多有发育迟缓及结构畸形，22q11.21 微缺失综合征胎儿多有心脏畸形，若能够产前确诊则可避免患儿出生。胎儿相同的致病性 CNV 在出生后可因外显不全临床表现各异。

（6）临床常见的单基因病有地中海贫血、假性肥大型肌营养不良、脊肌萎缩症、血友病、软骨发育不全、成骨不全、马凡综合征、遗传性耳聋、结节性硬化症、家族性高胆固醇血症、白化病、苯丙酮尿症等。随着高通量测序技术在临床中的应用，更多的单基因病在分子遗传学检测的协助下得以确诊。单基因病依遗传方式不同分为常染色体显性遗传病、常染色体隐性遗传病、X 连锁显性遗传病、X 连锁隐性遗传病、Y 连锁遗传病、线粒体遗传病。遗传咨询包括病史采集、临床诊断、绘制系谱图、遗传方式的判断等。对于有单基因遗传病患儿生育史或家族遗传病史的孕妇，在先证者病因明确后，需要产前诊断的，给予胎儿基因位点检测，连锁分析，必要时胎儿性别鉴定，协助评估胎儿发病风险。产前家系全外显子组检测还处于起步阶段。

二、新生儿疾病筛查的遗传咨询

遗传代谢病总数达到千余种，临床表现复杂多变，早期症状多无特异性，极易漏诊和误诊，大多数遗传代谢病缺乏根治的办法，造成新生儿早期夭折或终身残疾。新生儿疾病筛查是在新生儿群体中，通过快速、简便、敏感的检验方法，筛选一些危害儿童生命、导致儿童体格和智能发育障碍的遗传代谢病。目前我国大部分城市的新生儿疾病筛查主要是针对苯丙酮尿症、先天性甲状腺功能减退症、先天性肾上腺皮质增生症和 G6PD 缺乏症 4 种遗传代谢病疾病进行早筛查、早诊断、早治疗，改善患儿的预后。

（一）苯丙酮尿症

苯丙酮尿症分为苯丙氨酸羟化酶缺乏症和四氢生物蝶呤缺乏症两种，均为常染色体隐性遗传病。因正常代谢通路障碍，旁路代谢增强，体内产生大量的有害代谢产物如苯丙酮酸、苯乙酸和苯乳酸，随尿排出，高苯丙氨酸血症可引起患儿神经系统损害。新生儿期多无临床症状，出生 3～4 个月逐渐出现典型的临床表现，如头发变黄、皮肤色浅、尿液和汗液鼠臭味、智能发育落后、小头畸形、癫痫、行为异常等。对新生儿筛查阳性病例，需要及时召回，复查阳性，需要鉴别诊断，排除酪氨酸血症、希特林蛋白缺乏症等。对确诊病例在治疗前给予尿蝶呤谱分析、BH4 负荷试验、红细胞 DHPR 活性鉴定、基因诊断鉴别病因，指导治疗方案。低苯丙氨酸饮食是苯丙氨酸羟化酶缺乏症的主要治疗方法，女性患者怀孕后因母血中高苯丙氨酸可导致胎儿出生后表现为智力低下、小头畸形等不良预后。四氢生物蝶呤缺乏症可口服 BH4 联合低苯丙氨酸饮食治疗。对有苯丙酮尿症患儿生育史的夫妻，再次生育后代时可考虑植入前诊断、产前诊断。

（二）先天性甲状腺功能减退症

先天性甲状腺功能减退症是由于各种病因引起血循环中甲状腺素减少的一种内分

泌疾病。新生儿期即有代谢异常，患儿早期无典型临床症状，若不早期筛查，早期诊断，可造成治疗延误，出现儿童不可逆转的严重智力发育和体格发育落后。无论是原发性或继发性先天性甲状腺功能减退症，一旦确诊应立即开始个体化治疗，药物首选左旋甲状腺素片。治疗期间定期复查患儿甲功，调整药物剂量，防治并发症。对孕妇甲状腺功能监测、恰当的药物治疗可避免对胎儿发育造成不可逆的损伤。

（三）先天性肾上腺皮质增生症

先天性肾上腺皮质增生症是一组由于肾上腺类固醇皮质激素在合成代谢过程中，某种酶活性障碍导致皮质醇合成障碍的疾病。遗传方式多为常染色体隐性遗传。基因突变类型有百余种，基因型与临床表型间有相关性但复杂多变。通常酶活性的高低决定了临床表型的严重程度，75%为失盐型，患儿出生后呕吐、腹泻、脱水、电解质紊乱，病死率高，患儿雄激素增高、男性化表现严重；25%为单纯男性化，有失盐倾向，但代偿性醛固酮增高减轻临床症状，仅表现为雄激素增高。新生儿疾病筛查阳性病例，需要生化检测、激素测定、基因检测、染色体检查等方法协助鉴别诊断。治疗方案包括皮质激素替代，纠正肾上腺皮质功能减退危象，维持机体正常代谢，抑制雄激素的过度分泌。对有先天性肾上腺皮质增生症患儿生育史的夫妻，再次生育后代时可考虑植入前诊断、产前诊断。

（四）G6PD 缺乏症

这是由于 *G6PD* 基因突变，导致红细胞内 G6PD 酶活性降低，引起氧化还原代谢异常，患者出现不同程度溶血性贫血的表现，为 X 连锁遗传病，母亲遗传给儿子，因此男性发病者多。新生儿疾病筛查阳性病例，需要与 ABO/Rh 溶血症、自身免疫性溶血性贫血、阵发性睡眠性血红蛋白病鉴别，目前无根治方法，主要是靠健康教育、避免诱因来预防疾病发作。大多数 G6PD 缺乏症患者无症状，不需要干预。对有 G6PD 缺乏症患者的家庭，一般不需要产前诊断。

三、细胞遗传学异常的遗传咨询

高通量测序技术如 CNV-Seq 的应用，弥补了传统细胞遗传学技术分辨率不够高的缺陷，两种检查方法相辅相成，有助于检出更多的染色体拷贝数变异。另有几种染色体结构异常，如倒位、易位、环状染色体，不改变染色体的拷贝数/基因数，但改变了基因顺序和临近基因位置，可能导致某些遗传变异。

（一）导致拷贝数变异的染色体结构畸变

1. 插入

染色体的断裂片段插入到同一染色体的其他位置或其他染色体上。较大片段插入可导致染色体结构畸变，拷贝数变异，通常导致疾病，病情的严重程度取决于插入片段的大小、位置、所含基因的性质和数量。

2. 重复

染色体上个别的区带增加了相同的片段。染色体片段重复导致的遗传学效应较染色体片段缺失的轻微。病情的严重程度取决于重复片段的大小、位置、所包含基因的功能和数量等。

3. 缺失

染色体上个别的区带缺失了部分片段。染色体片段缺失通常导致严重的疾病。病情的严重程度取决于缺失片段的大小、位置、所包含基因的功能和数量等。

（二）不改变染色体拷贝数的染色体结构畸变

1. 臂内倒位

臂内倒位携带者很少见，表型正常，但可在生育后代过程中，因细胞减数分裂时，倒位环内的同源染色体的非姐妹染色单体交换，可产生正常、倒位携带、双着丝粒染色体和无着丝粒片段 4 种配子，影响胚胎的发育，导致流产或死胎。臂内倒位携带者生育后代时，可考虑植入前诊断、产前诊断。

2. 臂间倒位

染色体臂间倒位最为常见，通常认为是染色体的正常多态性改变，但染色体臂间倒位携带者部分病例在胚胎细胞减数分裂的过程中，可形成正常、臂间倒位者、部分重复或部分缺失的不平衡配子，可多次出现胚胎停育、死胎等。臂间倒位携带者生育后代时，可考虑植入前诊断、产前诊断。

3. 相互易位

表型正常者称为平衡易位携带者。染色体易位携带者在生育过程中，带有不平衡衍生染色体的配子与正常配子受精后，产生的遗传学效应取决于不平衡染色体片段的大小。片段越小，所含基因越少，畸形胎儿存活的机会越大。配子形成中，不同的分离方式，可产生 2～10 种正常或异常配子，导致多次发生流产、死胎或畸形胎儿。染色体相互易位携带者生育后代时，可考虑植入前诊断、产前诊断。

4. 罗伯逊易位

发生在近端着丝粒染色体（13 号、14 号、15 号、21 号、22 号染色体）的一种特殊的平衡易位。配子形成过程中，可能产生正常、平衡易位、导致染色体三体性的配子，造成不良妊娠结局。罗伯逊易位携带者生育后代时，可以选择植入前诊断、产前诊断的预防性治疗方式。但同源染色体的罗伯逊易位携带者不能生育正常后代。

5. 环状染色体

染色体短臂和长臂的远端各产生一个断裂点，含有着丝粒片段的短臂断端与长臂断端相连形成环状染色体。环状染色体在细胞分裂过程中容易丢失，表现出不稳定性，故带有环状染色体的个体多半是镶嵌体。临床表现取决于环状染色体的大小、来源、断裂点的位置和各种细胞镶嵌的程度。

6. 标记染色体

来源和特征不能被传统的染色体显带技术识别的额外增多的细小染色体片段。表型取决于标记染色体的来源、是否存在镶嵌体，以及单亲二体。

四、单基因病的遗传咨询

单个基因突变导致的疾病称为单基因遗传病。绝大部分的单基因遗传病按孟德尔方式传递，分为常染色体遗传和性连锁遗传两种，各又可分为显性遗传和隐性遗传两种。除了经典的孟德尔遗传，还有非经典孟德尔遗传机制，包括基因组印记、动态突变和表观遗传。不同的遗传病传递方式前面章节已有叙述，对有单基因遗传病家族史或携带者的家庭，需要生育时，可考虑植入前诊断和产前诊断。在临床工作中，需要注意可能存在与孟德尔遗传病相关的几种现象，如生殖腺嵌合体、新发突变及遗传异质性等。

（一）生殖腺嵌合体

临床上可能经常遇到连续多次妊娠或生育常染色体显性遗传、X 染色体连锁遗传单基因病胎儿/患儿的病例，外周血检测结果提示夫妻均不是致病基因携带者，遗传方式与经典的遗传病传递规律不吻合。这种情况下，有可能夫妻的一方存在基因突变，但仅发生在部分的生殖细胞，而体细胞不含有突变基因。再次生育孕妇仍需要接受产前诊断。

（二）新发突变

新发突变可以是发生在常染色体的显性遗传病，也可以是发生在 X 染色体的遗传病。由于男性原始生殖细胞受外界环境致畸物质长期不断的影响而使得基因容易发生突变，因此高龄父亲发生基因新发突变的风险增大。带有新发突变基因的个体适应性差，在自然选择的干预下可被清除。表型越严重，属于新发突变的可能性越大，若可排除生殖腺嵌合体的可能性，则新发基因突变患儿生育史的夫妻再次生育的再发风险低。

（三）遗传异质性

遗传异质性（genetic heterogenety）是指相同的临床表型可由不同的基因突变所导致的现象。等位基因异质性和基因座异质性是单基因病常见的遗传异质性。其发生原因可能是与突变基因的残留功能不同，或基因突变所产生的蛋白质位置上的特异性亚功能相关。在遗传咨询时要注意分析和区分可能存在的遗传异质性。

五、多基因病的遗传咨询

多基因病是由多个基因共同作用所致，涉及遗传与环境多方面的因素。多个易感基因通过微效作用累加，不能用孟德尔遗传定律描述。对存在疾病易感基因的个体，一生中患某种多基因病的发病风险增加。多基因病超过 50 种，如高血压、糖尿病、心脑血管疾病、癫痫、唇裂、精神分裂症、哮喘、系统性红斑狼疮、青光眼、高度近视、老年黄斑病变、银屑病、肿瘤等。虽然病种不多，但在普通人群中发病率较高，我国现有确诊患者 2.6 亿人。后基因组时代的科研成果，使得我们对多基因疾病给予精准的遗传咨询成为可能。多基因病的遗传咨询对象包括健康、亚健康、患病等人群，涉及面广。多基因病的特点包括有家族聚集性倾向，如果咨询者携带有某种疾病的易感基因，咨询重点在于对疾病进行精准的预警，通过调整饮食结构、改变生活习惯、服用药物或减少危险暴露等，对疾病进行有效的早期干预，使得疾病不发生或延缓疾病发生，大幅度降低家庭和社会的医疗成本。但多基因遗传测序的复杂性不仅限于实验室过程，也存在于临床应用方面。需要在数据分析和结果解释的过程中着力解决基因、等位基因和病例特异性的因素，才能为临床医生和患者提供准确、临床相关、个体化的诊断结果（杨进等，2014）。

（一）高血压病

遗传度 62%～82%。研究证实 *NEDD4L*、*eNOS*、*RGS2*、*KLK1*、*AGT*、*ADRB2*、*ADD1*、*Renalase*、*AGTR1*、*KLKB1*、*GRK4*、*TH* 等基因参与高血压病的发生、发展，与高血压病发病风险的增高相关。遗传咨询时，根据携带易感基因，对未发病的咨询者，结合家族病史、患病史、生活方式、环境危险因素等，给予限制食盐摄入、减轻压力、戒烟、适量锻炼、均衡饮食、控制体重等建议，降低发病风险。

（二）糖尿病

遗传度 35%。研究证实 *KCNQ1*、*SRR*、*CDKN2A/B*、*CDKAL1*、*HHEX*、*IGF2BP2*、*PPARG*、*PTPRD*、*SLC30A8*、*TCF7L2*、*TCF2* 等基因参与糖尿病的发生、发展。遗传咨询时，根据携带易感基因，对未发病的咨询者，结合家族病史、患病史、生活方式、环境危险因素等，给予多吃蔬菜等高纤维食物、低脂饮食、控制体重、补锌、锻炼等建议，降低发病风险。

（三）乳腺癌

遗传度 35.6%±5.8%。除了 *BRCA1*、*BRCA2* 基因外，*DRD3*、*FGFR2*、*HER2*、*MUTYH*、*PLAB2*、*RYR3*、*TP53*、*VEGFA*、*VTCN1* 等基因上的多个位点与乳腺癌发病风险增高相关。由 *BRCA1*、*BRCA2* 基因突变所导致的遗传性乳腺癌/卵巢癌约占 10%。结合家族病史、患病史、生活方式、环境危险因素等，给予增强锻炼、控制体重、戒烟、补充营养素、避免接触不良环境因素、定期自我乳房检查、乳腺癌筛查等建议，降低发病风险。必要时提前切除靶器官，改善易感基因突变携带者的预后。

（四）结直肠癌

遗传度 35%。易感基因包括 *MLH1*、*MSH2*、*MSH6*、*PMS1*、*PMS2*、*TACSTD1* 等。肿瘤遗传咨询时，需要仔细收集和分析个人和家族的肿瘤史，排除特定的遗传性肿瘤综合征风险，对未发病咨询者给予戒烟戒酒，改变生活习惯，均衡饮食、定期胃肠镜检查等建议，降低发病风险，提前发现病灶，早期干预，改善预后。

六、遗传性肿瘤综合征的遗传咨询

人类的恶性肿瘤患者中，部分具有家族遗传性。遗传性肿瘤综合征是指一个家族中有多个成员患同一种或几种肿瘤，通常发病年龄较低，可能多发肿瘤病灶。

（一）Lynch 综合征

常染色体显性遗传。Lynch 综合征患者一生中患结直肠癌的风险为 70%～80%，患肠型胃癌的风险为 11%～19%，患小肠癌、肝胆管癌、泌尿道肿瘤、皮肤癌、脑肿瘤的风险增加。女性患子宫内膜癌和卵巢癌的风险增高。*MLH1* 或 *MSH2* 基因突变携带者患结直肠癌的风险最高。Bethesda 标准建议符合下列任一标准的患者进行肿瘤基因分析：①结直肠癌诊断年龄小于 50 岁；②任意年龄同时或不同时间存在结直肠癌和 Lynch 综合征相关的其他肿瘤，包括子宫内膜癌、胃癌、卵巢癌、胰腺癌、输尿管和肾盂癌、胆管癌和脑瘤，主要是胶质母细胞瘤；③60 岁前患组织学确诊的微卫星高不稳定性结直肠癌；④一级亲属有一个或多个被诊断为患结直肠癌和一个 Lynch 综合征相关肿瘤，并且 60 岁前诊断出其中一种肿瘤；⑤两个或多个一级或二级亲属在任意年龄诊断出结直肠癌。符合以上标准的建议接受肿瘤的遗传分析检测，包括 MSI（微卫星不稳定性）、IHC（免疫组化）以及基因检测。高风险人群在 25 岁以后，必须每年做一次肠镜检查、尿液细胞镜检、肿瘤标记物检查，女性需要定期乳房检查、妇科检查。

（二）Fanconi 贫血

常染色体隐性遗传，2%为 X 连锁隐性遗传。Fanconi 贫血临床表型存在遗传异质性，预后很差，患儿贫血的首发症状多在 7 岁左右出现大红细胞/巨幼细胞贫血，随年龄逐渐加重，可出现全血细胞减少，表现为反复出血和感染，雄激素和造血干细胞治疗对部分病例有效，骨髓移植的长期疗效较好。对存在染色体断裂的所有贫血，伴或不伴有畸形的患儿均应考虑本病的可能性。染色体断裂检测是 Fanconi 贫血患者的重要临床诊断依据，可采集外周血淋巴细胞，分为三组，分别加入丝裂霉素 C（MMC）、双环氧丁烷（DEB）和空白对照组进行培养制片，观察染色体断裂情况。目前已经确定了 16 个相关基因突变可以导致 Fanconi 贫血。因其病因是 DNA 修复蛋白缺陷，故具有高度肿瘤易感性，容易患有骨髓衰竭、骨髓增生异常综合征、急性髓细胞性白血病、鳞状细胞癌、肝细胞癌和脑肿瘤，女性患外阴和子宫颈癌症的风险也增加，即使骨髓移植成功的病例，仍然需要定期体检，监测可能发生的肿瘤。

（三）Beckwith-Wiedemann 综合征

常染色体显性遗传，85%病例为散发。致病机制为位于 11p15 的 BWS 基因印记错误，包括 *IGF2*、*H19*、*CDKN1C*、*KVLQT1* 和 *LIT1* 基因，或染色体微缺失/微重复。主要表现为过度生长、脐膨出、巨舌、巨人症和肾上腺皮质巨细胞、轻度到中度智力低下。BWS 患儿有 8%的肿瘤患病风险，通常发生在 5 岁前，最常见的是肾母细胞瘤，其他有肾上腺皮质癌、性腺胚细胞瘤、肝母细胞瘤、神经母细胞瘤和横纹肌肉瘤。携带 *IGF2*

和 *H19* 基因印记错误的儿童比携带其他基因突变的儿童有更高的患癌风险。需要定期体检，监测可能发生的肿瘤。

七、线粒体病的遗传咨询

线粒体病是单基因遗传病中一组复杂的遗传病，可由线粒体 DNA 突变、核基因组 DNA 突变、核基因组与 mtDNA 间信息交流缺陷，以及 mtDNA 获得性突变所致。线粒体病的表现非常复杂，缺陷基因的遗传方式可以是常染色体隐性或显性遗传，也可以是非孟德尔遗传的母系遗传。常累及多个器官系统。环境因素和遗传对线粒体病有复杂的影响。通常线粒体病的临床表现有以下特征：①常累及多系统器官；②可随年龄不同而有不同的临床表现；③常伴有特征性组织化学和生化指标异常。实验室诊断主要是生化遗传诊断和分子遗传诊断。对于线粒体疾病女性患者怀孕后，是否产前诊断尚有争议。因为不容易确定所检测的胎儿细胞中基因突变的比例是否能真实反映胎儿体内各组织所含基因突变比例，而且在胎儿发育过程中，以及出生后，基因突变的比例还有可能发生变化，目前产前诊断结果对评估胎儿预后的价值有限。

八、个体化医疗的遗传咨询

伴随着 DNA 和 RNA 测序所带来的空前影响力，我们迈进了基因组医学时代。从传统的经验医学进入个体化医疗。个体化医疗是依据患者的基因型、基因表达和临床表现来选择适合于患者的药物、治疗方式或预防措施。这种方法具有良好的准确性、有效性、安全性和快速性。个体化医疗用主动治疗取代了被动治疗，依据个人的遗传信息预测和监测健康状况，在病患症状出现前给予干预和治疗，改善个人健康状况。

（一）肠道微生物

越来越多的证据表明微生物在我们的健康中扮演重要的角色，它们影响各类疾病的治疗和干预效果，如癌症、肥胖、糖尿病。在人类肠道中，一次微不足道的微生物混合都很可能加重常见的肥胖症。另外肠道微生物同样可能影响精神分裂症、抑郁症，其他神经系统失衡等。通过 DNA、RNA、蛋白质和代谢分子研究，找到人类微生物群的构成、运作、监管指标，评估它们的遗传代谢能力。对个体肠道菌群的基因检测结果，给予优化微生物在生理机能中的作用，靶向性、定向性移植健康的肠道菌群，个体化指导各类疾病的预防和治疗。

（二）酒精代谢相关基因

研究表明，不同的基因型决定了个体对酒精具有不同的敏感度和代谢能力。自然与酒精代谢高度相关的基因也就被称为“酒精代谢基因”，如乙醛脱氢酶 2 基因（*ALDH2*）。如果基因发生变异，所合成的乙醛脱氢酶蛋白便失去活性，酒精代谢产生的乙醛无法分解，在体内大量蓄积，导致容易酒醉。通过评估受检者在 *ADH1B* 基因的醇位点及 *ALDH2* 基因的醛位点的基因型，综合评估受检者的酒精代谢能力高低，对酒精代谢能力弱的个体，日常生活中尽量避免喝酒导致的健康损害。

（三）基于基因检测的靶向治疗

赫赛汀（注射用曲妥珠单抗）用于治疗人类表皮生长因子受体 2（human epidermal growth factor receptor-2，Her-2）阳性的乳腺癌，是近年应用广泛的个体化医疗范例，通过检测到癌细胞 Her-2 基因拷贝数扩增来选择使用赫赛汀，确保疗效。如今，单克隆抗体已经被大量生产并批准用于治疗癌症、心血管疾病、炎症性疾病、黄斑变性、移植排斥反应、多发性硬化症、病毒感染等。目前癌症是个体化医疗的主要研究领域，此外，艾滋病的治疗也是针对特定患者体内的病毒毒株制定疗法。未来可期待从经验医疗到个体化医疗的转化，基因检测能帮患者选择最适合自己的药物，但目前找出最适合药物造成的额外成本已经超过了随机选择药物的潜在益处，限制了个体化医疗的普遍开展。文献已经报道了数千种药物基因标记物，但常规临床应用的只有其中一小部分，加之临床医生缺乏足够的药物基因组学知识，也制约药物基因组学的临床应用。个体化医疗的使用条件应该包括：①有可能诱发患者差异反应的生物学特征；②具有不同的反应的多种治疗方案；③能够将治疗方法与可能表现出不同反应的患者亚群联系起来的临床生物标记。今后在本领域的各方面不懈努力下，药物基因组学的临床应用将会加速推广。

第三节　遗传咨询的个案分析

目前临床上最常见的遗传咨询还是以生育相关的遗传咨询为主。以下汇总了几类临床工作中最常见的遗传咨询案例，包括胎儿结构畸形、胎儿染色体异常、胎儿单基因病/多基因病、母儿血型不合等。

一、胎儿结构畸形的遗传咨询

胎儿畸形种类繁多，除了法定的胎儿致死性畸形（无脑儿、严重脑膨出、严重开放性脊柱裂、胸腹壁缺损内脏外翻、单腔心、致命性软骨发育不全）需要终止妊娠以外，对胎儿其他种类结构畸形的遗传咨询，随着胎儿医学和医学遗传学近期飞速发展，咨询内容也有所差异。胎儿多发结构畸形合并染色体异常的风险显著增加，确诊染色体非整倍体疾病后，充分告知胎儿可能出现的不良预后，知情选择是否继续妊娠。产前诊断检测方法日益简便、经济和精准，使遗传病的病因学诊断成为可能，除了染色体非整倍体疾病以外，更多的染色体微缺失、微重复，单基因遗传病、多基因遗传病得到产前确诊。

胎儿畸形而遗传学检测无异常，胎儿预后评估与畸形严重程度不一定呈正相关，部分消化道梗阻胎儿可能出生后手术仅需要切开薄的隔膜，预后良好。胎儿后尿道瓣膜畸形发生在早孕期，导致巨大膀胱——膀胱随着孕周增大，可占据整个腹腔及大部分胸腔，压迫导致胎儿心脏移位、双肺发育不良等——预后极差，而接受胎儿宫内治疗后，有获得良好妊娠结局的可能。

近来严重先天性心脏畸形手术的高成功率使得以前选择终止妊娠的胎儿，现在可以由孕妇及家属评估家庭风险承担能力后，知情决定是否继续妊娠，以及选择宫内治疗，或出生后手术治疗。

病例 1

病史资料：XX，27 岁，0-0-1-0，中孕期血清学产前筛查示：21 三体综合征 1/25 000，18 三体综合征 1/17 000，ONTD：低风险。胎儿超声：全前脑，单脐动脉，羊水偏多，心脏畸形（右室双出口），肠回声增强。

咨询建议：超声提示胎儿多发严重结构畸形，染色体异常风险大，建议产前诊断，胎儿染色体检查，手术指征明确，无手术禁忌证，知情选择后夫妻双方签署手术同意书。

产前诊断结果：胎儿染色体 47,XN,+13（GTG）。

结果咨询：告知孕妇及家属胎儿诊断，为 13 三体综合征，胎儿预后不良，知情选择终止妊娠。

病例 2

病史资料：XX,28 岁，中孕期血清学产前筛查示：21 三体综合征 1/251，18 三体综合征 1/17，ONTD 低风险。胎儿超声：胎儿多发畸形。孕 19 周，胎儿小于孕周，双侧脉络膜囊肿，心脏畸形（永存左上腔、冠状静脉窦扩张、室间隔缺损、右心室壁厚、肺动脉宽、主动脉弓狭窄），胎儿永久性右脐静脉，脐静脉腹内段走行迂曲，单脐动脉，左手重叠指。

咨询建议：胎儿多发畸形，核对孕周后血清学产前筛查结果可靠，无手术禁忌证，经知情同意后夫妻双方签署手术同意书，产前诊断，胎儿染色体检查。

产前诊断结果：胎儿染色体 47,XN,+18（GTG）。

结果咨询：诊断明确，胎儿为 18 三体综合征，明确告知孕妇及家属胎儿预后不良，知情选择是否终止妊娠。

病例 3

病史资料：XX，23 岁，0-0-1-0，中孕期血清学产前筛查风险值：21 三体综合征 1/190，18 三体综合征 1/45454，母血胎儿游离 DNA 示：21 三体综合征高风险 1/1.01。胎儿超声：胎儿鼻骨缺如，室间隔缺损，肠回声增强。

咨询建议：超声提示胎儿多发畸形，建议产前诊断，胎儿染色体检查，手术指征明确，无手术禁忌证，经知情选择后夫妻双方签署手术同意书。

产前诊断结果：胎儿染色体核型 47,XX,+21（GTG）。

结果咨询：告知孕妇及家属胎儿诊断为 21 三体综合征，胎儿预后不良，知情选择终止妊娠。

病例 4

病史资料：XX，G1P0，孕 5 月全身皮疹 3 天，胎儿超声示：孕 30W+4d，胎儿右肾下方膀胱上方囊性包块，性质及来源待查，大小 2.8cm×2.6cm。早孕产筛：低风险。中孕期血清学产筛查示：21 三体综合征 1/863，18 三体综合征 1/10 000。母血胎儿游离 DNA 检测示：低风险。

咨询建议：囊性包块良性可能大，定期复查，若包块增大明显，可考虑分娩后对新生儿详查，必要时手术治疗。目前尚不能对胎儿腹腔内包块的来源及性质进行精确诊断，对疾病的转归、胎儿的预后不能明确评估。

病例 5

病史资料：XX，女，28 岁，中孕期血清学产前筛查示：21 三体综合征 1/21791，18 三体综合征 1/81878，ONTD：低风险。胎儿超声示：孕 23W+4d，胎儿胆囊目前未探及。多次复查超声：胎儿胆囊未探及。

咨询建议：胎儿胆囊持续未探及，胎儿存在胆道闭锁风险，胎儿胆道闭锁预后较差，但产前不能明确诊断。告知孕妇及家属目前孕周大，侵入性产前诊断手术有早产等风险，告知产前诊断仅能对胎儿染色体进行检查。并建议咨询肝胆外科医生，共同评估胎儿预后。

病例 6

病史资料：XX，26 岁，孕期无特殊不适，胎儿超声示：孕 30W+2d，胎儿小于孕周 15 天，体重低于第十个百分位，小脑蚓部下段回声连续性中断，多考虑变异型 Dandy-Walker 综合征，胎儿右位主动脉弓，羊水少。胎儿颅脑 MRI 扫描示后颅窝枕大池增宽较明显，其前部与四脑室相通，下蚓部体积稍小，Dandy-Walker 综合征变异型不排除。

咨询建议：告知孕妇及家属目前胎儿考虑诊断为 Dandy-Walker 综合征变异型，胎儿小，羊水少，胎儿有预后不良风险，需孕妇及家属综合考虑后决定是否继续妊娠，若继续妊娠，需要尽快产前诊断，胎儿染色体检查，必要时基因检测。

遗传咨询要点

产前筛查方法、方案很多，对产前筛查高风险孕妇的咨询，应该与时俱进，以患者为中心，以体现患者利益最大化为原则。在遗传咨询的过程中，遵守医学伦理学原则，通过多学科协助，综合确诊、动态评估胎儿预后，客观中立的沟通，让孕妇及家属充分了解病情后决定下一步的处理方案。社会普遍焦虑的心理状态，随着生育政策及社会进步因素等有所改善，人们对胎儿超声异常的接纳程度逐渐增加，也促进了胎儿医学的发展。在没有更加先进的诊断手段、宫内治疗方法之前，遗传咨询需要孕妇及家属充分知情，自我评估对风险的承担能力后决定后续方案。

二、胎儿染色体异常的遗传咨询

产前诊断方法的选择，继往仅检测胎儿 400 条带水平染色体异常的方法显然已经不能满足患者和社会的需求。人们期待更加精准的检测方法。但任何一种精准的检测方法都不能囊括所有的遗传性疾病。因此，需要产前诊断机构根据自身条件，在产前诊断管理办法的要求下，尽可能做细、做全，同时告知孕妇及家属产前诊断的局限性，并给予产前诊断结果咨询，预后评估，后续的治疗方案等。

病例 1

病史资料：XX，23 岁，孕 4 月余，中孕期血清学产前筛查示 21 三体综合征 1/72，胎儿超声示：孕 19 周，胎儿右侧脑室后角宽 1.0cm，左侧脑室后角宽 0.9cm，肝脏实质回声不均。母血胎儿游离 DNA 检测示：21 三体综合征高风险。

咨询建议：产前诊断，胎儿染色体检查，手术指征明确，无手术禁忌证，经知情选择后夫妻双方签署手术同意书。

产前诊断结果：胎儿诊断为 21 三体核型。

结果咨询：建议夫妻双方染色体检查；明确告知孕妇和家属胎儿预后不良，知情选择是否终止妊娠。

病例 2

病史资料：XX，39 岁，0-0-2-0。中孕期血清学产前筛查示：21 三体综合征 1/3846，18 三体综合征 1/33787，ONTD：低风险。胎儿超声：未见明显异常。

咨询建议：高龄孕妇，建议产前诊断，胎儿染色体检查。

产前诊断结果：胎儿染色体 47,XXY（GTG）。

结果咨询：胎儿诊断为克氏综合征。告知孕妇及家属胎儿可能出现的临床表型及预后，青春期前治疗可能改善预后，孕妇及家属知情选择是否继续妊娠。

病例 3

病史资料：XX，26 岁，0-0-0-0，早孕期血清学产前筛查示：21 三体综合征 1/557，18 三体综合征 1/100000，中孕期血清学筛查示：21 三体综合征 1/21，18 三体综合征 1/34441，ONTD：低风险。胎儿超声示：孕 19+W，未见明显异常。

咨询建议：产前诊断，胎儿染色体检查。

产前诊断结果：47，XXX（GTG）。

结果咨询：诊断明确，胎儿为超雌综合征。告知孕妇及家属胎儿出生后可能出现的临床表型与不良预后，但一般没有严重的先天性缺陷，知情选择是否继续妊娠。

病例 4

病史资料：XX，32 岁，0-1-2-0，自然流产 2 次，胎死宫内 1 次。孕妇外周血染色体核型：45,XX,der(21;21)(q10;q10),–21 GTG，丈夫外周血染色体核型正常。胎儿 B 超：孕 21W+，未见明显异常。

咨询建议：产前诊断，胎儿染色体检查，

产前诊断结果：胎儿为 46,XN,der(21;21)(q10;q10)（GTG）。

结果咨询：胎儿诊断为 21 三体综合征。告知孕妇及家属胎儿预后差，知情选择是否终止妊娠；再发风险 100%。

病例 5

病史资料：XX，29 岁，孕 20 周，因中孕期产前筛查示：21 三体综合征 1/269 行羊水穿刺产前诊断。产前诊断结果：胎儿染色体：45,XN,der(13;14)(q10;q10)mat(GTG)，孕妇外周血染色体核型：45,XX,der(13;14)(q10;q10)(GTG)，丈夫外周血染色体核型：46,XY(GTG)。

结果咨询：告知孕妇及家属，胎儿染色体罗伯逊易位，来源于母亲，推测与母亲具有相似表型，预后良好的可能性大。定期产检，B 超检测胎儿宫内生长发育，出生后随访。

病例 6

病史资料：XX，29 岁，0-0-0-0，中孕期血清学产筛查示：free β-HCG 1.17MoM，AFP 0.88MoM，uE3 0.87MoM，21 三体综合征 1/2943，18 三体综合征 1/103，ONTD：低风险。胎儿 B 超：胎儿大小 22W+，右侧鼻骨发育不良，左侧鼻骨缺如，颈后皮褶：0.6cm。

咨询建议：产前筛查高风险，建议产前诊断，胎儿染色体、拷贝数变异检查。

产前诊断结果：胎儿诊断为 Cri du chat del5p15.3-p13.2（猫叫综合征）。

结果咨询：猫叫综合征患者智力低下，生长发育障碍，语言障碍，头面部畸形，约 1/3 患者伴有不同类型先天心脏畸形，胎儿诊断明确，预后差，孕妇及家属知情选择是否终止妊娠。

遗传咨询要点

产前确诊胎儿染色体非整倍体，或常见的胎儿染色体微缺失/微重复综合征，产前诊断结果的遗传咨询相对容易。而嵌合体型的胎儿染色体非整倍体，其预后取决于正常/异常细胞比例，正常细胞比例越高，胎儿预后越好，但比例阈值产前很难精准确定。胎儿性染色体异常的预后，取决于异常种类。超雄综合征胎儿预后，继往文献可能过度评估了出生后患者的攻击性，有可能通过出生后对患儿给予临床治疗，正确的引导和教育，改善患儿预后。超雌综合征和克氏综合征胎儿出生后的不良预后随着 X 染色体数目增加得越多，预后越差。克氏综合征胎儿出生后少部分可能不影响性功能，青春期前开始治疗可能改善预后，加之先进的辅助生殖技术，这部分胎儿出生后的预后可有改善。因此，在不能完全定量评估胎儿预后的情况下，孕妇及家属的态度，对风险的承受能力，对病情掌握的完整性，咨询医师理论知识的深度，都决定着这些胎儿是否能被家庭接受。

三、胎儿单基因/多基因遗传病的遗传咨询

准确的先证者临床诊断及基因诊断结果是胎儿遗传性疾病产前诊断最关键的环节。基因诊断可用于许多临床疾病，包括遗传性及获得性疾病。当检测到基因 DNA 变异时，需明确是否为致病突变。同时需要考虑等位基因和位点的异质性。将遗传学检测的结果准确地传递给患者或高危家族成员、充分告知检测方法的局限性。对常见的单基因遗传性疾病，产前基因诊断结果对评估胎儿预后有极大帮助。而对多基因遗传性疾病等，家系成员参与、多种检测方法结合，更有利于胎儿预后评估。

病例 1

病史资料：XX，女，39 岁，G3P1，生育一男孩，诊断为 DMD（假性肥大型肌营养不良），肌酶升高，未行基因诊断，患儿已夭折。

咨询建议：先证者临床诊断明确；现无先证者 Dystrophin 基因诊断结果，孕妇要求进行胎儿 Dystrophin 基因诊断，充分告知孕妇 Dystrophin 基因诊断的局限性，知情选择孕妇 Dystrophin 基因检测，产前诊断：胎儿染色体检查及 Dystrophin 基因诊断，SRY 性别决定基因检测，STR 连锁分析。

病例 2

病史资料：XX，女，41 岁，全身型白化病患儿生育史。孕期无不适，患儿白化病

基因诊断：未见异常。

咨询建议：先证者临床诊断明确，基因检测结果阴性，可能基因突变位于目前现有基因检测范围以外，我中心不能提供产前诊断；转诊到上级医院，行患儿白化病基因诊断，胎儿白化病产前基因诊断，和（或）胎儿镜检查协助产前诊断。

病例 3

病史资料：XX，22 岁，孕 19 周。2-0-0-0，分别顺产一子、一女，于出生后 7 个月、10 个月夭折，均为全身肌张力低下，喂养困难，不能抬头，未做过检查，未保留患儿组织。疑似“脊髓性肌萎缩症（SMA）”。

咨询建议：夫妻双方进行脊髓性肌萎缩症携带者筛查。

筛查结果：孕妇：*SMN1* 基因的第 7、第 8 外显子拷贝数为 0.5，符合基因突变型携带者；丈夫：*SMN1* 基因的第 7、第 8 外显子拷贝数为 0.5，符合基因突变型携带者。

咨询建议：产前诊断，胎儿染色体检查，*SMN1* 基因诊断。

产前诊断结果：胎儿染色体未见异常；胎儿 *SMN1* 基因的第 7、第 8 外显子缺失。

结果咨询：胎儿诊断为脊髓性肌萎缩症，告知孕妇及家属该病目前治疗费用极其昂贵，胎儿预后差，知情选择是否终止妊娠，再次妊娠行建议产前诊断或植入前诊断。

病例 4

病史资料：XX，女，26 岁，1-0-1-1，女儿 6 岁，为智力低下、自闭症、结节性硬化症患者。本次来咨询下一次妊娠胎儿患与先证者相同疾病风险，夫妻体健，待生育。家族史：男方同母异父的兄弟智力低下，男方父亲的大姐智力低下。患儿头颅 MRI：双侧侧脑室室管膜下结节状异常信号影及大脑半球斑片状异常信号，考虑结节性硬化。

咨询建议：家族中其他智力低下患者病因不详，收集病例资料，详细检查。患儿及夫妻收集 DNA 样本，送检结节性硬化症基因诊断。

病例 5

病史资料：XX，20 岁。G2P0 孕 20+6 周，血常规及血红蛋白电泳示：Hb-A2 4.8%，HGB 83g/L，MCV 68.8fl，MCH 21.6pg，孕妇地贫基因诊断 β-地中海贫血 CD71-72 位点杂合突变。丈夫血常规及血红蛋白电泳示：Hb-A2 3.7%，HGB 120g/L，MCV 75.8fl，MCH 23.0pg，无地贫基因诊断结果。

咨询建议：建议产前诊断，手术指征明确，无手术禁忌证，经知情同意后夫妻双方签署手术同意书，胎儿地中海贫血基因诊断、胎儿染色体检查，丈夫地贫基因诊断。

产前诊断结果：胎儿 β 地中海贫血 CD71-72 位点杂合突变，染色体未见异常。丈夫地贫基因诊断未见异常。

咨询意见：就检测结果而言，推测胎儿该基因型来源于母亲，为杂合突变，推测临床表型与母亲相似。

遗传咨询要点

鉴于遗传检测结果蕴含的意义和有时可能不是期待中的患者疾病相关的阳性结果，必须在遗传检测前获得个体及其家族的知情同意。同时产前基因诊断应考虑检测所需要的时间，胎儿不断生长发育，必须在有限的时间内获得准确的结果。临床诊断明确，但因先证者夭折，缺乏基因诊断结果，产前诊断需要充分知情同意，告知可能存在的医疗风险。产前诊断阳性结果有利于评估胎儿预后，产前诊断阴性结果的遗传咨询应谨言慎行。临床诊断明确但因先证者分子遗传学诊断结果未见异常时，产前诊断前，需要增加先证者的分子遗传学检测内容。产前诊断所需要的胎儿 DNA 可以从培养的羊水细胞、绒毛组织、脐血中分离或直接提取。不同研究所需要的 DNA 量不同，其中，羊水、绒毛、脐血都可能存在母血污染的可能。脐血标本经血红蛋白电泳鉴定，母血污染的羊水标本/母源性污染的绒毛组织经过培养后再进行 DNA 分析，以及常规留取母血样本可帮助解决母源性污染的问题。

四、母儿血型不合的遗传咨询

Rh（D）阴性母体产生了针对 Rh 阳性胎儿血型抗原的特异性抗体，通过胎盘进入胎儿体内，引起胎儿溶血、贫血、心衰、水肿、死胎甚至新生儿死亡。母胎 Rh 阴性血型不合是由 Rh（D）同种免疫导致的，90%发生在分娩时的母胎输血。破坏绒毛膜蜕膜间歇的临床操作均可导致 Rh（D）同种免疫的发生。随着产后广泛应用抗 D 免疫球蛋白，减少了约 90%的 Rh（D）同种免疫及随后发生的 Rh 相关胎儿和新生儿溶血等问题。美国母胎医学学会提出：所有 Rh 阴性孕妇首次就诊应进行 Coomb's 试验，筛查有无抗 D 抗体，判断是否致敏。首次致敏的孕妇仅需孕期定期监测，再次致敏的孕妇则需要对胎儿贫血者给予宫内输血等干预（孙笑等，2017）。

病例

病史资料：XX，36 岁，6-0-0-1，新生儿死亡 5 次。超声示：双羊膜囊双胎，孕妇 B 型血，RH 阴性。IgG 抗 D 效价 1∶1024。初步诊断：G7P5 孕 22 周，高龄孕妇，双胎妊娠，RH 阴性血，IgG 抗 D 高效价。

咨询建议：监测胎儿大脑中动脉血流评估，评估胎儿是否贫血，必要时转诊胎儿医学中心治疗，根据早孕期超声等结果明确双胎绒毛膜性，补充新生儿死亡病史资料，产前诊断。

五、围孕期用药的咨询

孕期用药遵循一定的原则。西药参考 FDA 分类把所有药物分为五类，A 类是安全的，但只有维生素、钙剂；B 类是安全的，如青霉素、红霉素、头孢类药物；C 类一般对孕妇及胎儿影响较小；D 类，尤其是 X 类，孕期禁用。在孕妇疾病很严重，利大于弊的情况下才考虑使用 D 类药物。中成药没有分类标注，在咨询时需要参考药物说明，在医生指导下选择（朱延华等，2008）。

FAD 妊娠药物分级

A 类：妊娠期患者可安全使用。在设对照组的药物研究中，在妊娠首 3 个月的妇女未见到药物对胎儿产生危害的迹象（并且也没有在其后的 6 个月具有危害性的证据），该类药物对胎儿的影响甚微。

B 类：有明确指征时慎用。在动物繁殖研究中（未进行孕妇的对照研究），未见到药物对胎儿的不良影响。或在动物繁殖性研究中发现药物有副作用，但这些副作用并未在设对照组的、妊娠首 3 个月的妇女中得到证实（也没有在其后的 6 个月具有危害性的证据）。

C 类：在确有应用指征时，充分权衡利弊决定是否选用。动物研究证明药物对胎儿有危害性（致畸或胎儿死亡等），或尚无设对照的妊娠妇女研究，或尚无对妊娠妇女及动物进行研究。只有在权衡对孕妇的益处大于对胎儿的危害之后，方可使用。

D 类：避免应用，但在确有应用指征且患者受益大于可能的风险时严密观察下慎用。已有证据显示，药物对人类胎儿有危害性，但尽管如此，孕妇用药后绝对有益（如该类药物用于挽救孕妇的生命，或治疗用其他较安全的药物无效的严重疾病）。

X 类：禁用。对动物和人类的药物研究或人类的用药经验表明，药物对胎儿有危害，而且孕妇应用这类药物无益，因此禁用于妊娠和可能怀孕的患者。

第四节　遗传咨询专业知识的网络学习资源

遗传咨询领域知识更新迭代很快，要具备相应的学习能力。遗传咨询专业职业发展的路径很宽，除了可以在不同科室工作，还会在商业诊断实验室、民营机构、政府机关做工作，也可以做管理、研发、大众教育、职业教育、网络开发、公共卫生、公共政策支持方面的工作。

生物信息分析和报告解读有可能会被人工智能所取代，但遗传咨询较难被机器人所取代，因为遗传咨询师要根据公众的具体情况和咨询进行解答，同时提供大量的心理咨询，这个工作非常考验人的性格及应变能力。每个遗传咨询师都要学习和使用 ASCA/OMIM/UCSC 等数据库。除了数据库外，还需要掌握网络、数据、软件用于综合评估一些突变的风险、复杂概率等问题，用通俗易懂的语言向患者做解释。以下是遗传咨询常用数据库、学习资源、学习网站。

一、遗传病专业数据和知识更新的网上资源

http：//www.ncbi.nlm.nih.gov/pubmed/20301295。GeneReview 是临床医生和遗传学家做的详尽专业总结，偏临床和疾病相关性，更新迅速且权威。

https：//www.clinicalgenome.org/。探讨基因与变异的临床相关性。

http：//www.orpha.net/consor/cgi-bin/index.php。Orphannet 着重疾病或突变分类，含有大量医疗资源的信息（包括具体医院和实验室）。

http：//ghr.nlm.nih.gov/。Genetics Home Reference NIH 是遗传病科普类网站，语言简练通俗，适合做入门级搜寻。

二、遗传咨询培训和能力认证的相关协会官网

http：//www.nsgc.org/。National Society of Genetic Counselor（NSGC）是美国遗传咨询师协会官网，可以查到美国所有注册执业的遗传咨询师及其联系方式，按州、按科室

分类。对遗传咨询感兴趣的可以找到很多入门简介。

http：//www.abgc.net/ABGC/AmericanBoarddofGeneticCounselors.asp。是 American Board of Genetic Counselor（ABGC）负责北美遗传咨询师资格考试、资格认证的官网。

http：//www.acmg.net/。美国医学遗传学与基因组学学会（ACMG）。

http：//www.nature.com/gim/statements and guidelines.html。刊登 ACMG 各种规范和指南，属于遗传咨询（医）师的重要规范指南。

http：//www.acog.org/。美国妇产科医师学会（ACOG）。

http：//www.ashg.org/。美国人类遗传学会（ASHG）。

http：//www.abmgg.org/。美国医学遗传学和基因组学委员会（ABMGG）。

（章锦曼　朱宝生）

参 考 文 献

杨进, 董靖, 雷蕾, 等. 2014. 复杂疾病的遗传咨询. 北京: 科学出版社: 71-77.

朱延华, 姚斌, 廖新学. 2008. 妊娠期安全用药查询手册. 北京: 人民军医出版社: 1-16.

刘俊涛. 2017. 无创产前检测国际指南与中国规范. 中国实用妇科与产科杂志, 33(6): 564-567.

孙笑, 孙瑜, 杨慧霞, 等. 2016. 母胎 Rh 阴性血型不合的孕期监测与处理. 中华围产医学杂志, 19(6): 406-411.

唐新华, 朱宝生. 2019. NIPT 是否应作为一线产前筛查服务?价格与价值的关系. 中国产前诊断杂志(电子版), 2: 4-8.

政策法规司. 2017.《中华人民共和国国务院令(第 308 号)-中华人民共和国母婴保健法实施办法》.

政策法规司. 2017.《中华人民共和国国务院令(第 309 号)-计划生育技术服务管理条例》.

法律图书馆. 2017.《中华人民共和国母婴保健法》.

Carlson LM, Vora NL. 2017. Prenatal diagnosis: Screening and diagnostic tools. Obstet Gynecol Clin North Am, 44(2): 245-256.

Liu H, Gao Y, Hu Z, et al. 2016. Performance evaluation of NIPT in detection of chromosomal copy number variants using low-coverage whole-genome sequencing of plasma DNA. PLoS One, 11(7): e0159233.

Luo Y, Jia B, Yan K, et al. 2019. Pilot study of a novel multi-functional noninvasive prenatal test on fetus aneuploidy, copy number variation, and single-gene disorder screening. Mol Genet Genomic Med, 7(4): e00597.

Miller DT, Adam MP, Aradhya S, et al. 2010. Consensus statement: chromosomal microarray is a first-tier clinical diagnostic test for individuals with developmental disabilities or congenital anomalies. Am J Hum Genet, 86(5): 749-764.

Miltoft CB, Rode L, Ekelund CK, et al. 2018. Contingent first trimester screening for aneuploidies with cell-free DNA in a Danish clinical setting. Ultrasound Obstet Gynecol, 51(4): 470-479.

Schneider KA. 2016. 张学, 季加孚, 徐兵河译. 肿瘤遗传咨询. 第三版. 北京: 人民卫生出版社: 65-95.

Wang J, Chen L, Zhou C, et al. 2018. Identification of copy number variations among fetuses with ultrasound soft markers using next-generation sequencing. Sci Rep, 8(1): 8134.

Zhang H, Gao Y, Jiang F, et al. 2015. Non-invasive prenatal testing for trisomies 21, 18 and 13: Clinical experience from 146, 958 pregnancies. Ultrasound Obstet Gynecol, 45(5): 530-538.

第十四章　遗传筛查

由于大多数遗传病尚无有效的治疗方法，部分病种病情严重，致死率和致残率高，所以遗传病的预防显得非常重要。遗传筛查是以群体为对象，检测个体可能存在的某些遗传病相关基因，是预防遗传病发生的重要步骤，目的是检出致病遗传物质的携带者和遗传病患者（杜传书，1984）。通过遗传筛查发现发病风险高和生育风险高的风险人群，进行相关诊断确诊，然后采取相关的预防措施，防止或延缓遗传病的发生，避免所生育的后代患病（陈竺，2010）。

遗传病预防措施分为三级：一级预防为妊娠前携带者筛查和遗传咨询；二级预防为产前筛查和产前诊断；三级预防为新生儿疾病筛查与治疗。遗传病的发病率、地域和人群分布情况，对遗传筛查的效率有一定影响。目前很多国家和地区针对某些发病率高、病情严重或可以早期防治的遗传病建立了筛查方法，根据筛查目的和对象的不同，遗传筛查可以分为携带者筛查（carrier screening）、产前筛查（prenatal screening）、新生儿筛查（neonatal screening）、群体筛查（population screening）、药物反应性筛查（drug-response screening）等，临床上较常用的为前三种（马用信等，2013）。

第一节　遗传筛查常用的生化、免疫学检测方法

许多遗传病缺乏特异的临床症状和体征，也缺乏可用于常规检测的特异性标志物，缺乏特征性影像学表现，加之遗传病病种繁多，单个遗传病发病率低的局限性，导致临床诊断极其困难。某些遗传病具有高死亡率和严重的神经系统后遗症等危害，对其早期诊断和治疗提出了更高的要求（王育水等，2007）。

遗传病的实验室检测需要结合生化遗传学、细胞遗传学、分子遗传学等不同检测方法，通常涉及常规生化检测方法（如层析法、电泳法、比色法等）与细胞培养、组织化学、免疫学（如ELISA、发光免疫测定和放射免疫测定等）和化学测定（如酶电极、离子电极、质谱法等）多种方法。针对某些常见遗传病的成体筛查、新生儿筛查、产前筛查的生化遗传测定方法也发展迅速，包括细菌抑制法、发光免疫测定、高效毛细管电泳、放射免疫测定、酶联免疫吸附测定、高效液相色谱法、时间分辨荧光免疫测定、串联质谱及质谱联用技术和基因测序技术等（郑铁生，2004）。随着自动化程度的提高，各种不同的自动化分析仪更适合某些遗传病的快速检测。

目前，临床上大规模进行的产前和新生儿筛查，主要采用的技术为发光免疫测定、酶联免疫吸附测定、高效液相色谱法、串联质谱及质谱联用技术和血红蛋白电泳技术等，由于疾病种类繁多，生化检测技术除了这几种常用技术外，不乏某些病种特异的遗传代谢病检测技术，这些技术的原理参见本章第二节新生儿遗传代谢病筛查部分。

一、发光免疫测定

发光免疫测定是将发光系统与免疫反应相结合，以检测抗原或抗体的技术方法。该方法具有发光反应的高灵敏性和免疫反应的特异性，在遗传代谢病的检测中应用广泛。根据标记物的不同，发光免疫技术测定分为下列 5 类测定方法：化学发光免疫测定、化学发光酶免疫测定、微粒子化学发光免疫测定、生物发光免疫测定和电化学发光免疫测定。根据发光反应检测方式的不同，发光免疫技术分为下列三类：液相法、固相法和均相法。根据示踪物检测的不同分为荧光免疫测定、化学发光免疫测定和电化学发光免疫测定三类。荧光免疫测定又分为时间分辨荧光免疫测定和荧光偏振免疫测定；化学发光免疫测定分为化学发光酶免疫测定和化学发光标记免疫测定。发光免疫技术具有高灵敏度、高准确性、高精密度、高自动化程度、高稳定性和高效的优点。本部分对时间分辨荧光技术、化学发光技术和电化学发光技术等医学遗传学常用检测技术进行简要介绍。

（一）时间分辨荧光免疫测定

时间分辨荧光免疫测定（time-resolved fluroinnmnoassay，TRFIA）是 20 世纪 80 年代发展起来的一种非放射免疫标记技术，其中应用最广泛的一种方法是解离-增强镧系荧光免疫测定（dissociation-enhancement lanthanide fluoroimmunoassay，DELFIA），此技术具有灵敏度高、特异性强、稳定性好、适用范围宽、试剂寿命长、操作简便和非放射性等优点，在生物学、医学中的超微量分析中得到广泛应用，可以对血清中的很多组分，如蛋白质、无机离子和酶等进行检测。TRFIA 已经成为临床诊断、治疗监测和基础医学研究的重要检测手段。

一般使用镧系元素中的三价稀土离子（如 Eu^{3+}、Tb^{3+}、Sm^{3+}、Nd^{3+}、Dy^{3+}）作为示踪物，对蛋白质、多肽、激素、抗体、核酸探针或者生物活性细胞等进行标记。这些稀土离子与具有双功能结构的螯合剂（聚氨基多羟酸类）以及抗原形成稀土离子-螯合剂-抗原螯合物。正常情况下，经过免疫反应之后形成的免疫复合物中的稀土离子在水中荧光强度非常弱，加入增强剂后，将示踪剂从复合物上解离下来，并与增强剂中的 β-二酮体、三正辛基氧化膦、Triton X-100 等成分形成一种微囊，微囊在紫外光激发下发出的荧光信号可增强为原来的百万倍，利用增强剂的荧光放大作用，即可测定复合物中的稀土离子发射的荧光强度，根据荧光强度和相对荧光强度的比值，计算出反应体系中待测物的浓度，实现定量分析的目的。这一增强作用使得检测的灵敏度进一步增加。时间分辨荧光免疫分析的主要方法有两种：双位点夹心分析法，多用于大分子化合物的检测，可得出被测物质的含量；竞争分析法，多用于小分子半抗原的检测。

TRFIA 技术在实验室应用广泛，全自动时间分辨荧光免疫分析仪的问世带动了多种商品化试剂盒的出现，也为 TRFIA 技术在临床的应用提供了必要的条件。TRFIA 可以用来检测超微量的生物活性物质。对发病率高、病情严重的遗传病（如唐氏综合征）或先天畸形（如神经管畸形）等进行产前筛查，通过对血清标志物甲胎蛋白（AFP）、游

离 β-绒毛膜促性腺激素（Free-β-hCG）、游离雌三醇（uE_3）、妊娠相关血浆蛋白（PAPP-A）、抑制素 A（inhibin A）的检测，筛查出子代具有出生缺陷高风险的人群，可疑者进一步确诊。对于 Neo-TSH、Neo-17a-OH Prog 等新生儿筛查项目的检测也得到临床广泛应用。由于 TRFIA 技术优势比较突出，近年发展迅速，已经逐渐取代放射免疫分析。蛋白质和多肽激素，如 IgE、hCG、促黄体生成素、泌乳素、促甲状激素和胰岛素等一般采用双位点夹心法测定；半抗原的物质，如皮质醇、地高辛、甲状腺素和雌二醇等一般用竞争法测定；另外还可以用于病原体抗原、肿瘤标记物、病毒抗原分析、药物代谢分析等的测定。TRFIA 在内分泌学、肿瘤学、免疫学、微生物学、分子生物学和微量蛋白检测等领域均有广泛应用。时间分辨荧光免疫分析已经成为国际上公认的血清标志物检测方法。

（二）化学发光免疫测定

化学发光是指化学反应引起的发光现象。当物质吸收化学反应过程中释放的化学能之后，使自身分子受激发而发光。化学发光反应所发出的光的强度依赖于化学发光反应的速度，而反应速度又依赖于反应物的浓度。因此，通过检测化学发光强度可以直接测定反应物的浓度，从而进行物质的定性和定量分析。

化学发光免疫测定（chemiluminescence immunoassay，CLIA）近 10 年来在医学检验等领域得到了很大发展，与微粒子发光酶免疫测定（micro particle luminescence immunoassay，MLIA）、生物发光免疫测定（bioluminescence immunoassay，BLIA）、增强化学发光测定（enhanced chemical luminescence，EC）和电化学发光（electrochemical luminescence，ECL）测定等相比，具有灵敏度高（可测 10^{-18}mol 的物质）、检测速度快、操作简便、所用试剂对人体无危害等优点，成为非放射性免疫分析技术中最具有发展前途的方法之一。

电化学发光法是化学发光技术的一个子类分析方法，是继酶免疫、放射免疫、化学发光免疫测定之后的新一代标记免疫测定技术，实际上包含电化学和化学发光两个过程。电化学发光免疫测定（ECLIA）是电化学发光和免疫测定相结合的产物，可以对各种物质进行快速分析，具有高灵敏度、准确度和检测速度的技术优势，在临床和基础研究领域的应用前景十分广阔。

电化学发光与一般化学发光技术的主要区别在于标记物的不同，一般采用的发光试剂标记分子是三氯联吡啶钌，在三丙胺阳离子自由基的催化及三角形脉冲电压激发下，三氯联吡啶钌产生高效、稳定的连续发光，同时由于三氯联吡啶钌在发光反应中的再循环，使发光得以增强、稳定，而且检测采用均相免疫测定技术，不需将游离相与结合相分开，从而使检测步骤大大简化，也更易于自动化。

目前已有商品化的电化学发光法仪。其操作的智能化程度、敏感度、特异性、精密度和准确性均高于放射免疫。特别是检测灵敏度高、快速，检测试剂稳定并易于进行质量控制，已成为免疫检测广泛采用的技术，适用于中小型的检测机构。随着近年来各试剂厂家不断推出许多新开发的诊断试剂盒，使其检测项目涉及范围越来越广，可用于内分泌激素类、肿瘤标志物类、心肌标志物类、病毒标志物类、治疗性药物浓度和骨代谢指标等方面的检测。化学发光法就其检测方法学的特点而言，在产前筛查和新生儿筛查领域也表现出应用价值，也是产前筛查和新生儿筛查领域临床应用较为广泛的技术。

二、高效液相色谱法

色谱又称层析，是一类利用混合物各组分在不同相上的分配差异，在两相物质相对运动中进行分离和分析的技术总称。依据流动相的不同，分为气相色谱和液相色谱，近些年来还发展了超临界流体色谱。在医学领域应用较多的是液相色谱，特别是高效液相色谱法（high performance liquid chromatography，HPLC）。高效液相色谱法是用特制微粒填充的层析柱作为固定相，通过高压泵使液体流动相快速通过层析柱而达到快速、有效分离液相中各种物质的层析技术。

1. 液固吸附色谱法

在色谱柱中填充固体吸附剂，待测组分通过色谱柱时，不断地被吸附剂吸附和被流动相解吸附。基于不同组分被吸附和被解吸附的行为差异，从而达到分离的目的。常用的吸附剂有硅胶、氧化铝、硅藻土等。

2. 液液分配色谱法

在固体填充颗粒上涂一层薄薄的固定液，待测组分在固定相和流动相之间进行连续的分配萃取，由于被分离物质在两相间的分配系数不同而达到分离目的。

3. 离子交换色谱法

在色谱柱中填充离子交换树脂。带电离子随流动相经色谱柱时，与带有异性电荷的树脂有一定的亲和力而得以适当保留。由于各种离子与树脂的亲和力不同，其保留行为也不同，从而得以分离。

高效液相色谱法应用范围广，对被测物质活性影响小，在医药卫生和生物化学领域得到广泛的应用，特别适用于挥发性低、热稳定性差、分子量大的高分子化合物，以及离子型化合物的分离分析。蛋白质、糖类、核酸、氨基酸、生物碱、类固醇、类脂等大分子、高分子聚合物和各种药物都能用 HPLC 测定，可用于生化遗传病的检测。

三、串联质谱及质谱联用技术

质谱是利用高能离子源将样品电离为各种不同质荷比（m/z）的分子离子和离子碎片，带有样品信息的离子碎片被加速进入质量分析器，不同离子在质量分析器中被分离并按照质荷比的大小抵达检测器，经过记录即得到不同质荷比排列的离子质量谱，从而对样品的结构进行解析的检测方法。与其他分析方法相比，质谱检测可以直接得到样品的分子结构。串联质谱仪是将两台质谱仪以串联的方式连接，第一台质谱仪作为分离器，第二台质谱仪作为分析仪来对混合物直接进行分析。与单级质谱仪相比，串联质谱仪能明显改善信号的信噪比，并可以大大减少所需的样品量，检测水平达到皮克级，是更为灵敏、高特异性的快速分析技术。串联质谱不仅能够分析小分子，也可测试有些蛋白质等生物大分子。1990 年，Millington 等首次将串联质谱应用于新生儿筛查，大大提高了检测效率，经过 20 多年的发展，已经广泛应用于疾病筛查机构。相对于传统的新生儿筛查系统一次只能检测一种疾病而言，串联质谱（tandem mass spectrometry，MS/MS）技术能够实现在 2～3min 内对血样标本进行几十种代谢产物的分析，可以实现一次实验检测多种氨基酸、有机酸和脂肪酸等代谢性疾病。

MS/MS 通常有 4 种扫描方式：①子离子扫描，检测从某个母离子分裂而来的所有碎片离子；②母离子扫描，检测可产生某个碎片离子的所有母离子；③中性丢失扫描；④多反应离子检测。在 IMD 筛查中常使用后 3 种扫描方式。在进行母离子扫描时，采用多反应检测模式可以检测到特定的碎片，选择特定分析物，因此具有更好的灵敏度。

串联质谱检测在遗传代谢病筛查中的科学性、临床价值和社会意义有目共睹。但该技术目前还处于发展阶段。为保证检验结果的一致性，质量控制方面还需要提高。工作条件也较为苛刻，实验环境、标准操作规程、优选实验方法、仪器的校正和保养、试剂的选择和标定、标本的处理、计算方法和实验记录等要求较高；另外，对工作人员专业化水平的要求也很高。随着各国相关领域专家的共同努力，将会有更多的疾病通过串联质谱分析诊断和筛查，该技术也会更加趋于成熟和完善（Copeland，2008）。

色谱和质谱联用技术集成了色谱分离和质谱检测两个方面的优势，在临床检验中具有更广泛的应用，主要技术包括液相色谱串联质谱（LC-MS/MS）、气相色谱串联质谱（GC-MS/MS）和毛细管电泳质谱联用。在医学界，液相色谱串联质谱联用应用最为广泛，根据配置不同，有三类质谱仪较为常用：液相色谱串联质谱联用仪-三重四极杆质谱仪、液相色谱串联四极杆-离子阱质谱仪和液相色谱串联四极杆-飞行时间质谱仪。液相色谱串联质谱被广泛应用于代谢组学研究、小分子定性定量分析、生物标志物的发现、临床医学、环境科学、食品安全等领域。例如，国内已经可以通过液相色谱串联质谱检测血浆中 42 种氨基酸及相关代谢物来提示人体氨基酸代谢平衡状态，获得氨基酸谱，这对于氨基酸代谢相关的疾病的诊断和治疗具有重大意义。欧美国家已经广泛采用液相色谱串联质谱对新生儿遗传代谢疾病进行筛查，通过检测多种氨基酸和酰基肉碱诊断氨基酸代谢障碍和脂肪酸氧化缺陷等方面的遗传病（Chace et al.，2001）。

四、毛细管电泳技术

血红蛋白电泳是检测和鉴定异常血红蛋白常用的主要实验诊断方法。血红蛋白分子结构发生改变往往使血红蛋白分子的总电荷发生改变，电泳时各种血红蛋白因其总电荷不同而有差别，可以分离和鉴别出异常血红蛋白。

血红蛋白电泳检测原理是利用血红蛋白的等电点的差异，在 pH 8.6 缓冲液中带电荷不同，在电场中能够形成不同的区带。可以对其中的血红蛋白 A（HbA）、血红蛋白 F（HbF）、血红蛋白 A_2（HbA_2）进行定量分析，也可对异常的血红蛋白进行定量分析，从而实现对地中海贫血进行筛查分类。

诊断标准：正常成人参考范围 HbA_2 为 2.0%～3.5%并且无异常血红蛋白带出现。如

果 $HbA_2 \leqslant 2.5\%$，或者出现了异常的血红蛋白带（HbH 或者 HbBart's），判断为 α 地中海贫血表型阳性；如果 $HbA_2 > 3.5\%$或出现异常血红蛋白带（$HbF > 2.0\%$），则判断为 β 地中海贫血阳性。

五、酶联免疫吸附测定

酶联免疫吸附测定（enzyme-linked immunosorbent assays，ELISA）是酶免疫测定技术中应用最广的技术。利用抗原抗体之间专一性结合的特性，将已知的具有免疫活性抗原或抗体吸附在固相载体（聚苯乙烯微量反应板）表面，在固相表面进行抗原抗体反应，用洗涤法将液相中的游离成分洗除。常用的 ELISA 法有双抗体夹心法、间接法、竞争法和捕获法。

ELISA 方法的基本原理是酶分子与抗体或抗体分子共价结合，此种结合不会改变抗体的免疫学特性，也不影响酶的生物学活性。此种酶标记抗体可与吸附在固相载体上的抗原或抗体发生特异性结合。滴加底物溶液后，底物可在酶作用下使其所含的供氢体由无色的还原型变成有色的氧化型，出现颜色反应。因此，可通过底物的颜色反应来判定有无相应的免疫反应，颜色反应的深浅与标本中相应抗体或抗原的量成正比。此种显色反应可通过 ELISA 检测仪进行定量测定，这样就将酶化学反应的敏感性和抗原抗体反应的特异性结合起来，使 ELISA 方法成为一种既特异又敏感的检测方法。

ELISA 具有快速、敏感、特异、简便、稳定和易于标准化等优点，使其得到迅速的发展和广泛应用。可用于定量测定多种病原微生物、小分子抗原、小分子抗体、大分子抗原、大分子抗体、循环抗体、产前筛查和新生儿筛查中的目标检测物等，是一种良好的诊断方法，在医学各领域应用范围日益扩大。ELISA 法属于大众技术，有较高的灵敏度和特异性，只需要配备一台普通酶标仪，所以在基层医疗机构使用率较高。

六、高通量基因测序技术

高通量测序技术也称新一代测序（next-generation sequencing technology，NGS），其本质是大规模平行测序，以能一次并行对几十万至几百万条 DNA 分子进行序列测定，一般读长较短及一次性产生大量数字化基因序列为标志，为人类从分子水平进行疾病的诊断、预防和治疗，将大规模基因检测转化应用于临床诊疗实践提供了重要的技术手段。

目前商业化生产的 NGS 平台有多种，主要有基于焦磷酸测序的 454 测序技术、基于可逆链终止物和合成测序的 Solexa 及 HiSeq 测序技术，基于离子敏感场效应晶体管检测的 Ion Torrent 测序技术，基于连接酶和兼并探针的 PSTAR 测序技术等。这些平台化学原理各异，包括边合成边测序、边连接边测序等，但它们具有相似的样品处理步骤，包括 DNA 片段化，可控制配对标签间距离的处理，连接平台特异性的反应接头以建立待测片段文库，具有体外扩增，包括乳液 PCR 或桥式 PCR 等方法，并依赖这些方法使文库中单一分子扩增至阵列上相应的克隆簇，测序过程均是对高密度 DNA 阵列进行酶法操作和荧光或化学发光图像采集的迭代循环，其生化反应的实现方式各异，但均依赖于聚合酶或连接酶合成 DNA，产生引物延伸序列，最终获得原始测序数据。

通常测序反应是从一端对片段文库进行单端测序，即可获得核酸碱基或拷贝数信息，大部分 NGS 平台也可从两端对片段文库进行两端测序，从而增加测序数据量，提高核酸序列拼接准确性，并可以发现插入、缺失、倒位、重排等结构变异。此外还可以采用在双向测序基础上进一步优化的配对测序，以进一步增加对核酸结构变异的识别能力。

NGS 具有如下技术特点。

（1）通量高：NGS 可以一次并行对几十万至几百万条 DNA 分子进行序列测定，同时检测多种疾病、多个基因、上万个突变位点。

（2）灵敏度高：Sanger 测序可检出突变比例为 15%～25%的突变，而 NGS 检测通过将相同区域片段的大量读段进行比较，检测灵敏度可达 1%～5%。因此 NGS 更适宜于基因组背景复杂、异质性样品中低含量突变的检出，如线粒体病和肿瘤等。

（3）测序成本低：由于通量较高，单个样本的测序成本大幅度降低；但由于设备、场地和人力等要求高，NGS 技术总体成本较高。

（4）操作简便、快速：无需电泳，大大减少了检测事件。

当前，NGS 已经得到了广泛的临床应用，如遗传性疾病诊断、产前无创筛查、肿瘤筛查、感染性疾病的筛查。同时可用于非临床检测，包括全基因组甲基化测序、微生物组、小分子 RNA 及转录组测序等，还用于在群体水平上研究物种的进化，环境适应性及自然选择等方面。NGS 的临床应用需要注意以下几点。

（1）应遵循国家卫生健康委员会医政医管局印发的《测序技术的个体化医学检测应用技术指南（试行）》，同时建立严格的治疗管理控制体系。

（2）NGS 测序技术本身较为成熟，但必须依赖下游的生物信息学处理过程，才能将从测序过程获得的原始数据转换成可以用于临床解读的 DNA 序列。因此这个过程通常需要由具有实验室专业技术人员、临床医学和生物信息学不同背景的人员共同完成。

（3）NGS 技术由于建库环节易污染，扩增过程中易失真、读长较短及在短片段拼接时拼接错位置，以及数据分析环节可能会掺入人为的主观臆断等缺陷，导致各检测机构的实验结果可重复性不高，因此需要采用 Sanger 测序对 NGS 结果进行确认。

（4）临床信息采集尤为关键，一定要详尽细致采集临床表型信息，应用于基因型和表型的综合判读中。对于新生儿遗传性疾病，结果判读仍然很困难，一方面由于很多表型在新生儿阶段没有出现或者不典型，而是部分新生儿遗传学疾病的病情严重儿不能存活，致使表型没有得到诊断。

（5）人类对致病基因的认识极为有限，是影响 NGS 技术临床应用的重要因素。

遗传代谢病（inherited metabolic disorders，IMD）是涉及糖类、脂肪、氨基酸、有机酸、维生素、矿物质等物质的质和量变化导致的疾病。因此在此类疾病筛查和确诊时主要采用人体体液或组织中某些代谢物的定性或者定量检测。与分子遗传学检测方法相比，生化检测方法具有经济、简单、快速、有效等优点，因此目前仍是某些生化遗传病的常规诊断方法。

生化遗传技术在医学遗传学中具有重要作用，随着生化遗传技术的日益增多及其他领域新技术的不断引入，技术方法种类不断增加，在临床应用时需做好质量控制工作，以保证检测结果的精确性和准确性。在确保筛查质量的前提下，本着操作简便、易于批量检测和费用合理的原则选择适宜的技术方法、试剂和设备。

第二节 新生儿遗传代谢病筛查

新生儿筛查（newborn screening）是指通过快速、简便和灵敏的实验室方法，在新生儿群体中，对某些危及儿童生命、危害儿童生长发育或导致儿童智力发育障碍的遗传代谢病及内分泌疾病进行筛查。其目的是对患病的新生儿在临床症状尚未表现之前或表现轻微时通过筛查，对疑似对象进行早期诊断；对阳性病例进行早期治疗；防止机体组织器官发生不可逆的损伤；最大限度地减少疾病对机体造成的危害；对患儿双亲提供有关疾病知识的教育和遗传咨询；避免患儿发生智力低下、严重的疾病或死亡。新生儿筛查是提高人口素质的重要措施之一，具有重要的社会意义和经济效益。

一、新生儿遗传代谢病的历史和现状

早在20世纪初，Garrard就提出过筛查的概念，即通过人体某些异常分泌物与化学试剂进行反应的结果来认识疾病。例如，苯丙酮尿症，20世纪40年代后期获悉其发病机制，即患者肝脏内先天性苯丙氨酸羟化酶缺陷，造成尿液中有异常分泌物苯丙酮酸等。苯丙酮酸可与三氯化铁试剂反应达到筛查目的。但是随后发现苯丙酮尿症患者具有个体差异，其尿中不是全部都能检测到苯丙酮酸。所以三氯化铁方法对苯丙酮尿症的筛查缺乏可靠性和敏感性。50年代，科学家发现早期限制苯丙氨酸摄入可以防止患儿痴呆的发生，建立了苯丙酮尿症的早期饮食治疗方法。1961年，Guthrie博士首次创立了细菌抑制分析法来测定新生儿血液中的苯丙氨酸浓度，血样标本取自滤纸干血片。滤纸干血片标本易于采集，便于递送或邮寄至筛查中心，适宜于大批量标本的检测（张少芹，1999）；细菌抑制法操作简单，准确性强，不需要特殊仪器设备，为此这两种方法联合使用，使美国于1963年最先开展苯丙酮尿症的新生儿筛查并给予立法。

我国每年都有大量的遗传代谢病患儿出生，为社会和家庭带来了巨大的负担。我国新生儿筛查工作起步于20世纪80年代的上海和北京，对苯丙酮尿症和先天性甲状腺功能减退症进行了样板研究，之后其他省市也逐步开展新生儿筛查。1994年颁布的《中华人民共和国母婴保健法》第二十四条明确提出：医疗保健机构对婴儿进行体格检查和预防接种，逐步开展新生儿疾病筛查、婴儿多发病和常见病防治等医疗保健服务。首次将新生儿疾病筛查和预防接种以立法形式确定。2009年6月我国颁布实施《新生儿疾病筛查管理办法》，规定新生儿筛查的遗传代谢病普查项目为苯丙酮尿症（PKU）、先天性甲状腺功能减退症（CH）和听力障碍。目前大部分地区新生儿筛查病种仅为PKU和CH两种，有些省市增加了葡萄糖-6-磷酸脱氢酶缺乏症（G6PD）、先天性肾上腺皮质增生症（CAH）、半乳糖血症（GAL）等病种。根据经济条件、社会环境和技术条件，世界各国新生儿筛查的项目各不相同，但基本遵循着以下原则：①危害严重并且早期症状不明显；②人群中具备一定的发病率；③可以治疗并改善预后；④筛查方法简单可靠并进行实验室质控，易于对人群进行筛查（顾学范，2003）。

新生儿筛查是目前应用最为广泛的遗传代谢病筛查，由于遗传代谢病非常复杂，但常常伴有血或尿中的生化检测指标的显著改变，所以基本生化检测筛查对于遗传性代谢病诊断范围缩小具有一定价值。随着医疗检验技术的不断更新，遗传代谢病筛查技术亦迅速发展，新生儿遗传代谢病的筛查从最初 Gutherie 的细菌抑制法、放射免疫测定、酶联免疫吸附测定发展到时间分辨荧光免疫测定和串联质谱，实现了从一次实验检测一种疾病到一种实验检测多种疾病的跨越，在筛查的方法上有了长足发展。一些生化遗传筛查技术由于技术自身局限性，逐渐被更精确的方法替代。临床上首先需要依靠各种生物化学检测方法进行初步筛查诊断。

新生儿筛查工作是一项集组织领导、实验技术、医疗诊治、群众工作及社会经济条件多方面合作的工作，任何一个环节出现疏漏都会延误诊治，导致法律纠纷。各级人员都应具有法律意识，确保各环节工作质量，包括标本的正确采集和及时寄送，并做好登记工作；严格遵守实验操作常规；参加全国的实验质控系统；阳性标本及时追回和确诊随访等，杜绝只进行筛查不管治疗的错误做法（苏醒，2008）。

二、新生儿遗传代谢病筛查的工作流程

新生儿筛查标本主要通过采集足跟血，制成干纸血片，也有采集脐带血或尿液标本进行筛查的。我国《新生儿疾病筛查技术规范》所附 Zxcvbnm 新生儿遗传代谢病筛查操作流程如图 14-1 所示。

新生儿筛查工作在我国已经显示出巨大的社会效益和经济效益。由于新生儿筛查是患儿被检出是否患有相关遗传代谢病的唯一途径，为此，新生儿筛查的质量控制体系非常关键。新生儿疾病筛查质量控制体系包括三个级别的质量管理。一级为分析前质量控制，属于筛查流程的基本步骤，关系到筛查结果的准确与否；二级为筛查中心实验室的质量控制，包括分析前和分析过程中的质量控制，是最重要和关键的步骤，包括室内质控和室间质控两个部分，是避免漏筛的最关键环节；三级是筛查网络管理、人员培训、病人的确诊治疗随访等。

分析前质量控制包括标本的采集、人员培训、血片递送过程、血片质量检查、试剂的选择和储存、仪器的管理等；分析中质量控制包括建立健全筛查实验室各项规章制度、建立严格的实验流程、复核实验、室内质评和室间质评、实验室生物安全防护；分析后质量控制包括遗传初筛结果的信息反馈、滤纸血片的保留、筛查资料的保存等。

三、氨基酸、脂肪酸和有机酸代谢异常的筛查和检测

基于串联质谱的特异性和灵敏性等技术优势，其临床应用得到广泛开展，可以实现对氨基酸、脂肪酸和有机酸等代谢性遗传病的临床检测。根据美国国家遗传科学院颁布的新生儿筛查指南，一共有 54 种需要筛查的遗传代谢病（inherited metabolic disorders，IMD），38 种可以采用串联质谱方法进行分析，其中 18 种属于首要筛查项目，20 种属于次级筛查项目，具体 IMD 疾病项目列于表 14-1。涉及的疾病种类包括氨基酸代谢紊乱、有机酸症和脂肪酸氧化缺陷（酰基肉毒碱缺乏）及尿素循环缺陷等。我国串联质谱

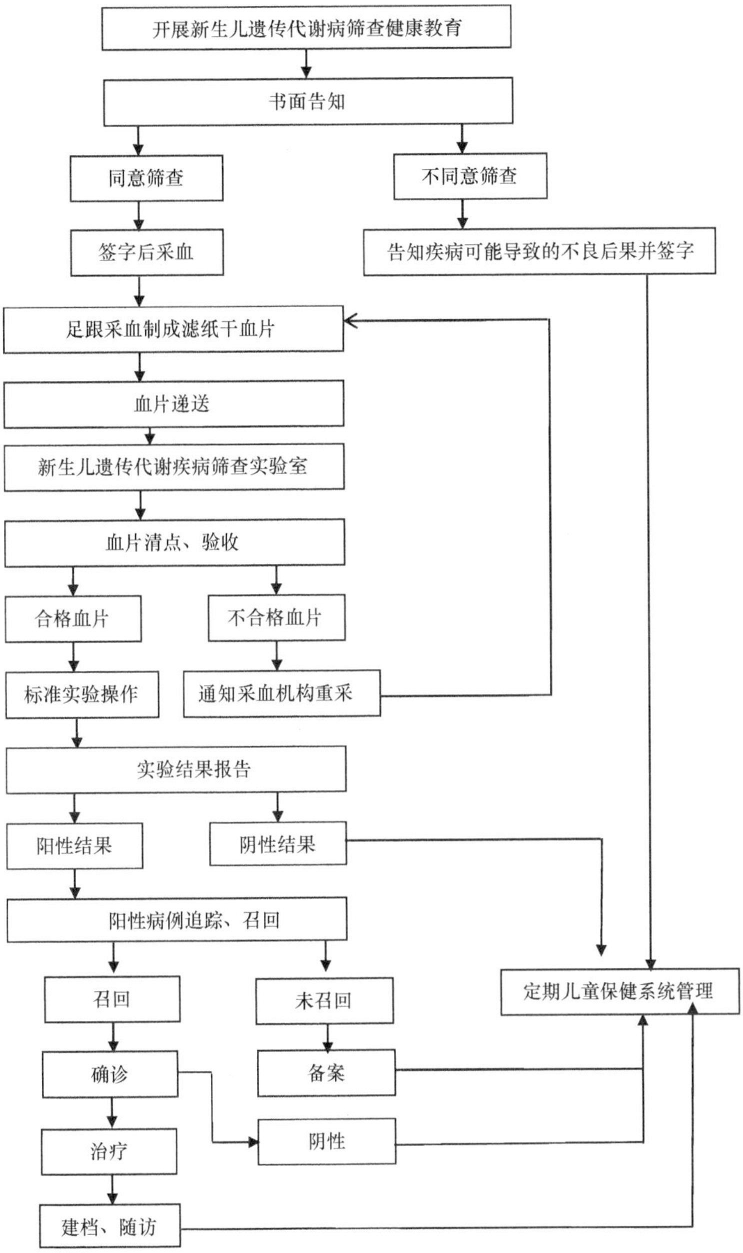

图 14-1　新生儿筛查操作流程图

技术的起步时间晚，受实验室数量有限和检测质量差异大等限制，暂时还未出台规范的检测范围谱。

氨基酸代谢紊乱包括瓜氨酸、亮氨酸、甲硫氨酸、苯丙氨酸、酪氨酸和缬氨酸等。有机酸是氨基酸、脂肪、糖中间代谢过程中所产生的羧酸，有机酸血（尿）症是由于某种酶的缺陷导致相关羧酸及其代谢产物的蓄积而引发的遗传代谢性疾病。脂肪酸在线粒体内的β氧化是人体能量的主要来源。长链脂肪酸首先在细胞质中活化成长链脂酰CoA，然后以肉毒碱作为载体（形成酰基肉毒碱）进入线粒体，进入线粒体后，随即释放出游

表 14-1 ACMG 新生儿筛查指南中应用串联质谱分析的筛查项目

	疾病类型	项目	英文
首要筛查项目	氨基酸代谢紊乱	同型半胱氨酸尿	homocystinuria
		酪氨酸血症 I 型	tyrosinemia type I
		苯丙酮尿症	phenylketonuria
	尿素循环障碍	精氨基琥珀酸血症	argin inosuccinic aciduria
		瓜氨酸血症 I 型	citrullinemia typeI
	有机酸尿症	枫糖尿病	maplesyrupurine disease
		异戊酸血症	isovaleric aciduria
		戊二酸血症 I 型	glutaric aciduriatype I
		甲基丙二酸尿症	methylmaloni caciduria
		丙酸尿症	propionic aciduria
		3-羟基-3-甲基戊二酸尿症	3-Hydroxy-3-methylglutaryl CoA lyase deficiency
		多发性羧酶缺乏症	multiple carboxylase deficiency
		β 酮硫解酶缺乏症	β ketothiolase deficiency
	β 氧化缺陷	中链酰基辅酶 A 脱氢酶缺乏症	medium-chain acyl-CoA dehydrogenase deficiency
		极长链酰基辅酶 A 脱氢酶缺乏症	very long chain acyl-CoA dehydrogenase deficiency
		长链 L-3-羟基酰基-辅酶 A 脱氢酶缺乏症	long chain L-3-hydroxy acyl-CoA dehydrogenase deficiency
		三功能蛋白缺乏症	trifunctional protein deficiency
	β 氧化缺陷-肉毒碱转运体缺乏	肉毒碱摄取缺陷	carnitine uptake defect
	氨基酸代谢紊乱	轻度高苯丙氨酸血症	mild hyperph enyalaninemia
		酪氨酸血症 II 型	tyrosinemia type II
次要筛查项目		生物蝶呤辅因子缺陷	biopterin cofactor defect
		精氨酸血症	argininemia
		酪氨酸血症 III 型	tyrosinemia type III
		高蛋氨酸血症	hypermethioninemia
		瓜氨酸血症 II 型-柠檬素缺陷	citrullinemia type II citrin defect
	有机酸尿症	甲基丙二酸尿伴随高胱氨酸尿 Cbl C，D	methylmalonic aciduria with homocystinuria Cbl C，D
		异丁酰-辅酶 A 脱氢酶缺乏症	isobutyryl-CoA dehydrogenase deficiency
		2-甲基-3-羟基丁酸尿症	2-Methyl-3-hydroxy butyric aciduria
		3-甲基丁酰辅酶 A 脱氢酶缺乏症	3-Methylbutyryl-CoA dehydrogenase deficiency
		3-甲基戊烯二酸尿症	3-Methylglutaconic aciduria
	β 氧化缺陷	短链酰基-辅酶 A 脱氢酶缺乏症	short chain acyl-CoA dehydrogenase deficiency
		戊二酸尿症 II 型或多乙酰 A 脱氢酶缺乏症	glutaric aciduria type II or multiple acyl-CoA dehydrogenase deficiency
		中/短链 L-3-羟基乙酰辅酶 A 脱氢酶缺乏症	medium/short chain L-3-hydroxy acyl-CoA dehydrogenase deficiency

续表

疾病类型		项目	英文
次要筛查项目	β 氧化缺陷-肉毒碱转运体缺乏	中链酮乙酰辅酶 A 硫解酶缺乏症	medium chain ketoacyl-CoA thiolase deficiency
		棕榈酰肉毒碱转移酶 II 型缺乏症	carnitine palmitoyl transferase deficiency type II
		肉毒碱：乙酰肉毒碱转位酶缺乏症	carnitine：acylcarnitinetranslocase deficiency
		棕榈酰肉毒碱转移酶 I 型缺乏症	carnitine palmitoyl transferase deficiency type I
		双烯酰辅酶 A 还原酶缺乏症	dienoyl-CoA reductase deficiency

离肉毒碱和长链脂酰 CoA，后者在线粒体的各种酶作用下，经脱氢、加水、再脱氢和硫解 4 个步骤逐步分解为中链和短链脂酰 CoA，依次进入 β 氧化的下一个循环。因此，以上各步骤中任何一种酶的缺乏都会导致脂肪酸氧化缺陷，而体内游离肉毒碱和各对应酰基肉毒碱的浓度变化可以反映脂肪酸代谢的状况。常规筛查的酰基肉毒碱包括游离肉碱（C0）、丙酰肉碱（C3）、异戊酰肉碱（C5）、辛酰肉碱（C8）、月桂酰肉碱（C12）、棕榈酰肉碱（C16）、十八碳酰肉碱（C18）。虽然美国医学遗传学与基因组学学会（American College of Medical Genetics and Genomics，ACMG）仅列出 38 种可以采用串联质谱进行筛查的代谢性疾病，但从分析的角度，目前至少有超过 80 种小分子遗传代谢疾病可以归入这种技术的筛查体系。

通过对体液中各种氨基酸、有机酸、游离肉毒碱和各对应酰基肉毒碱、溶酶体酶活性及特殊贮积产物进行定性、定量分析，可为体内各种代谢途径提供极有价值的分析资料。MS/MS 技术是上述目标测定物最为适用的检测方法，多采用非衍生法/衍生化法进行干血滤纸片（新生儿筛查）、尿和血等生理体液的测定，一般在 2～3min 内即可完成各项组分的分析和测定。最常用的非衍生化法是使用含稳定同位素标记的氨基酸内标准品和酰基肉碱内标准品的溶剂进行萃取，以及使用串联质谱（MS/MS）系统进行分析。每种分析物相对于内标准品的响应程度与它的浓度成比例。衍生化法是以正丁醇在酸性条件下与氨基酸的羧基发生反应，形成丁基酯衍生物。在串联质谱碰撞诱导解离作用下，氨基酸可以产生不同原子质量单位的中性碎片丢失。根据这些质谱信息，可以采用中性丢失扫描和（或）多反应离子监测，建立半定量或定量的串联质谱分析方法对氨基酸类代谢疾病进行筛查。另外高效液相色谱、氨基酸分析仪、气相色谱-质谱和液相色谱-质谱仪也可以对上述目标物进行检测。

常见病种包括高苯丙氨酸血症、枫糖尿病、同型胱氨酸血症、酪氨酸血症、组氨酸血症、瓜氨酸血症、丙酸血症、戊二酸血症中链酰基辅酶 A 脱氢酶缺乏症等，其他不常见遗传代谢病还局限于少数病例的筛查分析，临床常规应用之前还需要进行该人群大量的回顾性分析才能列入常规的新生儿筛查。

尽管串联质谱在筛查上述小分子病时具有较多优势，但并不能完全否定和取代传统的筛查方法。由于其仪器价格昂贵、对技术人员要求较高、谱图复杂、解析难度很大，致使临床医生对结果的解读困难等局限性，串联质谱短时期内系统开展还受到限制，所以当前广泛采用的方法是化学发光法和荧光免疫分析法等。这两种方法的技术原理和临床应用参见本章第一节。

四、常见新生儿疾病筛查病种介绍

当前较常见大分子遗传代谢病新生儿筛查项目主要为高苯丙氨酸血症、先天性甲状腺功能减退症、葡萄糖-6-磷酸脱氢酶缺乏症、先天性肾上腺皮质增生症、半乳糖血症和溶酶体贮积症等疾病。

（一）高苯丙氨酸血症

高苯丙氨酸血症（hyperphenylalaninemia，HPA）是由于苯丙氨酸羟化酶（phenylalanine hydroxylase，PAH）或其辅酶四氢生物蝶呤（tetrahydrbiopterin，BH4）缺乏导致血苯丙氨酸增高的一组氨基酸代谢病。血 Phe 浓度＞120μmol/L（＞2mg/dl）及血 Phe/Tyr＞2.0 统称为 HPA。根据血苯丙氨酸（Phe）浓度、临床表型、疾病进展和对 Phe 的耐受性等进行分类，目前将 HPA 按病因分为 PAH 缺乏症和 BH4 缺乏症两大类，均为常染色体隐性遗传病。

1. 发病机制

HPA 是新生儿疾病筛查领域中最成功、最经典的病种，该病为由于体内先天性苯丙氨酸羟化酶缺陷所引起的 Phe 代谢障碍。Phe 是人体的必需氨基酸之一，经食物摄取后，部分为机体蛋白合成所利用，部分经肝脏苯丙氨酸羟化酶的作用转变成酪氨酸，后进一步转化为多巴胺、去甲肾上腺素、肾上腺素、黑色素等重要生理活性物质。PKU 患儿肝脏苯丙氨酸羟化酶的水平仅为正常人的 1%或更低。因此 Phe 不能转化为酪氨酸而在体内异常蓄积，同时，酪氨酸、多巴胺、去甲肾上腺素、肾上腺素、黑色素等形成障碍，引起一系列的神经系统损害。此外，血中 Phe 经旁路代谢，最终产物（如苯乙酸等）蓄积在血、脑脊液和各种组织中，并从尿、汗液中排出体外。

2. 发病率

本病的发病率，各国、各地区有所不同。据国际新生儿筛查学会统计，白种人的发病率较高，北爱尔兰为 1/4404，德国为 1/6971，美国为 1/10 059。日本的发病率较低，为 1/73 000。对我国 1985～2011 年 3500 万新生儿疾病筛查资料显示的发病率为 1/10 397，北方明显高于南方，但南方及沿海地区的四氢生物蝶呤缺陷症（BH4 缺陷症）发病较多。

3. 临床表现

神经系统损害是 PKU 的主要危害。未经治疗的患儿在出生后数月就会出现不同程度的智力发育落后，患儿通常在 3～6 个月时出现症状，且渐趋明显。近半数患儿合并癫痫，其中婴儿痉挛症占 1/3。大多数患儿有烦躁、易激惹、抑郁、多动、孤独症倾向等精神行为异常，最终将导致中度至极重度智力低下。由于黑色素缺乏，患儿表现为头发黄色，皮肤和虹膜的颜色变浅，皮肤常见湿疹。Phe 经旁路代谢转化为苯丙酮酸、苯乙酸随尿排出，使尿液出现鼠尿味。此外，患儿易合并湿疹、呕吐、腹泻等。本病在新生儿期和婴儿早期多无任何异常症状，随生长发育而逐渐出现症状，且个体差异较大，临床上很易漏诊或误诊。

4. 实验室检测

（1）Guthrie 细菌抑制法　此为半定量测定新生儿末梢血苯丙氨酸含量的方法。枯草杆菌的生长需要苯丙氨酸，如在细菌培养液中加入拮抗剂可抑制细菌生长。患者血中苯丙氨酸浓度超过 2～4mg/dl 即可促使细菌生长。过去多用本法进行新生儿筛选试验。因其结果准确性受血标本中抗生素等诸多因素的影响，导致筛查结果的假阴性，目前此法已经很少使用。

（2）荧光测定法　滤纸干血片上萃取出 Phe，能与茚三酮形成一种荧光复合物，加入二肽 L-亮氨酸-L 丙氨酸后可大大提高此荧光反应。经琥珀酸盐缓冲液严格控制反应条件，pH 在 5.8±0.1 可保证理想的荧光值和最大的特异度。加入酮试剂稳定荧光复合物并终止反应，在 485nm 波长处测定荧光强度，基于 96 孔微量反应板测定滤纸干血片中 Phe 含量和全自动荧光免疫分析仪，适于大规模新生儿筛查。

（3）定量酶法　使用苯丙氨酸脱氢酶，催化氧化型烟酰胺腺嘌呤二核苷酸（NAD）的氧化脱氨作用，将 Phe 转换成苯丙酮酸及氨。此过程产生的还原型烟酰胺腺嘌呤二核苷酸（NADH）与四唑盐类电子接收剂进行化学反应，然后用比色法来测定终产物。

（4）串联质谱技术　利用 MS/MS 检测滤纸干血片中的 Phe、Tyr 及其比值，使检测结果更可靠，用于新生儿疾病筛查可显著降低假阳性率和召回率。MS/MS 具有快速、灵敏、高通量及选择性强等特点，在新生儿遗传代谢病筛查中扩展了筛查疾病谱，提高了筛查效率和筛查特异度、灵敏度，可减少假阳性或假阴性，使新生儿遗传代谢病筛查跨入新纪元。

5. 治疗

低苯丙氨酸饮食疗法是 PKU 目前唯一的治疗方法。由于天然蛋白质中均含有 4%～6%的 Phe，因此，必须控制天然蛋白质的摄入，而以低或无苯丙氨酸奶粉的形式补充蛋白质。同时，配以天然食品补充机体所需的最小量 Phe 和其他营养素，保证足够的热量。Phe 是人体的必需氨基酸，为保证患儿的正常发育，需要定期监测血 Phe 浓度、血色素、白蛋白及体格、智力发育情况。必要时，进行血氨基酸分析，测定酪氨酸水平、支链氨基酸与芳香族氨基酸的比值，以保证疗效。

治疗越早，饮食控制越好，预后越佳。症状出现后才开始治疗的效果差。非典型 PKU 预后差。

6. 母源性 PKU

近年发现，经过治疗，智力发育正常并同正常男性结婚的女性 PKU 病人如果妊娠期间不合理控制饮食，流产、死产、宫内发育不全等发生率很高，即使婴儿不患 PKU 也多有智力低下，头小畸形、先天性心脏病等合并证，这是因为母体高浓度 Phe 可通过胎盘使胎儿受到损害。这类婴儿被称为母性 PKU 患儿。为此，生育期内的 PKU 女性患者应有计划地控制饮食，最好在妊娠前半年开始直至分娩，让血 Phe 浓度控制在 2～6mg/dl，使胎儿免受损伤。

（二）先天性甲状腺功能减退症

先天性甲状腺功能减退症（congenital hypothyroidism，CH）即散发性克汀病，俗称呆小病。患儿在胎儿期便处于甲状腺素缺乏状态，如不早期发现、早期治疗，将会出现生长发育落后、智力低下等严重残疾。若在出生后 3 个月之内开始治疗，80%以上的患儿智力发育可达正常同龄儿童水平。据国际筛查学会的统计，世界各国的 CH 发病率为 1/4000～1/2600。按此比例，我省每年出生的 50 万新生儿中，就有 CH 病儿 125～190 人。该病发病率较高，早期治疗疗效颇好，且费用低廉，因此很多国家将此病列为新生儿疾病筛查的重点病种。

CH 是我国法定新生儿筛查病种，主要是测定 TSH 水平。由于血中 TSH 含量甚微，尤其是筛查学标本量很少，故定量 TSH 必须使用高灵敏度实验反复。目前用于筛查的方法有放射免疫测定、免疫放射法、酶免疫测定法、荧光酶免疫测定法和时间分辨免疫荧光测定等测定滤纸干血片中 TSH 浓度。对 2 次筛查结果大于阳性切割点的标本进行复查，结果一致的需召回抽取静脉血查血清游离三碘甲状腺原氨酸（FT3）、血清游离四碘甲状腺原氨酸（FT4）、总三碘甲状腺激素（TT3）、总四碘甲状腺激素（TT4）和 TSH 进行确证。

1. 病因与分类

从发病原因上看，约 99%为原发性，即甲状腺自身的异常，如甲状腺先天性发育缺损、异常、异位或酶的缺陷，其中甲状腺异位占 2/3，甲状腺缺损占 20%～25%，甲状腺素合成障碍占 15%～20%。另外，本病亦可由垂体或下丘脑激素分泌障碍而引起继发性（中枢性）甲状腺功能低下，但为数极少，仅占不足 1%（非筛查范围）。母亲患甲状腺疾患，孕期使用抗甲状腺药物或接受放射碘剂治疗，也可能造成胎儿甲状腺发育障碍。甲状腺素合成途径中酶的缺陷是导致 CH 的第二位原因，大多为常染色体隐性遗传，患儿父母为隐性基因携带者。碘缺乏孕妇饮食中缺乏碘，致使胎儿在胚胎期即因碘缺乏而导致甲状腺功能低下。

以上为永久性 CH，但实验室检测结果与暂时性 CH 很难区别。暂时性 CH 发生机制不明，多见于未成熟儿、双胎及严重感染的低出生体重儿，一般经数周或数月可以恢复。但此阶段正是婴儿脑发育的旺盛时期，因而仍需及时诊断和治疗。

2. 临床表现

甲状腺素是维持人体新陈代谢的重要激素，尤其对神经系统、骨骼等发育有很大影响。未经治疗的患儿自婴幼儿期起便会出现智力低下、生长发育落后。典型患儿呈黏液性水肿样面容，眼睑水肿、眼距宽、鼻梁低、唇厚、舌大而厚且常伸出口外，严重时可有心肌、肝肾功能损害。患儿的毛发多枯黄、稀疏，皮肤干燥粗糙，体温低、蛙腹、贫血等，约有 40%的患儿自新生儿期起有不同程度的黄疸消退延迟，喂养困难、便秘、脐疝、皮肤干燥、哭声细弱、活动少、反应差、体重增加不良等非特异性症状。

3. 实验室筛查方法

1）放射免疫测定

1974 年 Llein 等将放射免疫测定应用于先天性甲状腺功能减退症筛查中，并建立了干血滤纸片 TSH 反射免疫测定方法。原理是用放射性核素标记、待测抗原与标记抗原竞争结合有限量的特异度抗体，如标记抗原和特异度抗体的量保持恒定，则加入非标记抗原后，标记抗原与特异度抗体的结合即减少，标记抗原–抗体复合物形成量与样品抗原含量成反比。如果将各种已知浓度的标准 TSH 量加入恒定量的标记 TSH 与抗体作用，则可测得各种浓度下 TSH-抗体复合物的结合比率，绘成竞争抑制曲线，只要将被测样品的结合律与标准曲线比较，即可算出 TSH 含量。这种方法的灵敏度不高，同时由于放射性同位素 ^{125}I 的使用，造成放射性污染、放射性损伤及货架期较短等缺点，目前已逐渐被淘汰。

2）免疫放射测定

属于非竞争性双位点技术，放射性核素标记的是抗体。基本原理是将抗 TSH 单克隆抗体包被于塑料试管上，滤纸片血斑上的 TSH 被溶解下来后，与抗体结合，吸附于试管上，再加入 ^{125}I 标记的抗 TSH 多克隆抗体与 TSH 结合，冲洗掉未结合物后，用 *r* 计数器测量放射强度，TSH 含量越高，其放射强度越大，与标准曲线对照求出相应的 TSH 含量。该方法灵敏度高于放射免疫法，1982 年 Sutherland 等建立干血片的 TSH 免疫方法用于新生儿 CH 的筛查，但其缺点与放射免疫法相同。

3）酶免疫测定

酶免疫测定又称酶联免疫吸附测定（ELISA），是以酶标记的抗体或抗原作为主要试剂的免疫测定方法，是标记免疫技术的一种。TSH 测定采用聚乙烯微量反应板作为固相载体，包被抗体，血片上洗脱下来的 TSH 与包被抗体及酶标记抗体形成免疫复合物。洗去游离的或多余的酶标记抗体，经显色和终止反应，在 450nm 波长下测定吸光值。以标准血片 TSH 浓度对数值做 *X* 轴，相应的吸光值做 *Y* 轴制作标准曲线，通过标准曲线，求得 TSH 浓度。

4）荧光酶免疫测定

荧光酶免疫测定是一种高度灵敏的检测方法，该法基于一步夹心法测定，采用固相、双位点荧光酶免疫测定。干血片中洗涤出的 TSH，同时与包被在酶标板上抗 TSH 的单克隆抗体分子和辣根过氧化物酶标记的抗 TSH-亚基的第二抗体结合。孵育一定时间后，过量的酶结合物和未结合的 TSH 被洗涤去掉，加入荧光底物 3-P-羟基苯丙酸进行酶反应。充分作用后，以甘氨酸缓冲液终止酶反应，用荧光读数仪以 320nm 为激发光，405nm 为发射光测定荧光值。

5）时间分辨荧光测定

技术原理见本章第一节第一部分内容，目前该方法广泛应用于新生儿 CH 筛查。

4. 诊断

半数患儿在新生儿期表现正常，只有部分患儿出现一些非特异性症状，单凭临床分析很容易延误诊断，因此必须依靠实验室检查进行早期诊断。

5. 治疗

一经诊断，就应立即开始治疗。首选左旋甲状腺素（L-T4）。永久性 CH 者需终生替代治疗；暂时性 CH 者，可常规治疗 2 年，停药 1 个月后复查血清 TSH、T4、T3，如结果正常，可停止服药。临床实践证明，经过新生儿疾病筛查发现并行早期治疗的患儿，绝大多数的体格和智力发育正常。而未经筛查，在门诊发现的患儿（年龄偏大）即使治疗，也存在中至重度、甚至极重度的智力低下和体格发育落后，很难恢复正常。

6. 定期监测

确诊的患儿，一旦开始药物治疗，就应定期随访、监测，不断进行疗效评估，一般在治疗开始后 2 周随访一次，若血清 T4、TSH 正常，改为 3 月一次，1 岁后每半年一次，6 岁后每年一次。内容包括血清 TSH、T4、T3 的复查。身高、体重、坐高、头围、骨龄等的监测。监测期间要特别注意宣传教育工作，指导家长对患儿进行早期教育，开发智力，使家长了解治疗和定期监测的重要性，从而和医生密切合作。

（三）先天性肾上腺皮质增生症

先天性肾上腺皮质增生症（congenital adrenal cortical hyperplasia，CAH）是肾上腺皮质激素合成过程中的几种酶缺乏所引起的一组疾病，CAH 中最常见的酶缺陷为 21-羟化酶，占 CAH 的 90%以上。最初是由于发现女性胎儿男性化伴肾上腺增大而被发现，男女性均可发病。本症的发生率在新生儿约为 1/5000。由于酶的缺乏或者功能缺陷，导致皮质醇合成受阻，前体化合物（17-羟孕酮）增多，经旁路代谢导致雄激素产生过多，最终引发疾病。血液中 17α-羟孕酮（17α-OHP）的检测是该病筛查和诊断指标之一，临床已经很少使用放射免疫分析及酶联免疫吸附，多应用时间分辨荧光免疫分析。

1. 发病机制

由于遗传原因，肾上腺皮质激素合成过程中，某种酶相对或绝对缺乏导致相应的生物合成过程受阻，结果受阻断的前身物质积累，血尿中浓度升高，而受阻断后的物质减少或缺如，如果这种损害可导致皮质醇合成减少，则由于反馈抑制作用减弱，垂体分泌促肾上腺皮质激素增多，造成肾上腺皮质增生。

2. 临床表现

常在胎儿期及幼儿期发病，4～5 岁时逐渐明显。男、女性性分化障碍，生殖器官发育不全、女童男性化等，同时有肾上腺皮质功能减退症，高血压、低血钾等表现。根据临床表现和酶缺乏的不同，本症可分为①单纯型：最常见，女性是假两性畸形，男性呈假性早熟；②失盐型：很少见，除单纯型表现外，还有类似慢性肾上腺皮质功能减退的表现；③高血压型：罕见，除单纯型表现外，还有高血压症状群存在；④皮质机能衰竭型：罕见，男性女性化，婴幼儿时常死于皮质机能衰竭。

依据病情轻重、发病年龄不同，也可将 21-羟化酶缺乏分为下述 4 种类型：失盐性型、单纯男性化型、隐匿型和晚发型，均与 HLA 紧密连锁，且代表不同等位基因的不同组合。

3. 实验室筛查技术

1）时间分辨荧光免疫测定

该法的技术原理见本章第一节第一部分内容，目前该方法广泛应用于新生儿 CAH 筛查。

2）酶联免疫吸附测定

该法的技术原理见本章第一节第五部分内容，由于方法局限性，目前该方法较少应用于新生儿 CAH 筛查。

3）质谱法

该方法主要用于 CAH 的二级筛查，是对 17α-OHP 筛查阳性的原标本采用液相色谱-串联质谱联用技术，用含 d8-17α-OHP 和 d2-皮质醇的萃取液将血斑中 17α-OHP、11-脱氧皮质醇、皮质醇和雄烯二酮洗脱出来，经过高效液相色谱柱进行分离后，进入质谱采用多反应监测模式进行数据采集，完成各个检测物的定量。

（四）葡萄糖-6-磷酸脱氢酶缺乏症

葡萄糖-6-磷酸脱氢酶缺乏症（glucose-6-phosphate dehydrogenase deficiency，G6PD）是红细胞内 G6PD 遗传性缺陷，为遗传性红细胞酶缺乏引起溶血性贫血中最常见的一种。G6PD 缺陷可因药物、蚕豆或其他因素而诱发溶血性贫血。G6PD 缺陷者在人群中分布很广。由于 G6PD 基因突变、酶活性降低所引起的红细胞 G6PD 缺陷症是一组累及全球 4 亿人的遗传性溶血性疾病。多见于黑人及地中海地区和东方的民族。我国广东、广西、四川、福建、云南等地区的发病率较高，广东地区约为 8%，广西约为 15.6%。在临床上主要表现为慢性非球形细胞溶血性贫血、蚕豆病、药物性溶血、新生儿黄疸及某些感染性溶血。

1. 临床表现

1）药物诱发溶血性贫血

多数患者平常红细胞无改变，因服用药物或患糖尿病而出现症状。地中海变异型患者所见症状较重，其中少数尚可有轻度慢性溶血性贫血。症状因诱发药物品种和用量而轻重不一。通常于服药 2～3 天后出现急性溶血性贫血、血红蛋白显著降低，继而出现血红蛋白尿，排出酱油色小便。患者有面色苍白、黄疸，伴发热、寒战、疲乏、衰弱和腰痛、腹痛。严重者可休克或急性肾功能衰竭，如不及时输血可导致死亡。症状较轻者如不继续使用诱发药物，多于 4～7 天内自愈。

2）蚕豆病

多见于儿童，患儿进食蚕豆或吸入蚕豆花粉后，数小时内可引起急性溶血性贫血和血红蛋白尿。症状轻重不一。轻者不易察觉，如不再进食蚕豆即自愈。重症则与药物诱发溶血性贫血症状相似，若不及时抢救，可引起休克和急性肾功能衰竭等不良后果。

蚕豆诱发本病的原因，最近认为是从蚕豆中的蚕豆嘧啶和异戊氨基巴比妥酸能将红细胞膜蛋白的巯基或谷胱甘肽（GSH）氧化，并产生超氧自由基等氧化剂，因而引起溶血性贫血。

本病亦见于地中海变异型患者。本病同一家系中的基因携带者，如同样食用蚕豆，仅见少数诱发溶血性贫血，故认为可能另有其他原因。

3）新生儿黄疸

部分 G6PD 缺陷的新生儿，出生第 2 天后出现溶血性贫血、苍白、黄疸；重者可引起核黄疸。肝脾不见肿大。需换血治疗。部分患儿可因与樟脑丸接触、感染或母亲服用氧化性药物诱发溶血性黄疸。应注意与其他原因引起的新生儿溶血鉴别。

4）感染性溶血

已有报道病毒性肝炎、流感、脑炎、腮腺炎、伤寒等可在 G6PD 缺陷病中诱发急性溶血。体外试验证明甲型流感病毒能使 G6PD 缺陷的红细胞破坏，但病毒和细菌感染在体内引起溶血的机制仍不清楚。有人认为白细胞吞噬细菌后产生的 H_2O_2 与溶血有关。

5）遗传性非球形细胞溶血性贫血

某些 G6PD 严重缺陷的变异型，可在无任何诱因下产生慢性溶血，属非球形细胞溶血性贫血的一类。现知 G6PD 变异型已有 81 种以上可导致非球形细胞溶血性贫血。患者自婴儿或儿童期开始即有溶血表现，一般为轻度至中度，有时可代偿，仅见网织红细胞明显增高。感染、药物、蚕豆等诱因可引起急性溶血发作。

2. 实验室筛查

1）荧光定量法检测

将干血滤纸片中 G6PD 作用于底物葡萄糖-6-磷酸（G6P）及烟酰胺腺嘌呤二核苷酸磷酸（NADP），将 G6P 氧化为 6-磷酸葡萄糖酸（6PG），同时将 NADP 还原为 NADPH，在特定激发波长和发射波长下检测 NADPH 的荧光强度，计算 G6PD 酶的活性。但对于女性杂合子的检测效率有限。

2）G6PD 荧光斑点法

采用荧光法对 G6PD 进行测定，在 G6PD 和 $NADP^+$存在时，G6PD 能使 $NADP^+$还原成 NADPH，后者在紫外线照射下会发出荧光。此方法检测准确性较高，但其结果的判断受主观因素影响较大，故已逐渐被其他筛查方法取代。

3）高铁血红蛋白还原试验

在血液中加入亚硝酸盐使红细胞中的亚铁血红蛋白变成高铁血红蛋白，正常红细胞的 G6PD 催化戊糖旁路使 NADP 变成 NADPH，其脱下的氢，通过亚甲蓝试剂的递氢作用而使高铁血红蛋白还原成亚铁血红蛋白，通过比色可观察还原的多少，当 G6PD 缺乏时，高铁血红蛋白还原率下降。正常值为 75%以上，杂合子为 31%～74%，纯合子在 30%以下。

4）硝基四氮唑蓝纸片试验

NADPH 通过吩嗪二甲酯硫酸盐的递氢作用，使淡黄色的硝基四氮唑蓝还原成紫色的甲臜颗粒。G6PD 缺乏时，由于 NADPH 生成不足，不显紫色。正常酶活性者纸片为紫蓝色，酶严重缺乏者为红色，杂合子为淡紫红色。判别时应与对照孔进行比较，观察颜色的区别。血迹纸片放置时间长影响显色时间和结果观察，宜采用新鲜血片检测。

5）变性珠蛋白小体生成试验

取 G6PD 缺乏的病人血样加入乙酰苯肼于 37℃孵育 2～4h，用煌焦油蓝染色观察红细胞中珠蛋白小体的生成情况，计算含 5 个以上珠蛋白小体的红细胞的百分率。正常人含 5 个及以上珠蛋白小体的红细胞一般＜30%，G6PD 缺乏症患者的阳性细胞常＞45%。

3. 治疗与预防

应停止服用诱发药物、禁食蚕豆和去除感染病因。轻症一般可恢复，重症应及时输血，选用无 G6PD 缺陷的血源，输血可作为首选。必要时可同时给予补液，纠正水电解质紊乱，纠正酸中毒。还可试用维生素 E、糖皮质激素等治疗。中药治疗可用茵陈、山栀、生大黄，可加用车前草、白头翁。

在高发地区应进行筛选普查，登记高危家系，了解本病基因携带者。对可疑患者，于蚕豆收获期间或服用药物预防疟疾时勿用诱发性药物。

（五）半乳糖血症

半乳糖血症是半乳糖代谢中所需酶的功能缺陷所引起的一种遗传代谢病，可导致半乳糖的代谢障碍，引起血中半乳糖及半乳糖-1-磷酸浓度的升高。其中，以半乳糖-1-磷酸尿苷转移酶（galactose-1-phosphate uridytransferase，GALT）缺乏所致的半乳糖血症最为常见。Beutler 等于 1966 年设计的 Beutler 试验可间接检测全血或者血滤片的半乳糖-1-磷酸尿酰转移酶（galactose-1-phosphoryltransferase，GUPT）活性。原理为 1-磷酸半乳糖（galactose-1-phosphate，Gal-1-P）、三磷酸吡啶核苷酸（pyridine three phosphate nucleotides，TPN）的混合物，孵育一段时间，如果 GALT 活性正常，则 Gal-1-P 和尿苷二磷酸葡糖可以在 GALT 的作用下生成 α-1-磷酸葡糖。α-1-磷酸葡糖在变位酶的作用下生成 β-1-磷酸葡糖，β-1-磷酸葡糖在葡糖-6-磷酸脱氢酶（G6PD）存在的情况下可以还原 TPN 生成还原型的 TPN，后者在波长为 465nm 的紫外光激发下可以产生荧光。一般孵育 lh 后出现荧光是正常的。孵育 2h 后仍然未见到荧光提示 GALT（或 G6PD）缺陷。此方法简单易行，即使患儿未进食乳糖也可以检出，可以用作大规模筛查，缺点是假阳性率过高。应用串联质谱进行筛查半乳糖血症，根据磷酸己糖碎片离子的不同来鉴定磷酸半乳糖，此方法尤为便捷、准确，未来可能取代 GALT 活性测定方法。

五、溶酶体病的筛查

（一）溶酶体贮积症

溶酶体是体内酸性最强的细胞器，pH 约为 5，其内部含有 60 多种大分子酸性水解酶，能在酸性条件下降解各种生物大分子，如黏多糖、鞘脂、糖蛋白、糖原等降解为小分子，被机体重新利用或者排出体外。

如果溶酶体内的任一种酶、酶激活因子、溶酶体膜蛋白基因发生突变，而使溶酶体酶出现缺陷时，所导致特定生物大分子，如糖原、脂质或黏多糖等不能正常降解而在溶酶体中贮积，进而使得溶酶体发生肿胀，细胞变得臃肿失常，细胞功能受到严重影响，最终导致一系列疾病，统称为溶酶体贮积症（lysosomal storage disorders，LSD）。溶酶体贮积症不是一种单一的疾病，而是作为一个整体，人群中的发病率大概为 1/6000～1/7000。溶酶体贮积症可能在任何时期发病，然而大部分发生在婴幼儿和青少年时期。当前已发现有 50 多种溶酶体贮积症，常见的如庞皮病、泰-勒二氏病、高雪氏病和台-萨氏病等。

溶酶体贮积症既可以导致多种系统的病变，也可以仅限于神经系统，自出生至成年期均可发病。临床表型不同，病情呈进行性加重。绝大部分溶酶体贮积症以常染色体隐性方式遗传。

按照贮积底物及致病基因的特点，可以将溶酶体贮积症分为黏多糖贮积症、寡糖贮积症、鞘脂贮积症、神经元脂褐质沉积病、溶酶体膜蛋白转运障碍和其他溶酶体病 6 类。最常见的是黏多糖贮积症和鞘脂贮积症。

黏多糖是一种长链复合糖分子，由己糖醛酸和氨基己糖或中性糖组成的二糖单位彼此相连而形成，可与蛋白质相连形成蛋白多糖，而蛋白多糖又是结缔组织基质、线粒体、核膜、质膜等的重要组成成分。黏多糖贮积症是由于人体细胞溶酶体内降解氨基葡聚糖的水解酶发生突变导致其活性丧失，黏多糖不能被降解代谢，贮积在机体内而发生的疾病。该病是溶酶体贮积症中非常重要的一类，可分为Ⅰ、Ⅱ、Ⅲ、Ⅳ、Ⅵ、Ⅶ、Ⅸ型等 7 种型，其中Ⅲ又分为ⅢA、ⅢB、ⅢC、ⅢD 4 个亚型，Ⅳ型分为ⅣA 和ⅣB 亚型，虽然各型致病基因和临床表现有差异，但是其贮积的底物都是氨基葡聚糖而被统称为黏多糖贮积症。

鞘脂包括糖鞘质和神经鞘磷脂，基本组成成分为神经酰胺，神经酰胺与糖基侧链组成了糖鞘质，神经酰胺与磷酸胆碱（或者磷酸乙醇胺）组成了神经鞘磷脂。鞘脂是细胞膜的主要成分，全身存在，但对神经组织特别重要。部分鞘脂有保护作用，部分鞘脂则具有信号识别及信号转导作用。鞘脂贮积病包括高雪氏病、尼曼-匹克病 A/B 型、异染性脑白质营养不良、球形脑白质营养不良、GM2 神经节苷脂贮积病（包括台-萨氏病、Sandhoff 病）、GM1 神经节苷脂贮积病、Fabry 病等。

生化遗传技术检测各种溶酶体酶的活性是当前临床筛查的主要手段，主要方法有荧光法、串联质谱法、多免疫定量法等。荧光法因非特异性不能够实现同时测定多种酶活性，且酶反应底物同时具有发色团和荧光团，易造成较高的假阳性。多免疫定量法通过利用各种缺陷酶的单克隆和多克隆抗体进行免疫定量，由于方法中使用的特异性抗体未商品化，难以推广使用。将串联质谱应用于溶酶体贮积症的筛查、诊断，以及治疗监测，该方法灵敏度高，准确性好，美国早于 20 世纪 90 年代利用其进行新生儿疾病筛查，中国于 2002 年开展串联质谱新生儿疾病筛查。当前串联质谱法筛查主要包括 β 半乳糖神经酰胺酶（β-galactocerebrosidase，GALC）-（Krabbe 病）、酸性 α-葡萄糖苷酶（α-glucosidase，GAA）-（Pompe 病）、α-半乳糖苷酶（α-galactosidase，GLA）-（Fabry 病）、α-L-艾杜糖苷酸酶（α-L-iduronidase，IDUA）-（MPS I 病）、β-葡糖脑苷脂酶（β-glucocerebrosidase，ABG）-（Gaucher 病）和酸性鞘磷脂酶（acid sphingomyelinase，ASM）-（Niemann-Pick 病）6 种酶活性测定方法。

第三节 产 前 筛 查

产前筛查（prenatal screening）是指通过简便、经济和较少创伤的检测方法，从孕妇群体中发现某些有先天性缺陷和遗传性疾病胎儿的高风险孕妇，以便进一步明确诊断。临床上主要指唐氏综合征产前筛查，通过测定孕妇血清标记物如甲胎蛋白、妊娠相关血浆蛋白 A、人绒毛膜促性腺激素、人绒毛膜促性腺激素游离 β 亚基、抑制素 A 和非结合雌三醇指标结合孕妇的年龄、体重、孕周、病史，以及超声指标等进行综合风险评估，得出胎儿罹患唐氏综合征、18 三体综合征和开放性神经管缺陷的风险度（卫生部，2011）。近年，利用孕妇血浆胎儿游离 DNA 的高通量测序检测胎儿染色体数目异常，简称为 NIPT，是对胎儿染色体病的更精准的产前筛查，有关 NIPT 的介绍见第三章第三节。广义地说，胎儿超声影像检查也是对胎儿结构畸形的产前筛查。

一、血清学产前筛查的目标疾病

（一）唐氏综合征

唐氏综合征（DS）又称 21 三体综合征，是最早被确定的染色体疾病，60%的患儿在胎内早期即夭折流产，活产婴儿中发生率为 1/800，存活者有明显的智能落后、特殊面容、生长发育障碍和先心病等畸形；发病原因主要是卵子在减数分裂时 21 号染色体不分离。目前尚无有效治疗方法，产前诊断知情选择终止妊娠是最好的预防手段。

（二）18 三体综合征

18 三体综合征又称爱德华氏综合征（ES），是发生率仅次于唐氏综合征的严重染色体疾病，活产婴儿中发生率约 1/6500。主要表现为严重的智力低下伴唇裂、先天性心脏病、桡骨缺如等多发畸形，常于胎儿期或出生后数周死亡。

（三）开放性神经管缺陷

开放性神经管缺陷（ONTD）是中枢神经系统的严重畸形，主要包括无脑儿和开放性脊柱裂，前者为致命性的，可导致流产、死胎或死产，后者通常有瘫痪、两便失禁等严重的功能障碍，不能正常生活。

二、血清学产前筛查发展史

在过去的 40 年期间，血清学产前筛查方案发生了很大变化。20 世纪 70 年代，只用孕妇预产期年龄筛查，35 岁以上高龄孕妇进行羊膜穿刺，对 21 三体检出率为 30%。Merkatz（1984）首先发现孕有唐氏儿孕妇的甲胎蛋白水平低于正常孕妇水平，1986 年 Hershey 首次将 AFP 作为血清标志物用于产前筛查。此后 30 年期间，人们陆续发现其他血清标志物，如人绒毛膜促性腺激素或游离雌三醇、妊娠相关蛋白-A（pregnancy-associated plasma protein-A，PAPP-A）、抑制素 A 等可用于唐氏综合征产前筛查，1992 年 Haddowff 报道了应用多项血清指标（AFP、uE3、hCG）联合筛查 DS 的有效性。80 年代开始对预产年龄小于 35 岁的孕妇进行筛查，采用血清甲胎蛋白（alpha fetoprotein，AFP）水平结合年龄评估，对 21 三体检出率为 25%～30%。90 年代增加新的血清标志物以提高检出率，包括人绒毛膜促性腺激素（human chorionic gonadotropin，hCG）、抑制素 A（inihibin-A）和游离雌三醇（unconjugated estriol，uE_3），采用 AFP+ hCG+ uE3 三联筛查时，对 21 三体检出率为 69%～73%；增加 inihibin-A 组成四联筛查时，对 21 三体检出率为 82%。21 世纪初产前超声检查技术迅速发展，发现一些超声异常与胎儿染色体非整倍体相关，孕 11～13^{+6} 周测量的胎儿颈项透明层厚度（NT），结合血清标志物绒毛膜促性腺激素（hCG）和妊娠相关血浆蛋白 A（PAPP-A）进行筛查，可将 21 三体检出率提高至 82%～87%，是目前血清学产前筛查的最佳方案（Wong et al.，2016）。

三、产前筛查常用的血清标记物

（一）孕妇血清学标记物

1. hCG

hCG 是胎盘滋养层产生的妊娠期激素，由 α 和 β 两种糖蛋白亚单位组成。两个亚基既可以非共价键形成一个完整的 hCG，也可以游离存在于血清中。hCG 在孕后 6～8 周出现在血清中，hCG-β 亚基由成簇的 6 个基因编码，但其中仅有 2 个在胎盘中得到转录及表达。对血清中各种不同的 hCG 状态含量的研究发现，唐氏综合征的检测以游离 β-hCG 的敏感性最高，如果胎儿患有唐氏综合征，母体血清中的游离 β-hCG 会在孕中期明显升高（Alldred et al.，2012）；此外，游离 β-hCG 在血清筛查中具有稳定性好、检出率高等优点，已成为筛查必选项目之一。

2. AFP

AFP 是胎儿血清中最常见的球蛋白，于妊娠早期由卵黄囊产生，妊娠晚期由胎儿胃肠道和肝脏合成，经过胎儿血循环通过胎儿泌尿系统排泄到羊水中，羊水中的 AFP 主要通过胎膜渗透到达母体外周血中，在妊娠早期、中期逐渐增加，于妊娠 28～32 周时达到相对稳定期。在开放性神经管缺陷胎儿中，AFP 大量从胎儿体内漏出，羊水含量显著升高，从而使母体血 AFP 浓度显著升高（Reynolds，2010）。目前多数学者认同将 AFP 作为妊娠中期筛查的有效标记物，筛查敏感时间为 14～22 周。

3. uE_3

游离雌三醇，妊娠期主要来自于胎盘（约占 90%），其中 uE_3 直接由胎盘分泌进入母体循环，是一种由胎儿肾上腺皮质和肝脏提供前体物质，由胎盘合成的甾体激素。在未伴有并发症的妊娠中，整个孕期母血中游离雌三醇及雌三醇水平不断增高，直至妊娠结束。uE_3占母体血清中雌三醇总量的 9%，uE_3能够较好地反映胎儿-胎盘的雌三醇分泌量。胎儿患有唐氏综合征时，母血中 uE_3 的含量平均减少 1/4，因而可用于产前筛查。同时母血中 uE_3 水平也可用于监测胎儿的状态，FGR、胎儿窘迫、过期妊娠、胎盘功能减退、死胎等均可导致血 uE_3 急剧下降或水平持续低下。

4. inhibin-A

抑制素是一种可能来源于胎盘的合体滋养层和黄体的异二聚体糖蛋白，可在内源性或外源性 hCG 的刺激下产生，有 inhibin-A 和 inhibin-B 两种。由于 inhibin-B 在血清中不易被检出，故目前研究 inhibin-A 较多，其可通过释放下丘脑促性腺激素释放激素（GnRH）抑制垂体卵泡刺激素（FSH）的产生，抑制 hCG 合成，进而产生生物学作用。在月经周期的黄体期和妊娠早期，卵巢黄体是 inhibin-A 的主要来源；妊娠中晚期，由胎盘分泌大量 inhibin-A，调控胎儿、胎盘生长。由于抑制素-A 水平在唐氏综合征胎儿的母体血清中明显升高，比其他标志物相对独立，且在孕 15～20 周平均浓度变化小，因而可用于产前筛查。

5. PAPP-A

PAPP-A 是由胎盘合体滋养层细胞合成分泌入血，并随妊娠周数增加而逐渐增多的母体血清高分子糖蛋白，属于异构四聚体复合物。其本质是一种胰岛素样生长因子结合蛋白相关的蛋白酶。能协调细胞滋养层的增生分化，保护胎儿免遭排斥，促进凝血功能，对早期配子发育、受精卵着床、妊娠维持、胎儿胎盘生长起重要作用。从妊娠第 6 周起其浓度明显升高，并随妊娠周数增加，PAPP-A 值逐渐升高，在孕中期增长速度较慢。唐氏综合征胎儿的母体血清中 PAPP-A 一般会下降；就下降速度而言，孕早期的下降幅度要大大超过孕中期。因此，PAPP-A 可以作为唐氏综合征孕早期筛查标记物。

（二）遗传超声筛查

超声检查除了可以观察到明显的胎儿结构畸形外，还可观察到一些微小的或一过性的异常超声征象，常与胎儿染色体异常有关，称为遗传超声软指标。

1. 孕早期常用的超声软指标

（1）颈项透明层厚度（nuchal translucency，NT），是指胎儿颈后部皮下液性暗区的最大厚度。11～14 周时，淋巴管与颈静脉窦相通，14 周后胎儿淋巴系统发育完全，胎儿颈项部积聚的液体迅速引流，超声不易观察到“透明层”，其测量应在妊娠 $11\sim13^{+6}$ 周进行。NT 增厚（≥3.5mm）与胎儿染色体异常（NT 增厚出现在 75%的唐氏综合征胎儿）、严重心脏畸形、宫内感染及某些遗传性疾病密切相关，故 NT 厚度可作为唐氏综合征孕早期筛查标记物。

（2）胎儿鼻骨（nasal bone，NB）。产前超声检查中，胎儿鼻骨显示不清，考虑胎儿鼻骨缺如。60%～70%的唐氏综合征胎儿会出现鼻骨缺如，而在染色体正常胎儿中只有

0.5%～1%；故胎儿鼻骨的发育情况是唐氏综合征产前筛查的一个敏感指标。

（3）三尖瓣血流（tricuspid flow，TR）。当三尖瓣反向血流速度速度>60cm/s、超过50%的收缩期时，考虑三尖瓣反流。43.0%～65.1%的唐氏综合征胎儿会出现三尖瓣反流，而在染色体正常胎儿中只有 1.0%～8.5%。

（4）静脉导管（ductus venosus，DV）。静脉导管是胎儿时期特有的静脉血管，连接脐静脉与下腔静脉，在胎儿期开放，出生后闭锁为静脉韧带。38%～66%的唐氏综合征胎儿会出现静脉导管 a 波反向或缺，染色体正常胎儿中只有 2.0%～3.7%。

2. 孕中期染色体异常胎儿超声征象

（1）唐氏综合征。胎儿常有鼻骨缺如、股骨或肱骨短小、胎儿心脏畸形（主要为室间隔缺损和心内膜垫缺损）、十二指肠闭锁、NF 增厚、肠回声增强和侧脑室轻度扩张等。

（2）18 三体综合征。胎儿常伴多发畸形，包括胎儿心脏畸形（主要为心内膜垫缺损和法洛四联症）、桡骨缺如、脉络丛囊肿、草莓头、小下颌、重叠指、摇椅足、单脐动脉等。

（3）13 三体综合征。畸形较 18 三体更严重，包括全前脑、心脏畸形（主要为室间隔缺损和左心发育不良综合征）、唇腭裂、喙鼻、桡骨缺如、脐膨出等。

（4）Turner 综合征。典型超声征象为胎儿全身水肿、颈部淋巴水囊瘤、胸腹腔积液和心脏畸形等。

四、产前筛查的相关统计参数

（一）中位数倍数

中位数倍数（multiple of median，MoM）是将统计指标或者测定值进行标准化的计量单位。例如，把孕妇血清标志物测定结果得值除以相同孕周正常孕妇的中位数值所得的商即为该孕妇此项血清标志物浓度的 MoM 值。由于产前筛查标志物的水平随孕周、母体自身情况的不同会有很大变化，因此把所测得的浓度值转化为中位数倍数来表示，使其“标准化”，以便于临床统计判断。

（二）风险切割值

风险切割值（cut-off value）是指在筛查体系中人为设定的高危和低危风险临界值，一般以分数或小数表示，范围在 0～1。目前常用的切割值设定为唐氏综合征≥1/270；18 三体综合征≥1/350；开放性神经管缺陷 AFP 的 MoM 值≥2.5。

（三）检出率

检出率（detection rate，DR）是指通过筛查获得的真阳性检出病例占所有病例的比例。产前筛查检出率是指经过产前筛查呈高风险的真阳性孕妇与所有真阳性孕妇人数的比例。检出率越高，说明产前筛查体系特异性越高。

（四）假阳性率

假阳性率（false positive rate，FPR）是指通过筛查不是某种疾病而检测出该疾病占所有参与筛查的正常妊娠人数的比例。产前筛查假阳性率是指经过产前筛查被识别为高风险的正常妊娠孕妇人数与所有参与筛查的正常妊娠人数的比例。假阳性率越低，说明产前筛查体系准确性越高。

（五）假阴性率

假阴性率（false negative rate，FNR）又称漏检率，是指进行了产前筛查但没有成功识别出罹患目标疾病的孕妇数占同期实际罹患目标疾病的孕妇总数的百分率，是指怀有目标疾病的胎儿但产前筛查结果却为阴性的孕妇所占的比例，反映筛查实验的漏诊情况。

（六）阳性预测值

阳性预测值（positive predictive value，PPV）是指产前筛查结果为高风险且确诊为目标疾病的孕妇数占所有筛查阳性孕妇总数的比例。反映产前筛查实验结果为高风险的孕妇患目标疾病的可能性（国家卫生健康委员会临床检验中心产前筛查与诊断实验室室间质量评价专家组，2019）。

五、产前筛查工作流程

产前筛查工作由经过专门培训并已经取得产前筛查资质的医疗保健机构和医务人员承担。在确定筛查对象后，对自愿产前筛查的孕妇收集病史、签署知情同意书、确定孕周（孕 11～20^{+6} 周）、采集外周血，测定血清学指标，并计算出风险，解释筛查报告；对高风险人群进行遗传咨询，对同意介入性产前诊断者进行产前诊断；随访妊娠结局。流程图如图 14-2 所示。

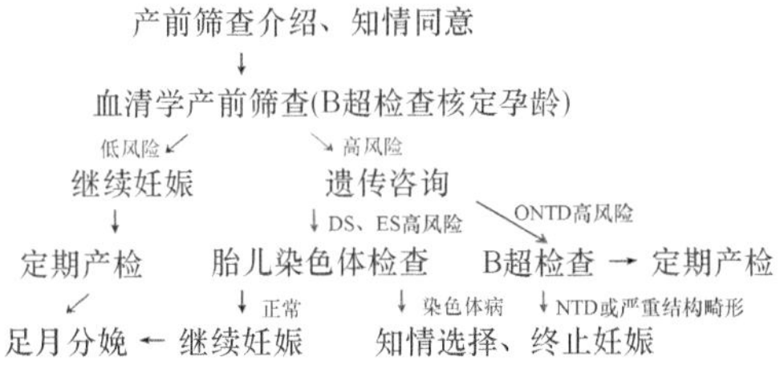

图 14-2　产前筛查流程图

六、产前筛查工作注意事项

（一）孕妇临床信息收集及核对

唐氏综合征产前筛查的报告不仅仅是血清标记物检测结果，而是结合临床信息的风险评估，孕妇年龄、种族、体重、孕周、是否辅助生殖、是否双胎、是否糖尿病、是否吸烟、DS 妊娠史等信息均是风险计算的参数。临床信息的准确性直接影响筛查结果。孕周的确定在唐氏综合征产前筛查中非常重要，孕周的误差会使准确测定的血清标记物值对应上错误的参照值，得出错误的产前筛查风险率。用 B 超准确测量孕 8～13 周胎儿顶臀长或者孕 14～20 周胎儿双顶径来推算孕龄相对可靠。而对通过人类辅助生殖技术获得妊娠的孕妇，则记录其胚胎植入日期或受孕日期为依据来推算孕龄。

（二）血样采集及处理

采血后立即在采血管上标明孕妇姓名、标本号、采血日期。不抗凝，采血管静置室温（18～25℃）30min 左右，待血液自然凝固后，2000r/min 离心 5～10min 分离血清。在冬季若用温水浴促凝，水温不超过 37℃、时间不超过 30min。用吸管或倾倒血清入保存管内，血清管外贴上标本标签，置冰箱内保存。样本检测前标本的存放要求：2～8℃保存，包括冷链物流递送时间不得超过 7 天。完成了血清学产前筛查的血清标本在取样后立即将剩余血清按以下条件冷冻保存以备复核需要，–70℃超低温冰箱内保存不少于 2 年。保存中应避免反复冻融。冷冻储存的标本有完整的档案，记录标本储存的位置，包括冰箱编号、保存架编号、盒子编号与盒中的位置保存。产前筛查实验检测及风险计算均同时保存电子版技术档案和纸质版技术档案 5 年以上。

（三）高风险孕妇召回及妊娠结局随访

将血清标本标记物浓度检测结果及孕妇的产筛信息输入风险评估软件包（如 Lifecycle4.2）计算唐氏综合征、18 三体综合征及开放性神经管畸形的风险。筛查结果为高风险孕妇应召回进行遗传咨询，告知产前筛查不是诊断，需要进一步做胎儿细胞染色体核型分析，避免不必要的引产。理论上讲采用中孕期二联筛查有 30%左右的唐氏综合征患儿在母血清筛查时呈假阴性，妊娠结局随访是发现漏诊病例最主要的方法，也是统计产前筛查常用的质量控制指标检出率、假阳性率等必需的途径。

第四节　携带者筛查

一、携带者筛查的意义

携带者筛查的目的是识别携带致病基因的个体，有利于他们做出正确的生育选择。当夫妻双方被确诊为同一种常染色体隐性遗传病携带者时，每次妊娠胎儿都有 25%的机会受累。当母亲为 X 连锁隐性遗传病携带者时，男性后代有 50%的机会受累。如果孕前检出携带者夫妇，他们可以通过收养，使用供体配子或植入前遗传学诊断来避免生育受影响的孩子。携带者筛查已逐渐成为孕前检查的一部分，其中，在我国南方 10 省市开展的地中海贫血防控试点项目，在婚前、孕前筛查地中海贫血携带者取得了显著的防控效果。孕期检出携带者夫妇，他们可以产前诊断知情选择终止妊娠重型地中海贫血胎儿，以及获得中间型地中海贫血疾病相关知识，更早地为患儿出生后接受治疗做准备，改善患儿预后。

二、地中海贫血筛查

α 地中海贫血是由于人 α 珠蛋白基因（位于 16 号染色体末端 16pl3. 3）突变使 α 珠蛋白肽链合成减少或丧失而导致的遗传性溶血性贫血。β 地中海贫血是由于人 β 珠蛋白基因（位于 11 号染色体末端 11pl5. 3）突变使 β 珠蛋白肽链合成减少或丧失而导致的遗传性溶血性贫血。据 WHO 统计，全世界约有 3.78 亿人携带地中海贫血基因，人群携带率为 5.2%，多发生于热带和亚热带疟疾高发国家。我国主要分布在长江以南各省区，广东、广西、海南、云南、贵州、四川等地区为高发，人群携带率为 6%～11%（徐湘民，2019）。当夫妻双方都是同一类型地中海贫血携带者时，后代会有 1/4 的机会患中度、重度贫血。重型 α 地中海贫血（Hb Bart's 水肿胎）胎儿，大多于妊娠 23～28 周死亡，或出生后数小时内死亡，胎儿全身水肿、肝脾肿大、黄疸或伴多器官畸形等。重型 β 地中海贫血（纯合子或双重杂合子）胎儿，出生时与正常婴儿无明显差异，但生后 3～9 个月无诱因出现进行性小细胞低色素性贫血，面色蜡黄、乏力、肝脾肿大、生长发育不良等，50%的患者因心力衰竭而早年夭折，无适当输血则多在 5 岁前死于慢性脑缺血。对于重型地中海贫血目前尚无有效治疗方法，通过携带者筛查、遗传咨询和产前诊断选择性引产重症胎儿是国际上公认的地中海贫血防控方法。人群筛查要求所采用的技术同时具备快速、灵敏、操作简便、准确性高，以及成本低等特性，目前大部分医院采用“血常规→血红蛋白电泳→地贫基因检测”三步法来完成地中海贫血筛查。

（一）血常规测定

采用全自动血细胞计数仪进行测定，正常参考值红细胞平均体积（MCV）为 82～94fl，红细胞平均血红蛋白（MCH）27～32pg。测定血常规是筛查的第一步，地中海贫血的重要特征之一是小细胞低色素贫血，因此当 MCV<82fl 及 MCH<27pg 时，则可能为地中海贫血患者、地中海贫血基因携带者或缺铁性贫血。此方法的优点是操作简单、实验室要求低、结果易判断；缺点是不能区分地中海贫血和缺铁性贫血。

（二）红细胞渗透脆性试验

采用红细胞脆性一管定量法，在低渗盐水中，水分透过细胞膜，使红细胞逐渐胀大破坏。红细胞渗透脆性试验记录红细胞从开始溶血到全部溶血后的界限，这个界限是由红细胞的表面积与体积的比值决定的。在低渗盐的水溶液中，渗透脆性低的红细胞易发生膨胀破裂现象，所以通过测定渗透脆性可以分析红细胞的形态异常情况。此法优点是操作简单、不需要仪器设备；缺点是准确性不够高，不能进行分型。

（三）血红蛋白电泳检查

目前临床上常用的电泳介质有淀粉凝胶、醋纤膜及琼脂凝胶。在统一电场中，由于各种血红蛋白组分带电荷数不同，产生不同的迁移速度，故在一定时间内就可分成各种区带，从电泳图谱中可初步鉴别出各种异常血红蛋白。正常参考值为成人 HbA_2 为 2.5%～

3.5%，没有异常 Hb 区带出现。若 HbA_2＜2.5%，或出现异常 Hb（如 HbH、Hb Bart's 等），则为 α 地中海贫血筛查阳性；若 HbA_2＞3.5%或 HbF＞5%，则为 β 地中海贫血筛查阳性。该方法能够筛查出大部分地中海贫血携带者或患者，但可能会漏掉部分轻型 β 地中海贫血和静止型 α 地中海贫血。

（四）地中海贫血基因分析

基因分析是地中海贫血检测的金标准。但因实验室设备、技术人员要求高，且检测费用昂贵，一般只在大型医院开展，不能普及。传统的基因分析技术有等位基因特异性寡核苷酸探针点杂交、反向点杂交、限制性酶切片段长度多态性连锁分析等，但都只能检测有限的几十种基因类型，存在一定的漏诊率。目前最先进的技术是采用针对人 α 珠蛋白和 β 珠蛋白基因簇和相关修饰基因的靶向高通量测序，可以同时检测 500 多种地中海贫血变异类型，对目前已发现的大部分地中海贫血突变类型基本无遗漏，显著降低漏检风险，提高准确性。

目前地中海贫血人群筛查主要对象是孕前夫妻或初检孕妇，为了节省费用，也只筛查夫妇之一，如果是携带者，再筛查其配偶。当夫妻双方均被检测为同种类型地中海贫血携带时，则确定为高风险，需要进一步产前诊断。筛查流程见图 14-3。

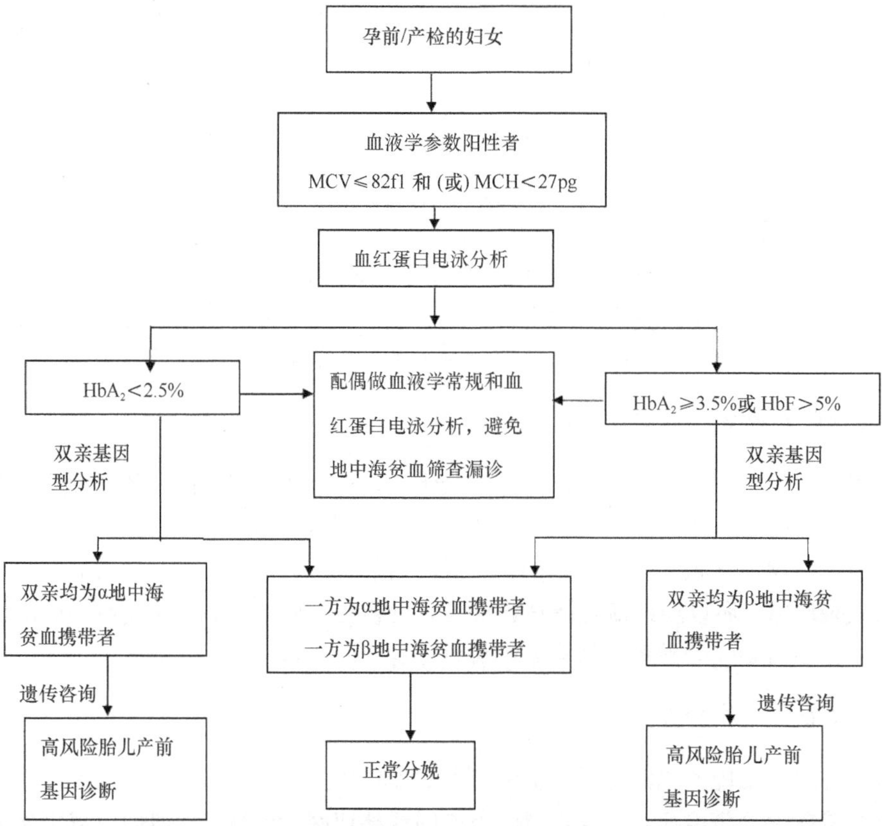

图 14-3　地中海贫血人群筛查流程

三、扩展性携带者筛查

目前已经发现2000多种常染色体和X连锁隐性病（Edwards et al.，2015）。在普通人群中，有1%～2%的夫妇存在生育常染色体隐性遗传或X连锁遗传病孩子的风险（Ropers，2012）。传统的携带者筛查，主要针对特定种族或地域的人群进行特定单基因遗传病筛查。例如，在犹太人群中进行Tay-Sachs病、囊性纤维化等疾病筛查；在地中海沿岸，我国广西、广东等地区进行地中海贫血筛查。但随着人口迁移、不同种族间的通婚，有时很难追溯到确切的血统或祖籍；并且由于携带者通常是健康的且没有明确遗传病家族史，因此直到他们的孩子出生后被确诊为患有某种遗传病才意识到自己的生殖风险。扩展性携带者筛查（expanded carrier screening，ECS）是指在不限制特定种族并利用高通量测序技术，一次性筛查几十、几百乃至上千种基因，寻找更多遗传变异的筛查方法。因为不针对特定地域和种族，可以为普通人群提供更多机会筛查多种遗传病，以帮助他们做出明智的生殖决策。Srinivasan等（2010）采用基因分型技术对108个孟德尔遗传病基因进行检测，首次提出“扩展性携带者筛查”概念。Bell等（2011）首次采用高通量测序技术分析437个目标基因，感兴趣目标基因的捕获以及外显子组测序技术的应用使检出率显著提高，检测成本明显降低，促进了ECS模式的快速发展。尽管ECS可以为个人提供有关其遗传风险的更多信息，但该筛查模式尚处于发展阶段，面临着诸多机遇与挑战。

（一）扩展性携带者筛查基因包致病基因纳入标准

2013年美国医学遗传学与基因组学协会（ACMG）针对ECS提出了基因包纳入的致病基因和突变应当满足以下几项标准：携带频率≥1%；有定义明确的表型；严重影响生活质量；造成认知和躯体损害；需要手术或医疗干预；在生命早期发病。另外，所筛查的情形应可在产前诊断，得以产前干预，改善围产结局；制定个体化分娩管理措施，改善新生儿结局；对父母进行产后特殊护理的培训。成年后发病的疾病不应纳入ECS筛查的范畴。

（二）残余风险

筛查结果阴性的夫妇提示生育此类遗传病患儿的风险很低，但还需与他们讨论残余风险。疾病的残余风险=患病率×（1–检出率）（Haque et al.，2016），如果要准确计算疾病的残余风险，需要知道该疾病的致病基因、患病率、突变频率和检测方法的性能等，以及检测到的突变与疾病严重程度之间的联系，才有助于获得足够信息做出明智决定。但目前ECS筛查面板上包含一些罕见病，其发病率、人群携带率不清，残余风险计算尚无定论，可能增加患者焦虑。

（三）遗传咨询

ECS用于生殖决策时，阳性筛查结果往往会给患者带来自责、焦虑等负面情绪，遗传咨询有助于他们减少焦虑、提高个人自主决策能力，做出明智选择。

1. 检测前咨询

了解患者的家族史尤为重要，如果可能，也应了解其配偶的家族史，作为遗传风险的筛选工具。家族病史应包括家庭成员的种族背景以及是否由近亲婚姻。若一方有某种疾病阳性家族史，应及时进行此疾病的携带者筛查和遗传咨询。普通人群缺乏对遗传病的了解，可能认为自己不存在成为携带者的风险，并且对 ECS 认识有限，因此检测前应通过介绍 ECS 的检测目的、优点、局限性及后续处理方案等，让患者知情自愿选择。

2. 检测后咨询

如果夫妻一方经筛查发现是突变基因携带者，其同系亲属可能带有相同的突变基因。故应鼓励携带者告知其同系亲属相关风险及现有的携带者筛查手段；并建议夫妻中另一方接受筛查，告知检出的突变类型，相关疾病的详情，生育风险及进一步处理方案。对于筛查阴性夫妻，应告知残余风险的存在，阴性结果不等于无风险。未经受筛者允许，妇产科医生和其他保健服务人员不能泄露其信息。

3. 伦理问题

在实施 ECS 过程中，可能会发现一些不确定性结果或与检测无关的基因改变。例如，发现一些成年疾病、患癌风险、丈夫并非是胎儿的生物学父亲等，带来一系列伦理问题，需要制定切实可行的共识指南指导临床应用。

4. 临床意义不明拷贝数变异

在ECS后续产前诊断处理过程中，常会发现一些胎儿临床意义不明拷贝数变异（variants of unknown significance，VOUS），由于目前关于拷贝数变异的临床表型，几乎完全来源于出生后有问题的儿童或成人，胎儿的预后和结果尚无良好数据报道，产前表型信息通常不完整，因此信息可能会偏移，准父母需要面临很大的不确定性来做决定。

5. 面临的挑战

由于基因变异致病性和表型外显率的复杂性，亟需一个可公开访问的大规模数据库进行数据整合、功能验证，实现实验室间变异分类解读的一致化，才能最大限度地减少 VOUS 检出，更有效地指导临床诊断。随着基因测序技术的快速发展，获得的遗传信息越来越复杂，现有经过专业培训的遗传咨询师远远不能满足需求，因此迫切需要加强遗传咨询队伍的培训与建设。

（镡　颖　银益飞）

参 考 文 献

陈竺. 2010. 医学遗传学. 北京: 人民卫生出版社: 140.
杜传书. 1984. 临床遗传学. 广东: 广东科技出版社.
顾学范. 2003. 新生儿疾病筛查. 上海: 上海科学技术文献出版社: 36.

马用信, 税青林. 2013. 医学遗传学. 北京: 科学出版社: 102.

王育水, 姬生栋. 2007. 遗传优生与生殖工程. 上海: 上海人民出版社: 225.

郑铁生. 2004. 临床生物化学检验. 北京: 中国医药科技出版社: 25.

国家卫生健康委员会临床检验中心产前筛查与诊断实验室室间质量评价专家组. 2019. 产前筛查质量评价指标专家共识. 中华医学遗传学杂志, 36(5): 413-418.

苏醒. 2008. 细节管理在新生儿筛查工作中的应用. 当代护士, 7: 100-101.

卫生部. 2011. 胎儿常见染色体异常与开放性神经管缺陷的产前筛查与诊断技术标准 第一部分: 中孕期母血清学产前筛查. 中国产前诊断杂志(电子版), 3(3): 42-47.

徐湘民. 2019. 血红蛋白病的人群筛查和产前诊断. 海南医学, (z1): 47-55.

张少芹. 1999. 新生儿筛查中有效采集足跟血方法分析. 海军医学杂志, 20(2): 147.

Alldred SK, Deeks JJ, Guo B, et al. 2012. Second trimester serum tests for Down's Syndrome screening. Cochrane Database Syst Rev, (6): CD009925.

Bell CJ, Dinwiddie DL, Miller NA, et al. 2011. Carrier testing for severe childhood recessive diseases by next-generation sequencing. Sci Transl Med, 3: 65ra4.

Chace DH, Diperna JC, Mitchell BL, et al. 2001. Electrospray tandem mass spectrometry for analysis of acylcarnitines in dried postmortem blood specimens collected at autopsy from infants with unexplained cause of death. Clin Chem, 47(7): 1166-1182.

Copeland S. 2008. A review of newborn screening in the era of tandem mass spectrometry: What's new for the pediatric neurologist? Semin Pediatr Neurol, 15(3): 357-359.

Edwards JG, Feldman G, Goldberg, et al. 2015. Expnaded carrier screening in reproductive medicine-points to consider: A joint statement of the American College of Medical Genetics and Genomics, American College of Obstetricians and Gynecologists, National Society of Genetic Counselors, Perinatal Quality Foundation, and Society for Maternal-Fetal Medicine. Obstet Gynecol, 125: 653-662.

Haque IS, Lazarin GA, Kang HP, et al. 2016. Modeled fetal risk of genetic diseases identified by expanded carrier screening. JAMA, 316(7): 734-742.

Merkatz IR, Nitowsky HM, Macri JN, et al. 1984. An association between low maternal serum alpha-fetoprotein and fetal chromosomal abnormalities. Am J Obstet Gynecol, 148(7): 886-894.

Reynolds T. 2010. The triple test as a screening technique for Down syndrome: Reliability and relevance. Int J Womens Health, 2: 83-88.

Ropers HH. 2012. On the future of genetic risk assessment. J Community Genet, 3: 229-236.

Srinivasan BS, Evans EA, Flannick J, et al. 2010. A universal carrier test for the long tail of Mendelian disease. Reprod Biomed Online, 21: 537-551.

Wong FC, Lo YM. 2016. Prenatal diagnosis innovation: genome sequencing of maternal plasma. Annu Rev Med, 67: 419-432.

第十五章　基因编辑技术

自 1953 年沃森和克里克发现 DNA 双螺旋结构以来，人们便开启了对于生命遗传密码的研究。在之后几十年中，科学家们不断探索 DNA 的分子结构、复制机制。进入 21 世纪后，测序技术不断完善，多个物种的全基因组测序成为现实，生命科学研究进入了一个以解释基因功能为目的的后基因组时代，研究每个基因的功能或是其携带的遗传信息，成为分子生物学研究的重点，其中基因编辑技术无疑是其中最为重要的研究手段。通过改变特定基因的编码信息，包括基因插入、删除或是突变，通过研究相应的生物学表型变化而得以明确基因的生物学功能或调控机制。基因编辑技术的发展，从最开始的随机整合到如今的精准靶向，仅花费了短短十几年的时间。本章简要介绍基因编辑技术的发展历程、主要技术原理及当今基因编辑技术在基因治疗中的应用情况等。

第一节　基因编辑技术概述

基因编辑即利用实验手段对基因组进行操作和改造。传统的转基因技术主要依赖于自然的同源重组（homologous recombination，HR）机制来将外源基因整合到机体基因组内。例如，胚胎干细胞（embryonic stem cell，ESc）介导的基因修饰或是借助慢病毒载体引入的基因修饰（Thomas，2003；Smithies，1985）。然而这一过程在大多数物种和细胞中发生的频率极低，而且具有一定的随机性和不可控性。随后，靶向的基因编辑，即基因打靶（gene targeting）技术发展成为主要研究方向。基因打靶的概念最初由 Mario（1989）在 20 世纪 80 年代提出，指将外源 DNA 片段导入细胞并使其整合到基因组的特定位点，从而改变某个具体基因的功能、表达，或修复基因突变。通过利用各种方法在基因特定位点诱导 DNA 双链断裂，导致 DNA 启动修复机制，使得基因靶向编辑效率大大提高。近年来，多种新型高效的 DNA 靶向内切酶被发现并投入应用，其中应用最广泛的为锌指核酸酶（zinc finger nuclease，ZFN）、类转录激活样效应因子核酸酶（transcription activator-like effector nuclease，TALEN）、规律成簇间隔短回文重复序列（clustered regularly interspaced short palindromic repeat，CRISPR）。三种方法的工作原理均为在特定位点造成 DNA 的双链断裂（double strand break，DSB），从而激活宿主内固有的同源重组或者非同源末端连接（non-homologous end joining，NHEJ）机制（图 15-1）。在此过程中引入 DNA 片段的插入或缺失，造成基因突变；亦可通过提供同源序列的方式，通过同源重组方式进行精确修复。其中，CRISPR 技术由于设计简便、易于改造、可实现多位点编辑等特性，已成为当下最为热门、研究最为广泛的一类基因编辑手段。

通过对发育初期的动物胚胎进行基因的改造并借助代孕获得表达新的遗传性状的动物是转基因动物模型构建的基本方法，结合基因编辑技术，研究者得以更为深入地研究基因功能、致病机制，或是开发出一些遗传性疾病的基因治疗方法。在此方面，我国

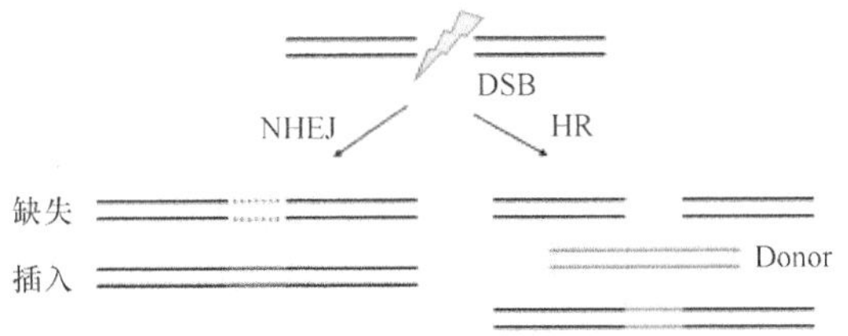

图 15-1　细胞对 DSB 损伤的修复机制（琚存祥等，2015）

细胞对由核酸内切酶引起的 DSB 修复：非同源末端连接（NHEJ）和同源重组（HR）。左：以 NHEJ 修复，产生插入/删除突变；右：以 HR 修复，通过提供外源性打靶载体，能实现定点突变或者序列插入。

科学家已经走在世界前列，取得了一系列重要的研究成果。例如，在国际上率先利用 CRISPR 技术建立了基因敲除的灵长类动物（Niu et al.，2014），率先利用 CRISPR 技术进行遗传疾病治疗的尝试（Ding et al.，2014）等。可以预见，以 CRISPR 技术为代表的精准基因编辑技术，必将在将来的很长一段时间引领着科学界的研究热潮，为生命科学领域的发展和人类复杂疾病的治疗带来无限希望。

第二节　基因编辑技术原理

一、慢病毒介导的外源基因插入

慢病毒（lentivirus）是反转录病毒的一种，为 RNA 病毒，这类病毒的一个重要特点是毒粒中含有依赖 RNA 的多聚酶，即反转录酶。慢病毒是一类重要病毒，如人免疫缺陷病毒（HIV）和猴免疫缺陷病毒（SIV）等，它除了具有一般反转录病毒 *gag*、*pol* 和 *env* 三个基本基因结构外，还含有 4 个辅助基因 *vif*、*vpr*、*nef*、*vpu* 和 2 个调节基因 *tat* 和 *rev*。慢病毒像其他反转录病毒一样，其基因组经反转录后能整合在宿主 DNA 上，经改构后的慢病毒载体（lentiviral vector，LV）作为外源基因载体，其优势在于病毒本身不在宿主细胞增殖，不会导致寄主细胞的死亡，且被它感染的或转化的动物细胞能够连续传代（Kafri，2004）。基于这一特性，慢病毒载体可以被广泛地应用到对基因功能、疾病致病机制，以及基因治疗的研究当中。世界上第一例转基因灵长类动物就是由慢病毒载体介导构建而成：科学家利用 LV 将一段外源基因引入猕猴胚胎中，并通过胚胎移植的方法获得，这只小猴取名“安迪”（ANDi），意指 inserted DNA，即 DNA 插入（Chan et al.，2001）。在精准基因编辑技术出现之前，慢病毒载体技术一度成为制备转基因动物的主要手段。2008 年美国科学家就利用慢病毒载体获得了亨廷顿病（Huntington’s disease，HD）的转基因猕猴模型（Yang et al.，2008），这只猕猴也成为第一只转入了人类致病基因的灵长类动物。此后，日本科学家同样采用慢病毒载体的方法，培育出携带增强绿色荧光蛋白（EGFP）编码基因的狨猴，并发现该转基因性状能够在狨猴的生殖系细胞中表达，由此证实了转基因性状可以在动物体上实现生殖系传递。

20 世纪初，慢病毒载体法被广泛应用于细胞的体外转染和基因治疗研究中，然而，该方法依然存在诸多缺陷。例如，随机插入的方法可能会影响靶位点基因表达或是引起突变，另外，插入片段的长度也会受到限制，通常慢病毒载体只能携带不大于 10kb 的片段，因而也给研究带来诸多不确定性和使用限制（Nasri，2014）。寻求更加高效精确的基因修饰工具，是研究者所追求的方向。

二、基于细胞同源重组的基因打靶技术

早在 20 世纪 70 年代，科学家们就已经开始探讨 DNA 操作的可能性，及如何在基因组的特定位点进行有目的的改造。随着在酵母中发现 DNA 修复和同源重组机制，基于 DNA 同源重组机制的基因打靶策略出现，使得基因的靶向修饰成为可能。初期的方法主要为利用细胞内在的同源重组机制，将含有同源序列的外源 DNA 片段导入细胞并定点整合到基因组的特定位点。然而在通常情况下，由同源重组方式介导的基因整合的频率非常低（为 10^{-9}～10^{-8}），且外源 DNA 往往是随机插入到染色体某一位点（Thomas，1986）。随着研究的深入，同源重组基因打靶效率在不断提高，1985 年 Smithies 等成功地将外源 DNA 以较高的频率通过同源重组的方式整合到体外培养的人细胞 *β-globin* 位点，第一次实现了外源 DNA 在基因组特定位点的插入（Smithies，1985）。

随后，基因打靶技术在小鼠中得到了更为广泛的应用和发展，研究人员从小鼠囊胚中分离胚胎干细胞（ES）并在体外实现连续传代培养，在 ES 细胞基因组某个位点引入特定突变，进一步通过嵌合体构建方法实现 ES 细胞发育为嵌合小鼠的生殖细胞，使得突变 ES 细胞基因型得以遗传，通过适当的回交和筛选便可得到杂合子或突变纯合子的动物，从而得以更为深入地研究某个基因的功能。这一方法主要依赖于两个关键策略：①小鼠胚胎干细胞的建立以及将胚胎干细胞注射到早期胚胎中形成嵌合体动物生殖细胞的能力；②同源重组在胚胎干细胞中具有较高的效率。

三、精准基因编辑——DNA 靶向内切酶技术

ES 细胞打靶技术存在同源重组效率低、耗时长、成本高、存在物种限制等问题。进入 21 世纪，一些新型高效的 DNA 靶向内切酶被发现，并开始被应用于基因组的定向编辑和动物模型构建，其中以 ZFN、TALEN、CRISPR/Cas 系统的应用最为广泛。三种方法均在多个物种中成功应用，如小鼠、大鼠、猪、昆虫、线虫、斑马鱼等。其中 CRISPR 技术自 2012 年问世以来，由于其设计简便、效率高且能够实现多位点打靶的特点，已经迅速在生命科学的各个研究领域发挥了重要作用，我国科学家也借助于这一方法取得了一系列重要的研究成果。例如，获得世界上第一例基因定点敲除的灵长类动物，并首次证实了由 CRISPR 技术介导的基因突变可以实现生殖系传递（Chen，2014）。

基因定点编辑工具的出现大大提高了基因编辑的效率，使得快速获得靶向基因修饰的细胞核动物模型成为现实，也为多种疾病的治疗带来无限希望。在将来的研究中，还需要进一步提高效率和特异性，以期在疾病临床治疗研究中发挥更为重要的作用。下文将分别对 ZFN、TALEN、CRISPR/Cas 三种基因编辑技术进行介绍。

（一）锌指核酸酶

1. 锌指核酸酶（ZFN）的结构和原理

锌指核酸酶技术是指将锌指蛋白（zinc finger protein，ZFP）与 *Fok* I 核酸内切酶融合而成的人工嵌合蛋白，其中的 ZFP 能够识别并结合特异 DNA 序列，*Fok* I 则通过形成

二聚体的形式在靶位点附近产生 DNA 的 DSB（图 15-2）。ZFP 由链接序列（linker）串联 3～6 个 Cys2-His2 锌指组成，作为真核生物中最广泛的结合序列，Cys2-His2 锌指能够介导蛋白质与核酸、小分子或其他蛋白质的相互作用。这类锌指蛋白由约 30 个氨基酸组成，含有 β-β-α 状的保守构象，α 螺旋上的几个氨基酸能够识别 DNA 双链上的 3 个连续的碱基。经人工串联 3～6 个锌指蛋白能够特异识别 9～18 个核苷酸，对于基因组而言，18bp 的 DNA 序列足以保证靶位点的特异性（Fyodo，2010）。基于这样的序列识别方式，ZFN 技术得以实现对基因组位点的特异性修饰（图 15-2）。

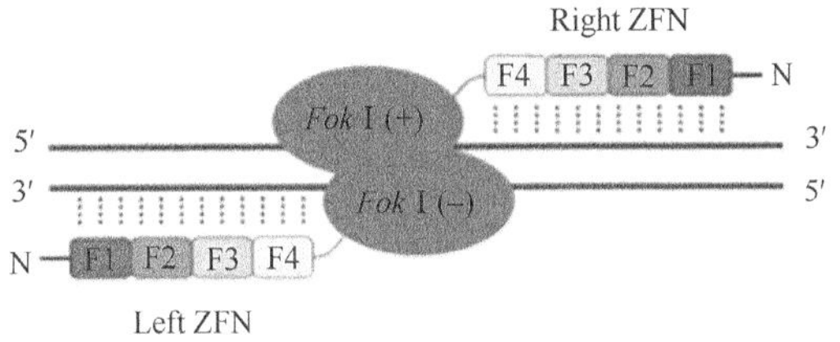

图 15-2　ZFN 结构和作用机制示意图（琚存祥等，2015）

两个独立的 ZFN 分别识别并结合靶基因正反义链，*Fok* I 在间距合适的情况下二聚化并产生核酸内切酶活性，每个 ZFN 含 4 个锌指蛋白，可识别连续的 12 个碱基。

将锌指蛋白同限制性内切酶 *Fok* I 的切割结构域串联形成人工锌指核酸酶，由于 *Fok* I 需要二聚化才能发挥功能，因此需要设计两个互补的 ZFN 分子，与靶位点特异结合后，两个 ZFN 分子间隔距离合适时，*Fok* I 二聚化发挥切割功能，造成靶位点断裂，启动体内的 DNA 损伤修复机制。在没有外源 DNA 模板时，细胞主要通过非同源末端连接修复方式，引入碱基的缺失和插入（indel）、突变，达到基因敲除的目的；如果存在与靶位点具有同源序列的修复模板，细胞可通过同源重组修复方式实现靶基因的精确修复或在此位点插入基因，如筛选标记、荧光蛋白等。锌指核酸酶的构建主要采取模块组装（modular assembly）的方法，即根据实验验证的锌指蛋白同三联核苷酸的对应关系，通过建立能够识别所有 3 个串联核苷酸类型的锌指蛋白库，共 64 种三联核苷酸组合，当选定打靶位点后，再将相应的锌指蛋白挑选并连接。但由于不同锌指在连接后常常无法维持各自原有的特异性，因此，合成一段识别 18 个碱基的锌指链往往需要构建庞大的锌指表达文库并进行大规模筛选。虽然有如 Sangamo 等商业化公司可以提供有较高特异性的 ZFN，但对一般研究者而言，获得高效的 ZFN 仍较为困难，因而也未被广泛使用。同时，并非所有的目标序列都能找到高效特异的锌指蛋白，因此，在目标位点的选择上有一定限制。

2. ZFN 技术应用

锌指核酸酶是第一个大规模应用于基因编辑领域的工具，目前已经在体外培养的哺乳动物细胞和斑马鱼、小鼠、大鼠、拟南芥等多种模式生物中成功实现了基因敲除或修饰。美国的 Sangamo 公司在锌指核酸酶应用研发领域处在领先位置。早在 2005 年，该公司就成功利用 ZFN 在人类细胞中实现了对一个与免疫缺陷相关的突变基因 Il2Rγ 的修复（Wood et al.，2011）。

作为最先应用的靶向核酸酶之一，科学家们应用人工锌指核酸酶，探索了多种靶向基因编辑技术的实验策略和应用方向，并进行了临床应用的尝试。这些研究也为后来的 TALEN 和 CRISPR/Cas 系统研究提供了重要借鉴；但 ZFN 的构建耗时耗力，且构建费用较高，而且现在尚不能针对任意靶点设计相应的 ZFN 实现特异切割，此外脱靶效应的存在也限制了 ZFN 的广泛应用。进入 21 世纪后，ZFN 逐渐被新一代的基因编辑工具所取代。

（二）类转录激活样效应因子核酸酶

类转录激活样效应因子核酸酶（TALEN）最早报道于 20 世纪 80 年代，但是直到 2009 年，才有研究者证实 TALE 能特异性地识别 DNA 序列，同时破译了 TALE 与 DNA 碱基识别的密码（Moscou，2009）。其后，研究者发现 TALE 能够与 *Fok* I 偶合形成 TALEN，并具有靶向切割能力。2012 年，TALE 特异识别 DNA 序列的晶体结构又获得解析。与 ZFN 相似，TALEN 通过识别基因组中特定的 DNA 序列，由 *Fok* I 二聚体产生核酸内切酶活性，对特定位点进行切割，DNA 双链断裂后可以启动细胞的自我修复机制，通过 HDR 或 NHEJ 的方式实现特定位点的靶向修饰，如基因敲除、敲入及定点突变等。

1. TALEN 的结构和原理

TALE 来源于一种植物病原体黄单胞杆菌（*Xanthomonas* spp.），该蛋白质通过识别宿主基因组特定 DNA 序列并调控宿主内源基因表达，以增加宿主对该病原体的易感性。TALE 含有三个结构域：N 端的核定位信号（nuclear localization signal，NLS）、C 端的转运信号（translocation signal）和转录激活结构域（activation domain，AD），以及中间部分负责识别并结合 DNA 序列的识别结构域（图 15-3）。DNA 识别结构域是 TALEN 技术应用的关键，由 133 个识别 DNA 碱基的重复单元串联后，尾部融合一个含 20 个氨基酸的半重复单元组成。每个重复单元含有 33～35 个氨基酸，除了 12 位和 13 位两个氨基酸不同外，其他氨基酸在不同 TALE 中高度保守。这两个氨基酸被称为重复可变的双氨基酸残基（repeat variable diresidue，RVD），参与对 DNA 双链上的碱基识别，每一个 RVD 识别 4 种碱基中的一种或几种。虽然不同的 TALE 蛋白具有多种 RVD，但目前

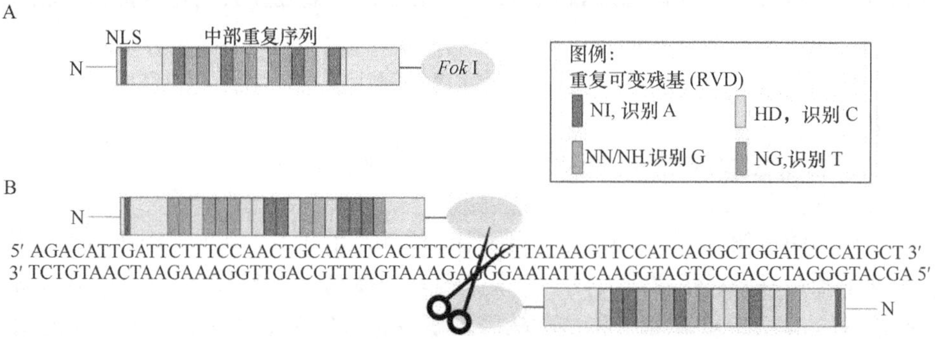

图 15-3　TALEN 结构和作用机制示意图（康宇等，2015）

A. TALEN 的主要结构包括 N 端的核定位信号（NLS）区，中部重复序列和 C 端的 *Fok* I 酶催化区；B. TALEN 作用机制：两个 TALEN 的 DNA 结合域分别结合到各自的目标序列上，两个 *Fok* I 核酸内切酶形成二聚体发挥剪切作用。

应用最多的为以下 5 种：NI（天冬酰胺-异亮氨酸）识别 A，NG（天冬酰胺-甘氨酸）识别 T，HD（组氨酸-天冬氨酸）识别 C，以及 NN（天冬酰胺-天冬酰胺）或 NH（天冬酰胺-组氨酸）识别 G。

TALEN 的构建方式为将 TALE 的 DNA 结合结构域与 *Fok* I 内切酶连接，从而实现对基因组特定靶位点的定位和切割，诱导 DNA 修复。虽然 TALEN 的构建方法多样，但大多遵循同一个思路：首先将 4 种碱基对应的 TALE 的 DNA 结构域连接到载体上，然后通过酶切连接将不同的单体 TALE 组成一个阵列，最后连接到含有 *Fok* I 和核定位序列（nucleic locus sequence）的质粒中即完成了 TALEN 的构建。

2. TALEN 技术应用

同 ZFN 一样，TALEN 一经发现便被广泛应用，并成功在体外培养的哺乳动物细胞和果蝇、小鼠及水稻等模式生物中实现了基因敲除或修饰；此外还在大动物如猪、猴等中实现了基因定点修饰并且证实突变性状可实现生殖系的传递。比较而言，TALEN 技术较 ZFN 技术呈现出巨大的进步：TALEN 的构建方式要远远简单于 ZFN，在一般的分子生物学实验室即可完成。此外，TALEN 识别位点选择范围更广，因而拓宽了目标序列的可选择范围。但是，TALEN 的应用也存在一定局限：TALEN 同 ZFN 一样，也存在脱靶效应，这在临床基因治疗的应用上是一个重要的考量因素。与 ZFN 类似，进一步提高基因精确修饰效率和降低脱靶效应也是 TALEN 的未来研究方向。由于 TALEN 蛋白的编码序列比 ZFN 要长得多，如何有效地将 TALEN 表达载体输送到疾病相关细胞中也是 TALEN 在疾病治疗应用方面需要解决的重要问题。

（三）CRISPR/Cas 系统

ZFN 技术和 TALEN 技术介导的基因组定向打靶都依赖于 DNA 特异性结合蛋白的合成，这一步骤较为繁琐且花费高，并不利于普及。2012 年，一种更为简便的基因编辑工具被发现，这种名为 CRISPR/Cas 系统的基因靶向修饰工具，能够介导 RNA 导向的 DNA 识别及编辑，使用一段序列特异性向导 RNA 分子（sequence-specific guide RNA，gRNA）引导核酸内切酶到靶点处，从而完成特定位点的切割。该系统制作简单、成本低、作用高效，为构建高效便捷的基因编辑技术提供了全新的平台。

1. CRISPR/Cas9 的结构和原理

CRISPR/Cas 系统最早是在细菌的获得性免疫系统中被发现的：一类独特的，名为“规律性重复短回文序列簇”的 DNA 规律性重复序列，广泛存在于大多数的细菌和古细菌中。通常在临近 CRISPR 的区域还包含一组保守的蛋白质编码基因，被称为 Cas（CRISPR-associated）基因，其编码的蛋白质包括核酸酶、聚合酶、解旋酶，具有与核糖核酸结合的功能。这些 Cas 蛋白与 CRISPR 转录出的 RNA 结合形成核糖核蛋白复合物，在原核生物中发挥着获得性免疫功能，使宿主获得抵抗噬菌体、质粒等外来 DNA 入侵的免疫能力。CRISPR 家族有诸多类别，目前最为主要的/研究最为广泛的 Cas9 系统，即 Type II CRISPR/Cas，主要由 Cas9（CRISPR -associated 9）蛋白、反式激活 crRNA (trans-activating crRNA，tracrRNA）和 CRISPR -derived RNA（crRNA）组成。

Cas9 蛋白在 crRNA 的加工以及对外源 DNA 的特异性切割中都发挥着重要的作用。CRISPR 区域首先转录成前体 RNA（pre-crRNA），在 Cas9 蛋白的参与下加工成一段含有保守重复序列和间隔区的成熟 crRNA，同时，tracrRNA 也会被转录并和 crRNA 形成一种双链的 RNA 结构，再与 Cas9 蛋白组成具有 DNA 内切酶活性的复合物。该复合物在 crRNA 的引导下，由 Cas9 蛋白的核酸结构域对外源 DNA 分子进行切割。其中，CRISPR/Cas9 系统的切割位点依赖于 crRNA 互补序列下游的 PAM 序列（NGG），该序列对于靶位点的识别和切割是必需的，其潜在的靶位点是 5'-20nt-NGG 和 5'-CCN-20nt，该序列在每 4～8bp 的随机 DNA 序列中就重复出现一次，因此，对于靶位点的设计相对容易。研究发现，将 pre-crRNA 和 tracrRNA 构建成一个融合 RNA（single-guide RNA，sgRNA）来模拟成熟的 crRNA 和 tracrRNA，同样可以与 Cas9 共同作用特异地切割目的 DNA，从而将 CRISPR/Cas 系统简化成 Cas9 蛋白和 sgRNA 两个组分（图 15-4）。总体来说，CRISPR/Cas9 系统依赖于 crRNA 与 tracrRNA、Cas9 蛋白形成的核糖核蛋白复合物来识别靶序列上的 PAM 以及前间隔序列（protospacer），实现对特定位点的切割。

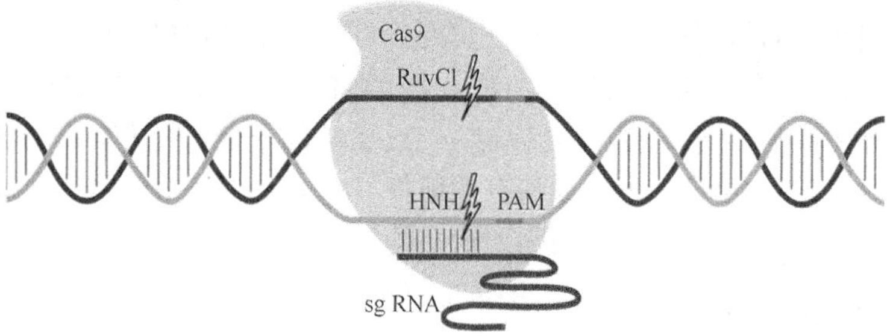

图 15-4　RNA 介导 Cas9 切割目的 DNA 示意图（康宇等，2015）

RNA-蛋白质复合体由 sgRNA 的引导序列靶向至紧挨 PAM 的 DNA 靶位点，引导序列与靶位点 DNA 与碱基互补配对结合并介导 Cas9 核酸酶切割 DNA 双链，Cas9 蛋白的 HNH 核酸酶结构域剪切互补链，RuvCI 结构域剪切非互补链。

2. CRISPR/Cas 系统研究进展

CRISPR/Cas 系统是一种简便高效的基因编辑工具，目前已经在体外培养的细胞和多种模式动物中实现了靶向基因修饰。2012 年，Doudna 和 Charpentier 研究小组在 *Science* 杂志上率先报道了利用人工设计的crRNA和来源于酿脓链球菌的Cas9蛋白对体外DNA进行精确切割，并通过结合 crRNA 和 tracrRNA 人工设计了 sgRNA（single-guide RNA）作为单一 RNA 分子发挥引导 Cas9 的功能。此外，通过对 Cas9 的两个核酸酶结构域的改造，能够实现对 DNA 单链的精确切割，即具有一个核酸酶结构域突变的 Cas9 nickase 蛋白只能切割DNA双链中的一条，根据 ZFN 和 TALEN 二聚化的原理，利用两条 sgRNA，Cas9 nickase 在目标 DNA 位点造成双链断裂，有助于提高切割特异性。另一种思路是突变 Cas9 蛋白的两个核酸酶结构域，并连上转录激活因子，能调控细胞内源基因的表达，以及利用 Cas9 结合 sgRNA 文库进行全基因组规模的功能基因筛选。此外，CRISPR 系统的一个重要优势是能够实现对多个基因的同时修饰，2014 年，我国科学家利用 CRISPR/Cas9 系统在灵长类动物中实现多个基因的敲除并将研究成果发表在 *Cell* 杂志

(Niu et al., 2014)。

鉴于 CRISPR/Cas9 系统识别序列较短，可能会引发较高的脱靶效应，很多研究小组相继报道了研究脱靶效应的结果，结果不一，但总体说来该系统的脱靶效应与 ZFN 和 TALEN 系统类似。此外，利用多种病毒载体包装 CRISPR 系统，借由病毒载体包装 CRISPR/Cas9 进入细胞中并发挥其基因编辑功能，可在多种细胞系或是成体动物中实现基因靶向编辑，借此方法，研究者得以构建出 p53、KRAS 基因修饰的小鼠肺癌模型和其他一些疾病动物模型，这些模型的获得为相关疾病的研究提供了重要资源。

CRISPR/Cas9 系统作为一种新兴的基因编辑技术，优势在于设计原理简单、操作方便、制作成本低廉，并且可以同时对多个基因实现高效的靶向修饰。CRISPR/Cas9 已然成为科学界最炙手可热的热点之一，极大地推动了基因编辑技术的发展，被广泛应用于各类体内和体外体系的遗传学改造、转基因模式动物的构建，甚至基因治疗领域。针对不同的靶位点，在 CRISPR/Cas9 系统设计上只需改变 sgRNA 中 20 个碱基的向导序列即可，一步简单的分子克隆实验就可完成。sgRNA 的长度仅为 100 个碱基，通过化学合成的方法也可获得。近几年以来，通过使用 CRISPR 系统，构建人类疾病动物模型的速度要比之前快得多。目前，该系统已成功运用在植物、线虫、果蝇、酵母、斑马鱼、大鼠、小鼠、非人灵长类动物，以及多能干细胞上。

当然，CRISPR/Cas9 技术并非尽善尽美，在应用中也存在一定的局限和缺陷。首先，由于在 Cas9 系统中切割位点必须含有 PAM（protospacer adjacent motif），限制了 Cas9 系统对任意序列进行切割。其次，20bp 的识别位点的特异性有限，可能造成较高的脱靶效应。最后，来源于原核生物的靶向核酸酶系统在真核生物中不同基因位点作用效率差异较大，此外有证据表明表观遗传修饰可能对 Cas9 的切割效率有影响，而这一切都有待于进一步的研究证实。因此，开发、比较并优化 CRISPR 系统可以进一步提高基因修饰的自由度和效率，不同表观遗传修饰和目标序列组成对于 CRISPR 功能的影响也需要进一步的研究，以求设计更加有效的靶向基因修饰方案。

第三节　基因编辑技术应用研究进展

一、基因功能研究

后基因组时代，随着高通量测序技术的出现，分子生物学研究领域的热点开始集中于对基因功能的解读。借助基因靶向修饰技术建立的基因定点敲除/敲入动物模型，已经取得显著成效。

基因敲除是指针对基因组某个序列已知但功能未知的序列，采用一定手段，令特定的基因功能丧失作用，从而使部分功能被屏障，并可进一步对生物体造成影响，进而推测出该基因的生物学功能。基因敲入就是通过同源重组将外源基因定点整合入靶细胞基因组上某一确定的位点，以达到定点修饰改造染色体上某一基因的目的。借助于精准基因编辑技术的基因敲除/敲入，克服了随机整合的盲目性和偶然性，是一种理想的修饰、改造生物遗传物质的方法。尤其是条件性、诱导基因打靶系统的建立，使得对基因靶位时间和空间上的操作更加明确、效果更为可靠。

二、建立人类疾病动物模型

人类疾病动物模型（animal model of human disease）是指各种医学科学研究中建立的具有人类疾病模拟表现的动物，其主要用于生理学、病理学和治疗学（包括新药筛选）研究中，人类疾病动物模型在探索发病机制、疾病早期诊断及药物筛选等方面发挥重要作用。由于人类疾病的多样性和复杂性，加之伦理学等方面的限制，单纯以人类作为实验对象来深入探讨疾病发生机制受到诸多限制，而临床积累的经验也存在时间和空间上的局限性。通过借助于动物模型的间接研究，可以系统地建立研究方法，排除或改变自然条件下的干扰因素，以便更准确地观察模型的实验结果并与人类疾病进行比较研究。

在过去的几十年中，科学家们通过筛选自然突变、药物诱导及借助基因工程遗传改造等方法获得了诸多人类疾病的动物模型，如癌症、抑郁症、高血压等，然而对一些遗传疾病，如帕金森病、阿尔茨海默病等神经退行性疾病，药物诱导建模的方法仍然存在诸多缺陷，转基因技术，尤其是基因组定点编辑技术的出现使这一难题迎刃而解，并且使得各类模式生物的制备更简易而高效。举例来说，利用条件性基因敲除技术获得的肝脏特异性葡萄糖激酶（GK）基因敲除小鼠，表型分析显示小鼠血糖升高且对葡萄糖耐量降低，与人类患者类似，因而能够为糖尿病的药物筛选和治疗提供帮助。采用基因打靶技术对小鼠 *p53* 基因进行操作，发现 *p53* 基因突变可致多肿瘤发病倾向，突变鼠可以为治疗 *p53* 基因突变引发的肿瘤提供疾病模型。而采用基因打靶技术获得的 *Rag-1*（recombinantion activating gene 1）基因突变小鼠，突变鼠丧失免疫球蛋白重链重组能力，淋巴器官发育较小，缺失成熟的 B 细胞和 T 细胞，小鼠表型与严重联合免疫缺陷（severe combined immunodeficiency，SCID）小鼠的症状相似，该免疫缺陷小鼠为研究者提供了肿瘤药物筛选的模型。另有一些疾病模型是由小鼠自发突变引起，如糖尿病和肥胖模型小鼠，但借助基因编辑技术，同样能够在大鼠等其他模型动物中复制该疾病。除大鼠、小鼠外，更多的动物，如兔、猪、牛，甚至灵长类动物，如猕猴、食蟹猴等，都越来越多地应用到疾病动物模型的构建和相关疾病研究工作当中。

当然，对于未来人类疾病动物模型的建立和研究，更需要不断优化当前的技术并致力于开发新技术，以探讨更为安全可靠的疾病治疗方法。

三、基因编辑技术在基因治疗中的应用

（一）基因治疗

基因治疗是指通过操作遗传物质（无论人类本身或是外源的）来干预疾病的发生、发展，包括替代或纠正人自身基因结构和功能上的错乱、修复病变细胞或增强机体清除病变的能力等。基因治疗能够从根本上治愈一些现有常规医疗手段所不能解决的疾病，并且无论在疾病的治疗方面，还是在疾病的预防方面都能够发挥重要作用。1990 年，美国 FDA 批准了由 French Anderson 主持的世界上第一个“治疗基因”转移的正式临床试

验方案，对一例因腺苷酸脱氨酶（adenylic deaminase，ADA）基因缺陷导致严重免疫缺损的 4 岁女孩进基因治疗，并获得初步成功，从而在全世界掀起了基因治疗的研究热潮。目前全世界批准的基因治疗临床试验方案超过 1000 个。然而，批准上市的仅 2 个产品：一是我国食品药品管理局（China Food and Drug Administration，CFDA）于 2004 年 1 月批准的世界上第一个基因治疗产品“重组人 p53 腺病毒注射液”；另一个是 2012 年 7 月欧洲药品管理局（European Medicines Agency，EMA）批准的荷兰 uniQure 公司研发的 Glybera 药物，用于治疗脂蛋白脂酶缺乏。

基因治疗产品上市寥寥无几的现象说明了该领域面临许多问题，关键问题之一是由于目前基因治疗方案大多采用反转录病毒载体，其插入或整合到染色体的位置是随机的，有引起插入突变及细胞恶性转化的潜在危险。理想的基因治疗应该是在原位补充、置换或修复致病基因，或者将治疗基因插入到宿主细胞染色体上不致病的安全位置。精准基因编辑技术的出现为基因治疗的研究提供了强有力的工具，目前针对的疾病类型主要分为三大类：遗传性疾病、传染性疾病和癌症。

（二）基因编辑方法在基因治疗中的应用

针对由基因突变导致的疾病，基因治疗的核心策略是通过外源基因的引入弥补突变基因的表达缺陷或是纠正某些过表达的情况。传统的基因治疗手段中，外源基因的导入效率是一个主要的问题，随着病毒载体的发展和应用，目前已有多种经改造病毒载体可以用于基因治疗的相关研究中，其中包括慢病毒（lentiviruse）、腺病毒（adenoviruse）、腺相关病毒（adeno-associated viruse，AAV）。诸如反转录病毒一类的治疗载体可以将所需目的基因整合到宿主基因组，但是由于其随机整合的特性，这一类治疗方法仍然存在一定的风险和不确定性，如可能引起原癌基因的激活而引发癌症。因此，寻找特异性高、可控性强的基因治疗手段仍然是大势所趋，而以 CRISPR/Cas 和 TALEN 为代表的精准基因编辑技术的出现为基因治疗方法的开发提供了强有力的技术支持，目前已经广泛应用到遗传性疾病、传染性疾病和癌症的治疗研究当中，并且取得了可喜进展。下文将以两个常见的病种为例进行简要介绍。

帕金森病（Parkinson’s disease，PD）是一种常见的神经系统变性疾病，多见于老年人。在由遗传因素导致的发病人群中，一种名为 α-突触核蛋白（α-synuclein）的物质在 PD 发病中扮演重要角色，该蛋白质编码基因的点突变可直接导致常染色体显性遗传的家族性、早发性 PD，而异常聚集的异常突触核蛋白是在散发型和家族性 PD 中常出现的特征病理变化。美国 Whitehead 生物研究所的研究人员利用 ZFN 系统在不改变细胞基因组中其他部位的前提下，针对突触核蛋白基因点突变致病位点插入或是删除单个碱基对，成功地对 PD 疾病进行基因治疗，该项技术与 iPS 技术结合使用，在疾病基因治疗中显示出巨大潜力（Yusa et al.，2011）。

由艾滋病病毒（HIV）感染引起的艾滋病（AIDS），是一种严重的传染性疾病。在其感染细胞过程中，HIV 首先需要与人的 CD4-T 细胞的辅助受体 CCR5 结合。“柏林病人”的成功治愈提示了通过基因突变而使 CCR5 受体发生改变的免疫细胞，可以有效地阻止 HIV 病毒的入侵。在最新的研究中，有研究者利用 TALEN 和 CRISPR/Cas9 技术，

以人源 *CCR5* 基因为靶位点，从 hiPSC 中获得 *CCR5* 基因缺失的突变细胞并将其诱导为单核巨噬细胞，结果显示，TALEN 和 CRISPR/Cas9 对单等位基因的敲除效率为 100%，对双等位基因的敲除效率分别为 14%和 33%，均能够获得抗 HIV-1 的单核巨噬细胞。相对早先的 HIV-1 基因治疗方法，这种方法克服了肝星状细胞（hepatic stellate cell，HSC）分离困难的局限，可以利用正常健康的 hiPSC 细胞诱导分化成 *CCR5* 缺失的抗 HIV-1 细胞，并剔除了 *CCR5* 敲除位点整合的外源基因，保留了 *CCR5* 天然缺失的基因组痕迹。当下一些主流的癌基因及它们的作用机制已经较为确定，癌基因和突变型的肿瘤抑制因子将成为基因编辑工具对癌细胞修饰的靶点。已有研究表明 ZFN 能够对特异性的肿瘤生长因子表达水平进行下调或是完成对突变型 *TP53* 基因的替换（Frank et al.，2011）。除此之外，还可以利用基因编辑工具以 T 细胞表面受体为靶点间接杀伤肿瘤细胞。

结语

本章介绍的三种基因编辑技术在细胞中应用时大多数是通过 DNA 修复途径中的非同源末端连接实现靶基因的修饰，而利用同源重组介导对目的基因的替换、删除的方案较少。在今后的基因编辑技术发展中，如果能够进一步提高同源重组的效率，则可实现高效的基因定向修饰。此外，针对这些基因编辑工具引起的免疫反应和脱靶效应若能建立安全、有效的检测手段，则会极大地降低其在应用中的安全隐患。最后，若能建立高效、安全的基因导入系统，在一定程度上会大大提高基因靶向修饰的效率，有望在基因治疗领域中得到广泛应用的同时为人类疾病的治疗带来更大的希望。

（司　维　牛昱宇）

参 考 文 献

琚存祥, 赵静, 高翔. 2015. 基因组编辑技术与模式动物. 生命科学, 27(1): 2-11.

康宇, 陈永昌, 牛昱宇. 2015. 灵长类动物基因编辑技术研究进展. 生命科学, 27(1): 50-55.

Chan A, Chonq K, Martinovich C, et al. 2001. Transgenic monkeys produced by retroviral gene transfer into mature oocytes. Science, 291(5502): 309-312.

Chen YC, Cui YQ, Shen B, et al. 2014. Cas9/RNA-mediated gene modifications contribute to monkey germline. Cell Research, 25(2): 262-265.

Ding Q, Strong A, Patel KM, et al. 2014. Permannent alteration of PCSK9 with *in vivo* CRISPR-Cas9 genome editing. Circulation Research, 115(5): 488-492.

Frank H, Mireia GC, Rebecca B, et al. 2011. p53 gene repair with zinc finger nucleases optimised by yeast 1-hybrid and validated by solexa sequencing. PLoS One, 6(6): e20913.

Fyodo DU, Edward JR, Michael C, et al. 2010. Genome editing with engineered zinc finger nucleases. Nature Reviews Genetics, 11: 636-646.

Kafri T. 2004. Gene delivery by lentivirus vectors an overview. Methods Mol Biol, 246: 367-390.

Mario RC. 1989. The new mouse genetics: Altering the genome by gene targeting. Trends in Genetics, 5: 70-76.

Moscou MJ, Bogdanove AJ. 2009. A simple cipher governs DNA recognition by TAL effectors. Science, 326(5959): 1501.

Nasri M, Karimi A, Farsani A. 2014. Production, purification and titration of a lentivirus-based vector for gene delivery purposes. Cytotechnology, 66: 1031-1038.

Niu Y, Shen B, Cui Y, et al. 2014. Generation of gene-modified cynomolgus monkey via Cas9/RNA-mediated gene targeting in one-cell embryos. Cell, 156: 1-8.

Smithies O, Gregg RG, Boggs SS, et al. 1985. Insertion of DNA sequences into the human chromosomal beta-globin locus by homologous recombination. Nature, 317(6034): 230-234.

Thomas KR, Folger KR, Capecchi MR. 1986. High frequency targeting of genes to specific sites in the mammalian genome. Cell, 44(3): 419-428.

Thomas PZ, James AT. 2003. Homologous recombination in human embryonic stem cells. Nature Biotechnology, 21: 319-321.

Wood AJ, Lo TW, Zeitler B, et al. 2011. Targeted genome editing across species using ZFNs and TALENs. Science, 333(6040): 307.

Yang S, Cheng P, Banta H, et al. 2008. Towards a transgenic model of Huntington's disease in a non-human primate. Nature, 453(7197): 921-924.

Yusa K, Rashid ST, Helene S, et al. 2011. Targeted gene correction of α1 - antitrypsin deficiency in induced pluripotent stem cells. Nature, 478(7369): 391-394.

第十六章　医学遗传学研究常用统计分析方法

自从孟德尔神父用统计学方法发现了遗传因子（基因）的分离定律和自由组合定律之后，遗传学研究就离不开统计学方法，对实验或者人群的观察结果进行统计分析。本章简要介绍常用于医学遗传学分析的统计学方法和二代测序数据分析流程。

第一节　条件概率与贝叶斯法

遗传病是由遗传物质的有害突变引起的。目前，大部分的遗传病难以治愈，一旦发病，将对患者本身及其家庭在精神及经济方面造成极大的负面影响。预防遗传病的发生是控制遗传病的主要手段。我们可以通过孟德尔定律及一些统计学原理，如贝叶斯法，推断遗传病患者亲属再患同样疾病的可能性，即遗传病的再发风险估计。在这一节中，将介绍条件概率及贝叶斯法。

一、条件概率

在本节中，随机试验的样本空间，记为 Ω。其中的基本事件即样本点，记为 ω。由样本空间的子集组成的随机事件用字母 A、B、C 等表示。

例 16.1　一个盒子中存放着两个白球和一个黑球，现有三名同学在无法看见盒子中球颜色的情况下，对球进行无放回的抽样，并且盒子中每个球被抽中的概率是均等的，问最后一名同学抽到黑球的概率是多少？

解：如果用 ω_1 表示基本事件第一个同学抽到黑球、ω_2 表示第二个同学抽到黑球、ω_3 表示第三位同学抽到黑球。则，该问题的样本空间可表示为：

$$\Omega=\{\omega_1、\omega_2、\omega_3\}$$

也可直接表示为：

$$\Omega=\{黑白白、白黑白、白白黑\}$$

如果用 A 表示最后一名同学抽到黑球这个随机事件，则 A={白白黑}，如果用 n（A）表示事件 A 中基本事件的个数，则最后一名同学抽到黑球的概率是：

$$P(A)=\frac{n(A)}{n(\Omega)}=\frac{1}{3} \tag{16-1}$$

但是在实际问题中，我们常常需要考虑在某一事件 B 已经发生的情况下，事件 A 发生的概率。对例 16.1 再做如下讨论。

例 16.2　如果已知第一位同学没有抽中黑球，那么最后一位同学抽中黑球的概率是多少？

解：如果把第一位同学没有抽中黑球称为事件 B，则知道事件 B 已经发生。因此，样本空间为：

$\Omega'=\{$白黑白、白白黑$\}$

对于原问题，Ω'为缩减样本空间，即已知 B 发生的条件限制了样本空间。现以此样本空间为基础，考虑事件 A 发生的概率为：

$$P(A')=\frac{n(A)}{n(\Omega')}=\frac{1}{2} \tag{16-2}$$

在事件 A 发生的情况下，事件 B 发生，等价于事件 A 及事件 B 同时发生。但是 A 为已经发生的必然事件，则只需考虑在 A 发生的范围内 B 发生的概率。此概率为事件 B 在给定条件 A 下发生的概率，称为条件概率，记 $P(B|A)$[式（16-3）]：

$$P(B|A)=\frac{n(AB)}{n(A)}=\frac{n(AB)/n(\Omega)}{n(A)/n(\Omega)}=\frac{p(AB)}{P(A)} \tag{16-3}$$

将上述推导过程的中间部分简化，便得到条件概率的定义[式（16-4）]，设 A、B 为两任意随机事件，若 $P(A)>0$，则称

$$P(B|A)=\frac{p(AB)}{P(A)} \tag{16-4}$$

为事件 B 在事件 A 发生情况下的条件概率。

二、贝叶斯法

条件概率的一个重要运用，便是结合乘法定理及全概率公式推导出贝叶斯公式，该公式从已知的一些较简单的事件的概率，去重新评估与其相关的复杂事件发生的概率。下面我们将逐一介绍这些概念。

1. 乘法定理

若 $P(A)>0$，则用 $P(A)$ 同乘以式（16-4）两边可得式（16-5）：

$$P(AB)=P(A)P(B|A) \tag{16-5}$$

这就是乘法定理，当条件概率和事件 A 的概率为已知时，可根据式（16-5）求出 AB 的联合概率。

2. 全概率公式

设 B_1、B_2 为一系列彼此互不相容的事件，即对任意两个事件 B_x、B_y（x, y=1,2, …），有 $P(B_xB_y)=P(B_x)P(B_y)$，则

$$\sum_{n=1}^{\infty}B_n=\Omega$$

$$P(B_n)>0, n=1,2,\cdots$$

则对任意事件 A 有：

$$A = A\Omega = A\left(\sum_{n=1}^{\infty} B_n\right) = \sum_{n=1}^{\infty} AB_n \qquad (16\text{-}6)$$

由概率的完全可加性及乘法定理，得

$$P(A) = P\left(\sum_{n=1}^{\infty} AB_n\right) = \sum_{n=1}^{\infty} P(AB_n) = \sum_{n=1}^{\infty} P(B_n)P(A \mid B_n)$$

简化上述推导过程，得全概率公式：

$$P(A) = \sum_{n=1}^{\infty} P(B_n)P(A \mid B_n) \qquad (16\text{-}7)$$

全概率公式的意义在于根据分而治之的思想把复杂事件拆分为多个互不相干的简单事件，从而利用简单事件的概率去推断复杂事件发生的概率。A 被分成 AB_1、AB_2、… 多个部分，然后再利用概率的可加性得到要求解的复杂事件的概率。

例 16.3　1～n 个数中共包含 a 个偶数，b 个奇数，一次不重复地抽取一个奇数或偶数，问第二次抽到偶数的概率？

解：第二次抽数，是在第一次抽数以后再进行的，第一次抽数的结果有两种可能性：

B_1=“第一次抽得偶数”

B_2=“第一次抽得奇数”

现有 B_1、B_2 互斥，$B_1+B_2=\Omega$。如用 A 表示“第 2 次抽到偶数”这个事件，则根据式（16-5），得：

$$\begin{aligned} P(A) &= P(AB_1) + P(AB_2) \\ &= p(B_1)P(A \mid B_1) + P(B_2)P(A \mid B_2) \\ &= \frac{a}{a+b} \cdot \frac{a-1}{a+b-1} + \frac{b}{a+b} \cdot \frac{a}{a+b-1} \\ &= \frac{a}{a+b} \end{aligned} \qquad (16\text{-}8)$$

3. 贝叶斯公式

设 B_1、B_2 为一系列彼此互不相容的事件，则

$$\sum_{n=1}^{\infty} B_n = \Omega$$

$$P(B_n) > 0, n = 1,2,\cdots$$

则根据条件概率的定义、乘法定理及全概率公式，对任意事件 A 有

$$P(B_n \mid A) = \frac{P(AB_n)}{P(A)} = \frac{P(B_n)P(A \mid B_n)}{\sum_{i=1}^{\infty} P(B_i)P(A \mid B_i)}$$

省去推导过程，得到贝叶斯公式[式（16-9）]：

$$P(B_n \mid A)=\frac{P(B_n)P(A \mid B_n)}{\sum_{i=1}^{\infty}P(B_i)P(A \mid B_i)},n=1,2,\cdots \qquad (16\text{-}9)$$

概率 $P(B_1)$、$P(B_2)\cdots$ 表示了事件 A 没有发生之前，人们对于事件 B_1、B_2 发生可能性的认识，是根据过去经验对于试验将出现的结果的一种前期的估计，称为先验概率，但是现在有了新的信息（A 已经发生），人们对事件 B_1、B_2 发生可能性应该有一个新的评估，这个矫正后的概率 $P(B_n \mid A)$ 称为后验概率。全概率公式 $\sum_{i=1}^{\infty}P(B_i)P(A \mid B_i)$ 等价于 $P(A)$，是一个标量因子，可以看作用于推断后验概率的证据，用于保证各类别的后验概率总和为 1。$P(A \mid B_n)$ 为 B_n 关于 A 的似然函数，它表示在其他条件相同的情况下，使得 $P(A \mid B_n)$ 较大的事件 B_n 发生的概率较大。贝叶斯公式也可以表示为：

$$后验概率=\frac{似然\times先验概率}{证据}$$

贝叶斯法的本质就是通过收集证据（A 发生）来校正原有的经验估计，并更加准确地评估原因事件发生的概率。

三、遗传病再发风险评估

贝叶斯公式在医学遗传学中常被用来做遗传病再发风险的评估，在具体的计算时，需要按照式（16-9）推算等号左边的三种概率，从而计算后验概率。

1. 先验概率

根据孟德尔分离定律推断家族中某成员具有某种基因型的概率。例如，杂合的 AD 病患者与健康配偶生育健康后代的概率是 1/2，此 1/2 便为先验概率。

2. 似然函数

在假设情况下某事件发生的概率。例如，一对 AR 遗传病携带者，生育的表型正常后代有 2/3 的概率是携带者。

3. 证据

父母可能携带的某种基因型的概率（先验概率）和这些基因型所对应的遗传概率（似然函数）的联合概率的总和。

例 16.4　图 16-1 表示了一个肝豆状核变性（hepatolenticular degeneration，HD），又称威尔逊病（Wilson disease）的系谱，威尔逊病是一种 AR 病。II_2 和 II_3 夫妻双方家族中都有近亲属患病，他们已经生育了一个健康的孩子，问如果再次生育，III_2 患病的可能有多大？

II_2 和 II_3 后代病患的前提是 II_2 和 II_3 都是携带者（Aa）。现在已知 I_1 患病，I_2 是携带者的概率是 $2/3$，II_2 是携带者的概率是 $1/3$。已知 II_4 患病，II_3 是携带者的概率是 $2/3$。

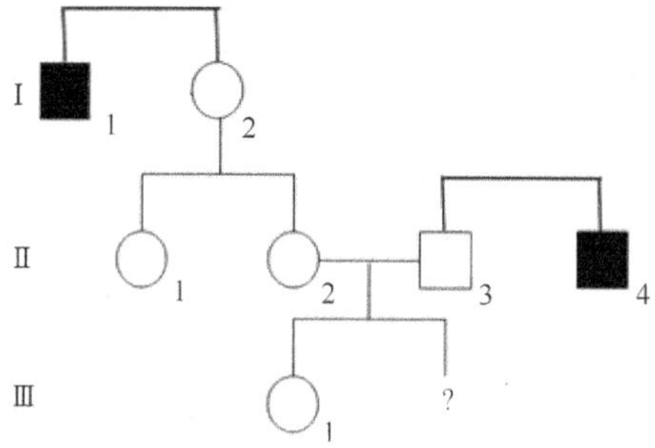

图 16-1　一例威尔逊病的系谱

两人同时为携带者的概率是 $\frac{1}{3}\times\frac{2}{3}=\frac{2}{9}$。两人至少一人不是携带者的概率为 $1-\frac{2}{9}=\frac{7}{9}$。假设 II_2 和 II_3 都是携带者，那么他们生育健康后代的可能性为 $\frac{3}{4}$。这便是两人都是携带者前提下的条件概率。两人至少一个不是携带者生下正常孩子的条件概率是 1。联合概率和后验概率的计算见表 16-1。

表 16-1　威尔逊病家系中 II_2 和 II_3 同为杂合子的概率计算

概率	II_2 和 II_3 是携带者	II_2 和（或）II_3 不是携带者
前验概率	$\frac{1}{3}\times\frac{2}{3}=\frac{2}{9}$	$1-\frac{2}{9}=\frac{7}{9}$
条件概率	$\frac{3}{4}$	1
联合概率	$\frac{2}{9}\times\frac{3}{4}=0.17$	$\frac{7}{9}\times 1=0.78$
后验概率	$0.17/(0.17+0.78)=0.18$	$0.78/(0.17+0.78)=0.82$

II_2 和 II_3 两人都是携带者的风险在生育了一个健康的孩子后有所下降，由 0.22（$\frac{2}{9}$）下降到 0.18。而他们的第二个子女发病的风险为 $0.18\times0.25=0.045$。

例 16.5　AD 的外显率会对后代的患病风险有影响。如果已知某一 AD 疾病的外显率是 70%，如图 16-2 显示的一个患有 AD 疾病的系谱中，II_1 与正常女性婚配生下后代的患病风险是多少？

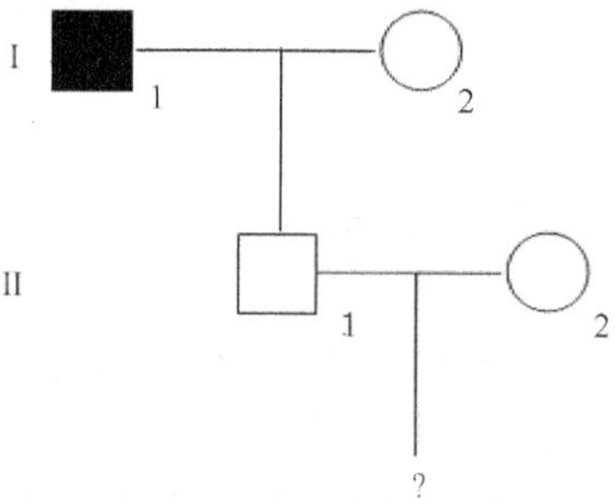

图 16-2　某一 AD 疾病家系图

按照 AD 疾病的遗传规律，$Ⅱ_1$ 的基因型是 *Aa* 或者 *aa* 的前验概率都是 $\frac{1}{2}$，他是 *Aa* 基因型而不发病的条件概率为 1–70%=30%；如果他是 *aa* 型，则他不发病的条件概率是 1。据此计算，$Ⅱ_1$ 是 *Aa* 型的后验概率是 23%（表 16-2），他的子女患病的风险是 $23\% \times \frac{1}{2} \times 70\% = 8\%$。

表 16-2 不完全外显时 $Ⅱ_1$ 的基因型是 *Aa* 的概率计算

概率	$Ⅱ_1$ 是携带者	$Ⅱ_1$ 不是携带者
前验概率	$\frac{1}{2}$	$\frac{1}{2}$
条件概率	$1-\frac{7}{10}=\frac{3}{10}$	1
联合概率	$\frac{1}{2}\times\frac{3}{10}=\frac{3}{20}$	$\frac{1}{2}$
后验概率	1–0.77=0.23	$0.5/(0.15+0.5)=0.77$

第二节 遗传距离与连锁分析

一、遗传距离

在基因组上，可以用两种方式来衡量两个基因位点间的距离：一种是物理距离，又称为绝对距离，一般用碱基对数量（bp）来表示，所做的基因排列图谱称为物理图谱；另一种是遗传距离，又称为相对距离，一般用厘摩（cM）来表示，它表示两个基因位点间的重组频率，所做的基因排列图称为遗传图谱。

Bateson 和 Punnett 在对豌豆性状的研究中发现，在遗传的过程中，同一亲本来源的基因较多的联系在一起，表现出相伴遗传的现象，这就是基因的连锁。也就是说，存在于同一染色体上的两个基因，如果所在位置足够接近，就会通过同一配子共同传递给下一代，这个现象称为共同分离（co-segregation），连锁正是背后的动因。而如果在决定两个性状的同源基因之间发生了互换，使得来源于不同亲本的基因联系在了一起，就发生了重组。两个基因座距离越近，重组发生的概率越小，共分离发生的概率就越大。两个基因座距离越远，发生交换的机会就越多，重组发生的概率越大。这个现象可以用重组率来描述，即减数分裂时，同源染色体间发生交换的概率。如果考虑二倍体生物的两个基因座，当按照孟德尔第二定律自由组合时，则 4 种配子（两种重组、两种不重组）发生的概率相同，这时；若 $\theta=\frac{1}{2}$，则表示两个基因座不在同一染色体上；若 $0 \leqslant \theta < \frac{1}{2}$，则表示两个基因座距离较近，有连锁发生，因此重组配子的比例大于非重组配子的比例。

重组率是构建遗传图谱的基础，也是用连锁分析法在染色体上定位基因位置的基础。具有 1%重组率的两个基因座之间的相对距离即遗传距离为一个图距（*D*），也称为一个厘摩。也就是说，如果同一染色体上两个基因座在 100 次减数分裂中，发生了一次重组，即定义两位点间的相对距离为一个厘摩。人类基因组平均遗传长度为 3300cM，而 DNA 的平均物理长度为 30 亿碱基对。染色体上各基因座之间的交换率是不同的。基因的交换率反映了两个基因座之间的相对距离。当两个基因座相距很近时（一般小于 25cM），遗传距离近似等于重组率，遗传距离与重组率近似呈线性关系。它们之间的换算公式为：

$$D = 25\ln\frac{1+2\theta}{1-2\theta} \tag{16-10}$$

式中，D 为图距，单位为 cM。

二、连锁分析

连锁分析的目的在于通过分析家系中与疾病性状共分离的遗传标记物来确定致病基因在染色体上的位置。如果一个致病基因与一个遗传学标记在染色体的位置靠得很近的话，它们就会一起被遗传，也就是连锁；反之，当致病基因和遗传标记之间距离较远，甚至在不同的染色体上时，它们之间会发生随机的交换，也就是重组。利用连锁分析对未知疾病的遗传基因进行定位时，首先需要利用适当的遗传标记在患病家系中进行分型（genotyping），再分析各个遗传标记与疾病表型的共分离情况，判断它们之间是否连锁，以及它们之间的遗传距离。根据连锁分析的特点可以分为参数性连锁分析和非参数性连锁分析，以下就对这两种类型的连锁分析分别概述。

1. 参数性连锁分析

参数性连锁分析适用于符合孟德尔第二定律的单基因遗传疾病的分析，通过计算最大优势对数值（logarithm of odds，LOD）进行分析。该方法主要基于单个主效基因座模型（single major locus，SML），在分析前需要知道所研究疾病基因的遗传模式，包括涉及的基因座数目、基因座等位基因数目和频率、外显率，这些参数可以通过群体患病率研究和分离分析获得，在分析中唯一未知的变量是重组率。LOD 值（常用表示）的计算公式如式（16-11）所示：

$$Z\left(\hat{\theta}\right)=\log_{10}\frac{L\left(\hat{\theta}\right)}{L\left(\theta=0.5\right)} \tag{16-11}$$

$\hat{\theta}$ 为 θ 的最大似然估计值。检验的 H_0 为：$\theta=0.5$，备择假设为：$\theta<0.5$。先假设位点间连锁（$0<\theta<0.5$），计算在不同的 θ 时，此家系的概率。再假设位点间不连锁时此家系的概率，然后计算位点间连锁与位点间不连锁的比例，取其对数值。最大的 LOD 值对应的 θ 值为 θ 的最大似然估计。一般对于常染色体的连锁分析，LOD 值>1 代表支持连锁，LOD 值>3 代表确定连锁，LOD 值<–2 代表排除连锁，–2<LOD 值<1 则需要进行更多家系的分析才能下结论。

参数连锁分析可以分为两点法和多点法计算。两点法的两点分别指疾病的表型所代表的染色体位点和遗传标记物所在的位点。两点法中的 LOD 值计算法则是两个位点确实连锁的可能性与两个位点不连锁的可能性的比值的常用对数值。多点法可以同时计算多个遗传标记位点与疾病的表型所代表的染色体位点之间的连锁关系。与两点法相比多点法可以将致病基因定位于多个遗传标记物之间的位置，弥补部分遗传标记物信息不足的缺陷，获得更加完备的信息。

LOD 法的优点是对连锁的判断力强；能够确定遗传标记与疾病易感基因之间的遗传距离；支持大家系单独分析，也可用多个小家系联合分析，每个家系的计算结果可以逐个累加。LOD 法的缺点是需要完整的谱系材料、分析结果受所用遗传模型影响，对遗传参数的依赖性较大。

2. 非参数性连锁分析

由于需要预先得知基因座数目、基因座等位基因数目和频率、外显率等计算参数，参数分析并不适用于不符合孟德尔遗传定律的多基因遗传病。非模式依赖的受累同胞对分析（affected sibling-pair analysis，ASP）方法，无需知道等位基因数目等计算参数，即可判断疾病基因与遗传标记之间的连锁关系，是目前常用的、理想的多基因遗传病易感基因定位方法。

ASP 法的基本原理是：具有遗传关系的一对遗传病患者，如果他们携带的某些遗传标记呈显著的非随机性分离，则控制疾病表型的基因极有可能和该遗传标记连锁。假设一对夫妻，在某一遗传标记基因座上，妻子的基因型为 *ab*、丈夫的基因型为 *cd*（图 16-3）。如果他们生育的两个女儿都在该基因座上获得了等位基因 *a*，则把 *a* 称为两个子女的血缘一致性（identical by descent，IBD）等位基因，即来源于共同祖先的同一等位基因的多个拷贝。在该基因座与疾病易感基因无连锁时，即 H_0，这对夫妻的两个子女具有两个 IBD 等位基因的概率是多少？具有一个 IBD 等位基因的概率是多少？不具有 IBD 等位基因的概率是多少？这三种情况的比例是多少？如果对于某个遗传标记位点，受累同胞对具有的 2，1，0 个 IBD 等位基因的比例偏离了的零假设，则说明该遗传标记位点与疾病的易感基因连锁。

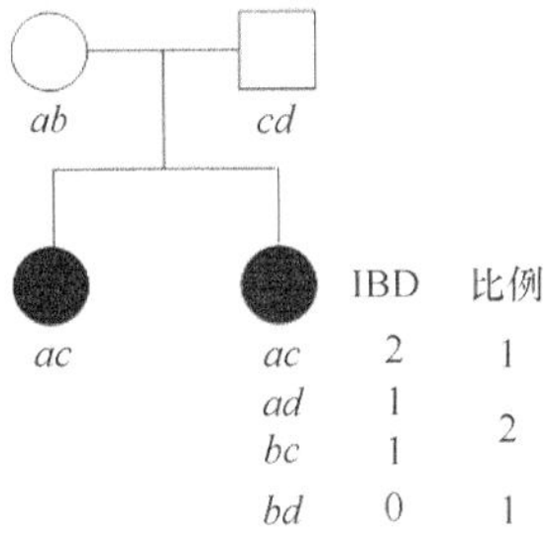

图 16-3　同胞对 IBD 等位基因数量及比例

下面介绍常用的利用同胞对 IBD 信息检测疾病易感基因与遗传标记连锁的几种方法。

设有 n 对受累同胞对，n_0、n_1、n_2 表示共享 0 个、1 个、2 个 IBD 等位基因的遗传标记数目，$n=n_1+n_2+n_3$。

（1）拟合优度 X^2 检验

$$X^2=\frac{\left(\frac{n_0}{n}-\frac{1}{4}\right)^2}{\frac{1}{4}}+\frac{\left(\frac{n_1}{n}-\frac{1}{2}\right)^2}{\frac{1}{2}}+\frac{\left(\frac{n_2}{n}-\frac{1}{4}\right)^2}{\frac{1}{4}} \tag{16-12}$$

可利用渐进分布 $X^2(2)$，进行显著性检验。

（2）平均检验统计量

$$C=\frac{\left(\frac{n_1}{2}+n_2\right)-\frac{n}{2}}{\left(\frac{n}{8}\right)^{\frac{1}{2}}} \tag{16-13}$$

其渐进分布为 $N(0,1)$。

（3）ESPA 法

在父母有未知基因型或不为杂合子的情况下，有些同胞对等位基因的 IBD 的状态无法判断。针对上述情况，可以运用 ESPA 法。设 n_{i1}、n_{i0}、l 分别表示第 i 种情况下同胞对等位基因 IBD 数目、非 IBD 数目和未知 IBD 数目。p_i 表示第 i 种情况的概率。则同胞对等位基因 IBD 数目（N_1）[式（16-14）]，非 IBD 数目（N_0）[式（16-15）]的估计为：

$$N_1=\sum_i p_i n_{i1} \tag{16-14}$$

$$N_0=\sum_i p_i n_{i0} \tag{16-15}$$

ESPA 计算统计量为：

$$X^2=\frac{(N_1-N_0)^2}{N_1+N_0} \tag{16-16}$$

可利用渐进分布 $X^2(1)$，可以进行显著性检验。

（4）最大似然拟合优度检验（MLS）

设 p_0、p_1、p_2 为研究人群共享 0 个、1 个、2 个 IBD 等位基因的频率。用最大似然估计获得人群频率为 $p_i=\frac{n_i}{n}$。在 H_0 无连锁的情况下，遗传标记 IBD 数为 0、1、2 的概率为 $1/4$、$1/2$、$1/4$，用 π_i 来表示（i=0，1，2），则似然比函数为：

$$\text{MLS}=\sum_{i=0}^{2} n_i \log_{10}\left(\frac{p_i}{\pi_i}\right) \tag{16-17}$$

其渐进分布为 $X^2(1)$，可做显著性检验。

同胞对方法的优点是它不需要预先知晓所研究疾病的遗传方式、基因频率等信息。但是该方法需要大量患病同胞对，才能得到较为准确的结果。并且结果并不能给出重组率的估计值，因此只能对遗传标记与疾病易感基因之间的相对距离做初步的估计。

第三节　亲子鉴定与个人识别

一、亲子鉴定

以 DNA 为分析对象，应用生物学、医学及其他学科的理论和技术，判断假设的父母与子女或假设个体与待检验的个体之间是否具有亲缘关系称为亲子鉴定或亲权鉴定。亲子鉴定最早是用来鉴定有争议的父母与子女之间的亲缘关系。随着技术的进步与经济的发展，被检测的对象已经不仅仅局限于父母与子女之间，同胞、隔代、旁系亲属之间都能进行相应的鉴定。

（一）亲子鉴定应用的遗传标记

1. 亲子鉴定的常用遗传标记

（1）基因表达产物水平的遗传标记：红细胞血型、白细胞血型、酶型、血清型等。

（2）常用的 DNA 多态性标记：限制性片段长度多态性（RFLP）、小卫星 DNA（VNTR）、微卫星 DNA（STR）、单核苷酸多态性（SNP）、线粒体 DNA（mtDNA）等。DNA 多态性标记的检测已然成为目前主流的亲子鉴定手段，最常用于亲子鉴定的分子标记是 STR。

如果按照遗传方式，它们可以分为 4 类：①按照孟德尔遗传规律传递的，常染色体上基因座或遗传标记；②按照母系遗传规律传递的，线粒体 DNA 非编码区的多态性；③按照父系遗传规律传递的，Y 染色体上的基因座或遗传标记；④具有遗传定向性的，X 染色体上的基因座或遗传标记。

2. 用于亲子鉴定的遗传标记必须满足的要求

（1）遗传标记名称、基因组位置、遗传方式已明确。

（2）遗传的稳定性和体细胞稳定性，突变率高于 0.2%的基因座不宜使用。

（3）有群体遗传研究的基础数据，如等位基因频率及单倍型频率。

（4）遗传标记分型终身不变，并且用于分型的方法与用于群体遗传分析的方法全相同。

（5）检测方法稳定、可重复性高。

（二）亲子鉴定的原理

遗传标记根据孟德尔遗传的分离和自由组合定律，亲代基因型决定了子代基因型：①子代的一对等位基因必定是一个来自父方，一个来自母方；②双亲具有某个相同的等位基因，子代才有可能是该等位基因的纯合子；③子代不可能带有双亲均没有的等位基因；④双亲之一或双方为某个等位基因纯合子时，子代必定有这个等位基因。根据以上遗传规律，可以得出两个亲子鉴定的基本原理：①如果能够确定子代的某个等位基因来源于父本，而假设父本不带有此等位基因，则可排除他为子代的生父，使用的遗传标记越多，非生物学父亲被排除的可能性就越大；②在肯定子代的某个等位基因来自于其父本，而假设父本也带有此等位基因时，不能排除他为孩子的生父。对于父系遗传的Y染色体标记，是以单倍型方式连锁遗传的，儿子的分型必定与父亲的相同，而且同一父系的所有男性同胞的分型一致。母系遗传的线粒体DNA，儿子、女儿的分型与母本的分型一致，并且同一母系的所有后代的分型一致。亲代与子代基因型关系如表16-3所示。

表16-3 亲代与子代基因型关系

亲代基因型组合	子代基因型（机会）
aa×*aa*	*aa*（1）
aa×*bb*	*ab*（1）
ab×*cd*	*ac*（1/4），*ad*（1/4），*bc*（1/4），*bd*（1/4）
aa×*bc*	*ab*（1/2），*ac*（1/2）
ab×*ab*	*aa*（1/4），*bb*（1/4），*ab*（1/2）
aa×*ab*	*aa*（1/2），*ab*（1/2）
ab×*ac*	*aa*（1/4），*ac*（1/4），*bc*（1/4），*ab*（1/4）

但是由于突变的存在，一个基因座不符合遗传规律，可能是由突变造成的，因此一个遗传标记的不符并不能否定其亲子关系，必须有2个以上不同基因座同时不符才能否定其亲子关系。而且孟德尔定律只符合单基因座的情况，若使用的2个或2个以上的微卫星基因座位于同一条染色体上，还必须考虑到多个遗传标记之间连锁的可能性。

（三）亲子鉴定的技术

1. 否定父权

在大多数的亲子鉴定案例中，一般已经知晓孩子的生母，需要鉴定父亲是否为孩子的生父。如果假设父与子代之间在遗传标记上不符合上述遗传规律，则可以排除其父子关系。但是同时也需要考虑遗传标记在亲子鉴定中的效能。衡量分子标记系统效能的指标有：非父排除概率、累计非父排除概率等。

亲子鉴定分为分子标记系统的有效性和亲权鉴定。计算亲权鉴定的指标为亲权指数、亲权相对机会和似然比率等。

1）非父排除概率

非父排除概率（probability of excluding paternity，PEP）又称父权排除概率（probability of exclusion，PE），指的是通过检测遗传标记，能将不是小孩生父的假设父亲排除的概率。理论上，如果一个男性不是小孩的生父时，可以用遗传标记检验否定两者之间的亲子关系。但是当遗传标记的鉴定能力较低时，无血缘关系的男子与小孩的遗传标记也可能偶然的符合遗传规律。对于是孩子生父的男子，无论应用多少遗传标记都不能排除他与小孩的亲子关系。而对于孩子的非父，检测的遗传标记越多，他被排除的可能性就越大。不同遗传标记的遗传方法、等位基因数及其在种群中的等位基因频率不同，非父不能被正确排除的概率也高低不一。因此，有必要知道应用某种遗传标记能排除被控为生父的非父的可能性有多大。PEP是衡量一个遗传标记在亲子鉴定中实用性的一个客观标准。

根据不同的遗传标记是否为显隐性或共显性遗传，PE 有如下几种不同的计算方法。

（1）一个显性和一个隐性等位基因。设显性等位基因的频率为 p，隐性等位基因的频率为 q，则 PE 为：

$$\mathrm{PE} = pq^4 \tag{16-18}$$

（2）两个共显性等位基因。设 p、q 分别代表一对共显性等位基因的频率，则 PE 为：

$$\mathrm{PE} = pq(1-pq) \tag{16-19}$$

（3）两个显性和一个隐性等位基因。设 p、q 分别代表显性等位基因的频率，r 代表隐性基因的频率，则 PE 为：

$$\mathrm{PE} = p(1-p)^4 + q(1-q)^4 + 2pqr^2 + pq(p+q)r^2 \tag{16-20}$$

（4）复等位共显性基因。设一个遗传标记有 n 个等位基因；第 i 个等位基因的频率为 p_i，则 PE 为：

$$\mathrm{PE} = \sum\nolimits_{j=1}^{n} p_j(1-p)^2 - \sum\nolimits_{j=1}^{n-1}\sum\nolimits_{j=i+1}^{n}\left(p_i p_j\right)\left[4-3\left(p_i+p_j\right)\right] \tag{16-21}$$

式中，n 为等位基因数；p_i、p_j 为等位基因频率。

2）累积非父排除概率

由于单个遗传标记的检验效率有限，亲子鉴定一般使用多个相互独立的遗传标记，因此需要知道多位点系统的累积非亲排除概率。多个互相独立的遗传标记系统的累积非父排除概率（cumulative chance of exclusion，CCE）为：

$$\mathrm{CCE} = 1 - \prod_{i=1}^{n}(1-\mathrm{PE}i) \tag{16-22}$$

式中，n 为遗传标记数；PEi 为第 i 系统的非父排除概率。

式（16-22）表明，系统中包含的遗传标记越多，每个位点的 PEi 越高，则 CCE 值越高。

但当 CCE 接近 1 时，增加检测遗传标记数量，CCE 值增加不明显，即 CCE 的增加渐趋平稳。因此，一般系统中都包含有限的位点数量，使检测成本和有效性达到最佳平衡。

2. 父权确信

在亲子鉴定的验证中，当受检验者与孩子在遗传标记上符合遗传定律时，不能排除受检验者与孩子之间的亲子关系，更加倾向于认同受检验者与孩子之间存在亲子关系。这时常用父权指数（paternity index，PI）和父权相对机会（relative chance of paternity，RCP）来评价存在亲子关系的机会。

1）父权指数

父权指数是判断遗传证据强度的指标，公式表示为：

$$\mathrm{PI} = \frac{X}{Y} \tag{16-23}$$

式中，X 为带有符合规律遗传标记的男子是孩子生物学父亲的概率；Y 为随机男子是孩子生物学父亲的概率；PI 是判定亲子关系所需的两个条件概率的似然比。PI 值＞1 表示倾向于认同父子关系，其值可以接近无穷大；而 PI 值＜1 表示倾向于排除父子关系。

当使用多个遗传标记进行亲子鉴定时，如果不能否定父权，则需要计算每一个遗传标记的父权指数。设 n 个遗传标记的父权指数为 $PI_1, PI_2, \cdots PI_n$ ，则 n 个遗传标记的父权指数相乘可得到累计父权指数（combined paternity index，CPI），公式为：

$$CPI = PI_1 \times PI_2 \times \cdots \times PI_n \tag{16-24}$$

只有当 CPI>10 000 时，该值才有意义。

2）父权相对机会

按照贝叶斯定理对父权指数的计算公式进行一些转换后，可能得到另一个计算参数，称为父权相对机会，公式为：

$$RCP = \frac{PI}{(PI+1)} \tag{16-25}$$

RCP 也可带入 CPI 计算，表示通过多个遗传标记来判定父权确信，公式为：

$$RCP = \frac{CPI}{(CPI+1)} \tag{16-26}$$

PI、CPI 值越大，假设父为孩子生物学父亲的可能性越大。PI、CPI 和 RCP 也同样适用于母权的判定。

二、个人识别

个人识别是指通过 DNA 分型，去弄清楚物证样品与某一个体的相关样品是否有联系，其主要目的是为了证实生物物证是否来源于某个个体。在保证生物物证没有发生突变，分析结果正确的前提下，如果发现其遗传标记图谱与待检查个体的不同，这就为生物物证不是来源于待检查个体提供了强有力的证据；又如，生物物证的遗传标记图谱与待检查个体的相同，则在一定程度上支持该物证是来源于待检查个体。这个情况可以分为两种可能性：①它们确实来源于同一个体；②物证并不来自于待检查个体，只是所检验的标记分型相同，随着遗传标记的增加，它们的图谱会不同。

（一）遗传标记的识别效能

大量高多态性的 DNA 遗传标记可以用于个人识别，其中包括 RFLP、VNTR、STR、线粒体以及各种序列多态性。每种标记的识别率高低有别，多态性程度越高，个人识别的效能就越高。遗传标记的效能可以用个人识别能力（discrimination power，DP）来衡量，它是指从人群中随机抽取两名个体，其遗传标记不同的概率。遗传标记的个人识别能力是案件判定结果的依据，因此了解其排除无关个人的能力是至关重要的。计算 DP 的公式如下。

设 n 为一个遗传标记的等位基因数目，Pi 为群体中第 i 个基因型的频率，

$$DP = 1 - \sum_{i=1}^{n} Pi^2 = 1 - Q \tag{16-27}$$

$\sum Pi^2$ 为人群中随机抽取两个个体，纯粹由于机会分型一致的概率。显然 DP 值越高，两个随机样本分型不相同的概率就越高，遗传标记的识别能力也就越强。

为了提高识别系统的认定水平，可以把一定数目的标记组合起来使用。若应用了 m 个遗传标记，其累计个人识别能力计算公式为：

$$\mathrm{TDP}=1-Q_1\times Q_2\times\cdots\times Q_m=1-\prod_{j=1}^{m}Q_j \tag{16-28}$$

式中，Q_j 为第 j 个遗传标记的 Q 值；$\prod Q_j$ 为 m 个遗传标记的乘积总值。显然用的遗传标记数目越多，鉴别能力就越强。

（二）个人识别的应用

1. 个人识别的可能结果

在对物证样品与个人样品的遗传标记进行了一系列的 DNA 检验后，可以根据两者的遗传相似性得到三种结果。

（1）两份检材的遗传标记分型不同，可排除样品来源于同一个体的可能性。对于个人识别，排除的结论是绝对的，并不需要更近一步的论证。

（2）由于检验得到的图谱不太清楚，不太确定样品是否具有相似分型。这种情况会由多种原因造成，如样品降解、污染或试剂失效。这种情况下可以重新抽提 DNA 再进行检测。如果重新检测的结果并没有比之前结果给出更多的遗传信息，可认定为结果无法确定。无法确定的结果不太具有意义，不需要进一步分析。

（3）两份检材的遗传标记分型相同，即具有相似性，可能来源于同一个体，需要进一步的分析。

2. 相似性的意义

若遗传标记的分型相同，则称证物与有关样品之间的遗传标记分型匹配（match）。但是匹配只能表明两个样品在已经进行的特定分析中没有观察到显著的差异，并不表示它们之间绝对的匹配。这是由于 DNA 检验所应用的遗传标记只是人类基因组中相对比较小的一个部分，可能目前所用的检验方法没有检验出两者之间的差异，但是只要进一步分析就可能会发现它们之间存在差异，得到不同的结论。因此，两份材料的分型匹配有两种可能的原因：①两份材料确实是来源于同一个体；②两份材料并不是来源于同一个体，被检测的个体与留下生物物证的个人并不是同一个人，分型匹配是由于纯粹的偶然。而在进行个人鉴定时，我们要做的就是应用统计学原理来估计某个案是属于第一种还是第二种情况。

3. 匹配概率与似然率

一旦确定物证样品与比对个体之间具有相似性，这种相似性的起因就成为下一个关键问题。下面将介绍两种辨别方式。

1）匹配概率

匹配概率是指在假设的条件下，获得某种 DNA 图谱的概率，是一个条件概率，该条件是该 DNA 图谱是来自于群体中一个与嫌疑人没有关系的随机个体。设 E 表示获得某种 DNA 图谱这个事件，C 表示随机条件，则匹配概率可以表示为：

$$P_r\left(E|C\right)=1\times P\left(X\right) \tag{16-29}$$

式中，$P(X)$ 为人群中这种 DNA 图谱存在的概率，即为发现这种 DNA 图谱的概率。

匹配概率是对某个特定的 DNA 图谱出现在人群中的概率估计。可以理解为从人群中随机地抽取一个样本，那么他能出现某种 DNA 图谱的理论概率。如果人群中拥有这种 DNA 图谱的个体很多，那么这种概率就会比较高，说明现场生物材料与嫌疑人样本具有相似性，只是由于遗传标记的鉴别能力有限，匹配是一个偶然事件。反之，在人群中拥有这种 DNA 图谱的个体很少的话，那么这种概率就会很低，$P(X)$ 越接近 0，说明现场材料与嫌疑人具有相似性并不是随机因素造成的，这种相似性对于鉴定的意义就很大，支持两份样本来自于同一个体的假设。

2）似然率

似然率（likelihood，LR）是另一种常用于同一性鉴定的，用来评估遗传分析提供的证据强度的统计学参数。似然率主要是基于两个遗传标记组合来自同一个体的假设衡量证据的强度，是一个条件概率的比值。如果现场物证 DNA 和嫌疑人 DNA 的遗传标记组合均为 X，可以考虑两种假设：①原告假设，现场生物物证是嫌疑人所留；②被告假设，现场生物物证是一个与案件无关的随机个体留下的。似然率是假设条件①下现场物证与嫌疑人的遗传标记组合都是 X 的概率与假设条件②下现场物证与嫌疑人的遗传标记组合都是 X 的概率之比。似然率越大，证据对假设①的支持强度就越大。

设 E 表示获得某种 DNA 图谱这个事件，Hp 表示原告假设，Hd 表示被告假设，则似然率可表示为：

$$\mathrm{LR}=\frac{\Pr\left(E|Hp\right)}{\Pr\left(E|Hd\right)} \tag{16-30}$$

式中，$\Pr\left(E|Hp\right)$ 为在原告假设的条件下，获得某种 DNA 图谱的概率；$\Pr\left(E|Hd\right)$ 为在被告假设的条件下，获得某种 DNA 图谱的概率。对于仅由一个个体留下的物证，在原告假设条件下，获得某种 DNA 图谱的概率为 1；而在被告假设的条件下，获得某种 DNA 图谱的概率为随机匹配概率 $P(X)$。在此种情况下，LR 是群体中这种 DNA 图谱频率的倒数，$\mathrm{LR}={}^{1}\!/_{P}(X)$。

通过比较两种情况下观察到某种 DNA 图谱的概率，似然率提供了一种基于术语“支持”的简单约定，以便根据一定数据来支持一种假设，排斥另一种假设。如果似然率＞1，可认为证据支持原告假设①。反之，如果似然率＜1，则支持被告假设②。如果更加细分，可以把似然率的数值范围分级看作不同的支持程度（表 16-4）。

表 16-4　支持力度

似然率	支持力度
1～10	有限程度支持
10～100	中等程度支持
100～1000	强有力支持
>1000	极强有力支持

但是这种分级只是帮助理解似然率的一种辅助手段。例如，当似然率为 1000，统计学家认为并没有一个比“极强有力支持”更有力的表达术语。综上所述，在应用科学证据进行个人识别时，需要综合考虑遗传标记的识别效能和案件的鉴定结果，为案件判定提供可量化的科学证据。应该强调的是，如果只是简单地使用少数几个 DNA 遗传标记，那么鉴定所提供的支持强度是有限的，可以通过联合使用多个 DNA 遗传标记来提高证据强度，为案件侦查提供线索，为审判提供准确可信的科学证据。

第四节　二代测序数据拼装

一、拼装的概念及测序平台简介

二代测序技术（next-generation sequencing，NGS），也称为新一代测序技术，也简称为二代测序，其快速发展革命性地改变了生物医学研究领域，进一步带动了基因组学的发展。目前，已有成千上万的细菌、病毒，成百上千种真核生物的基因组被发表。相较于传统的一代测序（Sanger 测序），二代测序采用了平行测序技术，平台一次运转产出的数据量是一代测序平台的几万至几十万倍，并且每碱基测序的价格和耗费时间也有极大的下降，但是所有的二代测序技术都有一个固有的特点：产出的数据读长较短，读长从几十碱基（bp）到几百碱基，约为一代测序读长的 1/10。使用测序技术进行基因组测序后，产出的是大量的短读长序列（short reads）。通过比对及合并的方法把这些序列片段拼接成为更长的 DNA 序列，从而以数据化的方式重构原有物理序列的过程就是拼装（图 16-4）。

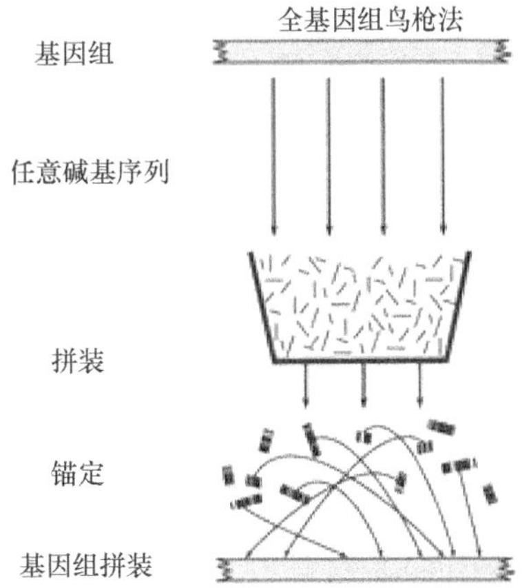

图 16-4　二代测序的基因组从头测序和拼装（Waterson et al.，2002）

根据是否存在参考基因组，拼装可以分为参考基因组辅助拼装及从头拼装（*de novo* assembly）两种类型。在本小节中，我们将着重介绍大基因组（＞100Mbp）的从头拼装。对于新测序的物种而言，*de novo* 拼装该物种的参考基因组，往往是开展该物种后续研究关键的第一步。参考基因组常常是由同一物种的一个个体或多个个体的基因组信息整合而成一个单倍体序列。例如，人类的参考基因组 *GRCh37*，包含 13 个美国人的基因组信息。它不仅给出了物种的基因组序列信息；通过基因组注释方法还可以给出物种的基因信息。另外，以参考基因组作为辅助，可以更加方便的、以更加实惠的价格去拼装同一物种其他个体的基因组信息，研究该个体基因组上发生的小突变及结构变异等信息。

使用读长片段（reads）拼装基因组，类似于拼图游戏，但是与拼图游戏不同的是，拼图中，每一个图块与其他图块之间的相对位置是准确的，而某一 reads 可能会由于基因组中重复序列的影响，和其他的 reads 存在多种的、不确定的拼接方式。重复序列在真核生物基因组中占有很高的比例。因此，如何正确地拼接重复序列是基因组拼装中的最大挑战。这个挑战的难度与 reads 的长短相关，如果 reads 的长度只有 1bp，则所有的 reads 都是重复序列，基因组无法拼装，如果 reads 的长度等于基因组本身的长度，则可以完全避开重复序列带来的问题。在这两种极端的理想化情况之间，reads 的独有性会随着测序长度的增加而增加，当 reads 达到一定长度的时候，所有的 reads 都可以成为一个独有的、可以确定位置的序列。并且如果 DNA 序列是随机的，那么所有序列出现的次数都会随着测序读长的增加而减少，选用一个适中的读长就可以大大减少重复序列出现的次数。但是，基因组的序列并不是随机的，有一些区段存在着一些非常复杂的重复结构，除非测序读长可以完全覆盖重复序列（二代测序不能达到此标准），否则它们很难被正确的拼装。

目前主要使用的二代测序平台包括：Illumina/Solexa、AB ion torrent、RocheGS FLX 454（已停产）、ABI/Solid（表 16-5）。这些平台产出数据主要包括两类信息：①reads 的核苷酸序列；②reads 中每个碱基的测序质量值。这个质量值主要用于评估测序的质量、校正 reads、删除低质量的碱基。部分测序平台除了单端测序技术（single-read）还能支持双端测序技术（图 16-5），生成末端配对数据。顾名思义，末端配对数据是指位于一个片段双末端的一对 reads。每一对末端配对数据所在片段的长度叫做插入片段大小。生成末端配对序列的技术有很多种，其中有两个比较主流的技术，它们的差异主要在于构建 DNA 测序文库时是否进行环化，其中一种技术直接在 DNA 片段两端加上测序接头，插入片段长度较短（通常为 200–800bp）。另一种对较长的 DNA 片段先进行环化，并在环化的接口处加上识别序列，然后打断成较短的片段，对含有识别序列的 DNA 片段两端加上测序接头，生产最终产生的插入片段长度较长（通常为 1–20kb）。这些技术有多个称呼，如 mate-pair、paired-end、fragment-end 等，这些概念曾经比较混乱，但如今一般而言，mate-pair 特指环化的技术，paired-end 特指没有环化的技术。表 16-5 给出了各平台的测序读长、错误率、是否支持双端测序的信息。

表 16-5 常用的二代测序平台及其特性

平台	read 长度/bp	错误率	是否直接支持双端测序
ABI/Solid	75	低（～2%）	是
Illumina/Solexa	100–150	低（<2%）	是
IonTorrent	～200	中等（～4%）*	否
Roche/454	400–600	中等（～4%）*	否

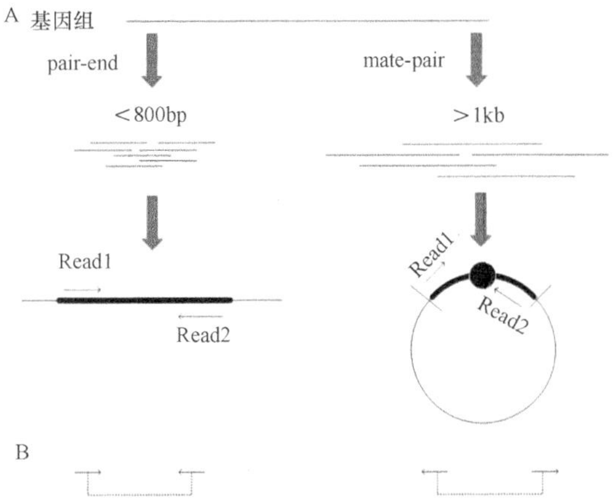

图 16-5　双端测序的两种策略

A. 中左图表示了 pair-end 测序技术，加粗的部分表示进行测序的区段；右图表示了 mate-pair 测序技术，加粗的部分表示进行测序的整个区段，黑色的圆点表示连接序列两端的生物素或一段特殊序列，斜直线表示二次打断；B. 表示了两种测序技术分别生成的一对 reads，箭头表示 reads 的方向，中间虚线表示 reads 中间的插入序列。

二、拼装流程及软件简介

拼装一个基因组的过程起始于一组 reads，然而这些 reads 可能包含由不同的测序平台引入的各类错误。因此，拼装的第一步就是对原始数据（reads）纠错，之后把过滤过的 reads 连接起来形成重叠群（contig），在这一步的拼装中主要使用的是单端测序和拆分为单端 read 的 pair-end 的数据，接下来再进一步运用 pair-end 和 mate-pair 数据连接，延长 contig，形成更长的支架（scaffold），并填补基因组还存在的空缺（图 16-6）。目前已发表了大量的基因组拼装软件，有的软件包含了以上所述的全部步骤，如 SOAP de novo，有的软件只涵盖其中的部分内容，需要和其他软件搭配使用。本节的目的就在于简略地介绍拼装流程中每一步骤的思想、功能及一些常用的软件。

（一）原始数据质量控制

拼装软件的输入文件除了包含要拼装的短 reads 数据外，还包括 reads 的测序质量值（quality value）。Phred 值（Q_{PHRED}）是常用的标准测序质量值，它以对数的形式表示某一碱基出现测序错误的概率（$Q20$ 和 $Q30$ 分别代表碱基被错误识别的概率为 1%和 1‰），如式（16-31）所示：

$$Q_{\text{PHRED}} = -10\times\log_{10}\left(P_e\right) \tag{16-31}$$

P_e 表示一个碱基错误的概率，为了方便计算机存储，测序质量值常以 ACSII 码的形式表示，其中 33 和 64 是 ASCII 值、转换为 Q_V 值该减去的数值，Q_{PHRED} 值和 ACSII 码之间的对应关系如式（16-32）所示：

$$Q_V = ASCII - 64 \text{或} Q_V = ASCII - 33 \tag{16-32}$$

质量控制的目的是在拼装前纠正或删除错误率高的 reads，这一步骤主要处理的错误类型包括测序过程中产生的错误替换、错误插入/缺失和不明确的碱基位（N）。纠错/过滤算法的范围涵盖了从简单的、直接过滤低质量数据到复杂的、根据错误 reads 出现

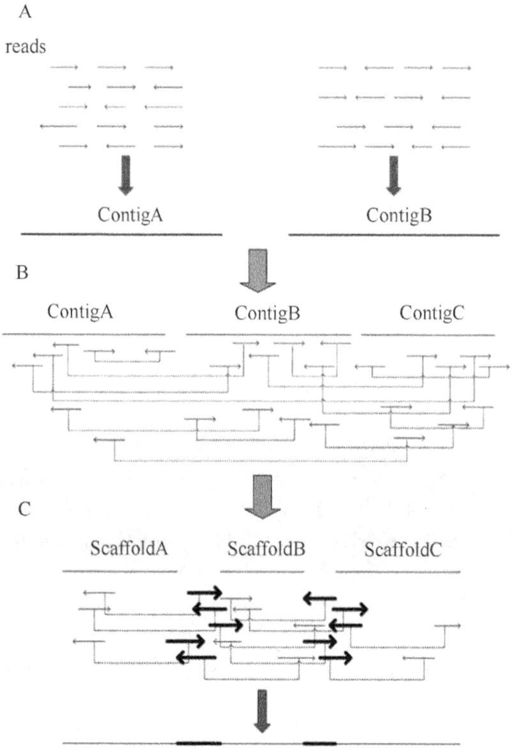

图 16-6 拼装流程示意图

A. 表示了用单端 reads 或者拆分为单端 reads 的 pair-end 数据构建 contig 的过程；B. 表示运用 pair-end 和 mate-pair 数据构建 scaffold 的过程，图中用虚线连接一对 reads；C. 表示运用 pair-end 和 mate-pair 数据构建填补空缺的过程，图中用虚线连接一对 reads，加粗的箭头表示填补空缺的 reads，加粗的直线表示填补好的空缺。

的频率来纠正错误的思想。目前常用的方法包括 K-频谱法、前缀树/数组法、多序列比对法、杂合法。它们的基本思想都是认为测错的 reads 在整个数据集中是随机分布的、并且出现的频率很低，低频率的 reads 是它们主要的处理对象，算法通过将这些 reads 与和它们具有相同子串的、高频出现的 reads 比对来校正或删除错测的碱基或整条 reads。实现纠错/过滤算法的软件见表 16-6。如前文所述，部分拼装软件内部未包含 reads 纠错/过滤的功能，因此，研究人员可以通过单独使用纠错/过滤软件来完成拼装的第一步。甚至有研究发现，在直接使用 ABySS、SOAPdenovo、Velvet 等包含内建纠错/过滤程序的拼装软件之前，使用独立的纠错/过滤软件将提高拼装的质量。

表 16-6 数据过滤软件及特性

数据过滤/过滤软件	目标错误	测序平台	输入文件格式	输出文件格式
Quake（V0.3）	错误替换	Illumina	Fastq	fastq
Reptile（V1.1）	错误替换	Illumina	Fastq	.fa，.errors*
Hammer（V0.2）	错误替换	Illumina	Fastq	raw k-mers
SHREC（V2.2）	错误替换	Illumina	Fastq	fastq
HiTEC（V1.0.2）	错误替换	Illumina	fasta/fastq	fasta
Coral（V1.4）	错误替换、插入缺失	任何平台	fasta/fastq	fasta/fastq
ECHO	错误替换	Illumina	.txt	fastq
Hybrid-SHREC	错误替换、插入缺失	任何平台	Fasta	fasta

（二）拼装算法

数据过滤完成后，便可以开始用 reads 拼装基因组。正如前文所述，拼装是一个复杂的过程，研究人员提出了多个算法模型来实现基因组的 *de novo* 拼装。目前常用的拼装算法可以分为基于序列和基于图的两个大类，具体而言，算法主要包括：基因系列的贪婪算法、基于 OLC 图的算法和基于 de Bruijn 图的算法，接下来将介绍这些拼装算法。

1. 贪婪算法

早期的拼装软件是基于一个简单的“贪婪”算法，其核心思想是通过迭代的方式把重叠碱基数最多的 reads 拼接成长的序列，随着连接序列的增长，序列间重叠碱基数的域值也逐渐降低。算法首先对所有的 reads 做两两比较，把碱基重叠数最多的 reads 先整合在一起；当所有的重叠比较都完成以后，把具有最大重叠数的多个 reads 连接起来形成一个更大的 contig；而后，把合并的新的 contig 当成一条 reads，再进行两两比较，合并重叠区域最多的序列，重复这个过程直到两两序列的最大重叠区域小于预设的阈值。这个算法之所以叫做“贪婪”算法，是因为每一步都选择了局部最优的解。虽然思想简单，但是近似地代表了最优的拼装策略。在使用“贪婪”算法的多个拼装软件中，phrap 在人类基因组计划中被当作主要的拼装软件使用；TIGR 被用于拼接第一个测序的生物体基因组。“贪婪”算法甚至被用于早期的二代测序数据拼装。

虽然在早期的长 reads 拼装中取得了不错的成果，但是贪婪策略也存在不少的缺陷：无法拼装超过 reads 长度的重复序列，会把分布在基因组上不同位置的重复序列拼接为一个序列；无法正确连接重复序列与唯一序列，错拼出不存在的 contig。而拼接更大、更加复杂的真核生物的基因组不仅需要解决重复序列的问题，也需要考虑到计算时间及内存需求的问题。因此，“贪婪”算法被更加复杂的基于图的算法取代。

2. 基于图的算法

基于图的拼装模型（图 16-7）中用节点来表示一个 read，用节点之间的弧来表示两个 reads 之间的关系。按照某种次序排列的，穿过整个图的一条路径代表了一种拼接方式。而拼装软件的目的就是避开错拼，找到最优的路径。

1）OLC 图

OLC 模型（overlap-layout-consensus model）是最简单的、基于图的拼装算法，每一个 read 表示一个节点，如果一对 reads 显著重叠（overlap），则它们将会被一条边连接（图 16-7）。拼装的过程主要分为三个步骤：①检测任意两两 reads 是否显著重叠（主要考虑重复区域的长度和重复区域中一致的碱基数量）；②构建图，在这个图中找到所有 reads 连接的次序和方向（layout）；③按照 reads 的次序和方向计算出一致性序列（consensus sequence）。这些一致性序列被当作重叠群（contig）输出。

OLC 模型具有非常高的算法复杂度、计算耗时也很长。如果测序数据包含 N 个 reads，则该模型需要进行 N^2 次比较，需求的时间为 O（N^2），因此，直接使用 OLC 模型的算法只能拼装很小的基因组序列。为了提高重叠检测的效率，可以利用 16～24bp 的子序列（*k*-mer）对包含某一 *k*-mer 的一系列 reads 建立索引。这个改进极大地缩小了重叠检

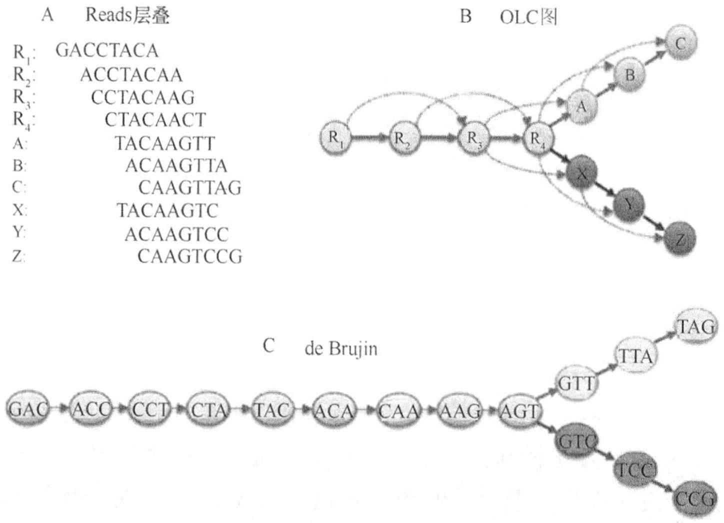

图 16-7 基于图的拼装算法（Schatz et al. 2010）

A. 表示 10 个长度为 8bp 的 reads 数据；B. OLC 图，图中一个节点代表一个 read，重叠大于 5bp 的 reads 之间用直的边连接，过渡性的重叠关系用较长的虚线边表示。C. de Brujin 图，图中的每一个节点表示一个 *k*-mer。此处 *k*-mer 的长度为 3bp。每一对连续的 *K*-mer 由一条边相连，它们之间的重叠数为 *k*–1bp。在这两个算法构建的图中，都包含了由于重复序列造成的叉子形结构。此处需要注意的是为了简化图的结构，我们从一个方向构建了序列之间的关系。

测的检索空间，被广泛地运用到后续的拼装算法中。由于采用最佳策略构建布局（layout）在计算上并不实际可行，同时也为了降低错拼的可能性，算法往往只连接彼此间具有唯一重叠关系的 reads，生成统一体（unitig）。拼装算法也会删除测序质量较低的 reads 及人工生成的重叠。最后，布局算法会在构建的图中寻找到重叠唯一性的序列，并通过对所有的重叠片段作多序列比对构建一致性序列。

基于 OLC 模型的拼装算法有很多成功的运用。例如，使用 Celera 拼装人类基因组依然是全基因组大片段拼装的范例。但是该类算法在处理二代测序生成的大规模、短片段数据时，却存在不小的问题。特别是几百亿字节（Gb）的数据的重叠计算几乎是无法完成的。就算是运用 *K*-mer 检索的改进策略，也会由于 reads 长度较短，而成生很多错误的匹配，导致基因组无法正确地拼装。正是由于以上原因，高通量、短 reads 的拼装算法开始运用新的策略——de Bruijn 图。

2）de Bruijn 图

de Bruijn 图把一个 reads 分解成由多个重叠 *K*-mer 连接而成的一个序列（图 16-7）。*K*-mer 被作为图中的一个节点，两个重叠碱基数为 *k*–1 个的 *K*-mer 之间用一个边连接。拼装算法要解决的问题便是在图中找到一条穿过整个图，并且仅通过每条边一次的通路，即一条欧拉通路。但是在实际运用中，由于测序错误和偏差很难找到一条能穿过整个图的欧拉通路。即使找到一条这样的欧拉通路也很可能是一个错误的结果。因为重复序列的存在会使得图中存在指数级的通路，而其中只有一条是正确的。在大部分的实例中，拼装软件只把有明确重叠关系，并且不存在分叉的路径拼接成 contig。

相较于之前基于重叠的算法，de Bruijn 图在计算效能上有着很大的优势：不需要为计算 reads 之间的重叠耗费计算资源；图的构建过程比较简单。多个工作证明该算法被成功地运用于短 reads 的细菌基因组拼装。虽然短 reads 影响了拼装的质量，但是极大节省了拼装部分基因组的耗费，在拼装算法发展的过程中是一个重要的转折点。当然，使用 de Bruijn 图，运用高通量数据，拼装大基因组依然要耗费大量的计算资源。几乎基因组的每一碱基（bp）都对应一个 *K*-mer，就哺乳动物的基因组而言，存在上十亿个节点。测序错误还会在图中加入新的节点和边，进一步增加图的内容。因此，寻找一个合理的办法存储 de Bruijn 图显得格外重要。

拼装软件 ABySS 采取了一个策略避免了直接存储边，它运用哈希表来存储 *K*-mer，每一个 *K*-mer 都对应一个字节（byte）位，这个 byte 位表示了与该 *K*-mer 相邻的 8 条边的存在或缺失。这样的表示方法允许哈希表被分布式的处理，该策略成功的以 36bp 的短 reads 拼装了人类基因组。类似的策略也被 Conway 和 Bromage 利用，他们的核心思想是运用（0，4^k）中的一个数据去代表一个 *K*-mer，用一个大小为（0，4^k）比特（bit）位的数组来表示整个图。但是在实际操作中，存储 4K 大小的数组只能用于小的基因组。因此，他们运用稀疏向量编码技术重新编码原有的数组，缩小了所需的内存空间，相比 ABySS 的编码方法是一个很大改进。此外，类似的技术还有布鲁姆过滤法、FM-检索法，运用更加合理的数据存储方式，使得这些技术存储每一 *K*-mer 需求的内存空间更小。

总的来说，把 de Bruijn 图运用于拼装算法减小了内存的耗费，实现了运用短 reads 拼装大的基因组。研究甚至发现仅有一小部分的 *K*-mer 需要直接存储为节点，一个很常用的拼装软件 SOAPdenovo 便运用了这个技术。

（三）构建 Scaffold 和填补空缺

除了单端测序数据外，双端测序数据（pair-end 和 mate-pair）也是拼装中常用的另一种类型的数据，它提供了两个 read 在基因组上的相对位置，这个信息可以用来连接两个独立的 contig，形成更长的 scaffold；可以用来解决重复序列带来的问题；甚至可能用来构建更长、更准确的 contig。但是在使用双端测序数据时，需要注意的是实验预估的插入序列的长度往往不准确，方差很大。因此，使用双端测序进行拼装常常需要使用软件重新估计插入序列的长度。

使用双端测序数据构建 scaffold 一般需要如下几个步骤：①用双端测序数据来推测 contigs 之间的位置关系，并在这一过程中，删除一些错误的 mate-pair 信息；②用双端测序数据来确定 contigs 摆放的方向；③在尽量减小与双端测序信息差异的前提下，确定 contigs 在基因组上的、线性化的排列方式。此外，在拼装的过程中，重复序列的两侧会存在多个边，大大增加了遍历图所需要构建的路径数目，而双端测序信息可以用于确定重复序列两侧非重复序列的连接关系。同时，双端测序信息还可以用来填补序列的空缺，首先将双端测序的一端通过序列一致性锚定在已经拼装好的序列上，如果双端测序数据的另一端落在一个未拼接的区域（N），那么就可以填补这个区域所存在的空缺。在实际运用中，由于基因组信息的复杂性，往往需要构建多个插入片段长度不一的双端测序库。例如，拼装大熊猫基因组的研究中，使用了插入片段长度为 150～10kb 的 37 个双端测序文库。常用的拼装软件和特性如表 16-7 所示。

表 16-7　拼装软件

拼装软件	数据纠错	算法模型	功能
Newbler	N/A	OLC 图	构建 contigs
Edena	N/A	OLC 图	构建 contigs
Celera	删除、矫正错误 reads	OLC 图	-构建 contigs -检测错拼的 contigs -合并 contigs、补空 -删除 transitive 边 -检测重复的 contigs -构建 scaffolds
Shorty	N/A	OLC 图	-构建 contigs -检测错拼的 contigs -合并 contigs、补空 -构建 scaffolds
Forge	删除错误 reads	OLC 图	-构建 contigs -构建 scaffolds
SGA	删除、矫正错误 reads	OLC 图	-构建 contigs -构建 scaffolds
Readjoiner	删除、矫正错误 reads	OLC 图	构建 contigs
Fermi	矫正错误 reads	OLC 图	构建 contigs
Euler-SR	删除、矫正错误 reads	*K*-mer 图	-处理气泡结构 -删除三角结构 -构建 contigs -构建 scaffolds
ALLPATHS-LG	删除、矫正错误 reads	*K*-mer 图	-处理气泡结构 -删除尾部死节点 -构建 contigs -构建 scaffolds
Velvet	删除错误 reads	*K*-mer 图	-合并相连接的节点 -删除尾部死节点 -处理气泡结构 -构建 contigs -连接 contigs、补空 -检测、处理重复 contigs -构建 scaffolds
ABySS	N/A	*K*-mer 图	-处理气泡结构 -删除尾部死节点 -构建 contigs -构建 scaffolds
SOAPdenovo	矫正错误 reads	*K*-mer 图	-删除尾部死节点 -处理气泡结构 -删除三角结构 -删除过渡性连接边 -构建 contigs -连接 contigs、补空 -检测、处理重复 contigs -构建 scaffolds
SparseAssembler	N/A	*k*-mer 图	-删除尾部死节点 -处理气泡结构 -构建 contigs
SSAKE	N/A	贪婪法	-构建 contigs

续表

拼装软件	数据纠错	算法模型	功能
SHARCGS	删除错误 reads	贪婪法	-构建 contigs
Vcake	N/A	贪婪法	-构建 contigs
QSRA	N/A	贪婪法	-构建 contigs
Taipan	N/A	混合模型	-删除过渡性连接边 -构建 contigs

第五节　基因组注释

二代测序技术的飞速发展促使大量基因组数据的产生。在过去的几十年间，从微生物到真核生物，大量完整的基因组数据被发表，但是只有当这些由几百万到几十亿个碱基组成的数据被注释为研究者可理解的信息时，才能发挥它们的价值。基因组注释是完成一系列生物学研究的基础，如实验设计、解读 SNP 对生物体造成的影响、估计基因的产物等。总的来说，注释就是一个通过多个层次的数据分析和解读，在原始的基因组信息中抽提出研究关注的重要信息如基因组功能元件，并把它们赋予生物学意义的过程。这个过程由多个步骤组成，并且根据基因组的复杂程度不同，有所不同。由于本书关注的研究对象是人类，因此，在本节中将重点介绍真核生物的注释方法。

为了得到一个高质量的注释结果，在开展注释之前，首先需要评估待注释基因组的拼装是否合乎注释的基本要求。注释中最常用的评估参数是 N50 和 scaffold 中缺失的平均长度。N50 是一个用于评估序列平均长度的统计量，假设一段序列 A 由 6 个 contig 组成，它们拼装的总长度为 30Mb，contig 从大到小的长度排列分别为{13Mb，6Mb，5Mb，3Mb，2Mb，1Mb}。把两个最长的 contig 的长度相加得到 19Mb，这个长度超过了序列 A 总长度的 50%，那么 A 序列的 N50 就是 6Mb。N50 是指超过序列总长度 50%阈值的最后一个序列的长度。虽然没有硬性的规定，但是一般要求基因组 scaffold 的 N50 的长度大于平均基因的长度，这个要求的目的很直观，如果满足，说明约 50%的基因会被包含在一个完成的 scaffold 中，这些完整的基因和其他基因组区域提供的片段化的信息，将为下游分析提供最低的保障。当然，目前对于大部分的测序项目而言，拼装一个高质量的基因组（完整性≥90%）是一个可以完成的目标。

在检测了基因组拼装的质量、并达到要求后，便可以着手开始基因组注释。虽然各个注释的流程稍有不同，但是它们主要包括两个阶段：一个是计算阶段；另一个是注释阶段。计算阶段又分为两个部分：其一是从头（*ab initio*）或有证据支持的基因预测；其二是证据比对，主要是把表达序列标签（ESTs）、RAN-seq、蛋白质等证据数据比对到基因组上。在第二阶段的注释过程中，计算阶段生成的结果被整合形成基因注释的最终结果（图 16-8）。由于注释是一个较为复杂的过程，其中涉及多个软件，因此，运用这些软件处理基因组数据生成基因组注释的过程，也称为一个注释流程。目前的注释流程主要关注的是蛋白质编码基因的注释，这也是本节要介绍的主要内容。也有一些注释流程提供了非编码 RNA 的注释结果，如 Ensembl。Ensembl 注释流程自成一体，与其他注释流程差异较大，本节不做详细介绍，如有需要请参看文献（Curwen et al.，2004）。

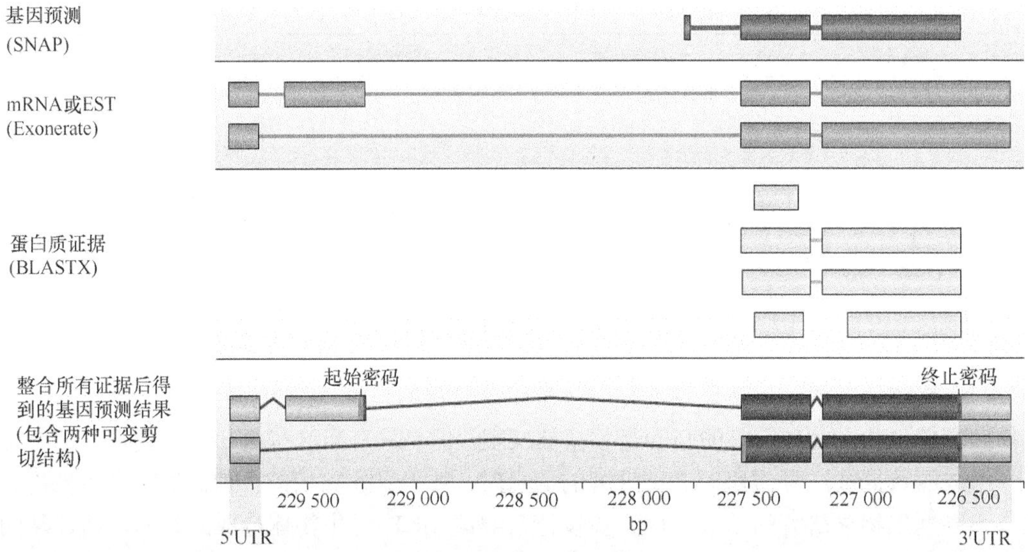

图 16-8 基因注释与相关证据

图中左侧的文字描述了注释过程中每一步骤及所用的证据，括号中文字表示注释过程中常用的一些软件。SNAP 生成的基因预测结果仅是一个单独的 CDS 区，并不包含 UTR 和可变剪切信息，并且该预测结构的 5′端有误。Exonerate 完成了 mRNA 和 EST 的证据比对，BLASTX 完成了蛋白质的证据比对。最终的基因注释结果整合了所有来源的证据，包含了完整的外显子-内含子结构、UTR 区及可变剪切信息。

一、计算阶段

（一）重复序列注释

重复序列的鉴别与屏蔽常常是注释流程的第一步。这里指的重复序列主要用于描述两类序列。①低复杂度序列，如核酸同聚物和转录移动元件，长散在重复序列（LINE）、短散在重复序列（SINE）。如前文所述，重复序列在真核基因组中所占的比例很高。例如，在人类基因组中，其所占的比例约为 47%。②重复序列结构复杂，一个重复序列中常常还插入了其他的重复序列。它们也使得基因组注释变得更加复杂，因此，需要鉴别或是屏蔽它们。

由于重复序列的保守度较低，鉴别重复序列是一个繁琐的过程。准确地鉴别重复序列常常需要用户为他们要鉴别的基因组构建一个专有的重复序列库，在没有该物种重复序列库的情况下，可以使用近缘物种的重复序列库。目前提供的监测工具主要分为两个类别：以同源序列为基础的检测工具和新发变异检测工具。

需要注意的是 *de novo* 工具的检测结果中不仅会包含重复序列，还会包含一些高度保守的蛋白质编码基因，如组蛋白。当然，这些结果中也会包含一些新的重复序列。用户需要通过后期的处理，排除不是重复序列的结果。重复序列本身的系统发育学和生命周期也常是研究的重点，因此，重复序列是每个基因组注释项目必做的步骤。目前常用的注释软件是 repeat masker，该软件支持自建的重复序列库，也自带部分物种的重复序列库。它运用 BLAST 和 Crossmatch 来鉴别目标基因组中与重复序列库同源的序列。它提供的屏蔽重复序列的方式有两种：一种是用单词“masking”表示，重复序列全部用

“N”代替；另一种方式是用单词“soft masking”表示，重复序列都被更改为小写的 a、t、g、c。这些标注将被下游的基因预测与证据比对程序识别。

如果没有屏蔽重复序列，将对下游的分析带来很大的麻烦。重复序列将大大增加证据比对的工作量，并且生成假阳性的错误结果。更加糟糕的是，在基因预测程序看来，转座子的可读框和基因很相似，会被它们当作部分外显子添加到最后的注释结果里面，对结果产生很大的影响。

（二）证据比对

在完成重复序列屏蔽后，大部分的注释流程将会进入到证据比对阶段，具体而言就是把 EST、蛋白质、RAN-seq 比对到基因组上。这些数据包含了已经测定的与基因组来源于同一物种的转录本和蛋白质信息。也包含来源于不同物种的蛋白质序列，这是由于如果经历同样的进化时间，蛋白质序列比核苷酸序列的保守度高得多，因此，在这部分的比对工作中，也可以运用其他相近物种的蛋白质序列来作为证据。UniprotKB/SwissProt 是一个高质量的蛋白质库。由于 SwissProt 存储的蛋白质数据都已经严格校验，用户可以从中下载相近物种的蛋白质序列作为自测数据的补充。

比对 EST 和蛋白质需要多个步骤。一般情况下，首先可以使用 BLAST 和 BLAT 这类软件快速地把 EST 和蛋白质比对到基因组上，粗略地定位到它们的同源序列。根据比对质量参数、相似序列比例（percent similarity）和比对一致序列比例（percent identity）对比对结果进行过滤，删除相似度低的比对结果。再过滤后，有时需要对剩下的比对数据做聚类，找到其中重叠的比对结果。做聚类的目的有两个：①将支持同一基因的所有数据聚类到一起；②整合冗余的信息，如一个高表达的基因，可能会被上千个 EST 支持。

聚类后，这些高相似度的序列再次被比对到基因组上。这么做的目的是更加准确地定位到外显子的边缘。虽然 BLAST 和 BLAT 这类比对工具速度较快，但是它们并不提供剪切位点的模型，因此，它们生成的比对结果只能不太准确的定位外显子的边界。常用的剪切位点敏感的软件有 Splign、Spidey、Exonerate 等。它们常常被用于把与基因组匹配度高的 EST、mRNA 和蛋白质序列重新比对到基因组上，虽然这些软件运行的时间较长，但是它们为整个注释流程提供了准确的剪切位点和外显子边界。

在所有形式的证据中，RNA-seq 对于提高注释的准确度作出的贡献最大。这是因为 RNA-seq 为准确定位外显子、剪切位点和可变剪切的外显子提供了大量的、重复的证据。但是，这部分证据数据量庞大、内容复杂，使用较为困难。一般而言，RNA-seq 主要有两种用法，可以先使用拼装软件，如 ABySS、SOAPdenovo，把它们拼装成转录本，再用类似于比对 EST 的方法，把转录本比对到基因组上。或者，可以直接使用 TopHat、GSNAP 这类软件把 RNA-seq 比对到基因组上，再用类似于 Cufflinks 把比对结果拼装成转录本。如何使用上述两种策略，需要考虑基因组本身的一些特性，如基因密度、基因组拼装的完整性与连续性。基因密度是一个重要的考量，如果基因与基因之间的距离较近，Cufflinks 可能会把紧邻的基因的 RNA-seq 数据错误地连接在一起。在这种情况下，推荐对转录组数据进行 *de novo* 拼装。目前很多注释流程，如 PASA、

MAKER 已经整合 RNA-seq 数据处理的步骤。它们分别运用 inchworm 和 Cufflinks 来完成这部分工作。

（三）*ab initio* 基因预测

ab initio 基因预测提供了一种快速、方便的基因预测方法。*ab initio* 基因预测之所以被称为从头注释（*ab initio*）是因为它们是运用数学模型而非额外的证据，如转录组或蛋白质，来预测基因并给出外显子、内含子的结构。这个特点也是 *ab initio* 基因预测最大的优势，但是不运用额外的证据也带来一些问题。例如，大部分的 *ab initio* 基因预测软件只能找到编码区（CDS）而不报道基因两侧的非翻译区（UTR）或者可变剪切。并且如何训练它们也是一个问题，*ab initio* 基因预测软件运用物种特有的基因组特征，如编码频率、外显子、内含子长度分布等信息来推测外显子、内含子的结构。大部分的 *ab initio* 基因预测软件只包含少量物种，如人类、果蝇、拟南芥、小鼠的基因组特征参数文件。除非要预测的物种与预先提供参数的物种有很近的系统发育关系，*ab initio* 基因预测软件需要根据新预测的物种的基因组特征重新被训练。即使新预测物种与预先提供参数的物种关系相近，两者在内含子长度、编码使用习惯和 GC 含量上也很可能有差别。

如果能提供足够的训练集数据，*ab initio* 基因预测软件在基因水平的预测准确度能达到 100%。但是预测外显子、内含子结构的准确度只能达到 60%～70%。高质量的基因组拼装和大量的基因模型是生成高准确度的预测集的关键，但是新测的基因组常常不能提供如此完善的初期数据。

在缺乏这些前期数据的情况下，*ab initio* 基因预测软件也可以用比对好的 EST、转录组、蛋白质数据来训练，这种方式称为证据支持的基因预测，但是这个过程可能需要用户具备一定的编程技能。MAKER 流程提供了用 EST 数据训练 *ab initio* 基因预测软件 Augustus 和 SNAP 的功能。某一些软件如 GeneMask-ES 也提供自动训练功能，但是预测准确度较低。这种通过 EST、RAN-seq、蛋白质数据来训练后，再进行 *ab initio* 基因预测的方式也可以称为证据支持的 *ab initio* 基因预测。证据的加入大大提高了检测的质量，但是在实际的运用中，加入证据的难度很大。首先，EST、RAN-seq、蛋白质数据必须先比对到基因组上，剪切位点必须被定位，如果用到拼装的转录组数据，还需要在原有拼装上再进行处理才能用于训练，这一部分工作量巨大，需要运用很多专业的软件。事实上，这个部分是目前基因组注释中一个正待解决的障碍。

二、注释阶段

注释阶段的目标就是整合计算阶段生成的证据比对和 *ab initio* 基因预测两个部分的结果，形成最终的注释结果。传统方法中，这部分的整合工作是手工完成的，注释人员会观察一个基因的预测及比对结果，经过分析、整合后确定这个基因的外显子-内含子结构。虽然这么做生成的结果准确度很高，但是劳动强度很大。因此，为了节约成本，基因组项目开始依靠自动注释来完成最终的注释阶段。

注释阶段的核心思想就是通过整合各种各样的证据来增加最后结果的准确度。表

16-8 为常用的注释流程和软件。简单整合结果的方式就是比较各种证据比对或 *ab initio* 预测的结果，挑选它们之中与所有证据的共同支持的外显子-内含子结构最吻合的一个证据作为最终的结果，这类软件称为 chooser，如 JIGWAS。在这个基础上，有一些复杂的整合方法，如 EvidenceModeler（EVM）、GLEAN 作了更进一步的改进，它们选择出一组来自于证据比对或 *ab initio* 预测的各种方法的，最优的外显子预测或者比对结果，并把它们整合成为最后的注释结果，这类软件称为 combiner（图 16-9A）。它们主要是通过估计各种来源的基因证据的错误频率及类型，最终合成能使得这些错误最小化的结果。与 *ab initio* 基因预测软件类似，在用于新的物种前，需要重新训练 JIGWAS，它需要一些没有在 *ab initio* 基因预测过程中使用过的基因模型数据。EVM 可以通过用户指定或训练集来得到证据错误率。GLEAN 和 Evigan 则不需要通过监督学习来获得错误模型，因此它们不需要重新训练。

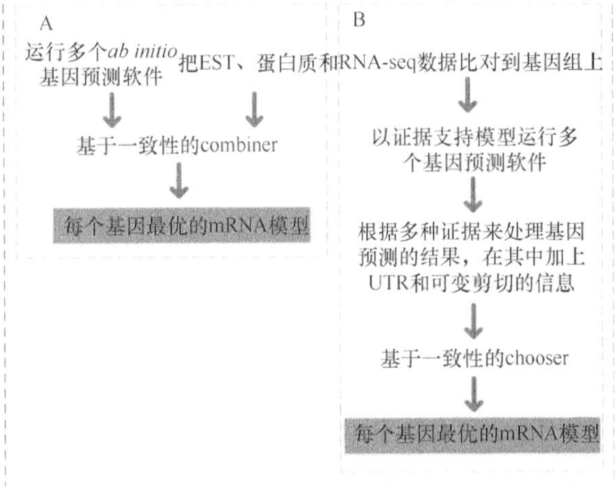

图 16-9　常用注释流程

除了直接整合证据比对和 *ab initio* 基因预测两个部分的结果，还有一种方式可以把两种证据结合在一起，就是运用证据支持的基因预测来提高注释的准确度，而后运用 chooser 挑选出最理想的结果（图 16-9）。通过 RNA-seq 和 EST 数据，对证据支持的基因预测进行后期处理，在注释结果中添加 UTR 的信息，这就是 PASA、Gnomom 和 MAKER 使用的流程。证据还可以被用于在后期处理的基因模型中选择与 RNA-seq 和 EST 及蛋白质数据最吻合的注释结果。EVM、MAKER、PASA 都支持这个功能。

在实际运用中，选择何种注释方式，主要考虑的问题是注释的准确度与耗费精力之间的平衡。使用单个 *ab initio* 基因预测软件对一个复杂的基因组作基因预测只需要几个小时，但是跑完整个基因注释的流程，如 MAKER、PASA，需要几周的时间。但是由于这些流程运用了 RNA-seq、蛋白质和 EST 数据的支持，它们产出的结果为下游的分析提供了一个有力的支持。另一个需要考虑的因素是，待注释的物种基因组，是否是某个种属内第一个被注释的物种，如果是建议使用有证据支持的完成注释流程。常用基因注释软件和特性如表 16-8 所示。

表 16-8　常用基因注释软件

软件名称	特性
***ab initio* 和证据支持的基因预测软件**	
Augustus	可以应用 EST 和蛋白质证据；准确度高
mGene	基于支持向量机（SVM）的基因预测软件；可以直接预测 5′端和 3′端 UTR 区及 poly（A）位点
SNAP	可以应用 EST 和蛋白质证据；容易训练
FGENESH	训练集由 SoftBerry 生成并提供给用户
Geneid	可以应用 EST 和蛋白质证据
Genemark	自训练基因预测软件
Twinscan	Genscan 算法的延伸，可以用 homology 信息来指导基因预测
GAZE	具有高可配置性的基因预测软件
GenomeScan	Genscan 算法的延伸，可应用 BLASTX 指导基因预测
Conrad	有区别性的、使用条件随机区域 （CRFs）的基因预测软件
Contrast	有区别性的、使用条件随机区域 （CRFs）和支持向量机（SVM）的基因预测软件
CRAIG	有区别性的、使用条件随机区域 （CRFs）
Gnomon	基于隐马尔科夫模型 （HMM），可以应用 EST 和 protein 证据
GeneSeqer	通过可变剪切预测和剪切比对，可以在 mRNA 前提中定位可能的外显子-内含子结构
EST、protein 及 RNA-seq 比对及拼装工具	
BLAST	应用 Karlin–Altschul 统计的一套快速数据库搜寻工具
BLAT	速度比 BLAST 快，但是所具有的特性较少
Splign	剪切位点可知的 cDNA 比对工具
Spidey	考虑同源基因（paralogous）比对的 mRNA 到 DNA 比对工具
Prosplign	剪切位点和同源基因（paralogous）可知的，全局 BLAST 比对工具
sim4	剪切位点可知的 cDNA 到 DNA 比对工具
Exonerate	剪切位点可知的，蛋白质和 EST 序列比对工具
Cufflinks	TopHat 的延伸，应用 TopHat 的输出构建转录模型
Trinity	高质量的 *denovo* 转录本拼装软件
MapSplice	不使用权威剪切、连接模型的剪切比对工具
TopHat	应用 Bowtie 确定剪切位点的 RNA-seq 比对工具
GSNAP	快速的短 reads 拼装软件
choosers 和 combiners	
JIGSAW	结合 *ab initio* 预测软件的和证据比对的结果，生成一致性的结合型基因模型
EVidenceModeler	结合蛋白、转录本证据和 *ab initio* 预测结果的，可对不同证据制定不同权重，生成一致性的结合型基因模型
GLEAN	整合多种证据生成一致性基因列表
Evigan	概率化证据整合软件，应用贝叶斯网络为 *ab initio* 预测结果、比对和表达数据分配权重并整合这些证据
注释流程软件	
PASA	注释流程把 EST 和蛋白质序列比对到基因组上，根据证据生成一致性基因模型
MAKER	注释流程应用 BLAST 和 exonerate 比对 EST 和蛋白质序列，也能接收 RNA-seq 拼装数据，大规模并行
NCBI	NCBI 的注释流程，应用 BLAST 比对及 Gnomon 和 GenomeScan 预测生成基因模型
Ensembl	Ensembl 注释流程，应用物种特有和跨物种比对来构建基因模型，可注释非编码 RNA

第六节　重测序数据分析

二代测序已经成为医学、生物学研究常用的技术手段。随着测序成本的一再下降，全基因组重测序技术被广泛地运用于疾病遗传机制研究、群体遗传学研究、基因分型研究等多个方面。顾名思义，重测序技术是指对已经有参考基因组的物种测序，主要用于物种内群体水平的研究。重测序研究的一个主要目的就是检测物种内的多个个体之间的差异，从而从分子水平理解这些个体间表型差异的遗传基础。这些差异（变异）包括单核苷酸多态性（SNP）、短插入缺失（indel）和大的结构变异（SV），如拷贝数变异（CNV），其中 SNP 是目前研究最多的变异类型。目前重测序分析的重点、难点已经从初期的数据获取本身转移到试验数据的处理分析方面。合理的分析流程是得到可靠的、有意义的生物学结果的关键。

样品测序后，研究者将获得海量的长度在几十碱基对到几百碱基对范围内的碱基序列。处理这些海量重测序数据的流程大概可以分为以下几个步骤：①原始数据质量评估、过滤；②过滤后的数据比对到参考基因组上；③变异检测；④变异筛选和注释。在接下来的部分，本节将逐一介绍每一个步骤及一些常用的软件。

一、质量评估

在获得原始数据后，第一步要做的工作就是评估测序的质量，而后删除、整理和矫正质量低于指定阈值的 reads 数据。测序平台生成的原始数据常常包含着碱基误测、indel、低质量的 reads 和接头（adaptor）污染等问题。由于很多的分析软件都不包含检测低质量 reads 的功能，因此在开始分析的时候，过滤掉错误、低质量的 reads，可以避免下游分析得到错误的生物学结论。总的来说，过滤的方式包含碱基质量数据和核苷酸分布的可视化，根据碱基质量、序列特征（GC 含量、N 含量、接头污染）整理、过滤 reads 数据。

目前已经发表了多个质量评估软件（表 16-9），NGSQC Toolkit 和 PRINSEQ 可以处理 454（SFF）格式和 FASTQ 格式文件，生成总结报告，并可以删除、整理 reads。FastQC 兼容所有的主流测序平台，可以生成总结图表，快速地评估测序质量。ContEst 可以检测样品相互之间的污染。Galaxy 提供了一整套的流程生成 FASTQ 统计结果，并能灵活地进行数据的整理和删除。htSeqTools 和 SolexaQA 包含了质量评估、处理和可视化的功能。此外，还有一些只支持 FASTQ 格式的评估软件，如 FASTX-Toolkit、PIQA 和 TileQC。也有一些只支持专有运用的软件，如 TagCleaner。

二、比对

当完成质量评估后，达到某种标准的 reads 将被比对到参考基因组上。在过去的几年中，研究者开发了很多可以快速比对几百万条 reads 的比对软件。总的来说，在真正的比对开始之前，首先需要构建引索。在第一阶段，比对软件会对参考基因组或 reads

表 16-9　质量评估和数据处理（Pabinger et al.，2014）

名称	输入格式	输出格式	支持平台	结果报告	Tag 删除	过滤	修改数据
ContEST	BAM，VCF，FASTA（ref）	TXT	Illumina，ABI SOLiD，454	否	否	否	否
FastQC	（CS）FASTQ，SAM，BAM	HTML	Illumina，ABI SOLiD	否	否	否	否
FASTX-Toolkit	FASTA，FASTQ	FASTA，FASTQ	Illumina	是	是	是	是
Galaxy	FASTQ	FASTQ	Illumina	是	是	是	是
htSeqTools	FASTQ	Graphs	Illumina	是	否	否	否
NGSQC	FASTA（ref），FASTQ，CSFASTA，QUAL FASTA	HTML	Illumina，ABI SOLiD	是	否	否	否
PIQA	FASTQ，bustard，output，SCARF	HTML，TXT	Illumina	是	否	否	否
PRINSEQ	FASTA，FASTQ，QUAL FASTA	FASTA，FASTQ，QUAL FASTA，HTML	Illumina，454	是	否	是	是
SolexaQA	FASTQ	FASTQ，PNG	Illumina，454	是	否	否	是
TagCleaner	FASTA，FASTQ	FASTA	454	否	是	否	否
TileQC	Eland output	Graphs	Illumina	是	否	否	否

数据集构建引索。大部分的软件，如 Bowtie2 和 SOAP3-dp 选择对参考序列建立引索，这样做的好处是可以节约计算时间。原因是对参考序列建立引索只需要进行一次运算，但是对 reads 数据集构建引索需要按照不同样品分开运算多次。目前主流的构建引索的算法主要分为两类：基于前缀树的算法和基于哈希表的算法。

基于前缀树的算法主要包括如下几个概念：前缀树、增强型前缀数组和 FM 检索。前缀树可以被定义为用于代表一个字符串的一组前缀的一种数据结构，这种数据结构支持对数据的快速检索，在本书讨论范围内，此处的数据指的就是 reads 集或者参考基因组。但是，对于海量的 NGS 数据集，前缀树算法的效率并不高，常常需要花费大量的计算时间。增强型前缀数组更加高效并且可以在内存中容纳很大的基因组。它是由前缀数组和一些附属的数组组成。FM 检索在 Burrows-Wheeler 变换（BWT）的基础上，增加了一些附加数组。这个方法最大的优势在于使用已经 BWT 算法的测序数据构建的前缀数组，比起使用原数组直接构建的前缀数组，在检索效率上有很大的提高。最常用的，基于 FM 检索算法开发的软件有 BWA、Bowtie、Bowtie2。SOAP2、SOAP3、SOAP3-dp 运用的是双向 Burrows-Wheeler 变换（2-BWT）。与 BWT 不同的是，2-BWT 从两个方向同时搜索，寻找匹配，提升了比对的速率。

基于哈希表的比对算法主要运用的是一个种子-延伸模型。它把查询字符串分成很多个称为 *k*-mer 的小片段，每一 *k*-mer 的位置存储在一个哈希表里面。利用 *k*-mer 去比对另一个字符串，比对上的部分称为种子。而后，从种子开始延伸，并且彼此连接。接下来，用 Smith-Waterman 比对算法对这个比对结果进行优化。近期，研究者在基础哈希表比对算法的基础上，提出了一些改进算法，它们分别是种子隔离算法、Q 质量过滤和多重种子比对算法、种子延长算法。子隔离算法认为在考虑比对序列与参考基因组自然遗传差异的情况下，可以运用非精确的比对来提高软件的敏感度。这种方法使用的种子长度都较长。基于该算法开发的软件有 BFAST、MAQ 和 SOAP。Q 质量过滤和多重种子比对算法进行多种子比对，并把多个短种子的比对结果连接起来。它是在快速比对长 reads 序列时常用的一个方法。代表软件有 SSAHA2。种子延长算法通过平行化比对的过程来加快标准 Smith-Waterman 的运算。Novoalign、SHRiMP 和 SHRiMP2 运用了这种方法。

在建立引索后，便可以开始序列比对。序列比对软件主要运用的是 Smith-Waterman 和 Needle-Wunsch 两种算法，输出 BAM 或者 SAM 格式的文件。根据不同软件，用户会获得含有空缺（gap）或者不含有空缺的比对结果。比对的空缺主要是由小规模的基因组重排造成的，如插入、缺失。因此，允许比对结果包含空缺是一种比较好的做法，大部分的比对软件都支持结果存在空缺。同时，大部分的比对软件都提供双端测序数据比对的模式，同时考虑双端的 reads 数据，进行更长范围的比对，提高了比对结果的质量。

在获得比对结果后，为了方便后续的分析，还需要对比对结果进行一些后期的处理，如格式转换、生成比对报告、去除由于 PCR 引入的假阳性结果。这些后期处理都可以用 samtools 软件包完成。运用 samtools 来做格式转换不仅可以减小输出数据的大小，而且还保证了结果与后续突变分析软件的兼容性，如 GATK。大部分比对软件会生成一个简单的比对过程报告，其中内容包括比对上的总 reads 数、高质量的比对 reads 数、只比对上一次的 reads 数。比对过程报告是评估总比对质量和比对正确性的重要依据。如果比对软件，如 BWA，没有自动生成比对报告，那么可以使用 samtools 的 flagstat 工具来生成该报告。另一个比对后期处理的内容是去除 PCR 造成的冗余。由于 PCR 冗余代表原始的 reads 数据集中同一片段的多个拷贝，如果不去除将会影响对真实的 reads 覆盖度的估计。此外，由于不准确的比对会影响后续的变异检测，因此，应该去除错配较多的比对结果。表 16-10 和表 16-11 分别列出了常用的前缀数组和哈希表的比对软件。

表 16-10　基于前缀数组的比对软件（Miclzarek et al.，2016）

名称	引索	输出格式	PE 模式	允许空缺	支持平台	操作系统	多线程
Bowtie	Genome	SAM	+	−	Illumina，ABISOLiD	Linux，Macintosh，Windows，Solaris	+
Bowtie2	Genome	SAM	+	+	Illumina，454，IonTorrent	Linux，Macintosh，Windows	+
BWA	Genome	SAM	+	+	Illumina，454，Ion Torrent	Linux	+
Segemehl	Genome	SAM	+	+	Illumina，454	Linux	+
SOAP2	Genome	SOAP	+	+	Illumina	Linux	+
SOAP3	Genome	Binary/plaintext，SAM	+	−	Illumina	Linux	+
SOAP3-db	Genome	Plain text，SAM，BAM	+	+	Illumina	Linux	+

表 16-11 基于哈希表的比对软件（Miclzarek et al.，2016）

名称	引索	输出格式	PE 模式	允许空缺	支持平台	操作系统	多线程
BFAST	Genome	SAM	+	+	Illumina，454，ABISOLiD	Linux	+
MAQ	Reads	MAQ	+	–	Illumina，ABI SOLiD（部分）	Linux	–
Mosaik	Genome	BAM，SAM，BED，ELAND	+	+	Illumina，454ABI SOLiD，	Linux，Macintosh，Windows，Solaris	+
mrFAST	Genome	SAM，DIVET	+	+	Illumina	Linux	–
mrsFAST	Genome	SAM	+	–	Illumina	Linux	–
Novoalign	Genome	SAM，TXT	+	+	Illumina，ABI SOLiD	Linux，Macintosh	–
SSAHA2	Genome	SSAHA2 SAM，CIGAR，others	+	+	Illumina，454 ABI SOLiD，	Linux，Macintosh	–
SHRiMP	Reads	SHRIMP	–	+	Illumina，454，ABI SOLiD	Linux，Macintosh	–
SHRiMP2	Genome	SAM，SHRIMP	+	+	Illumina，454 ABISOLiD，	Linux，Macintosh	+
RMAP	Reads	BED	+	+	Illumina	Linux，Macintosh	–
SOAP	Genome	SOAP	+	–	Illumina	Linux	+
SMALT	Genome	SAM，BAM，CIGAR，others	+	+	Illumina，454，ABI SOLiD，Ion Torrent	Linux	+

三、变异检测

完成比对后，便可以开始检测变异。较高的覆盖度是保证检测结果可靠性的前提条件。是否存在大量 reads 覆盖到一个突变上，是判断这个突变是真的还是测序错误的标准。针对不同的变异类型（SNP、indel、SV），目前已经发表了多个检测软件。在后续的部分中，我们将按照不同的变异类型，简要地介绍常用的检测方法及软件。

（一）SNP 和 indel 检测

SNP 检测的目标就是找出与参考基因组基因型不同的纯合或者杂合的单个碱基位点。主要使用的方法有两种，分别是启发式法（heuristic method）和概率法（probablistic method）。启发式法结合与数据的结构和质量相关的多种信息来检测 SNP。由于对计算资源的要求较高，该方法相比概率法，使用的较少。VarScan2 使用了部分启发法的思想。VarScan2 通过使用一个启发式模型和统计检验来检测变异，这个统计检验主要用于计算每个等位基因被多少个 reads 覆盖。启发式法通过判断覆盖度、碱基质量、突变等位基因频率是否超过某个阈值来检测突变和基因型。针对上述三个指标的常用阈值分别是覆盖度最少 33X、碱基质量最小 20、突变等位基因频率最小 0.08。而后，启发式法将通过 Fisher 精确检验比较支持突变的 reads 数量与数据集的 reads 分布的期望值之间的差异是否显著，从而检测突变。

概率法为要检测的基因型构建了一组统计标准，使用这组统计标准调控检测的准确度。此外，额外的一些信息，如等位基因频率、连锁不平衡等也被考虑到检测过程中。基因型检测主要依赖于基因型似然计算和贝叶斯理论。首先，重新比对人为造成的假阳性匹配附近的区域，并校对比对质量数据。接下来，根据比对质量分数和等位基因数目，计算碱基为每一种可能基因型的似然值。在贝叶斯公式中，通过上一步骤计算出来的似然值与前验的基因型概率相结合，计算出某碱基位置是否属于某种基因型的后验概率，选择后验概率最大的基因型作为某碱基位置的基因型。最大的两个后验概率的比值可以作为检测的置信度。每个基因型的前验概率可以是相等的，也可以使用其他的信息，如dbSNP、参考基因序列结构特征，设置有偏向性的基因型前验概率。使用概率法的常用软件有SAMtools、GATK、SNVer等。

indel的出现率约为SNP的1/8，但是indel依然一种是常见的基因组突变，与多种人类疾病，特别是神经性疾病的发病机制紧密相关。由于检测indel的常用方法也常用于检测SNP，都是在比对后，基于概率法来检测突变，大部分SNP检测的工具都能检测indel，如SAMtools、GATK、VarScan。与检测SNP不同的是，在检测indel时，使用的是允许空缺存在的比对方法。也有不少专门检测indel的软件，如Dindel和Stampy。但是它们同样是基于比对-概率法，不同之处只有所用的鉴别真的indel与比对错误的模型，然而这些模型的差异较大，很多检测indel的软件的结果之间的重叠较小。表16-12列举了常用的SNP/indel检测软件，专用的indel检测软件将在结构变异部分介绍。

表16-12 SNP/indel检测软件

名称	输入格式	输出格式	重比对	重矫正	单个样品	多个样品	检测变异	操作系统	多线程
Atlas-SNP2	BAM	VCF	–	–	+	–	SNPs	Linux	–
GATK（UnifiedGenotyper）	BAM	VCF	+	+	+	+	SNPs indels	Linux	+
SAMtools（samtools mpileup）	BAM	VCF	+	+	+	+	SNPs indels	Linux	–
SNVer	BAM	VCF	–	–	+	–	SNPs indels	Linux Macintosh Windows	–
SOAPsnp	SOAP	Text format	–	+	+	–	SNPs	Linux	–
Varscan2	Pileup/ mpileup	Text format	–	–	+	+	SNPs indels CNA	Linux Macintosh Windows	–

（二）结构变异检测

结构变异（structure variation，SV）是除SNP和indel外，另一种复杂的遗传变异，它是多种人类遗传疾病的发病基础，如神经和认知相关的疾病。一般而言，SV包括大的插入/缺失（insertion /deletion）、移位（translocation）、倒位（inversion）、拷贝数变异（copy number variation，CNV）几种类型。由于受到试验条件的限制，早期的研究只能检测到较大的SV（＞1kb），随着测序技术的发展，目前可以检测到＞50bp范围内的、更小的SV。近年来，针对不同的SV类型和特征，研究者开发了多种软件，通过计算和经验模型来检测SV。下面部分将按照不同的SV类型来介绍它们的检测方法。

1. 易位和倒位检测

不少软件可以用来检测易位和倒位，如 BreakDancer、Hydra、PEMer 和 VariationHunter，它们所运用的算法原理为读长对法（read pair，RP），它主要的判断依据是，一对 pair-end 数据，是否按照正确的方向和插入长度被比对到基因组上。在发生染色体间移位的情况下，一对 reads 的两个 read 会被分别比对到不同的染色体上。在发生倒位和染色体内易位的情况下，两个 reads 会以错误的方向或者相对距离（与另一个 read）被比对到一个染色体上（图 16-10F、H）。基于 RP 法的软件能很容易地检测到易位和倒位，但是检测到 SV 的假阳性偏高，并且其两端的边界（break point）定位往往不太准确。当 RP 中的一个 read 比对到参考基因组重复区域的时候，这种情况尤为严重。由于形成倒位的机制本身的特征，它往往出现在含有重复元件（转座子和串联重复）的区域中。因此，在重复区段中，鉴别真的 SV 和假阳性的结果是比较困难的。因此，大部分的 SV 检测算法都会设定某些阈值。例如，支持 SV 的 reads 数，去过滤掉一些质量较差的检测结果。

为了提高边界定位的准确度，有一些算法开始运用分割读长法（split read，SR）来检测 SV。SR 发生的主要原因是一个 read 跨越了由两个不连续的区域构成的 SV 边界。当发生倒位或易位的时候，一个 read 可以正确地比对到基因上，而与之配对的另一个 reads 只能以正确的方向和插入距离，部分地比对到基因组上（图 16-10G、I）。这种比对方式叫做软裁剪（soft clip）。运用这种方法可以更加准确地定位倒位的边界。基于 SR 法来检测易位的软件有 CREST、Clip-Crop、SLOPE 等。

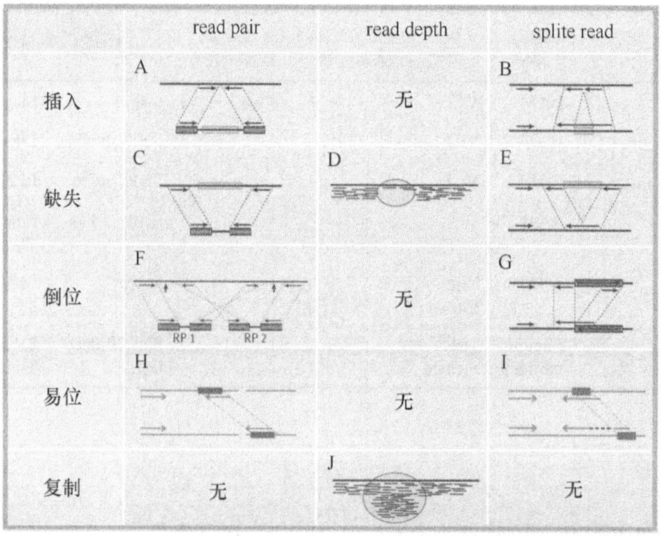

图 16-10　结构变异检测原理（彩图请扫封底二维码）

图中列举了三种基于二代测序数据的检测方法：read pair（RP）、read depth（RD）、split read（SR）。其中 RP 和 SR 法几乎可以检测所有的变异类型，包括复制，但是由于它们并不是复制常用的检测方法，因此图中并未列出相应的应用。由于 RD 本身原理的限制，该方法只能用于检测缺失和复制，图中并未列出其他变异类型的检测原理图示。图中的 reads 方向都用箭头标注，除 H 及 I 外，所有的图例都引自 Can 等（2011）。H 和 I 分别表示了染色体之间和染色体之内的易位，图 F 中的红色箭头表示断裂点（break point）。

2. 插入/缺失检测

目前常用于检测较大的插入/缺失的软件主要是基于 RP 和 SR 两种方法(表 16-13)。基于 SR 的软件，如 Pindel 可以用来检测中等长度的插入/缺失。这类软件首先找到只有一端能正确比对到基因组上的 pair-end 数据，没有比对上的一端被重新以分离的方式比对到基因组上，从而确定插入/缺失发生的位置（图 16-10B、E)。运用这种方法，可以检测到比 reads 长度长的插入。但是这类方法容易受到比对错误的影响，因此，准确度偏低。

表 16-13　易位、倒位、插入、缺失检测软件

名称	输入格式	输出格式	支持平台
APOLLOH	CSV（infile，cnfile）	CSV	Illumina，Solid
BreakDancer	BAM + config 文件	ctx，BED	Illumina，Solid
Breakpointer	BAM	GFF	Illumina，Solid
BreakSeq	GFF	GFF，CSV，多种输出文件	—
Breakway	BAM	CSV	Illumina，Solid
CLEVER	BAM，FASTA	CSV	Illumina
ClipCrop	SAM，FASA	BED	Illumina，Solid
CREST	DIVET		Illumina
FusionMap	fastq	SAM，特有格式	Illumina，Solid
GASVPro	SAM/BAM	Clusters 文件	Illumina，Solid
Hydra-sv	Hydra CSV file	BEDPE	—
PEMer	Several input files	多种输出文件	Illumina，Solid
Pindel	BAM + FASTA	CSV	Illumina
SPLITREAD	FASTA，mrFast SAM	BED	Illumina
SVDetect	BAM/SAM，ELAND	Txt，BED，Circos 链接	Illumina，Solid
SVMerge	BAM + FASTA（ref）	Bed	Illumina
VariationHunter	CSV input file	insertions，deletions，inversions，	Illumina，Solid

基于 RP 检测软件，如 PEMer、Hydra 和 BreakDancer，可以通过比较 pair-end 数据比对后的实际距离与插入片段长度的差异，来检测较大的插入/缺失（图 16-10A、C)。例如，如果比对结果显示 pair-end 数据之间的实际距离为约 3kb，而 pair-end 库的插入片段长度仅为 2kb，则很可能存在一个长度为约 1kb 的插入。这类方法的缺点是无法知道插入/缺失片段的基因型，并且对较小的插入/缺失不敏感。

3. 拷贝数变异检测

拷贝数变异是指某一区段（＞1kb)，在基因组上成倍的、不正常的增加或减少，主要包含大的缺失和重复（duplication）两种类型，常用的检测软件如表 16-14 所示。基于 RP 法的软件，如 breakdancer 和基于 SR 法的软件，如 Pindel 都可以用来检测基因上的大型和中型的缺失。特别是 RP 法很容易能检测到大的缺失。但是检测大的重复却不容易，这是因为很可能没有 pair-end 或者 single-end 的数据能覆盖整个重复发生区域。

Pindel 是一个能够检测到大重复的软件，它运用了一个称为模式-增长的模型来检测重复发生的边界。

除了上述两种方法，还有一种最常用于 CNV 检测的方法——读长覆盖度法（read depth，RD）。这个方法的原理比较容易理解，当存在缺失时，基因组上某一区段的覆盖度就会减少，而存在重复时，这些区段的覆盖度就会增加（图 16-10D、J）。并且与 RP 和 SR 相比，在对外显子组或目标区域测序数据进行 CNV 检测时，RD 的准确度更高。基于 RD 的算法通常会把基因组分成一些不重叠的连续小区段（bin），比较这些区段的覆盖度与基因组的平均覆盖度或与两侧区段的覆盖度的差异来确定是否有 CNV 出现。由于很多因素，如 GC 含量，会对测序覆盖度造成影响，因此这类软件常常需要纠正这些偏差。比较有代表性的软件有 CNVnator、CNAseg 和 CNV-seq 等。

表 16-14　拷贝数变异检测软件

名称	输入格式	输出格式	支持平台
CNAseg	SAM/BAM	CSV	Illumina，Solid
CNVer	SAM/BAM，CSV	cnv 文件	Illumina，Solid
cnvHMM	Cnsfile	CSV	Illumina
CNVnator	SAM/BAM，FASTA	CSV	Illumina，Solid
CNV-seq	SAM/BAM，psl	cnv 总结报告	Illumina，Solid
CONTRA	BAM，BED	VCF，CSV	Illumina，Solid
CopySeq	SAM/BAM	CSV	Illumina，Solid
ExomeCNV	SAM/BAM，Pileup，bed，FASTA	—	Illumina，Solid
RDXplorer	SAM/BAM，FASTA	CSV	Illumina，Solid
readDepth	BED，R	CNVs，CSV	Illumina，Solid
Segseq	CSV	CSV	Illumina

四、变异筛选与注释

在完成了变异检测后，生成了大量的群体内、基因组水平的突变。接下来，应该按照课题的目的，筛选出后续工作要进一步研究的突变。这一部分的筛选工作往往就是根据遗传学的分析、检验在大量的遗传变异中，找出与研究感兴趣的表型相关的突变。例如，如果是一个研究致病遗传突变的工作，研究者可以在获得患者和对照组的 SNP 后，进行 GWAS 分析或者选择分析，从而确定一些可能与疾病相关的突变。

接下来需要把这些变异信息注释到基因组上，推测它们对被研究表型产生的影响。注释软件运用各种不同的方法为用户提供了多种类型的注释。由于 SNP 是最常见的一个变异类型，大部分的软件主要提供 SNP 注释功能。也有一些软件能够注释 indel，但只有较少的软件能注释 SV，如 ANNOVAR、VEP。

最常见的注释形式就是提供数据库链接到各个公共数据库资源，如 dbSNP。就功能注释而言，不少软件运用了从简单的基于序列的分析到基于区域的分析的各种方法，推测 SNP 对蛋白质的影响。分析的结果可以把 SNP 分为可接受的和有害突变，甚至可以提供与突变相关的疾病信息。由于基因区域的突变会对生物个体产生最直接的影响，因此，注释出与突变相关的基因、转录本、蛋白质信息也是注释软件的一大功能。此外，软件还会提供其他基因组区域的注释，如转录元件结合区、片段重复等。

很多注释工具都提供网络运用接口，这类接口的优势在于使用方法简单，不需要用户自己安装。但是很多的网络注释工具不接受批量提交，并且只提供较少的注释功能。因此，当需要进行大批量的注释时，用户还是需要使用线下的注释工具，这样的方式比较灵活，但是需要用户具备一定的 IT 技能。

完成了注释后，就可以较为清楚地知道突变可能对哪些基因组区域，特别是基因区域产生了影响，产生了什么影响，是否与研究关注的性状相关，相关的程度如何等一系列具有生物学意义的信息。至此，便基本完成了一个重测序项目的基础数据分析工作。

（白　冰　陈　华　唐文如）

参考文献

Miclczarek M, Szyda J. 2016. Review of alignment and SNP calling algorithms for next-generation sequencing data. Journal of Applied Genetics, 57 (1): 71-79.

Can A, Coe BP, Eichler EE. 2011. Genome structural variation discovery and genotyping. Nature Reviews Genetics, 12 (5): 363.

Curwen V, Eyras E, Andrews TD, et al. 2004. The ensembl automatic gene annotation system. Genome Research, 14 (5): 942-950.

El-Metwally, Hamza T, Zakaria M, et al. 2013. Next-generation sequence assembly: Four stages of data processing and computational challenges. PLoS Computational Biology, 9(12): e1003345.

Pabinger S, Dander A, Fischer M, et al. 2014. A survey of tools for variant analysis of next-generation genome sequencing data. Brief in Bioinformatics, 15(2): 256-278.

Schatz MC, Arthur LD, Steven LS. 2010. Assembly of large genomes using second-generation sequencing. Genome Research, 11: 65-73.

Waterston RH, Lander ES, Sulston JE. 2002. On the sequencing of the human genome. Proceedings of the National Academy of Sciences, 99(6): 3712-3716.

Yandell M, Daniel E. 2012. A beginner's guide to eukaryotic genome annotation. Nature Reviews Genetics, 13 (5): 329.

第十七章　医学遗传学信息资源

医学遗传学的研究内容涉及多种遗传病，如染色体病、单基因病、多基因病等，这些疾病几乎涉及人体所有器官（McKusick，1998）。随着信息科学的发展，计算机在遗传学的发展中起到了不可替代的作用。同时，以计算机为基础的通信手段也改变了研究人员、医务人员和普通百姓获得遗传学信息的方式。

网络极大地加速了遗传学的研究。人类基因组计划很大程度上就是依靠网络来发布新的信息，并和全世界共享已经有的数据。另外，还有很多网站为公众和研究人员提供各种核苷酸序列和蛋白质信息。这些网站所有的数据都是用数据库来存放的，对这些数据的查找、访问、更新，以及现在正在积极进行的对基因信息的注释工作都是通过数据库来完成的，所以常直接称这些网站为数据库。随着互联网技术和信息数据库系统的不断发展和成熟，医学遗传学的学习和研究可以借助许多网络资源，医学遗传学可借鉴的代表性网站如下所示。

1. 美国国家生物技术信息中心（NCBI）

http：//www.ncbi.nlm.nih.gov/

2. 欧洲生物信息学研究所

http：//www.ebi.ac.uk/

3. 人类孟德尔遗传数据库（OMIM）

https：//www.omim.org/；http：//www.ncbi.nlm.nih.gov/sites/entrez?db=omim/

4. UCSC 基因组生物信息数据库

http：//genome.ucsc.edu/

5. 人类基因突变数据库（HGMD）

http：//www.hgmd.cf.ac.uk/ac/index.php/

6. Borgaonka 人类异常核型数据库

http：//www.wiley.com/legacy/products/subject/life/borgaonkar/

7. 国际生物资源中心（ATCC）

http：//www.atcc.org/

8. Ensembl 基因组数据库

http：//asia.ensembl.org/index.html/

9. 中国遗传咨询网

http：//www.gcnet.org.cn/

10. 中国遗传网

http：//www.chinagene.cn/

11. 中国遗传学会

http：//www.geneticssociety.cn/

12.《细胞》杂志（*Cell*）

http：//www.cell.com/

13.《科学》杂志（*Science*）

http：//www.sciencemag.org/

14.《自然》杂志（*Nature*）

http：//www.nature.com/

15.《自然遗传学》杂志（*Nature Genetics*）

http：//www.nature.com/ng/index.html/

16.《美国人类遗传学》杂志（*Am J Hum Genet*）

http：//www.cell.com/AJHG/

17.《人类遗传学》杂志（*J Hum Genet*）

http：//www.nature.com/jhg/index.html/

第一节　PubMed 数据库

美国国家生物技术信息中心（NCBI）建立了一个强大而系统的数据库系统，集成了分子生物学、生物化学、遗传学知识的存储和分析的自动系统，能够对生物学中重要的基因、蛋白质、分子和复合物的结构进行计算信息处理，为从事生物学的研究者提供强大的数据库及相关数据库处理平台，将世界范围内的数据进行收集和应用。NCBI 下有许多与医学遗传学相关的优秀数据库，如 OMIM（Hamosh et al.，2002；Amberger and Hamosh，2017）和 PubMed（Wheeler et al.，2001；Cooper et al.，2010）等。

1. PubMed 简介

PubMed 是美国国家医学图书馆（NLM）下属的国家生物技术信息中心（NCBI）开发的、基于 WWW 的查询系统，是 NCBI 的 Entrez 系统的数据库之一。该系统通过网络途径免费提供包括 MEDLINE 在内的 70 多个国家 4800 多种主要生物医学文献的书目索引文摘数据库，并提供部分免费和付费的全文链接服务。网络地址为 http：//www.ncbi.nlm.nih.gov/pubmed/，在网络页面内输入网址后将进入 Pubmed 的主页面。

在主页面上有一些常用工具，介绍如下。

（1）MeSH Database，可以用它来分层流览 MesH 表。

（2）Single Citation Matcher，通过填表的形式输入期刊的信息可以找到某单篇的文献或整个期刊的内容。

（3）Batch Citution Matcher，用一种特定的形式输入期刊的信息一次搜索多篇文献。

（4）Clinical Queries，这一部分为临床医生设置，通过过滤的方式将搜索的文献固定在 4 个范围：治疗、诊断、病原学与预后。

2. PubMed 的基本检索方法

进入 PubMed 基本检索方式主页，在检索框中可以输入任意词，包括文献作者、出版杂志等。可以在检索框中键入一个或多个检索词（可以为任意词），如 DNA（cytosine-5）-methyltransferase 3A，也可以输入缩略名，如 DNMT3A 等。若输入多个词时，PubMed 会自动识别词组，不过在词数太多时，会以逻辑与的方式识别，如可以将 DNA（cytosine-5）-methyltransferase 3A 识别成一个词，也有可能将其识别成“DNA AND（cytosine-5）-methyltransferase AND 3A”等。PubMed 不能识别检索的词组，如需要进行词组搜索，需要加入引号进行强调，如“Glucose II”。PubMed 可以以文献作者方式进行检索，格式为：姓+名。例如，输入：Peter SJ，其中“姓”为全部拼写，“名”则为首字母简写形式；检索时可在词尾加“*”号，检索所有具有同样词头的词，如键入：“biolog*”可查得 biology 或 biological 等词。键入的杂志名称可以是全名，也可以是杂志名的 MEDLINE 缩写格式，或 ISSN 杂志号。此外，词与词间可用 AND、OR 或 NOT 逻辑进行连词检索。

3. PubMed 高级检索

PubMed 能够采用高级检索，通过设定更加细微的条件进行更加全面的检索，进入 PubMed 高级检索点击“advanced”，出现的界面增加了检索范围（search field）和检索模式（search mode）的选择框。

（1）PubMed 高级检索界面中的 Search Fields 选择条框中，包含了：

- All fields[ALL]，指 PubMed 所有检索范围；
- Affiliation[AD，AFFL]，指联系地址，包含第一作者或其他作者联系地址；
- Author Name[AU，AUTH]，包含文章的所有作者，格式为“姓+名（首字母大写）”；
- E.C. Number[RN，ECNO]，指酶学委员会统一规定的对每一个酶的特定的编号，同时也包括 CAS 登记号；
- Journal Title[TA，JOUR] 指期刊的名称；
- Language [LA，LANG]指文献语种；
- MeSH Major Topic[MAJR] 包含 MEDLINE 检索系统认为最重要的 MeSH 医

学主题词表；

- ◆ MeSH Terms[MH，MESH]，包含所有用来检索 MELINE 的医学主题词（Medical Subject Headings）；
- ◆ Modification Date[MDAT]，指文献收入 PubMed 的日期（年-月-日，如 97-Jul-26）；
- ◆ Page Number[PAGE]，指文献在杂志中的起始页；
- ◆ Publication Date[DP，PDAT]，指文章出版日期；
- ◆ Substance[NM，SUBS]，指与文献相关的化学物质在化学文摘服务社（Chemical Abstract Service，CAS）中登记的名字和在 MEDLINE 中的物质名称；
- ◆ Text words[TW，WORD]，包括文章标题目，摘要中出现的所有述词以及 MeSH 词表和化学物质名称中的个别词；
- ◆ Title words[TI，TITL]，仅包括文献记录标题中的词；
- ◆ Volume[VI，VOL]，指文献所在期刊的出版卷次；
- ◆ Medline ID[UI，MUID]，指 MEDLINE 给每条引录文献的特定标识号；
- ◆ PubMed ID[PMID]，指 PubMed 给每条引录文献的特定标识号。

（2）PubMed 高级检索界面中的检索模式（SearchMode）选择框中，包含自动检索累计（Automatic）和检索词列表（ListTerms）检索模式。

◆ “Automatic”模式：将对检索框中键入的词按逻辑与（AND）的方式检索，不仅自动显示检索到的符合文献数，而且在“修写当前查询内容”（ModifyCurrentQuery）显示框中分别显示单个词的累计文献数。可进行查询修改，以逻辑或（OR）、逻辑否（NOT，BUTNOT）等方式检索。亦可在“添加限制查询述词”（AddTermstoQuery）的栏目中键入其他限制词。

◆ “Listterms”检索词列表式检索：在检索框中键入一个或多个文本述词（text-words）、关键词（keywords）或文章作者，将检索到所有以给定词开头的词或词组的文献数目。选定其中的词或滚动条框框外词（scrolllistup/down）作进一步的检索结果显示，选择多个词的话，则会显示各个词相应的文献数累加结果。显示检索数目后，与“Automatic”模式一样，可作“增添限制述词检索”（AddTermstoQuer）或“修改当前检索内容”（ModifyCurrentQuery）。

第二节　OMIM 数据库简介

《在线人类孟德尔遗传》是在线出版物，在线不断更新人类基因与遗传疾病的数据库，Mendelian Inheritance in Man 是该数据库的图书蓝本。OMIM 是该书的数字化数据库版本，两者的主要差别是网络版每日更新，而印刷版内容的更新程度只能体现在最新版本中。网络版数据库中除包含文本信息资料外，也包括 MEDLINE 链接和 Entrez 系统中的序列记录链接以及其他相关的 NCBI 等网站资源的链接，印刷版则包含网络版中所不具备的序言和附录等（Amberger et al.，2015；Maglott et al.，2005）。OMIM 由约翰•霍金森大学（Johns Hopkins University）的 Victor A. McKusick 主编，NCBI 开发

（NCBI Resource Coordinators，2012；Wang and Bryant，2014）。

一、OMIM 中的编号系统

在 OMIM 中，每一条记录都给予一个独一无二的六位数编号，其中第一位表示该基因的遗传方式。以 1 开头的号（100000-）指常染色体显性基因座位或表型；以 2 开头的号（200000-）指常染色体隐性基因座位或表型；以 3 开头的号（300000-）指 X 连锁基因座位或表型；以 4 开头的号（400000-）指 Y 连锁基因座位或表型；以 5 开头的号（500000-）指线粒体基因座位或表型；以 6 开头的号（600000-）指常染色体基因座位或表型（创建于 1994 年 5 月 15 日之后）。等位变异体的命名规则是在其“母”条目的 OMIM 编码后加小数点再加一个独一无二的四位数变异体编码。例如，凝血因子 IX 编号为 306900.0001～306900.0101，β 珠蛋白基因座编号为 141900，镰状血红蛋白编号为 141900.0243。

OMIM 号前的（*）、（#）、（+）、（%）号的意义：（*）号表示某基因座的基因所决定的表型不同于其他任何带（*）号记录所代表的基因座，且该表型的遗传方式已经证实。一般来说，每个基因座只创建唯一一个带（*）号的记录。编码前无（*）号意味着该遗传方式虽疑为遗传性但还未经证实，或者还不清楚该基因座是否不同于其他记录中的基因座。（#）号表示该记录为描述性记录，通常是一种表型的描述性记录，不代表一个独一无二的基因座，使用（#）号的原因在该记录的第一段阐述，与该表型相关的基因的讨论存在于其他记录中。在线粒体目录中，线粒体染色体组 37 个基因的记录标以（*）号，由这些基因中一个或多个突变引起的表型的记录标以（#）号。（+）表示该条目描述了一个基因的已知序列和表现型。（%）表示该条目描述了已经确认的孟德尔表现型或表现型座位，而该表现型座位的分子基础尚不清楚。

二、OMIM 的检索

1. 检索功能

在保持了原有的 OMIM 检索系统功能的同时，Entrez 系统提供如下新功能。

- 检索分三个层次，即基本检索、高级检索和逻辑组配检索。
- 通过 Index 功能可以浏览某个字段的索引来查找相关词汇及包含该词汇的记录数。
- 使用 Limits 功能限定检索字段、染色体号或记录类型来检索。
- History 检索史功能：用 AND、OR、NOT 等逻辑组配将两个或更多检索式组配。
- Display Formats 显示格式：从多个显示格式中选择一种格式，显示多个记录。
- Clipboard 存储选择出来的记录。
- 利用 Entrez 的整合性和交叉互见性查找 Entrez 其他数据库中的相关记录。

2. 检索示例

Entrez 中的 OMIM 能够解决的问题示例：

（1）9 号染色体上哪些人类基因与乳腺癌相关及这些基因定位的染色体?

- 在检索框中输入 **breast cancer**。
- 点击 **Limits**。
- 在 Chromosome（s）框中点击选择 chromosome 9。
- 按 **Go**。

注：上述检索出来的结果是在记录文本中提到 **breast cancer** 的所有记录，因为缺省情况下 Entrez 检索所有字段。通过“Search in Field”框可以限定所要检索的字段，如标题等。

（2）列出描述 15 号染色体上基因的 OMIM 记录，有三种检索方法。

①自 OMIM 主页点击 Limits，选择 chromosome 15，按 Go。

②自 OMIM 主页在检索框中输入 15 [chr]，按 Go。

③自 OMIM 主页，点击 Preview/Index，在页面中部的检索字段下拉菜单中选择 Chromosome。在检索输入框中输入 15。按 Preview。点击“Result”查看检索出的记录。

（3）列出含有等位基因变异体信息的 OMIM 记录，有三种检索方法。

①自 OMIM 主页点击 Limits，在“Only Records With”框中点选 Allelic Variants，按 Go。

②自 OMIM 主页点击 Preview/Index，在检索字段下拉菜单中选择 Properties。在检索框中输入 allelic variants，按 Preview，点击“Result”查看检索结果。

③自 OMIM 主页，在检索框中输入 allelic variants[prop]，按 Go。

④检索囊性纤维化跨膜传导调节因子（cystic fibrosis transmembrane conductance regulator，CFTR）的记录并通过 Entrez 链接到相关的蛋白质序列记录。在检索框中输入 CFTR 或全名。点击 OMIM 号 602421 显示该记录。点击 Display 钮旁的下拉菜，单击选择 Protein Links，按 Display。

注：Entrez 只链接到与 OMIM 记录引用的出版物有关的蛋白质序列记录，也可以链接到核苷酸序列和蛋白质结构。

第三节 杂　　志

医学遗传学的发展离不开研究成果在杂志上的发表和交流，当今互联网已经非常便利，许多优秀的中英文杂志都可以在网上查阅，因此杂志上的网络主页已成为医学遗传学学习和研究的资源之一。

一、《自然遗传学》杂志

《自然遗传学》（*Nature Genetics*）是 Nature Publishing Group 出版的 *Nature* 系列杂志之一。该杂志发表遗传学高质量研究成果，涉及人类和各种生物，包括人类、鼠、果蝇、酵母、线虫的基因和功能性基因组的研究。在近年来的报道中，重点阐述疾病和复杂疾病的遗传学机制，同时也报道基因组和外显子组研究，涉及多种技术手段，包括 GWAS 和 Exome sequencing 等，包括：人类疾病病理中的致病基因和致病机制、癌症家系遗传学、胚胎学、发育遗传学、基因鉴定、基因表达调节、基因组数据研究、药物代谢基因组学、基因组进化等。杂志设有多种发表形式，有评述、通信、综述、短篇通讯（Brief Communications）、原始论文、读者来信（Letters）等。根据 JCR 排名，该杂志的影响因子居遗传学期刊的首位。网址：http：//www.nature.com/ng/index.html。

二、《美国人类遗传学》杂志

《美国人类遗传学》（*American Journal of Human Genetics*）杂志由美国人类遗传学会（The American Society of Human Genetics，ASHG）主办，人类遗传学方面的权威期刊，主要内容为人类遗传相关的内容，包括人类遗传性征和遗传学原理在医学、社会服务以及相关分子与细胞生物学领域中应用的研究论文和综述。网址：https：//www.cell.com/ajhg/home。

三、《自然遗传学评论》

《自然遗传学评论》是（*Nature Reviews Genetics*）*Nature* 综述杂志之一，内容涵盖当今遗传学全部领域，对遗传学的发展、前景及问题进行总结和暗示。杂志涵盖内容丰富，包括基因组学-基因组项目、基因组测序、生物信息学；功能基因组学-转录图谱（transcript profiling）、突变筛检、生物信息学；进化遗传学-进化发育生物学（evo-devo）、比较基因组学、群体遗传学、系统发生学；技术学-新技术、实验策略、治疗、应用遗传学和基因组学、计算生物学；多因子遗传学-复杂疾病、疾病易感性/抵抗力、关联研究、技术；疾病-疾病基因鉴别、基因型与表型之间的关系、遗传病分子病理学；染色体生物学-DNA 基础、端粒、着丝粒、人工染色体、染色体稳定性；实验胚胎学-DNA 甲基化、组蛋白修饰、染色质结构、染色质再造；发育生物学-生殖技术、分化等；基因表达-DNA 基本组分、增强子、基因调节等。网址：http：//www.nature.com/nrg/index.html。

四、《中华医学遗传学杂志》

《中华医学遗传学杂志》（*Chinese Journal of Medical Genetics*）由中华医学会主办，主要刊登中国医学遗传学、优生学及相关领域的基础理论、临床实践、技术方法的科研成果，包括论著、综述、技术与方法、临床遗传学研究、群体遗传学、病例报告、讲座等。被美国《医学索引》（IM）、《化学文摘》（CA）、《生物学文摘》（BA）、《工程索引》（EI）、俄罗斯《文摘杂志》（AJ）及荷兰《医学文摘》（EM）收录。网址：http：//zhyxycxzz.yiigle.com/。

第四节　在 线 图 书

一、《遗传病的代谢与分子基础》

《遗传病的代谢与分子基础》（*The Metabolic and Molecular Bases of Inherited Disease*），

由 Charles R. Scriver 等主编，第八版。McGraw-Hill 公司 2001 年出版。

二、《医学遗传学》

《医学遗传学》（*Medical Genetics*）由 Mosby 公司出版，内容突出体现当前遗传学研究的新进展。全书分基础分子遗传学概论、染色体与单基因病、临床实践的应用。书中包含大量临床照片和注释解说。

三、《基因评论》

《基因评论》（*Gene Reviews*®[Internet].）由 Pagon R. A.主编，是一种在线出版物，可免费阅读，内容主要是由专家撰写并经过同行审阅评议的遗传病综述。综述提供关于基因检测及其在对遗传病患者和家族行诊治和咨询方面应用的最新且权威的信息。网址：http：//www.ncbi.nlm.nih.gov/books/bv.fcgi?rid=gene。

四、《基因组》

《基因组》（*Genomes*）是由 Brown T. A.主编的在线出版物，这本书的编排以辅助教学为主要目的。全书共分 4 部分：Genomes，Transcriptomes and Proteomes（现代分子生物学的核心概念）；Studying Genomes（基因组学研究的方法）；How Genomes Function（基因组功能机制）；How Genomes Replicate and Evolve（基因组进化过程中的复制、突变和重组）。

第五节　图谱和影像

一、细胞遗传学图像库

美国华盛顿大学提供的细胞遗传学图像库（Cytogenetics Image Gallery - University of Washington，Seattle）。从细胞遗传学角度研究染色体及其异常。该图库主要提供显微镜下染色体的外观以及染色体异常是如何识别的。网址：http：//www.pathology.washington.edu/galleries/Cytogallery。

二、日内瓦医学教育与研究基金会

日内瓦医学教育与研究基金会（Geneva Foundation for Medical Education and Research，GFMER）提供发育与遗传病图库，图库按词汇/术语字顺排列，每个词汇有相应的图片与文字说明。网址：https：//www.gfmer.ch/000_Homepage_En.htm。

三、朵兰 **DNA** 学习中心

朵兰 DNA 学习中心（DNA from the Beginning-Dolan DNA Learning Center）全库将

内容按经典遗传学、遗传分子、基因的组织与控制分成三大部分，每一部分都把图像按概念加以组织。网址：http：//www.dnaftb.org/dnaftb/。

四、发育与遗传疾病

发育与遗传疾病（Developmental and Genetic Diseases）该图谱把病名按汉语拼音顺序索引，并具有关键词检索功能。网址：https：//www.gfmer.ch/000_Homepage_En.htm。

第六节　机构、学会协会

一、美国国立人类基因组研究所

美国国立人类基因组研究所（National Human Genome Research Institute，NHGRI），前身是国立人类基因组研究中心（the National Center for Human Genome Research，NCHGR）。网址：http：//www.genome.gov/。

二、英国人类遗传学会

英国人类遗传学会（British Society for Human Genetics，BSHG）成立于1996年，网站提供了英国各遗传学中心的目录以及到其他相关学会的链接，如 Clinical Genetics Society（CGS）（http：//www.clingensoc.org/）、Association of Clinical Cytogeneticists（ACC）（http：//www.cytogenetics.org.uk/）、Clinical Molecular Genetics Society（CMGS）（http：//www.cytogenetics.org.uk/）、Cancer Genetics Group（CGG）（http：//www.ukcgg.org/）等。

三、WHO 基因组资源中心

WHO 基因组资源中心（The Genomic Resource Centre），该中心由 WHO's Human Genetics 开发，围绕人类遗传学和公众健康，尤其是基因组学的伦理、法律和社会意义进行建设，以提高公众对人类遗传学以及新近发展起来的人类基因组学的认识。网址：www.who.int/genomics/en/。

（李云龙　章锦曼）

参考文献

Amberger JS, Bocchini CA, Schiettecatte F, et al. 2015. OMIM. org: Online Mendelian Inheritance in Man (OMIM®), an online catalog of human genes and genetic disorders. Nucleic Acids Res, 43 (Database issue): D789-798.

Amberger JS, Hamosh A. 2017. Searching Online Mendelian Inheritance in Man (OMIM): A Knowledgebase of Human Genes and Genetic Phenotypes. Curr Protoc Bioinformatics, 58: 1.2.1-1.2.12.

Cooper PS, Lipshultz D, Matten WT, et al. 2010. Education Resources of the National Center for

Biotechnology Information. Brief Bioinform, 11: 563-569.
Hamosh A, Scott AF, Amberger J, et al. 2002. Online Mendelian Inheritance in Man (OMIM), a knowledgebase of human genes and genetic disorders. Nucleic Acids Res, 30: 52-55.
Maglott D, Pruitt K, Tatusova T. 2005. Gene: A Directory of Genes. In: Jo McEntyre, Ostell J, The NCBI Handbook. 2nd ed.
McKusick VA. 1998. Mendelian Inheritance in Man. A Catalog of Human Genes and Genetic Disorders. 12th ed. Baltimore, MD: Johns Hopkins University Press.
NCBI Resource Coordinators. 2012. Database resources of the National Center for Biotechnology Information. Nucleic Acids Res, 41 (Database issue): D8-D20.
Wang Y, Bryant SH. 2014. The NCBI Handbook. 2nd ed. NCBI PubChem BioAssay Database.
Wheeler DL, Church DM, Lash AE, et al. 2001. Database resources of the National Center for Biotechnology Information. Nucleic Acids Res, 29: 11-16.

中英名词对照索引

第一章 绪论

第二章 人类基因与基因组学

第三章 人类遗传病与出生缺陷

第四章 人类染色体总论

第五章 染色体畸变与染色体病

第六章 单基因病

第七章 多基因病

第八章 线粒体病

第九章 表观遗传学

第十章 群体遗传

第十一章 肿瘤遗传学

第十二章 免疫遗传学

第十三章　遗传咨询

第十四章　遗传筛查

第十五章 基因编辑技术

第十六章 医学遗传学研究常用统计分析方法

第十七章 医学遗传学信息资源

（李　颖）